国际信息工程先进技术译丛

无线通信工程技术应用

[美] K. 丹尼尔·黄（K. Daniel Wong）著

白文乐　肖　宇　姜武希　译

机械工业出版社

本书涵盖的内容与 IEEE 无线通信工程技术（WCET）认证计划大纲紧密相关，分五篇，主要讨论无线通信工程应用中涉及的射频、天线和传播算法到无线接入技术、网络和服务架构等系统主要技术，网络管理、安全、协议、标准、政策法规，以及设备基础设施等相关问题，每一篇前面都有基础知识讲解，方便读者自学，每章后都附有大量的工程应用习题及解答，可以帮助读者巩固所学内容。

本书适合作为无线通信工程行业就业认证考试及电子信息类新工科建设工程系列教材，适合从事无线通信工程技术的研究以及相关工作人员阅读，也可作为通信工程及相关专业高年级本科生、研究生和教师的参考用书。

译 者 序

无线通信已经成为当代人们对信息多样化需求的重要工具，以大家都在迫切期待的5G通信为例，应用规模的扩大、领域的多向延伸，对无线通信的要求会越来越高，会有越来越多的新工程问题需要解决，也会促使相应的工程理论不断发展，这些都是解决无线通信工程广泛应用的根本所在。因此，对无线通信工程技术及工程理论的不断研究、积累、发展变得越来越重要。

本书主要从工程应用的角度，对基础理论、射频工程、无线接入、网络架构及标准形成等相关原理及应用进行讨论。全书共分为五篇，第一篇介绍了电子、电路、信号与系统等无线通信工程应用的基础理论知识；第二篇介绍了射频、天线和传播工程，主要包括电磁数学基础、无线电工程、天线及传播模型等；第三篇介绍了数字通信信号处理基础、无线接入技术、组件技术、空中接口实例等内容；第四篇介绍了网络与服务架构，主要包括网络架构、融合、核心网方向及服务架构等网络工程问题；第五篇介绍了工程应用相关问题，主要包括网络管理、安全、内构设施及标准与政策等。

本书原作者是IEEE通信学会组建的实践分析工作组的一员，内容与IEEE无线通信工程技术（WCET）认证计划大纲紧密相关，一个最显著的特点是工程性强，涵盖了无线通信工程应用的各个方面，配套了许多有趣的工程应用习题并附有解答，非常适合电子信息类专业的高年级本科生、研究生及相关工程技术人员提升学习及作为行业资格认证考试参考用书，也可作为通信工程专业的工程技术系列教材。

全书主要由北方工业大学的白文乐老师翻译并统校全稿，另有肖宇、姜武希做初期整理及校对，并对原著中的部分公式做了校正，北京工商大学王晓庆博士也对后期部分翻译做了校对。

本书的翻译及出版得到了2019年北京市高校电子信息类专业群建设项目的资助。

由于译者水平有限，加之时间仓促及经验不足，书中难免存在不妥之处，请读者谅解，并提出宝贵意见与建议。

译　者
2019 年 4 月

原书序

无线通信是当今最先进、发展最快的技术之一。现代无线领域产生了一系列新技术，例如，移动电话和 Wi-Fi 网络，具有巨大的社会和经济价值，而且渗透到市场中的各个角落。这些发展反过来又为那些了解无线技术基本原理的工程师们提供了大量需求，他们可以帮助推动这一领域的发展，以满足未来对无线服务和容量的更高要求。这些理解需要几个不同领域无线技术的基础知识：射频物理学及设备，通信系统与工程和通信网络结构。

本书由 IEEE 通信学会无线通信工程技术认证计划牵头倡导，对广泛的基本原理提供了优秀的论述。本书进一步对基础学科进行了回顾，如电路、信号与系统等，同时也覆盖了几门深层次课程，例如网络管理、安全性和监管。这种覆盖的广度和深度组合使本书成为一本适合学生及工程师的参考书籍，同时本书也可以作为想在某个特定领域深入学习的研究人员的启蒙书。本书是无线通信技术领域教材的一个非常受欢迎的补充。

H. Vincent Poor
新泽西，普林斯顿

原 书 前 言

本书对无线通信工程技术应用进行了广泛的介绍，涉及的领域从射频、天线和传播算法到无线接入技术、网络服务架构，再到其他的主题，比如网络管理和网络安全、网络协议、网络标准、网络政策法规以及设备基础设施。

每位作者都要回答两个主要问题：①本书涵盖的范围是什么？包括主题的广度以及每个主题、重点、观点所探讨的深度，和读者对先验知识的假设等；②本书的受益群体是谁？本书作者很荣幸成为IEEE通信学会组建的实践分析工作组的一员，负责起草IEEE通信学会的无线通信工程技术（WCET）认证计划的大纲和考试规范。本书内容是与WCET认证计划的大纲紧密相关的。

本书的读者主要包括以下三类：

1）希望了解更广泛并且更实用的无线通信工程技术的读者，包括从理论知识到实际应用层面。例如，有几年工作经验的无线通信技术工程师发现自己的知识储备虽然已经较深地涉及无线通信系统的一个或两个方面，但是却没有学习到最前沿的无线通信系统的其他方面。本书可以帮助这些工程师了解如何让他们的工作适应更宽泛的场景，以及如何让他们将研究的整个系统中特定的部分和其他部分相联系。

2）电气工程师或者对无线通信感兴趣的计算机科学专业的学生，他们可能有兴趣去了解如何把课上学习的看似枯燥、抽象的理论知识应用到现实的无线通信系统中去。

3）正在考虑通过参加WCET考试成为无线通信认证专家的读者。这些读者包括那些不确定是否参加考试，在了解过考试范围之后再做决定的读者。

我希望本书能够成为对以上三类读者有用的参考资料。对于上述第三类读者，即参加WCET考试的读者可以关注几个可能有用的附录，包括本书中讨论的一系列WCET专业术语表中的公式。但是，本书中的其他内容对于上述读者群体同样有益。

本书分为五篇，第一篇是预备知识，接下来的三篇涵盖了无线通信系统的重要领域：①射频、天线和传播；②无线接入技术；③网络与服务架构。第四、五篇介绍了其他主题。本书的第二、三、四篇均以介绍性的一章开头，包含了必要的基本知识，接下来的三章更为深入地探讨了特定的主题。作者尽量更好地安排这些材料，以便在这一领域介绍章节中所涵盖内容的基础上，更为深入地介绍特定的主题。这是为了帮助那些在这一领域是新手或者不太熟悉相关知识的学生，通过仔细阅读介绍性的内容及随后章节，可以更加顺利地自学。例如，在书中存在大量和其他学科交叉的参考注释，以便于让那些在阅读过程中依赖于某些基础知识的学生可以在相关的介绍性章节中看到基础知识的涵盖范围。此外，参考文献可能是来自于相关的介绍性章节，其中更为详细地介绍了特定主题的部分，当看到这些内容在后面如何应用时，有助于学生对介绍性章节材料的理解。

无线通信工程师应该掌握的技术知识是很广泛的，实际上掌握一本书中的所有知识是很困难的，更不用说涵盖让所有读者满意的并且有深度的内容。在本书中，我们试图选出一些重要的主题，这些主题可以整合成连贯的而且引人入胜的开发主题，而不仅仅是简单地呈现。例如，一些示例的结果将在本书后续的部分和章节中使用。我们也提出了多个概念，这些概念是与自相关函数和正交性有关的，在后续的章节中讨论了这些概念如何帮助解释 CDMA 的基础。

在此感谢 Wiley 出版社的 Diana Gialo、Simone Taylor、Sanchari Sil、Angioline Loredo、Michael Christian 和 George Telecki，他们在我撰写稿件时给予了帮助和指导；感谢编辑 Vincent Lau 博士和 T. Russell Hsing 博士的支持，他们提出了许多有帮助的建议。还要感谢 Wee Lum Tan 博士、Toong Khuan Chan 博士、Choi Look Law 博士、Yuen Chau 博士、HS Wong、Lian Pin Tee、Ir. Imran Mohd Ibrahim 和 Jimson Tseng，他们为本书的某些章节提供了他们深刻且有益的见解。

K. Daniel Wong
斯坦福大学博士、思科认证网络工程师、
思科认证网络高级工程师、**WCP（IEEE）**
于加利福尼亚州帕洛阿尔托

目　录

第一篇 预备知识

第1章 简 介

在本章中，我们简明扼要地讲述了一个广泛且实用的无线通信工程技术的基本主题，在整本书中使用到的所有符号在1.1节中均有介绍，而电路和信号的基本知识将在1.2节进行回顾，包括电路分析、电压或电流信号、交变电流、相量、阻抗和匹配负载的基本原理。在1.3节中复习信号与系统的基本知识，包括线性时不变系统的特性，傅里叶变换和频域的概念，带通信号的表示，以及随机信号的建模。在1.4节中，重点关注信号与系统中通信系统方面的概念。在本章中读者会遇到很多经典电气工程本科课程内容。因此，本章是对知识的回顾，并不意味着读者首次遇到这些知识。

同样地，第2、6、10章也回顾了基本主题，包括以下几个方面：

* 第2章：回顾了电磁学、传输线路和测试等主题，作为射频（RF）、天线和传播的基础。

* 第6章：回顾了数字信号处理、无线链路的数字通信、蜂窝概念、扩频、正交频分多路复用技术等主题，作为无线接入技术的基础。

* 第10章：回顾了基本网络概念、互联网协议（IP）、话务量分析等主题，作为网络和服务架构的基础。

相比于本章，第2、6、10章的主题更具体到特定领域。另外，相比本章中所阐述的内容，我们有选择性地在这些章中深入了解一些细节。

1.1 符号

在本节中，我们讲述本书中所用到的数学符号使用规定。附录 E 提供了符号的列表。

$\mathfrak{R}$ 和 C 分别代表实数和复数，由 $\in$ 代表从属关系（例如，$x \in \mathfrak{R}$ 的意思是 x 是实数）。对于 $x \in C$，我们可以写成 $\mathrm{Re}\{x\}$ 和 $\mathrm{Im}\{x\}$ 分别代表实部和虚部。

$\log$ 代表以 10 为底的对数运算，除非另有说明（例如，$\log_2$ 代表以 2 为底的对数运算），或者表达式是一个有效的基数。

标量，其可以是实数或复数，一般是由斜体类型表示（例如，x，y），而向量和矩阵将被加粗类型来表示（例如：G，H）。我们由 Z^* 表示共轭复数，Z 表示阻抗。我们用 $|x|$ 表示复数 x 的大小。因此 $|x|^2 = xx^*$。

对于 $x \in \mathfrak{R}$，$\lfloor x \rfloor$ 是 $n < x$ 的最大整数。例如 $\lfloor 5.67 \rfloor = 5$，$\lfloor -1.2 \rfloor = -2$。

如果 G 是一个矩阵，G^T 代表其转置。

当我们说矩阵、向量或多项式关于某些事时（例如：指整数），我们所指的要素（或在多项式的情况下的系数）为它的数量或对象数。

如果 $x(t)$ 是随机信号，我们使用 $<x(t)>$ 来表示时间平均，$\overline{x(t)}$ 指的是全体平均。

1.2 基础知识

电气元素（例如，电阻器、电容器、电感器、开关、电压源和电流源）连在一起通常称为电路。如果我们想要"电路"只适用于一个具体的电流流动的封闭回路，那么可使用网络术语。在 1.2.1 节中我们简单回顾一下这种类型的电气网络或电路。注意，我们这里使用的"网"不应该同目前在计算机科学和电信领域中常用的计算机网络和电信网络这些很普遍的用法相混淆（第 9 ~12 章将进一步讨论）。在第 2 章中，我们将看到传输线如何被建模为电路元件（见 2.3.3 节），因此它可以是电气网络和电路的一部分。

在电子网络和电路中，我们也有增益和/或方向性元件，例如半导体器件，它是有源器件（与无源器件相反，其既没有增益也没有方向性）。除了我们在第 3 章中讨论的射频工程，其余这些都是本书范围之外的。即使有射频工程这里也不讨论这些设备的物理特性或者比较不同设备的技术。相反，在射频上我们选择"信号与系统"的视角，并且考虑如有源器件中噪声和元件非线性的影响效果。

1.2.1 基本电路

电荷 Q，被量化为库仑，电流（A）是电荷运动产生的：

$$I = \frac{dQ}{dt} \tag{1.1}$$

电流流动的方向可以用线旁边的箭头来指示。为方便起见，如果电流流动的方向与箭头指示相反，我们可以取负值。

电压（V）就是电势差：

$$V = RI \tag{1.2}$$

与电流一样，电压也与方向相关，它通常被表示为 + 和 - 。+ 比 - 电位高，

电压是从 + 降到 – 。为了方便起见，如果电压是与 + 降到 – 的方向相反，V 可以用负值表示。

- 功率（W）：

$$P = \frac{V^2}{R}, \ P = I^2 R \tag{1.3}$$

- 电阻串联：

$$R = R_1 + R_2 + \cdots + R_n \tag{1.4}$$

- 电阻并联：

$$R = \frac{R_1 R_2 \cdots R_n}{R_1 + R_2 + \cdots + R_n} \tag{1.5}$$

1.2.2 电容和电感

一个电容可以想象为两个平行的板的形式。对于一个容量为 $C(\mathrm{F})$ 的电容，在其两个平行板间加入的电压为 V，就会产生 $+Q$ 和 $-Q$ 两种电荷积聚在两个平行板之间 。

$$Q = CV \tag{1.6}$$

$$I = \frac{\mathrm{d}Q}{\mathrm{d}t} = C\frac{\mathrm{d}V}{\mathrm{d}t} \tag{1.7}$$

电容可以看作一个在直流条件下的开路元件。

- 电容串联：

$$C = \frac{C_1 C_2 \cdots C_n}{C_1 + C_2 + \cdots + C_n} \tag{1.8}$$

- 电容并联：

$$C = C_1 + C_2 + \cdots + C_n \tag{1.9}$$

电感通常是一个线圈的形式。对于一个电感量为 L（H）的电感，电流的变化 $\mathrm{d}I/\mathrm{d}t$ 引起电感两端的电压为 V：

$$V = L\frac{\mathrm{d}I}{\mathrm{d}t} \tag{1.10}$$

电感可看作直流条件下的短路元件。

- 电感串联：

$$L = L_1 + L_2 + \cdots + L_n \tag{1.11}$$

- 电感并联：

$$L = \frac{L_1 L_2 \cdots L_n}{L_1 + L_2 + \cdots + L_n} \tag{1.12}$$

由式（1.3），一个理想的电容或电感没有任何阻抗，不消耗任何功率的热量。然而，对于一个真正的电感的实用模型是串联一个理想电阻与理想电感，并且它们都与同一个理想的电容并联连接。

1.2.3　电路分析基础

电路中的节点是两个或多个电路元件相连接的地方。一个完整的循环或封闭的路径是连续路径，开始和结束在同一个节点。

基尔霍夫电流定律

所有流入流出节点电流的代数和恒等于零。如果其中一个或者其他几个电流是正值，那么至少需要一个电流为负值。或者可以说，所有的电流输入节点的总和等于当前所有离开节点的总和。

基尔霍夫电压定律

在任何一个闭合回路中，所有电压降的代数和恒等于零。如果其中一个或者其他几个电压降是正值，那么至少需要一个电压降为负值。

1.2.3.1　等效电路

通常，一个子电路通过一对节点连接到电路的其余部分，我们感兴趣的是穿过这些节点的电压和电流是多少，而不是如何实际应用中实现子电路。诺顿和戴维南等效电路可用于任何线性要素组成的电路。一个戴维南等效电路包括一个电压源 V_T，串联一个电阻 R_T。一个诺顿等效电路包括一个电流源 I_N，并联一个电阻 R_N。通过简单的转换，戴维南等效电路可以被转换为诺顿等效电路，反之亦然。

1.2.4　电压或电流信号

电压或电流可以被解释成一个信号（例如，用于通信目的）。我们通常写 t 是明确强调它是 t 的函数［例如，$v(t)$ 或 $i(t)$ 分别代表电压信号或电流信号］。

若 $x(t)$ 是一个信号，我们说 $x(t)$ 是

- 一个能量信号，如果

$$0 < \int_{-\infty}^{\infty} x^2(t)\,dt < \infty \tag{1.13}$$

- 一个功率信号，如果

$$0 < \lim_{T \to \infty} \frac{1}{T} \int_{-\infty}^{\infty} x^2(t)\,dt < \infty \tag{1.14}$$

周期信号是一个可以找到 $T \in \mathfrak{R}$，且这样最小的 T 被称为该信号的周期。

$$x(t) = x(t+T) \qquad -\infty < t < \infty \tag{1.15}$$

信号持续时间是从不可忽略时开始到可以忽略时结束的间隔⊖。因此，信号可以是有限长也可以是无限长的。

⊖　我们说的不可忽略不是指信号持续时间外没有非零点。——原书注

正弦信号

任何一个正弦波都是一个单变量函数（比如，时间变量 t，在 2.1.1.4 节中我们看到正弦波是时间和空间变量的函数），可以写作

$$A\cos(\omega t + \phi) = A\cos(2\pi ft + \phi) = A\sin(2\pi ft + \phi + \pi/2) = A\angle\phi \quad (1.16)$$

式中，A 是幅度（$A \in \mathfrak{R}$）；ω 是角频率（rad/s）；f 是频率（Hz）；ϕ 是相位角。其中最后一个等式是速记符号 $A\angle\phi$，当 f 与正弦参考时间已知时可以使用。周期 T 是

$$T = \frac{1}{f} = \frac{2\pi}{\omega} \quad (1.17)$$

连续波调制信号

连续波的调制信号是一个基于通信信息以某种特定方式调制（改变）的正弦信号，大多数通信信号是基于连续波调制，我们会在 1.4 节中重点展开这个重要主题。

特殊信号

数字信号连续时间表示的基本构建模块是矩形脉冲函数，一个矩形函数表示如下：

$$\Pi(t) = \begin{cases} 1 & |t| \leqslant 1/2 \\ 0 & |t| > 1/2 \end{cases} \quad (1.18)$$

三角波信号也是常用的，但不很频繁，它被表示为

$$\Lambda(t) = \begin{cases} 1 - |t| & |t| \leqslant 1 \\ 0 & |t| > 1 \end{cases} \quad (1.19)$$

$\Pi(t)$ 和 $\Lambda(t)$ 如图 1.1 所示。

sinc 信号由式（1.20）给出，即

$$\text{sinc}(t) = \begin{cases} (\sin\pi t)/\pi t & |t| \neq 0 \\ 1 & |t| = 0 \end{cases} \quad (1.20)$$

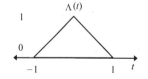

图 1.1　$\Pi(t)$ 和 $\Lambda(t)$ 函数

尽管它可以非正式地表示为 $(\sin\pi t)/\pi t$，但 $(\sin\pi t)/\pi t$ 实际上在 $t = 0$ 时是不确定的，而 $\text{sinc}(t)$ 在 $t = 0$ 时为 1。sinc 函数在通信中很常见，因为它是矩形脉冲信号的傅里叶变换。应注意在一些领域（例如，数学），$\text{sinc}(t)$ 可以被定义为 $\sin(t)/t$，但在这里使用的是我们的定义，它是通信和信号处理的标准。sinc 函数如图 1.2 所示。

分贝

当信号变化范围随幅度多阶次变化时，有时使用对数比例更方便一些，如

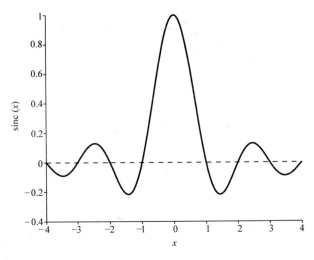

图 1.2　sinc 函数

在通信系统中的信号幅值和功率随幅度多阶次变化。这种情况下使用对数比例的标准方式是用分贝（dB）表示，对任何信号的电压或电流信号 $x(t)$ 定义为

$$10\log x^2(t) = 20\log x(t) \tag{1.21}$$

如果信号 $s(t)$ 是已知的功率，而不是电压或电流，则我们不需要将其转换为一个功率，所以我们只需要做 $10\log s(t)$。如果功率大小用瓦特（W）表示，它有时也被写作 dBW，而如果是毫瓦（mW），它可以被写成 dBm。这样可以避免在我们要指定一个无量纲数 A 时产生歧义，用分贝则表示为 $10\log A$。

1.2.5　交变电流

随着交变电流的变化，电压源或电流源产生了随时间变化的信号。式（1.3）是指瞬时功率，这取决于信号的瞬时值。令 $v(t) = V_0\cos 2\pi ft$，其中，V_0 是最大电压（相应地 I_0 为最大电流），则平均有效功率 P_{av} 是

$$P_{av} = \frac{V_0^2}{2R}, \quad P_{av} = \frac{I_0^2 R}{2} \tag{1.22}$$

式（1.22）可以由直接在一个周期内的平均瞬时功率来获得，或者通过电压和电流方均根有效值的概念。方均根电压定义为任何周期信号（而不仅仅是周期性正弦）为

$$V_{rms} = \sqrt{\frac{1}{T}\int_0^T v^2(t)\,\mathrm{d}t} \tag{1.23}$$

从而有（对于任何周期信号，而不仅仅是周期性正弦信号）

$$P_{av} = \frac{V_{rms}^2}{R}, \quad P_{av} = I_{rms}^2 R \tag{1.24}$$

这类似于式（1.3）。对正弦时变信号，进一步得到

$$V_{\text{rms}} = \frac{V_0}{\sqrt{2}} \ , \ I_{\text{rms}} = \frac{I_0}{\sqrt{2}} \tag{1.25}$$

1.2.6 相量

当用到正弦信号时，用相量来表示信号常常很方便。振幅、相位和频率这3个量中，相量仅仅能表示振幅和相位，频率是固有的。

从正弦曲线开始［见式（1.16）］，并且运用欧拉恒等式［见式（B.1）］，我们得到

$$A\cos(2\pi ft + \phi) = A\Re\left\{e^{j(2\pi ft + \phi)}\right\} = \Re\left\{Ae^{j(2\pi ft + \phi)}\right\} \tag{1.26}$$

我们仅去掉 $e^{j2\pi ft}$ 并省略我们需要取实部的提示得到一个相量：

$$Ae^{j\phi} \tag{1.27}$$

或者，我们可以类似写出等价形式，即

$$A(\cos\phi + j\sin\phi) \tag{1.28}$$

其也被称为相量。在任一种情况下，我们都可以看到，相量是原始正弦曲线的一个复数表示，而且，很容易通过与 $e^{j2\pi ft}$ 相乘找回原始正弦曲线，并取实部。功率提示和用相量表示工作的方便性可以通过考虑相量微分和积分看出。关于时间 t 的微分与积分很容易看出是分别用 $j2\pi f$ 简单的乘除法。

旋转相量

有时我们可以认为它是一个相量，而不是作为在复平面上的静止点，但作为旋转体，其旋转频率为 f 转/s（围绕复平面），或者 ω rad/s。这与 $e^{j2\pi ft}$ 项的隐含的相量相一致。它的旋转方向如图1.3所示。

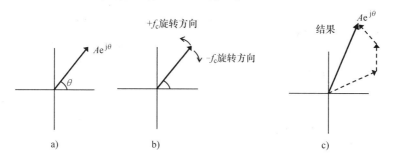

图1.3 a）复平面相量 b）旋转相量和旋转方向 c）相量的矢量加法

相量关系的常见表达方式

返回到如式（1.2）或式（1.3）的关系，我们发现没有什么区别，如果 $v(t)$、$i(t)$ 分别表示为相量；然而对于电容和电感我们有

$$I = j2\pi fCV \text{ 和 } V = j2\pi fLI \tag{1.29}$$

因此，我们对旋转相量而言，从式（1.29），我们看到对于一个电容器，I 比 V 角度超前 $90°$，所以 I 会超前 V（V 滞后 I），而对于一个电感器，V 超前 I（I 滞后于 V）。

同时，基尔霍夫定律对于相量会采取的形式与非相量相同，所以它们可以继续适用。戴维南和诺顿等效电路也可以适用，这产生了阻抗，我们接下来会讨论这个概念。

1.2.7　阻抗

从式（1.29）可以看出用相量表示，电阻、电感和电容都具有相同的形式：

$$V = ZI \tag{1.30}$$

从而阻抗 Z 的概念出现了，其中 Z 为 R 的阻抗，$j2\pi fL$ 为感抗，$1/j2\pi fC$ 为容抗，它们和 Z 的单位均用欧姆（Ω）表示，阻抗 Z 的复数部分也被称为电抗。

阻抗是一个非常有用的概念。例如，戴维南和诺顿的等效电路中相量是以相同的方式工作，所不同的是阻抗代替的是电阻。

1.2.8　匹配负载

对于由戴维南等效电压 V_T 和戴维南等效阻抗 Z_T 代表的线性电路，最大功率传递到负载 Z_L

$$Z_L = Z_T^* \tag{1.31}$$

（注意：在方程中，这是 Z_T 的复共轭，不是 Z_T 本身）。这个结果可以通过写 Z_L 和 Z_T 的功率表达式来获得，对负载电阻和负载电抗取偏导数，并且两个都设置为 0。

1.3　信号与系统

类似地，假设我们有一个系统（例如，电路），有一个输入值 $x(t)$ 和一个输出 $y(t)$。让 → 表示该系统的运算方向 ［例如，$x(t) \to y(t)$］。假设我们有两个不同的输入，$x_1(t)$ 和 $x_2(t)$，使得 $x_1(t) \to y_1(t)$ 和 $x_2(t) \to y_2(t)$。令 a_1 和 a_2 是任意两个标量。当且仅当满足下式（1.32）时，该系统是线性的，

$$a_1 x_1(t) + a_2 x_2(t) \to a_1 y_1(t) + a_2 y_2(t) \tag{1.32}$$

由式（1.32）表示的现象可以解释为线性系统的可叠加性质。例如，假定我们知道系统对不同正弦信号的响应知识，就可知道系统对正弦信号的任何线性组合的响应。这使得傅里叶分析（1.3.2 节）非常有用。

当且仅当满足下式（1.33）时，该系统是时不变的，

$$x(t - t_0) \to y(t - t_0) \tag{1.33}$$

该系统是线性且时不变系统，被称为 LTI（线性时不变）系统。

系统是稳定的，即如果输入信号是有界的，那么其输出信号也是有界的。

系统是因果关系，即在相应的输入之前不会有任何的结果输出。

1.3.1 冲激响应、卷积和滤波

一个冲激（或单位冲激）信号被定义为

$$\delta(t) = \begin{cases} 1, & t = 0 \\ 0, & t \neq 0 \end{cases} \tag{1.34}$$

并且

$$\int_{-\infty}^{\infty} \delta(t) = 1 \tag{1.35}$$

严格地说，$\delta(t)$ 不是一个函数，但在数学上严格要求检测理论和广义函数理论。$\delta(t)$ 也可以被认为是

$$\lim_{T \to \infty} T\Pi(tT) \tag{1.36}$$

因此，我们通常认为它是极限情况下的一个窄脉冲，其面积为 1。

所有的 LTI 系统，其特征为它们的冲激响应。冲激响应中 $h(t)$ 是当输入的是冲激信号时的输出，即

$$\delta(t) \to h(t) \tag{1.37}$$

卷积：一个 LTI 系统冲激响应的输出为 $h(t)$，假定输入为 $x(t)$，是

$$y(t) = h(t) * x(t) = \int_{\tau=-\infty}^{\tau=\infty} x(\tau)h(t-\tau)\mathrm{d}\tau = \int_{\tau=-\infty}^{\tau=\infty} h(\tau)x(t-\tau)\mathrm{d}\tau \tag{1.38}$$

LTI 系统的输出如图 1.4 所示。

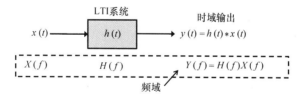

图 1.4 LTI 系统的数学模型

从式（1.38）看出，当把一个信号 $x(t)$ 输入到 LTI 系统，我们可以认为系统滤波输入，产生输出 $y(t)$，$h(t)$ 可被描述为滤波器的冲激响应。尽管滤波器用在无线发射器和接收器的射频和基带部分，$h(t)$ 同样可以很好地表示通信信道的冲激响应（例如，有线或无线链路），在这种情况下，我们可以称之为信道响应或者简称为信道。

1.3.1.1 自相关

有时量化信号在一个时间点和它自身在某个时间点上的相似性是有用的，

自相关即具有这种特性。如果 $x(t)$ 是一个复值的能量信号（一个实值信号是一个复值信号的一个特例，其中虚部是零，信号的复共轭等于信号本身），我们定义的自相关函数 $R_{xx}(\tau)$ 为

$$R_{xx}(\tau) = \int_{-\infty}^{\infty} x(t) x^*(t+\tau) \mathrm{d}t \qquad -\infty < \tau < \infty \qquad (1.39)$$

对于周期为 T_0 的复值周期性功率信号

$$R_{xx}(\tau) = \frac{1}{T_0} \int_{-T_0/2}^{T_0/2} x(t) x^*(t+\tau) \mathrm{d}t \qquad -\infty < \tau < \infty \qquad (1.40)$$

通常，而对于复值功率信号

$$R_{xx}(\tau) = \lim_{T \to \infty} \frac{1}{T} \int_{-T/2}^{T/2} x(t) x^*(t+\tau) \mathrm{d}t \qquad -\infty < \tau < \infty \qquad (1.41)$$

1.3.2 傅里叶分析

傅里叶分析是指相关技术的一个集合：

- 一个信号可以被细分为正弦分量（分析）。
- 一个信号可以由正弦分量（合成）来构建。

这对于线性系统的研究很有用，因为通过使用叠加原理可以研究系统对这一大类信号的影响（注意：此处的分析可以指信号分解成正弦分量，或指这些相关技术的广泛集合）。

各种傅里叶变换被应用于分析中，以及其逆变换被应用于合成，这取决于所涉及的信号类型。大多数实际应用中，时域信号和它的傅里叶变换之间有一对一的关系，因此我们可以把傅里叶变换的信号认为是信号的不同表示。我们通常认为是有时域和频域两个域。傅里叶变换最典型的是将信号的时域变换为频域表示，而其逆变换是信号的频域变换为时域表示。

1.3.2.1 （连续）傅里叶变换

一个信号 $x(t)$ 的（连续）傅里叶变换由式（1.42）给出：

$$X(f) = \int_{-\infty}^{\infty} x(t) \mathrm{e}^{-\mathrm{j}2\pi ft} \mathrm{d}t \qquad (1.42)$$

其中，$\mathrm{j} = \sqrt{-1}$，傅里叶逆变换由式（1.43）给出：

$$x(t) = \int_{-\infty}^{\infty} X(f) \mathrm{e}^{\mathrm{j}2\pi ft} \mathrm{d}f \qquad (1.43)$$

表1.1 给出了一些基本的傅里叶变换。

表1.1　傅里叶变换对[1]

时域 $x(t)$	频域 $X(f)$
$\delta(t)$	1
1	$\delta(f)$

（续）

时域 $x(t)$	频域 $X(f)$
$\delta(t - t_0)$	$e^{-j2\pi f t_0}$
$e^{\pm j2\pi f_0 t}$	$\delta(f \mp f_0)$
$\cos 2\pi f_0 t$	$\dfrac{1}{2}[\delta(f - f_0) + \delta(f + f_0)]$
$\sin 2\pi f_0 t$	$\dfrac{1}{2j}[\delta(f - f_0) - \delta(f + f_0)]$
$u(t) = \begin{cases} 1 & t > 0 \\ 0 & t < 0 \end{cases}$	$\dfrac{1}{2}\delta(f) + \dfrac{1}{j2\pi f}$
$e^{-at}u(t), a > 0$	$\dfrac{1}{a + j2\pi f}$
$te^{-at}u(t), a > 0$	$\dfrac{1}{(a + j2\pi f)^2}$
$e^{-a\lvert t\rvert}, a > 0$	$\dfrac{2a}{a^2 + (2\pi f)^2}$
$\Pi\left(\dfrac{t}{T}\right)$	$T \operatorname{sinc} fT$
$B \operatorname{sinc} Bt$	$\Pi\left(\dfrac{f}{B}\right)$
$\Lambda\left(\dfrac{t}{T}\right)$	$T \operatorname{sinc}^2 fT$
$\displaystyle\sum_{k=-\infty}^{\infty} \delta(t - kT)$	$\dfrac{1}{T}\displaystyle\sum_{n=-\infty}^{\infty} \delta\left(f - \dfrac{n}{T}\right)$

① $\Pi(t)$ 和 $\Lambda(t)$ 是 1.2.4 节定义的矩形和三角函数。$\displaystyle\sum_{k=-\infty}^{\infty} \delta(t - kT)$ 也称作一个脉冲串。

1.3.2.2 傅里叶级数

对于周期为 T 的周期信号 $x(t)$，傅里叶级数（指数形式）的系数是集合 $\{c_n\}$，其中 n 的范围是所有整数，c_n 由式（1.44）给出：

$$c_n = \frac{1}{T}\int_{-T/2}^{T/2} x(t) e^{-j2\pi f_0 nt} dt \tag{1.44}$$

其中，$f_0 = 1/T$，$x(t)$ 的傅里叶级数表示由式（1.45）给出：

$$x(t) = \sum_{n=-\infty}^{\infty} c_n e^{j2\pi f_0 nt} \tag{1.45}$$

1.3.2.3 变换之间的关系

（连续）傅里叶变换可看作是在 T 趋于 ∞ 情况下的傅里叶级数的极限，并将该信号变为非周期信号。由于 $f_0 = 1/T$，令 $f = nf_0 = n/T$。使用式（1.44），则

$$\lim_{T\to\infty} c_n T = \lim_{T\to\infty}\int_{-T/2}^{T/2} x(t) e^{-j2\pi nt/T} dt$$

$$= \int_{-\infty}^{\infty} x(t) e^{-j2\pi ft} dt$$

$$= X(f) \tag{1.46}$$

由于 $1/T$ 的极限趋于零，可以把 $1/T$ 写为 Δf。$\Delta f \to 0$ 看作 $T \to \infty$。然后式（1.45）可写为

$$
\begin{aligned}
x(t) &= \sum_{n=-\infty}^{\infty} T \frac{1}{T} c_n e^{j2\pi f_0 nt} \\
&= \sum_{n=-\infty}^{\infty} (c_n T) e^{j2\pi n f_0 t} \frac{1}{T} \\
&= \sum_{n=-\infty}^{\infty} (c_n T) e^{j2\pi n(\Delta f)t} \Delta f
\end{aligned} \tag{1.47}
$$

$$
\lim_{\Delta f \to 0} x(t) = \int_{-\infty}^{\infty} X(f) e^{j2\pi ft} df \tag{1.48}
$$

其中最后一步用式（1.46）替换。

1.3.2.4　傅里叶变换的性质

表 1.2 列出了傅里叶变换中一些有用的特性。从表 1.1 中我们可以推算出许多傅里叶变换，结合已知的傅里叶变换的特性，并且逆变换无需进行积分，如式（1.42）或式（1.43）所示。

表 1.2　傅里叶变换的性质

概念	时域 $x(t)$	频域 $X(f)$
尺度展缩	$x(at)$	$\dfrac{1}{\|a\|} X\left(\dfrac{f}{a}\right)$
时移	$x(t-t_0)$	$X(f) e^{-j2\pi f t_0}$
频移	$x(t) e^{j2\pi f_0 t}$	$X(f-f_0)$
调制	$x(t)\cos(j2\pi f_0 t + \phi)$	$\dfrac{1}{2}\left[X(f-f_0) e^{j\phi} + X(f+f_0) e^{-j\phi} \right]$
时域微分	$\dfrac{d^n x}{dt^n}$	$(j2\pi f)^n X(f)$
时域卷积	$x(t) * y(t)$	$X(f) Y(f)$
时域相乘	$x(t) y(t)$	$X(f) * Y(f)$
共轭	$x^*(t)$	$X^*(-f)$

1.3.3　频域概念

一些频域的概念是对通信系统基本的理解。对频域概念的注释如下：

● 从旋转相量角度来看，$e^{j2\pi f_0 t}$ 是一个周期为 f_0 的旋转相量。但 $F[e^{j2\pi f_0 t}] = \delta(f-f_0)$。因此，形式 $\delta(f-f_0)$ 的频域分量对于任何频率 f_0 均可以被看作旋转

相量。

- 负频率可以被看作是旋转相量按顺时针方向旋转，而正频率则看作逆时针旋转。

- 对于 LTI 系统，$Y(f) = X(f)H(f)$，其中 $Y(f)$、$X(f)$ 和 $H(f)$ 分别是输出信号、输入信号和冲激响应的傅里叶变换。参见图 1.4。

1.3.3.1　功率谱密度

功率谱密度（Power Spectral Density，PSD）是一种能够看到信号功率在频域中是怎样分布的手段。我们已经看到周期性的信号可以写成傅里叶级数〔如式（1.45）〕。类似地，周期信号 $S_x(f)$ 的 PSD 也可以表示为傅里叶级数：

$$S_x(f) = \frac{1}{T}\sum_{n=-\infty}^{\infty} |c_n|^2 \delta\left(t - \frac{n}{T}\right) \tag{1.49}$$

其中，c_n 是傅里叶级数的系数，由式（1.44）给出。

对于非周期性的功率信号值 $x(t)$，令 $x_T(t)$ 由 $x(t)$ 得到

$$x_T(t) = x(t)\Pi(t/T) \tag{1.50}$$

$x_T(t)$ 是一个能量信号，其傅里叶变换为 $x_T(f)$，其的能谱密度 $|x_T(f)|^2$。$x(t)$ 的功率谱密度可以被定义为

$$S_x(f) = \lim_{T\to\infty}\frac{1}{T}|x_T(f)|^2 \tag{1.51}$$

或者，可以应用维纳 - 辛钦定理，其中指出

$$S_x(f) = \int_{-\infty}^{\infty} R_{xx}(\tau)\mathrm{e}^{-\mathrm{j}2\pi ft}\mathrm{d}\tau \tag{1.52}$$

换句话说，PSD 是简单的自相关函数的傅里叶变换。它可以表明，式（1.51）和式（1.52）是等效的，任一个可以被定义为 PSD，且其可以证明是等价的。而式（1.51）强调与信号的傅里叶变换相关，式（1.52）凸显其与自相关函数相关。

需要注意的是维纳 - 辛钦定理不管 $x(t)$ 是否是周期性的均适用。因此在 $x(t)$ 为周期 T 的情况下，显然 $R_{xx}(\tau)$ 同时也是周期性的。令 $R'_{xx}(t)$ 在一个周期内等于 $R_{xx}(t)$，$0 \leq t \leq T$，其他地方为零，令 $S'_x(f)$ 是 $R_{xx}(t)$ 的功率谱。注意

$$\begin{aligned}R_{xx}(t) &= \sum_{k=-\infty}^{\infty} R'_{xx}(t - kT)\\ &= \sum_{k=-\infty}^{\infty} R'_{xx}(t) * \delta(t - kT)\\ &= R'_{xx}(t) * \sum_{k=-\infty}^{\infty} \delta(t - kT)\end{aligned} \tag{1.53}$$

则

$$S_x(f) = F(R_{xx}(\tau))$$

$$= F\left(R'_{xx}(t) * \sum_{k=-\infty}^{\infty} \delta(t-kT)\right)$$

$$= F(R'_{xx}(t))F\left(\sum_{k=-\infty}^{\infty} \delta(t-kT)\right)$$

$$= S'_x(f)\frac{1}{T}\sum_{n=-\infty}^{\infty} \delta\left(f-\frac{n}{T}\right) \qquad (1.54)$$

单边与双边 PSD

我们现在一直在讨论的 PSD 都是双边 PSD，其有正负两个频率。它反映了一个事实是真正的正弦波（例如，余弦波）是两个复正弦曲线以相同的频率以相反方向旋转形成的（因此有正和负频率）。单边 PSD 是不具有负频率成分的，并且其正频率分量是双边 PSD 的两倍。单边 PSD 在某些情况下是有用处：例如，对噪声功率计算。

1.3.3.2　信号带宽

在时域中我们有一个信号时延的概念（见 1.2.4 节），类似在频域中我们有带宽的概念。带宽的第一个尝试定义可能是从当信号开始不可忽略到停止不可忽略的频率间隔或范围（从低频到高频扫描时）。这并不是精确的，但可以通过各种方式被量化，例如：

- 3dB 带宽或主瓣半功率带宽；
- 噪声等效带宽（见 3.2.3.2 节）。

通常，很容易找到一个正确的方法来定义带宽，但找到一个特定情况下的有效方法来定义带宽却是个问题。

带宽从根本上与信道容量的著名公式有关

$$C = B\log\left(1+\frac{S}{N}\right) \qquad (1.55)$$

对数的底数确定容量的单位。特别地，对于容量单位 bit/s，

$$C = B\log_2\left(1+\frac{S}{N}\right) \qquad (1.56)$$

为了以 bit/s 获得容量，我们使用式（1.56），且 B 的单位为 Hz，S/N 是线性比例（不以 dB 为单位）。

容量的这个概念被称为香农容量。随后（例如，见 6.3.2 节），我们将看到容量的其他概念。

1.3.4　带通信号及相关概念

因为带通信号大部分频谱在载波频率附近，对于 f_c，可以被写到包络和相

位表的表达式中：

$$x_b(t) = A(t)\cos[2\pi f_c t + \phi(t)] \tag{1.57}$$

式中，$A(t)$ 和 $\phi(t)$ 分别代表缓慢变化的包络和相位。

大多数通信信号在所述通信介质中都是连续波的调制信号，其本质往往是带通信号。

1.3.4.1 同相/正交描述

带通信号 $x_b(t)$ 可以用包络和相位的形式表示，如我们所看到的。我们可以通过用式（A.8）展开余弦项，得到

$$\begin{aligned} x_b(t) &= A(t)[\cos(2\pi f_c t)\cos\phi(t) - \sin(2\pi f_c t)\sin\phi(t)] \\ &= x_i(t)\cos(2\pi f_c t) - x_q(t)\sin(2\pi f_c t) \end{aligned} \tag{1.58}$$

其中 $x_i(t) = A(t)\cos\phi(t)$ 为同相分量，$x_q(t) = A(t)\sin\phi(t)$ 为正交分量。而后在 6.1.8.1 节中，我们证明同相和正交分量是正交的，所以可以使用传输相互不干扰独立的比特位。

如果我们令 $X_i(f) = F[x_i(t)]$，$X_q(f) = F[x_q(t)]$ 和 $X_b(f) = F[x_b(t)]$，得

$$X_b(f) = \frac{1}{2}[X_i(f+f_c) + X_i(f-f_c)] - \frac{j}{2}[X_q(f+f_c) - X_q(f-f_c)] \tag{1.59}$$

1.3.4.2 低通等效

带通信号另一种有用的表示，被称为低通等效或复包络表示。用包络和相位表示为低通等效类似于将一个旋转相量表示为一个（非旋转）相量；因此我们有

$$x_{1p}(t) = A(t)e^{j\phi(t)} \tag{1.60}$$

这类似于式（1.27）。在其他一些书籍中给定另一种定义是

$$x_{1p}(t) = \frac{1}{2}A(t)e^{j\phi(t)} \tag{1.61}$$

不同的是系数是 1/2。[这个问题只是一种惯例，可以坚持用式（1.60）]。

低通等效信号由相关的同相和正交分量表示

$$x_{1p}(t) = x_i(t) + jx_q(t) \tag{1.62}$$

我们也有

$$x_b(t) = \Re[x_{1p}(t)e^{j2\pi f_c t}] \tag{1.63}$$

在频域中，低通等效信号为所述带通信号的正频率部分，可以转换为直流（零频）：

$$\begin{aligned} X_{1p}(f) &= [X_i(f) + jX_q(f)] \\ &= 2X_b(f+f_c)u(f+f_c) \end{aligned} \tag{1.64}$$

式中，$u(f)$ 为阶跃函数（当 $f < 0$ 时为 0，当 $f \geq 0$ 时为 1）。

有意思的是，我们可以用低通等效信号表示滤波器或传递函数，如

$$Y_{1p}(f) = H_{1p}(f) X_{1p}(f) \tag{1.65}$$

其中

$$H_{1p}(f) = H_b(f+f_c) u(f+f_c) \tag{1.66}$$

1.3.5 随机信号

在设计精良的通信系统中，信号到达接收机端时是随机的，因此使用工具分析随机信号是很重要的。我们假设读者有一定的基本概率论知识，包括概率分布密度函数、分布函数和期望[4]。

一个随机变量可以被定义为从样本空间到可能值范围的映射。样本空间可以被认为是该组实验的所有结果。我们用 Ω 表示样本空间，让 ω 代表在样品空间中的每个可能结果的变量。例如，我们考虑一个扔硬币实验的结果，无论是正面还是反面，我们都可以定义一个随机变量

$$X(\omega) = \begin{cases} 1 & \omega = 正面 \\ 2 & \omega = 反面 \end{cases} \tag{1.67}$$

其中 ω 的域是 {正面，反面} 的集合。如果 $P(正面) = 2/3$ 则 $P(反面) = 1/3$，则 $P(X=1) = 2/3$ 和 $P(X=2) = 1/3$。X 的均值（也称为平均或预期值）是 $(2/3)(1) + (1/3)(2) = 4/3$。需要注意的是，为简单起见我们省略 ω，仅写 X。

1.3.5.1 随机过程

现在我们不仅仅考虑 ω 是一个值的情况下只映射在样本空间中的每个点，而是映射每个 ω 为一个函数。需要强调的是，映射到一个函数，并因此和标准正态随机变量不一样，它被称为随机过程。它也可以被称为随机函数，但是可能与随机变量相混淆，因此，最好在一般情况下坚持用随机变量，而在映射到一个函数时用随机过程。根据不同的应用，我们可以把随机过程看作随机信号。

例如，一个随机过程可能是由正弦曲线与随机相位定义（例如，这是一个介于 0 和 2π 均匀分布的相位）：

$$x(t,\omega) = \cos(2\pi ft + \phi) \tag{1.68}$$

式中，$\phi(\omega)$ 是均匀分布在 0 和 2π 的随机变量（为方便起见，我们通常省略写成 ω）。在无线通信中的随机过程通常包括时间变量 t 和/或一个或多个空间变量（例如，x、y、z），如果它被理解为代表一个随机过程，则我们可以写出函数 $f(x, y, z, t, \omega)$ 或者是 $f(x, y, z, t)$。

所有函数集，随 ω 变化，对应整个样本空间被称作一个集合。对于任何特定的结果（如 $\omega = \omega_i$），$x(t)$ 是随机过程的一个具体实现（也称为样本）。对于任何给定的 $t = t_0$，$x(t_0)$ 是随机变量，X_0 表示在那个时间点变量集合（因此一个随机过程可以被看作是随机变量的一个无限不可数集合）。每个随机变量都有

一个密度函数 $f_{X_0}(x_0)$，可以从它得到一阶统计。例如，我们可以得到 $\int x f_{X_0}(x)\,\mathrm{d}x$ 的均值和方差等。了解两个不同的时刻 t_0 和 t_1 的相关随机变量之间的关系常常是非常重要的。例如，让它们联合分布写成 $f_{X_0,X_1}(x_0,x_1)$，如果

$$f_{X_0,X_1}(x_0,x_1) = f_{X_0}(x_0)f_{X_1}(x_1) \tag{1.69}$$

那么认为这两个随机变量是独立的或不相关的。其二阶统计量可从联合分布中获得，这可以扩展到三个或更多个时间点的联合分布，所以我们有 n 阶的统计量。

作为这些想法的例子，假设有一个无线电接收器，我们在加性高斯白噪声（Additive White Gaussian Noise，AWGN）$n(t)$ 存在的情况下，信号 $r(t)$ 由一个确定信号 $s(t)$ 组成。如果我们以通常的方式对加性高斯白噪声进行建模，$r(t)$ 是一个随机过程：

$$r(t) = s(t) + n(t) \tag{1.70}$$

由于加性高斯白噪声的性质，对于任意 $t_1 \neq t_2$ 时 $n(t_1)$ 和 $n(t_2)$ 都是不相关的。此外，由于加性高斯白噪声是高斯分布的，一阶统计仅取决于两个参数（即，均值和方差）。由于对任意时刻 $\overline{n(t)} = 0$，我们只需要知道方差 $\sigma^2(t_1)$ 和 $\sigma^2(t_2)$ 等，当 $t_1 \neq t_2$ 时 $\sigma^2(t_1) = \sigma^2(t_2)$ 吗？我们会在 1.3.5.4 节讨论。在这里，我们看到了一个确定性的通信信号，受到干扰的加性高斯白噪声可以被建模为一个随机过程。

1.3.5.2　时间平均与统计平均

对于许多应用，求平均仍然有用，但因为在这种情况下，我们有多个变量都有其平均值，它往往有助于我们指定参照平均值。如果我们使用的是随机信号具体实现，可以取其时间平均。对于一个周期为 T_0 的周期信号（在时间 t），有

$$\langle x(t) \rangle = \frac{1}{T_0}\int_0^{T_0} x(t)\,\mathrm{d}t \tag{1.71}$$

如果它不是一个周期性的信号，仍然可以考虑时间平均值，由式（1.72）给出：

$$\langle x(t) \rangle = \lim_{T \to \infty} \int_{-T/2}^{T/2} \frac{x(t)}{T}\mathrm{d}t \tag{1.72}$$

除时间平均，我们还有统计平均值，在整个统计中产生一个函数（不像时间平均，结果是一个值）。对于一个离散的概率分布，这可能被写为

$$\overline{x(t)} = \sum p_{x,t}x \tag{1.73}$$

式中，$p_{x,t}$ 是事件 $x(t)$ 在 t 时刻的概率。统计平均值是一个连续概率分布，可以写成

$$\overline{x(t)} = \int f_{X_t}(x)x\mathrm{d}x \qquad (1.74)$$

在本书中，我们一般使用 $<\bullet>$ 表示时间平均或空间平均，用 $\overline{\bullet}$ 表示统计平均。

1.3.5.3 自相关

正像我们在 1.3.1.1 节看到的那样，对于确定性信号的自相关是与它本身信号的相似性的衡量标准。一个随机过程 $x(t)$ 的自相关函数是

$$R_{xx}(t_1, t_2) = \overline{x(t_1)x(t_2)} \qquad (1.75)$$

不像确定性信号，这是一个统计平均值并且一般是两个时刻的两个变量，而不仅仅是一个时差的函数。在一般情况下，它需要 $x(t_1)$ 和 $x(t_2)$ 的联合分布的相关知识。我们可以看到当 $x(t)$ 是一个各态历经过程，这些差异将会消失。

1.3.5.4 平稳性、各态历经性和其他特性

让我们回到式（1.70），我们可以看到在任何两个不同的时间 $n(t)$ 都是不相关的。然而，这样均值和方差在所有时间必须是恒定的？很显然，并不是。在该无线电接收器的例子中，假定温度正在升高。为了让事情变简单，我们假设温度 t 随着时间增加而单调上升的。然后，我们将在 3.2 节中看到，在接收器中约翰逊 – 奈奎斯特噪声随时间单调增加。因此

$$\sigma^2(t_1) < \sigma^2(t_2) \quad （对 t_1 < t_2）$$

如果相反

$$\sigma^2(t_1) = \sigma^2(t_2) \quad （对 t_1 \neq t_2）$$

有一种观点是随机过程 $n(t)$ 是平稳的，它的方差是不依赖于时间的。

平稳性的概念是处理信号统计量随着时间变化的问题。例如，考虑一个随机信号的 m 个时间为例，t_1，t_2，...，t_m。假设我们考虑的联合分布 $f_{X_{t_1}, X_{t_2}, \cdots, X_{t_m}}(x_1, x_2, \cdots, x_m)$。如果对于所有 t_1，t_2，$\cdots$，t_m 时间平移是不变的，那么一个随机过程被认为是严格平稳性（Strict Sense Stationary，SSS）过程，即

$$f_{X_{t_1+\tau}, X_{t_2+\tau}, \cdots, X_{t_m+\tau}}(x_1, x_2, \cdots, x_m) = f_{X_{t_1}, X_{t_2}, \cdots, X_{t_m}}(x_1, x_2, \cdots, x_m) \qquad (1.76)$$

广义平稳过程常见于通信应用。如果

1）平均值与时间无关。

2）自相关仅与时间差 $t_2 - t_1$ 有关（即，它是 τ 对 $t_2 - t_1$ 的函数），因此它可以被写成 $R_{XX}(\tau)$［或 $R_x(\tau)$，或仅仅 $R(\tau)$］，以明确的保持该属性。

则这个随机过程是广义平稳性（Weak Sense Stationary，WSS）过程

广义平稳过程种类大于且包括严格平稳过程种类。类似地，还有一个各态历经性，使得严格平稳过程包括完整的各态历经过程。如果一个随机过程是严格平稳过程并且所有的统计平均值等于相应的时间平均值，那么它就是各态历经性的。换句话说，对于各态历经过程中，时间平均和统计平均是等价的。

自相关回顾

对于一个广义平稳随机过程（包括严格平稳过程和各态历经过程），自相关为 $R(\tau)$，其中 τ 为时间差。因此，式（1.75）变为

$$R_{xx}(\tau) = \overline{x(t)x(t+\tau)} \tag{1.77}$$

其类似于式（1.39）。

此外，对于各态历经过程，我们甚至可以做一个时间平均，所以自相关收敛到一个确定信号的自相关（在各态历经过程中的情况下，我们仅挑选任意样本函数，并从中获得自相关，就好像是一个确定性函数）。

1.3.5.5 实际样例：随机二进制信号

考虑一个随机二进制信号 $x(t)$，其中每一个符号持续时间 T_s，并独立于所有其他的符号，取 A 或 $-A$ 的值概率相同。令第一个符号在 $t=0$ 后的 T_{trans} 时刻转换。很明显，$0 < T_{trans} < T_s$。我们让 T_{trans} 均匀分布在 0 和 T_s 之间。

在时间 t 的平均值，在任意时间点

$$E[x(t)] = A(0.5) + (-A)(0.5) = 0 \tag{1.78}$$

在任意时间点 t 的方差是

$$\sigma^2 = E[x^2(t)] - (E[x(t)])^2 = A^2 - 0 = A^2 \tag{1.79}$$

为了弄清楚它是否是广义平稳过程，我们需要知道其自相关是否仅依赖于 $\tau = t_2 - t_1$。我们分析自相关这两个情况：

- 如果 $|t_2 - t_1| > T_s$，则 $R_{xx}(t_1, t_2) = 0$，即每个符号都是独立的。
- 如果 $|t_2 - t_1| < T_s$，这取决于 t_1 和 t_2 是否位于同一符号（在这种情况下，我们得到 σ^2），或在相邻的码元（在这种情况下，我们得到零）。

什么是概率 P_a，即 t_1 和 t_2 位于相邻的符号？令 $t'_1 = t_1 - kT_s$ 和 $t'_2 = t_2 - kT_s$，其中 k 是唯一的整数，使得我们得到 $0 \leqslant t'_1 < T_s$ 和 $0 \leqslant t'_2 < T_s$。然后，$P_a = P(T_{trans}$ 位于 t'_1 和 t'_2 之间$) = |t_2 - t_1|/T_s$。

$$E[x(t_1)x(t_2)] = A^2(1 - P_a) = A^2\left(1 - \frac{|t_2 - t_1|}{T_s}\right) = A^2\left(1 - \frac{|\tau|}{T_s}\right) \tag{1.80}$$

因此，这是广义平稳过程。并利用三角函数表示法，我们可以写出完整的自相关函数

$$R_{xx}(\tau) = A^2 \Lambda(\tau/T_s) \tag{1.81}$$

这如图 1.5 所示。

1.3.5.6 随机信号的功率谱密度

对于一个有意义的功率谱密度随机信号，其应该是广义平稳的。

随机信号的每个实现都具有其自身的功率谱密度，不同于同一随机过程的

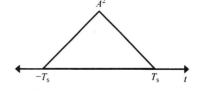

图 1.5 随机二进制信号的自相关函数

另一次实现。事实证明，每个实现功率谱密度的统计平均，笼统地讲，最有用的类似于一个确定性信号的功率谱密度。准确地说，以下过程可用于随机信号 $x(t)$ 估计它的功率谱密度 $S_x(f)$。让我们以 $\tilde{S}_x(f)$ 表示估计值。

1）观察 $x(t)$ 一段时间，例如从 0 到 T；令 $x_T(t)$ 是 $x(t)$ 的截短函数，如在式（1.50）中指定的，并让 $X_T(f)$ 是 $x(t)$ 的傅里叶变换。然后其功率谱密度 $|X_T(f)|^2$ 可以被算出。

2）反复观察 $x_T(t)$ 的样例，并计算其对应的傅里叶变换 $X_T(f)$ 和能量谱密度 $|X_T(f)|^2$。

3）通过计算总平均 $\overline{(1/T)|X_T(f)|^2}$ 来计算 $\tilde{S}_x(f)$。

人们可能不知道第 2 步的做法。假设 $x(t)$ 是各态历经的，那么 $\overline{(1/T)|X_T(f)|^2}$ 等同于时间平均，通过从时间间隔为 T 的同一样本中得到 $x_T(t)$，所以我们可以更准确地估算出 $\tilde{S}_x(f)$，并计算

$$\tilde{S}_x(f) = \langle \frac{1}{T}|X_T(f)|^2 \rangle \qquad (1.82)$$

这个过程是基于随机信号功率谱密度的定义：

$$S_x(f) = \lim_{T \to \infty} \frac{1}{T} \overline{|X_T(f)|^2} \qquad (1.83)$$

这类似于式（1.51）。

另外，确定信号也适用维纳 - 辛钦定理，因此

$$S_x(f) = \int_{-\infty}^{\infty} R_{xx}(\tau)e^{-j2\pi f \tau}d\tau \qquad (1.84)$$

这可以证明是等于式（1.83）。

1.3.5.7 实际样例：一个随机二进制信号的功率谱密度

从 1.3.5.5 节随机二进制信号考虑。什么是信号的功率谱密度？当 T_s 趋近于零会发生什么？

我们如式（1.81）一样使用自相关函数，并采取傅里叶变换得到

$$S_x(f) = A^2 T_s \text{sinc}^2(fT_s) \qquad (1.85)$$

当 T_s 越变越小，自相关函数就越接近冲激函数。同时，功率谱密度的第一瓣落在 $-1/T_s$ 与 $1/T_s$ 之间，因此它变得非常宽且平，把它视为"白噪声"。

1.3.5.8 WSS 随机信号的线性时不变滤波

一旦我们可以证明 WSS 信号是随机信号，则功率谱密度的行为方式在某些方面像一个确定信号的功率谱密度。例如，通过一个滤波器时，我们有（见图 1.6）

$$S_y(f) = |H(f)|^2 S_x(f) \qquad (1.86)$$

式中，$S_x(f)$ 和 $S_y(f)$ 分别是输入和输出信号的功率谱密度；$H(f)$ 是过滤输入信

号的 LTI 系统/信道。

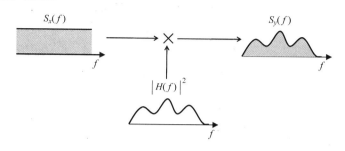

图 1.6　滤波器和 PSD

例如，如果 $S_x(f)$ 是平坦的（就像白噪声），则 $S_y(f)$ 呈现出 $H(f)$ 的形状。在通信中，一个典型的信号可能是一个围绕载频 f_c 的 "随机" 信号，并且为加性高斯白噪声（AWGN），但在其他频率会有干扰信号，因此，我们需要通过一个滤波器（例如，射频接收器的射频滤波器）以减少干扰的幅度。

1.3.5.9　高斯过程

高斯过程的分布 $f_{X_t}(x)$ 是高斯的和所有分布 $f_{X_{t_1}, X_{t_2}, \cdots, X_{t_m}}(x_1, x_2, \cdots, x_m)$ 关于 t_1，t_2，$\cdots$，t_m 的联合高斯分布。

对于一个高斯过程，如果它是广义平稳随机过程，那么它也是严格平稳随机过程。

1.3.5.10　最佳检测接收器

利用随机信号来对通信信号进行建模的一个重要例子是通过一个数字通信接收器接收信号模型。在 1.4 节中我们会给出应用于数字（和模拟）系统调制方案的示例。但在这里，我们介绍一些最佳检测方法的基本结果。

匹配滤波器

我们考虑一下变频解调器部分，该信号是在基带上。这里，我们在接收滤波器后连一个采样器，以优化接收滤波器。对于加性高斯白噪声信道的情况下，我们可以使用关于随机信号［如式（1.86）］的事实来证明最佳滤波器是匹配滤波器。最优我们指的是滤波器在 $t = T$ 时刻能够使采样器输出达到最大信噪比的能力，其中信号波形是从 $t = 0$ 到 T 时刻。

如果信号波形为 $s(t)$，那么匹配滤波器为 $s(T-t)$［或者更一般地可以为标量 $s(T-t)$ 的倍数］。

证明过程在本书的范围之外，但可以在数字通信教科书中找到。匹配滤波器如图 1.7 所示，其中 $r(t)$ 是接收到的信号，匹配滤波器之后以符号速率采样，来判定发送的每个符号。

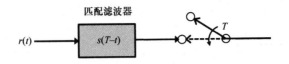

图 1.7   匹配滤波器后跟随符号速率过滤

相关接收机

也被称为相关器，相关接收机和匹配滤波器提供的是相同的判定统计（练习 1.5 要求你证明这一点）。如果 $r(t)$ 是接收信号，发送信号波形为 $s(t)$，则由相关接收机可得到

$$\int_0^T r(t)s(t)\,\mathrm{d}t \tag{1.87}$$

1.4   通信系统中的发送信号

大多数通信系统采用连续波调制作为基本组成模块，在 17.4.2 节讨论的超宽带系统是一个特例。在连续波调制中，为了传达信息，正弦波会以确定的方式调制。未调制正弦波也被称为载波。最早的通信系统中使用载波模拟调制。

如今，源数据经常以数字形式出现，它也是有意义的数字通信。此外，数字通信与模拟通信相比，其优势在于允许纠错、加密和其他处理的执行。在处理噪声和其他信道损耗方面，数字信号能够恢复（具有 10^{-6} 到 10^{-3} 量级比特错误率，这依赖于信道和系统设计），而模拟信号仅仅是受到衰减。

一般情况下，我们希望数字通信有如下特性：

• 低带宽信号，所以在频谱中它需要较少的"空间"，从而允许其他信号有更大的空间。

• 复杂性低的设备——以降低成本和功耗等。

• 错误概率低。

这些目标之间的权衡是继续研究和发展的重点。

如果我们用 f_c 表示载波频率，用 B 表示信号的带宽，那么天线和放大器它们能最好地工作的设计约束条件就是 $B \ll f_c$，这就是我们在通信系统中的发现。此外，对于特定通信系统 f_c 需要在所分配的频带内（分配的监管机构，如美国联邦通信委员会；见 17.4 节）。高频率的信号通常被称为射频（射频）信号，必须对特殊的射频电路小心进行处理，这就是所谓的射频技术（详见第 3 章）。

1.4.1   模拟调制

调幅（AM）由式（1.88）给出

$$A_c\left[1 + \mu x(t)\right]\cos 2\pi f_c t \tag{1.88}$$

其中信号 $x(t)$ 被归一化，$|x(t)| \leq 1$，μ 是调制指数。为了避免过调制信号失真，μ 常被设置为 $\mu < 1$。当 $\mu < 1$ 时，一个简单的包络检测器可以用来恢复 $x(t)$。AM 是容易检测的，但有两个缺点：①未调制载波信号部分 A_c 无法传递信号意味着浪费功率；②让 B_b 和 B_t 分别表示基带带宽和发送带宽，那么对于 AM，$B_t = 2B_b$，所以在某种意义上也是浪费带宽。所以设计如 DSB 和 SSB 试图减少功率浪费和带宽浪费。

双边带（DSB）调制，也被称为双边带抑制载波调制，与调幅（AM）对比，调幅中未调制的载波不会被发送，所以我们有

$$A_c x(t) \cos 2\pi f_c t \qquad (1.89)$$

虽然 DSB 比 AM 具有更高的效率，但简单的包络检波是不能使用 DSB 的。在 AM 中，$B_t = 2B_b$。

单边带（SSB）调制通过去除上边带或下边带所发送的信号实现 $B_t = B_b$。像 DSB，它通过抑制载波来避免浪费功率。如式（1.90）表示 $x(t)$ 的希尔伯特变换，则

$$\tilde{x}(t) = x(t) * \frac{1}{\pi t}$$

我们可以写一个 SSB 信号

$$A_c \left[x(t) \cos \omega_c t \pm \tilde{x}(t) \sin \omega_c t \right] \qquad (1.90)$$

其中加号或减号取决于我们想要的下边带或上边带。

频率调制（FM），不像线性调制方案（诸如 AM），是一种载波频率由信息调制的非线性调制方案。

1.4.2 数字调制

传输数字信息，基本调制方案每次发送 $k = \log_2 M$ 比特的数据块。因此，存在 $M = 2^k$ 不同的有限能量波形用于表示 M 个可能的组合的比特。一般情况下，我们希望这些波形相互之间相距甚远，但尽可能在一定的能量限制下。符号率或信号速率是该新的码元被发送的速率，它被表示为 R。数据速率经常由 R_b bit/s 表示，并且它也被称为波特率。显然，$R_b = kR$。码元周期 T_s 是码元速率的倒数，是下一个码元发送时间前发送每个码元所花费的时间。

带宽为 B 的带限信道最高能达到的奈奎斯特速率为 $R_{Nyquist} = 2B$。因此，该信号速率约束条件为

$$R \leq R_{Nyquist} = 2B \qquad (1.91)$$

数字调制方案，尤其是指调制相位或载波频率时，通常称为移动键控 [例如，幅移键控（ASK）、相移键控（PSK）和频移键控（FSK）]。在这种情况下使用按键词可能有来自于摩斯密码电报键的概念，但对于区分模拟调制与数字

调制是有用的（例如，通过名字来看，FSK 是指一个调频数字信号，而 FM 指的是传统的模拟调制信号）。然而，这种区分并不总是一定的［例如，一个流行的数字调制方案通常会命名为 QAM（而不是 QASK）］。

1.4.2.1 脉冲成形

数字调制器，将我们一个简单的时间连续的信号表示为数字信号，并且输出的也是时间连续的信号，如将在 1.4.2.2 节看到的。我们将如何把离散的数字数据输入到数字调制器？从离散时间转换成连续时间的一个方法是，让我们的数据通过不同的基带脉冲来表示不同的值。例如，使用一个基本的"矩形"函数，由一个 1 可表示为 $p(t) = \pi(t/T_s)$ 和一个 0 可表示为 $-p(t) = -\pi(t/T_s)$ 进入所述的数字调制器；此类型的信号，其中若一个脉冲是其他脉冲的负值，被称为二进制反相信号。

以这种方式使用简单的矩形函数会有一个问题，是从数字调制器出来的信号频谱占用会较高——矩形函数的傅里叶变换是 sinc 函数，它具有比较大的频谱边带。因此，在带宽关键的系统中使用将是低效率的，诸如无线系统。所以，使用其他的脉冲成形函数 $p(t)$ 很重要，可以塑造出更有效地使用可用的频谱的特性。然而，并不是任何 $p(t)$ 都可以使用，因为它也需要进行选择，避免增加相邻符号间不必要的干扰。例如，如果我们使用 $p(t) = \pi(t/T_s)$，则每一个符号都会"溢出"到前一个或后续符号（在时间上），并干扰它们。可以在数字通信的教科书中找到，对于 $p(t)$ 有奈奎斯特准则能够避免符号间干扰。在这种准则的约束下，升余弦脉冲（如图 1.8 所示），已经成为了 $p(t)$ 的一个流行的选择。频域和时域分别所示于该图副区的顶部和底部。在频域中，我们看到的升余弦形状是从该函数得名。滚降系数 α 是一个参数，该参数确定脉冲是如何突然或逐渐"滚降"的。在 $\alpha = 0$ 极端情况下，我们有一个"砖墙"形的频域和常见的 sinc 函数的时域（图中细实线）。在另一个极端 $\alpha = 1$ 情况下，有最大的滚降，所以，带宽扩展为 $\alpha = 0$ 情况下的两倍，可以看出在顶部副区，用粗实线表示。在 $\alpha = 0.5$ 的情况下，被绘制在两个副区，用虚线表示，并且它可以被看作是在两个极端之间。对于较小的 α，该信号占用更少的带宽，但时间旁瓣较高，潜在地导致在实际接收机端造成更大干扰和错误。对于较大的 α，信号占用更多带宽，但有更小的时间旁瓣。在实际中，为了实现升余弦传递函数，二次方根升余弦滤波器匹配对被用在发射机和接收机中，因为接收机将具有匹配滤波器（1.3.5.10 节）。两个二次方根升余弦滤波器（在频域）的乘积，在接收机的匹配滤波器输出中得到升余弦形状。

1.4.2.2 数字调制方案

我们介绍常见的数字调制方案的实例。为了方便，使用低通等效表示这些波形的例子（1.3.4.2 节）。在所有的情况下，$p(t)$ 是脉冲成形函数。

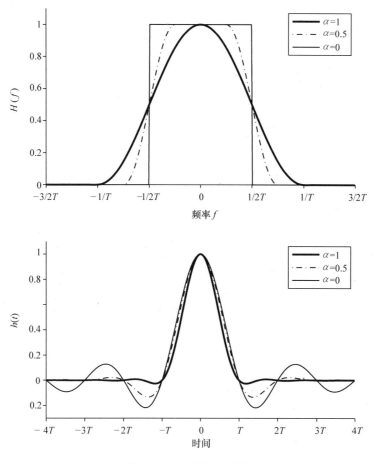

图 1.8 升余弦脉冲系列

脉冲幅度调制（PAM）使用的波形形式

$$A_m p(t) \quad m=1,2,\cdots,M \tag{1.92}$$

为了获得最佳的间距，AM 常被布置在一条线上间距相等的连续点之间。

为了节省带宽，SSB PAM 或许被使用：

$$A_m[p(t)+\mathrm{j}\widetilde{p}(t)] \quad m=1,2,\cdots,M \tag{1.93}$$

对于正交幅度调制（QAM），其中不同的位被置于同相（$A_{\mathrm{i},m}$）和正交（$A_{\mathrm{q},m}$）数据流，如

$$(A_{\mathrm{i},m}+\mathrm{j}A_{\mathrm{q},m})p(t) \quad m=1,2,\cdots,M/2 \tag{1.94}$$

通常情况下，无线系统将使用 QAM（而不是 PAM）的一种形式［例如，4-QAM（通常只是简称为 QAM），16-QAM，32-QAM，64-QAM］。在 QAM 和 PAM 之间，QAM 是更有效的，因为 PAM 不是利用正交维度来传输信息（对

于同相和正交的概念的综述，并理解为什么不同字节可放入同相和正交数据信号中，参阅 1.3.4.1 节和 6.1.8.1 节）。对于 $m=1,2,\cdots,M/2$ 时，$A_{i,m}$ 和 $A_{q,m}$ 尽可能彼此距离远一些（在信号空间），并给定它们一个平均功率限制，这是因为相距越远它们的误码率越低。4-QAM 和 16-QAM 的实例如图 1.9 所示。

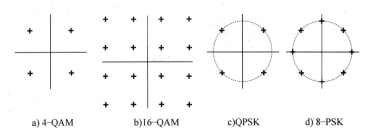

a) 4-QAM   b)16-QAM   c)QPSK   d) 8-PSK

图 1.9　数字信号调制方案星座图

相移键控（PSK）使用不同相位的波形来表示不同的比特组合：

$$e^{j\theta_m}p(t) \quad m=1,2,\cdots,M \tag{1.95}$$

二进制 PSK（BPSK）是 $m=1$ 时的 PSK，四相 PSK（QPSK）是 $m=2$ 时的 PSK，8-PSK 是 $m=3$ 时的 PSK。QPSK 在无线系统中非常常见，因为它比 BPSK 具有更高的效率。例如，8-PSK 在 EDGE 系统中被使用（见 8.1.3 节）。QPSK 和 8-PSK 如图 1.9 所示。

1.4.2.3　信号星座图

数字调制方案波形可视化的一个好方法是通过信号星座图来表现。我们观察到，（低通等效的）M 种可能波形（除了像 PAM）一般位于复平面。因此，我们可以在复平面上绘制所有点，并将其结果称为信号星座，其中的一些例子如图 1.9 所示。注意，4-QAM 的信号星座恰好与 QPSK 是相同的。当我们讨论无线接入技术时，集中在数字调制方案的选择方面（见 6.2 节），特别是那些与设计选择有关的无线系统。

1.4.3　同步

在数字接收机中，物理层主要需要两种类型的同步（在更高的层也可能有其他类型的同步，例如帧同步、多媒体同步等）：
- 载波相位同步。
- 符号定时同步和恢复。

载波相位同步是找出和恢复载波信号的频率和相位。符号定时同步和恢复是为找出符号之间（在时间上）时间边界的位置，它也被称为时钟恢复。

习题

1.1 在 1.3.2 节中给出的傅里叶级数的形式是指数形式。写出如何等价为三角函数形式

$$x(t) = a_0 + \sum_{n=1}^{\infty} a_n \cos 2\pi f_0 nt + b_n \sin 2\pi f_0 nt \tag{1.96}$$

用 a_n 和 b_n 来表示出 c_n。

1.2 不像我们在 1.3.5.5 节看到的随机二进制波形，我们有一个随机数字波形。因此，它不仅仅需要 1 和 -1 两个值，而是一个分布值范围：假定一个高斯分布，均值为 0，方差为 σ^2。计算随机数字波形的自相关函数，并与式（1.81）给出的随机二进制波形的自相关函数做比较。

1.3 假设我们有一个信号 $x(t)$，使它乘以一个正弦信号，得到信号 $y(t) = x(t)\cos 2\pi ft$。假设 $x(t)$ 是独立于正弦信号的，但信号的自相关函数 $R_{xx}(\tau)$ 可以是其他方式（确定的或随机的）。证明 $y(t)$ 的自相关函数由式（1.97）给出

$$R_{yy}(\tau) = R_{xx}(\tau)\left(\frac{1}{2}\cos 2\pi ft\right) \tag{1.97}$$

1.4 继续练习 1.3，乘以一个正弦波对功率谱密度的影响是什么？换句话说，用 $x(t)$ 的功率谱密度来表达 $y(t)$ 的功率谱密度。这是一个基本的和有用的结果，因为它意味着我们可以使用此预测方式来预测信号的上变频、下变频、载波频率、自相关函数和功率谱密度。

1.5 证明匹配滤波器在 $t = T$ 时与相关接收机产生相同的输出。

参 考 文 献

1. A. B. Carlson. *Communication Systems*, 3rd ed. McGraw-Hill, New York, 1986.

2. L. Couch. *Digital and Analog Communication Systems*, 7th ed. Prentice Hall, Upper Saddle River, NJ, 2007.

3. J. W. Nilsson. *Electric Circuits*, 3rd ed. Addison-Wesley, Reading MA, 1990.

4. A. Papoulis. *Probability, Random Variables, and Stochastic Processes*. McGraw-Hill, New York, 1991.

5. B. Sklar. *Digital Communications: Fundamentals and Applications*, 2nd ed. Prentice Hall, Upper Saddle River, NJ, 2001.

第二篇 射频、天线和传播

第 2 章 射频、天线和传播简介

在本章中，我们以电磁为选定主题以便为我们研究射频（第 3 章）、天线（第 4 章）、传输（第 5 章）提供基础支持。我们在 2.1 节开始介绍一些基本电磁学中常用的计算标量和矢量的数学工具。然后，我们在 2.2 节中回顾静电场和静磁学。在 2.3 节中讨论了随时间变化的情况下，波的传播和传输线路。在 2.4 节中给出了阻抗不同概念的简要比较，接着在 2.5 节介绍了测试和测量设备。

2.1 数学预备知识

在这里，我们简要回顾一些在三维空间下用于标量和矢量函数计算的数学工具。

2.1.1 多维/多变量分析

在 1.2.4 节中有关电路某处的测量信号（例如，两个固定点之间的电压），其中的空间维度并不是重要。该信号都是标量函数。现在我们把信号如正弦信号和相量的概念延伸到一个或更多个空间维度。进一步说该信号可以是矢量函数，不仅仅只是标量函数。例如，我们可能有一个标量函数 ρ，坐标 x、y 和 z（与时间 t），函数写作 $\rho(x, y, z, t)$，我们也可以写为 $\rho(A, t)$，其中 A 是代表一个矢量的空间坐标 [例如，(x, y, z)]。这样的函数也可以用来表示一个标量场。或者我们可能有一个矢量函数 H，我们可以写为 $H(x, y, z, t)$ 或 $H(A, t)$。这样的函数可以用来表示一个矢量场，在空间和时间域上的每个点它都是具有幅度和方向的函数。

2.1.1.1 基本矢量运算

设 A 和 B 是矢量，$A = |A|$，$B = |B|$，θ_{AB} 是 A 和 B 之间的角度，u_n 是对于 A 和 B 的正交单位矢量。

- 点积

$$\boldsymbol{A} \cdot \boldsymbol{B} = AB\cos\theta_{AB} \tag{2.1}$$

- 叉积

$$\boldsymbol{A} \times \boldsymbol{B} = \boldsymbol{u_n} \left| AB\sin\theta_{AB} \right| \tag{2.2}$$

2.1.1.2　坐标系

圆柱坐标系（r，ϕ，z）如图 2.1 所示，球面坐标系（R，θ，ϕ）如图 2.2 所示。坐标系之间的转换见习题 2.1。在坐标系统中如圆柱形和球形，我们经常要把一个微分坐标的变化转换成一个微分长度的变化。让我们用适当的下标 u 表示单位矢量。度量系数（用于长度转换）是：

- 直角坐标：

$$\mathrm{d}l = \boldsymbol{u_x}\mathrm{d}x + \boldsymbol{u_y}\mathrm{d}y + \boldsymbol{u_z}\mathrm{d}z \tag{2.3}$$

- 圆柱坐标：

$$\mathrm{d}l = \boldsymbol{u_r}\mathrm{d}r + \boldsymbol{u_\phi}r\mathrm{d}\phi + \boldsymbol{u_z}\mathrm{d}z \tag{2.4}$$

- 球面坐标：

$$\mathrm{d}l = \boldsymbol{u_R}\mathrm{d}R + \boldsymbol{u_\theta}R\mathrm{d}\theta + \boldsymbol{u_\phi}R\sin\theta\mathrm{d}\phi \tag{2.5}$$

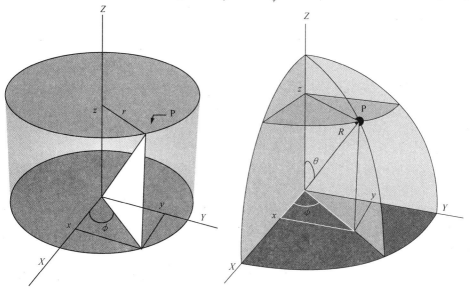

图 2.1　圆柱坐标系　　　　　　　图 2.2　球面坐标系

2.1.1.3　梯度、散度和旋度

- 梯度［空间坐标的标量函数，例如 V（u_1，u_2，u_3）］：

$$\nabla \equiv \left(\boldsymbol{u}_1 \frac{\partial}{h_1 \partial u_1} + \boldsymbol{u}_2 \frac{\partial}{h_2 \partial u_2} + \boldsymbol{u}_3 \frac{\partial}{h_3 \partial u_3} \right) \tag{2.6}$$

在直角坐标系中它变成

$$\nabla \equiv \left(\boldsymbol{u}_x \frac{\partial}{\partial x} + \boldsymbol{u}_y \frac{\partial}{\partial y} + \boldsymbol{u}_z \frac{\partial}{\partial z} \right) \qquad (2.7)$$

并且在圆柱或球面坐标系下，必须要应用合适的度量系数 h_1、h_2、h_3。

• 散度［一个矢量场，例如 $\boldsymbol{A}(u_1, u_2, u_3)$］:

$$\mathrm{div}\boldsymbol{A} = \lim_{\Delta v \to 0} \frac{\oint_S \boldsymbol{A} \cdot \mathrm{d}\boldsymbol{s}}{\Delta v} \qquad (2.8)$$

在直角坐标系下，

$$\mathrm{div}\boldsymbol{A} = \frac{\partial A_x}{\partial x} + \frac{\partial A_y}{\partial y} + \frac{\partial A_z}{\partial z} \qquad (2.9)$$

因此象征性的 div 可以写成 $\mathrm{div}\boldsymbol{A} = \nabla \cdot \boldsymbol{A}$。但是这只是象征性的，因为它只是在直角坐标系下才有意义。真正的定义是由式（2.8）给出。

• 旋度（对于矢量场）:

$$\mathrm{curl}\boldsymbol{A} = \lim_{\Delta s \to 0} \frac{1}{\Delta s} \left[\boldsymbol{u}_n \oint_C \boldsymbol{A} \cdot \mathrm{d}l \right] \qquad (2.10)$$

正如 div 可以写成符号 $\nabla \cdot \boldsymbol{A}$，旋度也可以象征性地写为旋度 $\boldsymbol{A} = \nabla \times \boldsymbol{A}$，这也是在直角坐标系下才有意义。

2.1.1.4 正弦曲线、波和相量

正弦曲线是位置和时间的函数，我们可以扩展式（1.16）得到

$$\xi(x,t) = A\cos(kx - \omega t + \phi) = A\cos(kx - 2\pi ft + \phi) \qquad (2.11)$$

式中，k 是空间频率，这是空间维度上的，时间频率 ω 是时间维度上的。通过引入空间维度，这种正弦曲线可以看作是一种波，但波的概念包括的不仅仅是一个简单的正弦波，它也包括多个正弦波的叠加。

此前我们引入 $T = 1/f = 2\pi/\omega$ 作为正弦曲线的周期。我们看到如果我们固定 k 和 x，kx 被融入到相位 ϕ，这种关系仍保持。因此，在任何特定的固定空间位置（固定 x）中，周期仍然为 $T = 1/f = 2\pi/\omega$。但是，如果我们现在用固定 t 和 ω 代替，那么 ωt 被融入到相位 ϕ 中，并且在任何特定的固定时刻，"空间周期"通常被称作波长，见式（2.12）

$$\lambda = \frac{2\pi}{k} \qquad (2.12)$$

类似于在时间上的周期，波长为最小的（空间）的距离，使得

$$\xi(x) = \xi(x + \lambda) \qquad -\infty < x < \infty \qquad (2.13)$$

对于 $\xi(x, t)$ 表示一个行波（也称为传播波）的情况下，我们可以通过波的速度（也称为相速度）v 来把 λ 和 f 关联起来：

$$\lambda = \frac{v}{f} \qquad (2.14)$$

当我们想要用正弦函数来表示在三维空间的现象（如，一个传播的电磁波）时，可以用一个矢量函数来代替标量函数式（2.11）。为方便起见，我们常常调整坐标轴，使传播方向是沿着其中所述的一个轴（例如，z 轴），在这种情况下，我们可以写为

$$\xi(z,t) = A\cos(kz - \omega t + \phi) = A\cos(kz - 2\pi ft + \phi) \tag{2.15}$$

例如其中 $\boldsymbol{A} = A\boldsymbol{u}_x$。

以这种方式，在 1.2.6 节引入相量的概念可以扩展使得

- 相量可以是时间的正弦函数和空间的函数。
- 除了具有振幅和相位，它们还会具有一个方向。因此，我们在 1.2.6 节中从标量相位讲到矢量相位。

例如，我们把一个电场表示为

$$\boldsymbol{E}(x,y,z,t) = \Re\left[\boldsymbol{E}(x,y,z)\,\mathrm{e}^{\mathrm{j}2\pi ft}\right] \tag{2.16}$$

其中，$\boldsymbol{E}(x,y,z,t)$ 是一个矢量相量。

2.2 静电场、电流和静磁学

在本节中，我们简要介绍一下 2.2.1～2.2.4 节中的静电场，2.2.5 节中的电流，2.2.6～2.2.8 节中的静磁学，2.2.9 节中将介绍本节引入各种符号的概要。

2.2.1 真空中的静电场

微分形式

$$\nabla \cdot \boldsymbol{E} = \frac{\rho}{\varepsilon_0} \tag{2.17}$$

$$\nabla \cdot \boldsymbol{E} = 0 \tag{2.18}$$

式中，ρ 是自由电荷的电荷密度，单位为 c/m^3；ε_0 是真空中的介电常数（又名真空介电常数，$\varepsilon_0 \approx 1/36\pi \times 10^{-9} F/m$）。

积分形式。高斯定律：

$$\oint_S \boldsymbol{E} \cdot \mathrm{d}\boldsymbol{s} = \frac{Q}{\varepsilon_0} \tag{2.19}$$

$$\oint_C \boldsymbol{E} \cdot \mathrm{d}l = 0 \tag{2.20}$$

库仑定律。q_1 和 q_2 之间的库仑力由式（2.21）给出

$$\boldsymbol{F} = \boldsymbol{u}_R \frac{q_1 q_2}{4\pi\varepsilon_0 R^2} \tag{2.21}$$

或者，q 上的库仑力由式（2.22）给出

$$\boldsymbol{F} = q\boldsymbol{E} \tag{2.22}$$

其中单位为牛顿（N）。

对于在静态条件下的导体，式（2.19）和式（2.20）可以表示为

• 在导体表面的电场 E 垂直于任何表面，我们可以写为 $E_\perp = \rho_s/\varepsilon_0$，其中 $E_\perp$ 是垂直分量；ρ_s 是表面电荷密度。

• 导体表面 E 场上的切向分量为零。

2.2.2 电压

由于电场 E 是无旋的，它可以写为一个标量场的梯度。我们定义标量场为电势 V

$$E = -\nabla V \tag{2.23}$$

那么电场 E 的单位是 V/m。我们没有空间进一步讨论这一点，只是要注意，电势具有的物理意义，与电荷从一点移动到另一点做的功有关。

真空中的泊松方程为

$$\nabla^2 V = -\frac{\rho}{\varepsilon_0} \tag{2.24}$$

2.2.2.1 实际样例：半径为 r 的球形导体的电势

如前所述，电场 E 必须是归一化的，因此从球状导体内部沿半径指向外部。由于球的表面积为 $4\pi r^2$，并且 $\rho_s = Q/4\pi r^2$，使用式（2.19）给出

$$|E| = E_\perp = \frac{Q}{4\pi\varepsilon_0 r^2} \tag{2.25}$$

然后，取无穷远处点作为零电势的参考点，我们有

$$V = -\int_\infty^r E_\perp \, dr = \frac{Q}{4\pi\varepsilon_0 r} \tag{2.26}$$

2.2.2.2 实际样例：两个相连的球形导体

考虑一个用导线连接的两个球形导体，令球的半径分别为 r_1 和 r_2。假设球体相距足够远，各电荷分布不会对其他电荷分布场产生影响，因此各电荷分布是均匀的。让 Q 库仑的电荷置于球体中。计算①各个球体上的电荷；②每个球体的表面上的电荷密度；③每个球体的表面上的电场强度。

让球体上的电荷分别是 Q_1 和 Q_2，使 $Q = Q_1 + Q_2$。由于两个球是由导线连接的，它们有相同的电势，电势由式（2.26）给出，所以我们有

$$\frac{Q_1}{4\pi\varepsilon_0 r_1} = \frac{Q_2}{4\pi\varepsilon_0 r_2} \tag{2.27}$$

所以

$$Q_1 = \frac{r_1}{r_1 + r_2}Q \quad \text{和} \quad Q_2 = \frac{r_2}{r_1 + r_2}Q \tag{2.28}$$

那么电荷密度是

$$\rho_{s,1} = \frac{Q_1}{4\pi r_1^2} = \frac{Q}{4\pi r_1(r_1+r_2)} \text{和} \rho_{s,2} = \frac{Q_2}{4\pi r_2^2} = \frac{Q}{4\pi r_2(r_1+r_2)} \tag{2.29}$$

所以

$$E_{\perp,1} = \frac{Q}{4\pi\varepsilon_0 r_1(r_1+r_2)} \quad \text{和} \quad E_{\perp,2} = \frac{Q}{4\pi\varepsilon_0 r_2(r_1+r_2)} \tag{2.30}$$

因此，如果球体1大于球体2，则其会有更多比例的电荷，但在其表面上电荷密度和电场强度会更小。

2.2.3 以电介质/绝缘体为例的静电场

电介质也被称为绝缘体。当有电介质时，将会出现极化电荷密度，从而产生极化矢量 P。为方便起见，我们引入 D，由式（2.31）给出

$$D = \varepsilon_0 E + P \tag{2.31}$$

因此，在研究 D 时，我们可以忽略极化，因为它是唯一受影响的自由电荷（而 E 由于电介质的极化降低了）：

$$\nabla \cdot D = \rho \tag{2.32}$$

如果材料是线性的和等方向性的，$P = \varepsilon_0\chi_e E$，其中 χ_e 是极化系数。则

$$D = \varepsilon_0(1+\chi_e)E = \varepsilon_0\varepsilon_r E = \varepsilon E \tag{2.33}$$

ε_r 被称为相对介电常数，ε_0 是绝对介电常数。

2.2.3.1 介质击穿

方程式（2.31）仅当电场强度低于临界量时，材料的介电强度才将丧失为零。如果电场强度超过电介质强度，介质击穿将发生，然后它将导通。当空气中电场强度低于 $3 \times 10^6 \text{V/m}$，将会发生放电火花或电晕。

2.2.4 静电场概要

总之，对于静电场我们有

$$\nabla \cdot D = \rho \quad \text{C/m}^3 \tag{2.34}$$

$$\nabla \times E = 0 \tag{2.35}$$

此外，如果材料是线性的和等方向性的，则有

$$D = \varepsilon E \tag{2.36}$$

2.2.5 电流

电流有传导电流、电解电流和对流电流。欧姆定律只能适用于传导电流。在电路中，写为 $V = RI$。欧姆定律微分形式为

$$J = \sigma E \quad \text{A/m}^2 \tag{2.37}$$

式中，σ 是电导率，单位为 A/(V·m) 或 S/m；σ 的倒数是电阻率。

电荷守恒原理引出连续性方程：

$$\nabla \cdot \boldsymbol{J} = -\frac{\partial \rho}{\partial t} \quad \text{A/m}^3 \tag{2.38}$$

2.2.6 静磁学简介

在电荷移动的情况下，不仅是有电场力［如式（2.22）］，而且还有磁场力。因此，我们有

$$\boldsymbol{F} = q(\boldsymbol{E} + \boldsymbol{u} \times \boldsymbol{B}) \quad \text{N} \tag{2.39}$$

2.2.7 真空中的静磁学

B 是磁感应强度，单位为 Wb/m^2 或 T（$1\text{Wb} = 1\text{V} \cdot \text{s}$）：

$$\nabla \cdot \boldsymbol{B} = 0 \tag{2.40}$$

$$\nabla \cdot \boldsymbol{B} = \mu_0 \boldsymbol{J} \tag{2.41}$$

式中，μ_0 是真空中的磁导率，$\mu_0 = 4\pi \times 10^{-7}\text{H/m}$。

2.2.8 以磁性材料为例的静磁学

正如在电介质中有一个极化矢量，在磁性材料中也会有一个磁化矢量。令磁化矢量为 $\boldsymbol{M}$，则

$$\boldsymbol{B} = \mu_0 \boldsymbol{H} + \boldsymbol{M} \quad \text{A/m} \tag{2.42}$$

因此，我们可以处理自由电流 $\boldsymbol{J}$ 的影响，如

$$\nabla \times \boldsymbol{H} = \boldsymbol{J} \tag{2.43}$$

2.2.9 符号

我们回顾一下一些之前章节中介绍的符号：

C 为电容量，单位为 F/m；

D 为电位移矢量或电通密度，单位为 C/m^2；

E 为电场强度，单位为 V/m；

J 是电流密度，单位为 A/m^2；

ε_0 是真空中的介电常数，单位为 F/m；

ε_r 为介电常数或相对介电常数（无量纲），相对于真空中的介电常数；

ε 为介电常数，单位为 F/m，取决于介质允许多少电荷 q 创建一个电场；

μ_0 为真空中的磁导率，单位为 H/m；

μ 为磁导率，单位为 H/m；

ρ 为自由电荷的电荷密度，单位为 C/m^3；

σ 为电导率，单位为 $\text{A/(V} \cdot \text{m)}$ 或 S/m。

2.3 时变情况下的电磁波和传输线

我们开始在本部分中学习麦克斯韦方程组（2.3.1 节），并继续了解电磁波（EM）（2.3.2 节）。然后，我们讨论传输线（2.3.3 节）、驻波比（2.3.4 节）和散射参数（2.3.5 节）。

2.3.1 麦克斯韦方程组

以微分形式表示，麦克斯韦方程组是

$$\nabla \times \boldsymbol{E} = -\frac{\partial \boldsymbol{B}}{\partial t} \qquad (2.44)$$

$$\nabla \times \boldsymbol{H} = \boldsymbol{J} + \frac{\partial \boldsymbol{D}}{\partial t} \qquad (2.45)$$

$$\nabla \times \boldsymbol{D} = \rho \qquad (2.46)$$

$$\nabla \times \boldsymbol{B} = 0 \qquad (2.47)$$

以积分形式表示，麦克斯韦方程组是

$$\oint_C \boldsymbol{E} \cdot \mathrm{d}l = -\frac{\mathrm{d}\boldsymbol{\Phi}}{\mathrm{d}t} \qquad (2.48)$$

$$\oint_C \boldsymbol{H} \cdot \mathrm{d}l = I + \oint_S \frac{\partial \boldsymbol{D}}{\partial t} \cdot \mathrm{d}s \qquad (2.49)$$

$$\oint_S \boldsymbol{D} \cdot \mathrm{d}s = Q \qquad (2.50)$$

$$\oint_S \boldsymbol{B} \cdot \mathrm{d}s = 0 \qquad (2.51)$$

对线性且等方向同性的均匀介质，麦克斯韦方程组可以写为（矢量）相量：

$$\nabla \times \boldsymbol{E} = -\mathrm{j}2\pi f\mu \boldsymbol{H} \qquad (2.52)$$

$$\nabla \times \boldsymbol{H} = \boldsymbol{J} + \mathrm{j}2\pi f\varepsilon \boldsymbol{E} \qquad (2.53)$$

$$\nabla \times \boldsymbol{E} = \rho/\varepsilon \qquad (2.54)$$

$$\nabla \cdot \boldsymbol{H} = 0 \qquad (2.55)$$

为了方便，根据 $\boldsymbol{E}$ 和 $\boldsymbol{H}$ 我们在这里写了 4 个方程，因为在线性和等方向性介质中，$\boldsymbol{D} = \varepsilon \boldsymbol{E}$ 和 $\boldsymbol{B} = \mu \boldsymbol{H}$。

2.3.2 电磁波

无波源区是指 $\rho = 0$，$\boldsymbol{J} = 0$。假设一无波源区域，其中所述介质是线性的、等方向性的、均匀的，并且不导电。然后利用式（2.44）和式（2.45），我们有

$$\nabla \times \nabla \times \boldsymbol{E} = -\mu \frac{\partial}{\partial t}(\nabla \times \boldsymbol{H}) = -\mu\varepsilon \frac{\partial^2 \boldsymbol{E}}{\partial t^2} \qquad (2.56)$$

但 $\nabla \times \nabla \times \boldsymbol{E} = \nabla(\nabla \cdot \boldsymbol{E}) - \nabla^2 \boldsymbol{E} = -\nabla^2 \boldsymbol{E}$，其中 $\rho = 0$，所以我们有

$$\nabla^2 \boldsymbol{E} - \mu\varepsilon \frac{\partial^2 \boldsymbol{E}}{\partial t^2} = 0 \tag{2.57}$$

同样，我们可以推导出

$$\nabla^2 \boldsymbol{H} - \mu\varepsilon \frac{\partial^2 \boldsymbol{H}}{\partial t^2} = 0 \tag{2.58}$$

这些都是波动方程组，波的速度为 $v = 1/\sqrt{\mu\varepsilon}$。特别是，在真空中，我们有

$$\nabla^2 \boldsymbol{E} - \frac{1}{c^2} \frac{\partial^2 \boldsymbol{E}}{\partial t^2} = 0 \tag{2.59}$$

其中

$$c = \frac{1}{\sqrt{\mu_0 \varepsilon_0}} \approx 3 \times 10^8 \,\text{m/s} \tag{2.60}$$

注意：因为式（2.57）和式（2.58）是线性的，所以我们可以应用叠加原理并加入波来获得结果（我们可以在任意地方做到这一点，例如在传输线中加入发射波和反射波，在多径传播环境中加入不同路径的贡献，分析天线阵列的特性）。

介质的固有阻抗为 $\eta = \sqrt{\mu/\varepsilon}$。在真空中，我们有

$$\eta_0 = \sqrt{\frac{\mu_0}{\varepsilon_0}} \approx 120\pi \approx 377\Omega \tag{2.61}$$

用相量表示法，式（2.57）和式（2.58）成为

$$\nabla^2 \boldsymbol{E} + k^2 \boldsymbol{E} = 0 \tag{2.62}$$

和

$$\nabla^2 \boldsymbol{H} + k^2 \boldsymbol{H} = 0 \tag{2.63}$$

其中

$$k = 2\pi f \sqrt{\mu\varepsilon} = \frac{2\pi f}{v} = \frac{2\pi}{\lambda} \tag{2.64}$$

因为 $\lambda = v/f$。

2.3.2.1 电磁功率的流动和坡印亭矢量

定义坡印亭矢量

$$\mathscr{P} = \boldsymbol{E} \times \boldsymbol{H} \quad \text{W/m}^2 \tag{2.65}$$

它是与电磁场相关的功率磁通量密度矢量。P 指向电磁功率流动的方向，其振幅是功率通量密度。

为了计算传播波的平均功率磁通量密度：

$$\mathscr{P}_{\text{av}} = \frac{1}{2} \mathfrak{R}(\boldsymbol{E} \times \boldsymbol{H}^*) \quad \text{W/m}^2 \tag{2.66}$$

这与源于电路理论的下式类似：

$$P_{\mathrm{av}} = \frac{1}{2}\mathfrak{R}(VI^*) \quad \mathrm{W} \tag{2.67}$$

现在考虑时间谐波的情况下，特别是一个均匀平面波在有损耗介质的 $+z$ 方向上传播，其中（用相量表示）

$$\boldsymbol{E}(z) = \boldsymbol{u}_x E_0 \mathrm{e}^{-(\alpha+\mathrm{j}\beta)z} \tag{2.68}$$

然后，如果该介质的固有阻抗 $\eta = |\eta| \mathrm{e}^{\mathrm{j}\theta_\eta}$，我们有

$$\boldsymbol{H}(z) = \boldsymbol{u}_y \frac{E_0}{|\eta|}\mathrm{e}^{-\alpha z}\mathrm{e}^{-\mathrm{j}(\beta z + \theta_\eta)} \tag{2.69}$$

因此，在无损情况下，$\alpha = 0$，我们有

$$\boldsymbol{P} = \boldsymbol{u}_z \frac{E_0^2}{|\eta|} \tag{2.70}$$

2.3.3 传输线基础知识

对于从一个点到另一个点电磁波的有效传输，电磁波必须是定向的或有导向的。传输线就是以这种方式做的。在射频信号情况下，我们不能简单地使用基本的电路，它们就特别有用（参见 3.1.2 节进一步讨论）。在本节中，我们介绍传输线，通过足够的方程式为在 2.3.4 节中介绍非常重要的驻波比概念提供基础。

3 种最常见的传输线结构是：

1）平行板：两个平行导电板是由均匀厚度的电介质片分开（例如，在印制电路板中的微带技术）。

2）双线传输线：一对平行的传导线是由均匀距离分隔的（例如，电视和天线引入线的连接）。

3）同轴传输线：内传导导线和同轴电缆外的传导套是由电介质隔开的。

微带在微波集成电路中非常常见。它们由一个接地的导电片组成，导电片与地面之间是介电材料。它们体积小，价格便宜，而且容易制造，但是有较大的损耗，可处理能力低于其他传输线路，如同轴电缆。微带传输线，有时也被称为带状线，但有时它们也被认为是与带状线不同的。当认为是不同的时，术语带状线是用来具体指两个接地层的变体，每一边都有一个导电片。接地层将介质材料夹在中间，导电片被嵌入介电材料中[2]。

如图 2.3 所示，微带传输线与微带天线是密切相关的（见 4.2.7.1 节）。用一组参数，微波能量能更好地包含在结构内，并且它被用作传输线路，而用另一组参数，该结构辐射能量，它被用作天线。W、ε_r 和 h（微带的宽度、电介质的介电常数和电介质的高度）均是重要的参数，而其他参数，如厚度 t 和导电片电导率 σ 都并不重要。

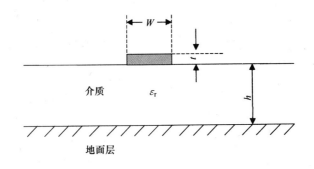

图2.3 微带传输线模型

接下来在2.3.3.1节我们得出非常有用和方便的传输线模型。对于同轴和双线传输线来说该模型是相当准确的。它也可以很好地用于平行板传输线，其中相等宽度的两个平行板边缘效应可以忽略不计。然而，使用微带传输线建模时应该小心进行，因为金属带可能不是很宽。对于较低的微波频率，当 $h \ll W$ 时该模型提供了一个合理的近似值。当用于较高频率（诸如毫米波）时，可使用更复杂的全波分析[1]。

2.3.3.1 传输线的特性建模

传输线建模可以被分成每个长度是 Δx 的短段，如图2.4所示。考虑 $x + \Delta x$ 之间的段。让电压穿过第一边（在 x）为 $v(x,t)$，而输入电流是 $i(x,t)$，电压穿过另一边（在 $x + \Delta x$）是 $v(x + \Delta x, t)$，电流输出为 $i(x + \Delta x, t)$。L、R、C 和 G 是电

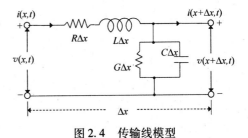

图2.4 传输线模型

感、电阻、电容和单位长度的电导，电路中小段的电感、电阻、电容和电导可以表示为 $L\Delta x$ 和 $R\Delta x$ 串联，$C\Delta x$ 和 $G\Delta x$ 并联。

应用基尔霍夫电流和电压定律，然后除以 Δx 并令 $\Delta x \rightarrow 0$，我们在 x 和 t 有两个偏微分方程。稳态正弦时变解可以写成相量表示法，

$$v(x,t) = \text{Re}[V(x)e^{j2\pi ft}] \quad (2.71)$$

$$i(x,t) = \text{Re}[I(x)e^{j2\pi ft}] \quad (2.72)$$

而事实证明，该解是一个"波动方程"

$$\frac{d^2 V(x)}{dx^2} - \gamma^2 V(x) = 0 \quad (2.73)$$

$$\frac{d^2 I(x)}{dx^2} - \gamma^2 I(x) = 0 \quad (2.74)$$

波传播常数 γ 由式（2.75）得出

$$\gamma = \sqrt{(R + j2\pi fL)(G + j2\pi fC)} = \alpha + j\beta \qquad (2.75)$$

式中，α 是在单位长度的奈培衰减常数；β 是单位弧度的相位常数。

通常，R 和 G 都很小，而对于无损的情况下，R 和 G 都为零。方程式（2.73）和式（2.74）可以通过以下函数来解决：

$$V(x) = V^+(x) + V^-(x) \qquad (2.76)$$

$$= V_0^+ e^{-\gamma x} + V_0^- e^{\gamma x} \qquad (2.77)$$

$$I(x) = I^+(x) + I^-(x) \qquad (2.78)$$

$$= I_0^+ e^{-\gamma x} + I_0^- e^{\gamma x} \qquad (2.79)$$

在这里我们看到 V 和 I 是 $+x$ 方向上传播的一个前向波（V^+，I^+），和一个 $-x$ 方向上传播的后向波（V^-，I^-）。V_0^+/I_0^+ 的比率是非常重要的，我们称之为传输线 Z_0 的特性阻抗，它可以很容易证明

$$Z_0 = \frac{V_0^+}{I_0^+} = \frac{R + j2\pi L}{\gamma} = \frac{\gamma}{G + j2\pi C} = \sqrt{\frac{R + j2\pi L}{G + j2\pi C}} \qquad (2.80)$$

2.3.4　驻波比

比如说在发送时，沿着一条连接线到天线，则有一个入射波，也称为正向波和反射波［如我们在式（2.77）和式（2.79）看到的］。驻波结果来自入射波和反射波的叠加。驻波比（Standing Wave Ratio，SWR）是驻波的波峰和波谷的比例。它可能是一个电压比或电流比（我们无论考虑电压或电流，数值比应该是相同的）。因为它可能是一个电压比，SWR 也经常称为电压驻波比（VSWR）。称之为电压驻波比有助于消除歧义，因为有时功率驻波比（PSWR）也会出现，其中 PSWR 是 VSWR 的二次方。图 2.7 所示为在传输线中驻波的一个例子。

虽然我们看到电压和电流作为位置的函数，已由式（2.77）和式（2.79）给出，但我们还需要多一点的理论来理解入射波和反射波这一件事，使我们可以把握 SWR 的关键。我们首先通过考察其中阻抗相匹配的特殊情况（见 2.3.4.1 节），所以没有反射波。这之后，将在 2.3.4.2 节考察其中反射波的更一般的情况。

2.3.4.1　阻抗匹配和传输线

传输线只有当它是无限长的，或者它被连接到匹配负载上，才不具有反射（见图 2.5）。这将给我们引出在传输线背景下的阻抗匹配。在匹配源和有负载的传输线之间，这两者的区别是非常重要的：

- 从源到传输线的连接在一侧上。
- 从传输线到负载的连接在另一侧上。

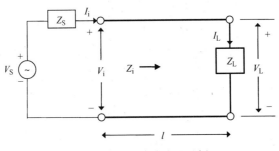

图 2.5　一个传输线的示例

在前一种情况下（即，从源到传输线的连接），对于传输线找到最大功率传输的输入阻抗，Z_i［我们将很快会在式（2.81）看见］应等于源的输出阻抗的复共轭（即 $Z_i = Z_S^*$，其中 Z_S 为源阻抗）。这是我们期望从基本的电路原理中得到的，并与基本电路理论中阻抗匹配的概念相一致。它也表明我们可以把传输线作为基本电路的电路元件的一种方法。在后一种情况下，连接到一个传输线路的负载的输入阻抗应该等效于传输线匹配负载和最佳效率的特性阻抗（即，$Z_0 = Z_L$）。这与我们所期望的基本电路原理有所不同，所以我们必须要注意。它不是特性阻抗的复共轭而是特性阻抗本身。这是因为这种匹配是基于与正常电路共轭阻抗匹配不同的原则。此匹配基于消除反射波，这可能会导致严重的能量损失。事实上，对于传输线，$Z_0 = Z_L$ 比在源极侧共轭匹配更重要（以减少来自反射波的功率损耗）。话虽如此，我们现在开始讨论 Z_i。

对于一个长度为 l 的传输线，参数为 γ 和 Z_0，如果它被连接到一个输入阻抗为 Z_L 的负载，传输线路和负载的组合的输入阻抗 Z_i 由式（2.81）给出[5]

$$Z_i = Z_0 \frac{Z_L + Z_0 \tanh\gamma l}{Z_0 + Z_L \tanh\gamma l}\Omega \tag{2.81}$$

无损的情况下，$\gamma = \mathrm{j}\beta$，$\tanh \mathrm{j}\beta l = \mathrm{j}\tan\beta l$，则

$$Z_i = Z_0 \frac{Z_L + Z_0 \mathrm{j}\tan\beta l}{Z_0 + Z_L \mathrm{j}\tan\beta l} \tag{2.82}$$

注意到当我们有一个与负载相匹配的传输线（即，$Z_0 = Z_L$）时，输入阻抗［见式（2.81）］是 $Z_i = Z_0$。因此，如果传输线是无限长的并且没有终止，没有反射波，传输线路和负载的组合在这个特殊的情况下看起来完全相同（相同的输入阻抗，相同的电压和电流分布在传输线上）。

从源的角度看，传输线和负载均可以用阻抗 Z_i 的负载来替换［由式（2.81）给出］，如图 2.6 所示。该等效电路给出了相同的输入电流 I_i 和输入电压 V_i，就好像我们有传输线和负载存在一样。

2.3.4.2　具有反射波的传输线特性

定义负载阻抗为 Z_L 的电压反射系数（它的变化取决于连接的负载）为在负

载上的反射和入射电压波的复振幅的比率。可以证明

$$\Gamma = |\Gamma| e^{j\theta\Gamma} = \frac{Z_L - Z_0}{Z_L + Z_0}$$

$$(2.83)$$

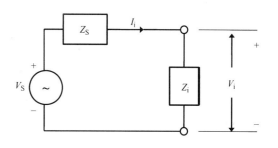

图 2.6　传输线输入阻抗的代替

注意 $Z_0 = Z_L$ 时，$\Gamma = 0$。一般来说，Γ 是一个幅值为 1 或 1 以下的复数。同时，电流反射系数是电压反射系数的负值。

那么我们可以定义 SWR（或 VSWR）为

$$S = \frac{|V_{max}|}{|V_{min}|} = \frac{1 + |\Gamma|}{1 - |\Gamma|} = \frac{|I_{max}|}{|I_{min}|}$$

$$(2.84)$$

同时，逆关系式是

$$|\Gamma| = \frac{S - 1}{S + 1}$$

$$(2.85)$$

为了帮助驻波的可视化，我们绘制驻波（接下来介绍电阻终端和无损传输线的特定情况）作为与负载距离的函数，如图 2.7 所示。两者的电压和电流被绘出。可以看到，电压驻波比和电流驻波比是相同的，并且一般来说这也是真实的。电压驻波比通常表示为一个比率（例如 $S = 1$ 表示为 1:1，则 $S = 1.5$ 表示为 1.5:1 等）。

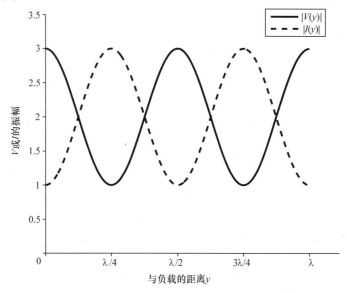

图 2.7　传输线驻波

电阻终端

对于电阻终端和无损传输线的情况，我们有实数 Γ，由式（2.86）给出

$$\Gamma = \frac{Z_L - Z_0}{Z_L + Z_0} \tag{2.86}$$

其中 Z_L 和 Z_0 是实数。重要的特殊情况包括：

- $Z_0 = Z_L$（匹配负载）时，$\Gamma = 0$，$S = 1$。
- $Z_L = 0$（短路）时，$\Gamma = -1$，$S \to \infty$。
- $Z_L \to \infty$（开路）时，$\Gamma = 1$，$S \to \infty$。

在一般情况下，我们尽力实现匹配负载的条件，或接近匹配负载条件，以保持电压驻波比处于较低的水平，因为较高的电压驻波比，会有更多的功率损失。例如，在射频发射器/接收器连接到同一个射频电缆的天线时，我们可以尝试得到电压驻波比 VSWR $< 2:1$。

图2.7 显示了电阻终端和无损传输线的例子，其中 $Z_L > Z_0$。

2.3.4.3 驻波比小结

驻波比是对于实际用途非常重要的值。低驻波比是可取的，目的是最小化线缆中信号功率的损耗，如射频设备和天线之间的情况。驻波比取决于：

- 电缆长度
- 阻抗匹配
- 损耗（来自传输线的电阻和电导）

实际上，所有的线路均具有损耗，因此最好是测量接收侧附近的驻波比（例如，靠近天线侧）。损耗因素将削弱反射波，这样如果测量靠近所述发送侧的驻波比，反射波将会衰减大部分能量，而发送波衰减最少。因此，那里驻波比测量偏低有可能是人为造成的。

2.3.5 S 参数

我们可以把抽象的概念考虑为一般概念的一部分。例如，传输线假设隐含有两个接口：输入接口和输出接口，这些可称为端口，因此传输线是二端口网络的一个例子。在一般情况下，一个端口可以认为是一个点，电流可以通过这个点流入或流出这个网络。图2.8 所示为一个二端口网络。

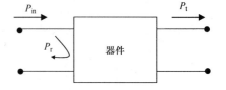

图2.8　二端口网络

一个散射参数（或简称 S 参数），当所有未使用的端口连接到匹配负载时（匹配于网络的系统阻抗），S_{mn} 是 m 端口输出电压与 n 端口输入电压的比值。对于一个二端口网络，m 和 n 取数值 1 或 2。如图2.9 所示，S 参数为一个二端口

网络。因此，S_{11}是匹配负载条件下的反射系数（端口 2 被连接到匹配负载）。如果该网络代表一个放大器，端口 1 是输入，端口 2 是输出，并且端口连接到相应的负载，则 S_{21} 是增益。注意，S 参数可以取决于频率、温度、控制电压等，所以这些应该被指定为必需的。由此能够从二端口网络推广到四端口网络和其他数量的网络端口。在这些情况下，m 和 n 的大小就是端口数量。

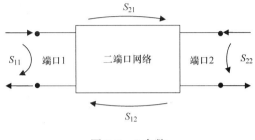

图 2.9　S 参数

2.4　阻抗

在本章和第 1 章中，我们已经看到了各种阻抗的概念：

- （电气）阻抗
- （固有）阻抗
- （波）阻抗
- （特性）阻抗
- 输入和输出阻抗

它们都以 Ω 为单位，都被称为阻抗，但它们指的却是不同的概念。不过，它们都可以采取复数值以及相量的比率。

电气阻抗适用于电子电路，我们有跨越两个点的电压和在相同的两点流动的电流。电气阻抗是相量 V 和 I 的复数比值，$Z = V/I$。

固有阻抗是介质的一种特性，简单地与 ε 和介质的 μ（例如，空气）有关，如 $\eta = \sqrt{\mu/\varepsilon}$。当有一个单波在该介质上单向传输时，将产生电场和磁场的比率。它通常是由 η 或 η_0 来表示特定介质。例如空气的固有阻抗约为 377Ω，而由空气分隔开的两个点之间的电阻抗可能是几千欧姆的量级（假设电压大到足以超过介电击穿电压）。

波阻抗是电场 E 和磁场 H 横向分量的比率。对于单波沿一个方向传播时，波阻抗等于固有阻抗 [可能除了符号外；在一些变化的定义中，波阻抗可等价于 η（当单波在 $+z$ 方向传播）和 $-\eta$（当单波在 $-z$ 方向传播）]。它与固有阻抗不同（例如，当我们有两个波沿相反方向传播）。在这种情况下，波阻抗可以是位置的函数。参考文献 [3] 中将其称之为全区域的波阻抗，这有助于从固有阻抗区分开来。

特性阻抗，通常写为 Z_0，是传输线便利的单参数表征。特性阻抗应仅用来指一个传输线。如果没有反射波，则测量传输线输入侧的 V 对 I 的比率。因此，它不同于固有阻抗和波阻抗，这都与电场强度有关。此外，它与电气阻抗的不同之处在于，仅当负载与传输线相匹配的特性阻抗等于电气阻抗（传输线和负载相结合）。否则，特征阻抗 Z_0 和电气阻抗 Z_i 之间的关系，由式（2.81）给出。在这种类型的情况下的电气阻抗 Z_i 也称为输入阻抗。

一个电路或设备的输入阻抗与深入观察的电气阻抗有关（即在其输入端）。更确切地说，对于一个电路或设备，它是在输入端的戴维南等效阻抗。对于传输线，它是将所得的 V（从正向波和反射波）和 I（从正向波和反射波）的比率，它用 Z_0 与 Z_L 表示，在式（2.81）给出。

不幸的是，一些情况下这些必须小心区分，例如，"特性阻抗"是用来指传输线之外的固有阻抗或波阻抗。因此，读者应仔细阅读和利用上下文，有助于阐明其意思。

2.5 试验和测量

在射频、天线和传输中用于测试和验证目的各种设备和工具都可用。

通过示波器可以看见电信号在时域中的波形（例如，作为电压对时间的曲线图）。而示波器显示的信号是时域表示，一个频谱分析仪显示的信号是相应的频域表示。频谱分析仪可以用于多种类型的量的测量，这使得它们用于射频测试特别有用。频谱分析仪使用在谐波失真测量、互调失真测量、调制边带的测量等射频工程中。

网络分析仪测量的是设备、系统或网络的特性。与之相对的是一频谱分析仪或示波器，这两者都用来测量和分析信号（当然，这样的测量并没有与网络分析在某种意义上获得的设备、系统或网络的相关或类似信息分离，例如，设备、系统或网络的频率响应可以使用频谱分析仪测量输入频谱和其对应的输出频谱）。

时域反射仪（TDR），正如其名称所示的，将一个短的（时域）脉冲传到电缆、设备或系统中并且测量反射信号，前提是如果有反射的情况。反射波的幅度、持续时间和形状提供了有关电缆的长度，以及它的特性阻抗等信息。

在 2.5.2 节将介绍示波器、频谱分析仪、网络分析仪，以及时域反射仪（TDR）的细节。

2.5.1 函数发生器

函数发生器要能够产生在测试中经常用到的各种功能的波，并作为系统的输入（例如，正弦、方波）。基本正弦波振荡器可能只产生正弦波（也许可能是方波），而函数发生器可能具有其他的附加功能（例如，还产生其他波形，如三角波和调制波、扫频和直流偏移调整）。用扫频时，波的瞬时频率会随时间而改变，将扫描出一系列的频率（例如，随时间的线性或者对数变化）。

更复杂的函数发生器，有时也被称为任意波形发生器，可以产生任意波形。通常，这意味着直接使用数字合成产生的波形。因此，任意波形都可以数字形式存储，波形是使用低通滤波器和放大器之后再经过模－数转换合成的。

通用的函数发生器具有几十兆赫兹的上限，其他更专门的发生器也被用于测试实验室，包括脉冲发生器和射频信号发生器。脉冲发生器专门产生高精度和高品质的脉冲方波。因为这样的脉冲将具有非常宽的带宽，它们不会产生如通过常规的函数发生器或脉冲发生器产生的脉冲，它的范围可高达1GHz。

由于通用函数发生器产生的信号频率太低而不能用于射频测试，而射频信号发生器能够产生从几千赫兹到几千兆赫的信号。除了在射频范围产生正弦信号，它们还可以提供调制信号，包括各种数字调制方式。通常，这些发生器需要非常精确和稳定的频率（例如，用于测试接收机的相邻信道抑制、相位噪声和来自信号发生器不准确频率的破坏效果）。此外，射频信号发生器必须能够产生非常低的边带。为了测试接收机的灵敏度，产生所述信号的幅度必须是非常准确的。

2.5.2 测量仪器

测量仪器始终会对它们测量的电路有一定的影响，不过这种影响很有限。为了尽量减少它们对测量电路的影响，许多测量仪器都被设计成具有非常高的输入阻抗。这将尽可能地降低电流值（轻载）。此外，这最大化了传输到测量仪器的电压值，使得开路电压的读数更准确。

射频（RF）组件通常是匹配的，输入和输出阻抗均为50Ω（或在某些情况下为75Ω）。对于此类系统，该测量仪器也将使用50Ω的匹配输入阻抗。一些信号可以被解释为混合交流和直流的信号，交流信号是由一个直流偏移得到的。一个交流耦合装置仅产生一个信号的交流部分，它是通过在输入端使用一个耦合电容器来消除直流偏移。

每台仪器只有有限的分辨率和准确度。分辨率与粒度测量值的变化是可以检测到的，而准确度应该与正确的测量值接近。仪器的分辨率和准确度，应考虑以确定它是否适合其预期用途。该测量仪器的带宽和上升时间应被视为相对于所述特定信号来进行测量。

2.5.2.1 电压表、万用表和射频探针

电压表可以是直流或交流电压表。虽然交流电压表通常给出的读数为方均

根值，有几种方法可进行这种测量，所以在一些交流电压表中，读数被正确校准仅针对正弦波。所谓"真有效值"交流电压表也为非正弦信号给出正确的有效值读数，但频率的范围在其上的读数准确度总是有限的。作为替代使用的交流电压表，高频交流测量可以用一个射频探针与直流电压表制成。通常，射频探针是峰值检测器，因此可以只对正弦波校准。图 2.10 所示为一个射频探针。万用表受到欢迎的原因是它们整合了电压表、电流表和欧姆表，它们还可以包括一些其他有用的功能，例如频率计数器（通常带宽有限）。

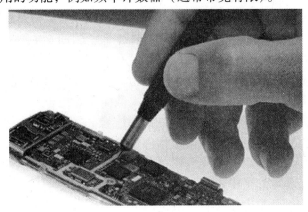

图 2.10　射频探针（Aeroflex 公司提供）

2.5.2.2　示波器

示波器用途很广，它们可以用来显示数字调制信号的眼图，眼图是用于检测符号间干扰、噪声等影响的数字信号质量可视化工具。

2.5.2.3　频率计数器

一个周期信号的频率是指其间隔多长时间重复自身，所以很自然的希望频率的测量可以通过一些简单的计算来实现。对一个频率计数器，一个时间基数控制逻辑门的打开，在此期间，对该信号的时间周期进行计数。同样，特别是对于低频，时间基数和被测量的信号可以由频率计数器内部交换，使得被测量的信号控制逻辑门的打开，然后将计算发生在一个信号周期的时间基数的数量。因此，该信号的周期可以被测定，而周期和频率互为倒数，所以得到其中任一个都是足够的，在较低频率计数间隔和在较高频率上计数周期可以得到更高准确度的测量。通常，时间基数来自一个晶体振荡器，所以稳定性和准确性是最基本的因素。

2.5.2.4　频谱分析仪

频谱分析仪显示信号的振幅作为频率的函数，而不是时间。直接的第一次尝试构造了一个频谱分析仪可能是使用相对窄滤波器的滤波器组。其中每一个滤波器将从所有的其他滤波器中过滤出一个不同的窄带，所有的滤波器将跨越要求的频率范围。然而，这不是一个实际可行的方法，因为在大多数情况下将需要许多个滤波器。例如，如果频率期望的范围是 0 ~ 2MHz 和每个滤波器是 1kHz 宽，那么将需要 2000 个这样的滤波器。

实际的频谱分析仪在使用中，不需要几千个滤波器。一种方法是使用快速傅里叶变换（FFT）以获得频谱。若要获取一连续时间信号的频谱，该信号首先要进行采样。不同于滤波器组的方式，这种方式容易混淆，所以进行 FFT 前应先通过抗混叠的低通滤波器；另一种方法是设计的频谱分析仪像外差式无线电接收机，有一个高品质的固定 IF 滤波器，其输入取自将分析信号与本地振荡器混合的混频器，当采取这样的做法和可调本地振荡器在一系列要求的频率范围内自动扫频时，频谱分析仪可以被称为扫频频谱分析仪。

频谱分析仪的一个基本属性是分辨率带宽。如果在特定的频带内的分辨率带宽有多个不同的频谱分量，频谱分析仪将不能够解决这些不同的分量。分辨率带宽更窄可使频谱分析仪分辨率达到更好的水平，也降低了测量噪声（由于噪声等效带宽也是较小的）。但是，较窄的分辨率带宽会有一个较长的调整时间。

频谱分析仪有不同的形状和大小，甚至能够带到现场，如手持频谱分析仪，手持频谱分析仪的一个例子示于图 2.11。

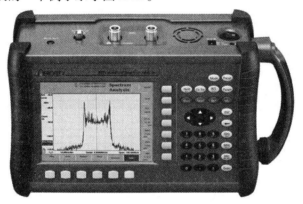

图 2.11　手持频谱分析仪（Aeroflex 公司提供）

2.5.2.5　网络分析仪和时域反射仪

网络分析仪可用于测量散射参数的二端口网络（见 2.3.5 节）。标量网络分析仪只能测量幅度，而不能测量相位，而矢量网络分析仪可以测量相位。网络分析仪可以生成其自身的信号以输入到系统中，或采取外部信号。

时域反射仪和网络分析仪两者都可以用来获得频率响应。在使用网络分析仪的情况下，该输入通常是窄带的（但在一定范围内扫频）。在使用时域反射仪的情况下，它发送一个非常窄的脉冲，并且该频率响应是通过计算反射信号的傅里叶变换得到的。窄带脉冲将具有有限的宽度，就是说10ps，所以在频域中的脉冲响应是乘以傅里叶变换的窄带脉冲，这将是100GHz的数量级。

2.5.2.6 天线耦合器

在某些情况下可能很难直接测量从发射机到天线的射频信号。例如，该天线可能连同发射器和接收器一起集成到移动电话中。我们可以使用一个天线耦合器来间接测量信号，因为这些信号是从天线辐射出去的。天线耦合器可以是被放置在非常接近被测器件的宽带天线。

2.5.3 手机测试设备

到目前为止，我们已经讨论了示波器、频谱分析仪、网络分析仪和时域反射仪等，它们在电气工程和电子工程许多不同的应用场景中都具有广泛的适用性。还有如驻波比测量仪和天线耦合器可能有一个更窄范围的应用设备。然而，这些并没有具体到无线系统的标准。与此相反，也有涵盖整个范围的测试和测量设备，其结合了有关各种无线系统（如，GSM、CDMA、LTE等）的情况，使它能够用于更多具体的测试，并要对这些特定的无线系统设备进行测量。

这些测试和测量设备在确定例如移动电话，是否符合频谱屏蔽、灵敏度、选择性等具体系统规范时可能非常有用。这些设备的其中一些还可以用于测试并测量系统的其他层面，如误码率性能、无线链路协议和网络协议。因此，这些测试和测量设备对认证手机和无线基础设施中的设备，以及维修来说都是很有用的。一个这样的手机测试设备的例子如图2.12所示。

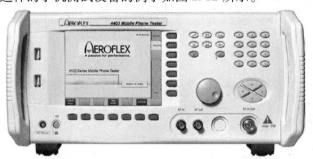

图2.12 手机测试设备的例子（Aeroflex公司提供）

习题

2.1 观察图2.1和图2.2的几何形状。给出一个在笛卡尔坐标系中的点 (x, y, z)，这个点的圆柱坐标和球面坐标是什么？

2.2 换一种方式，将一个点的圆柱坐标转换成直角坐标，以及球面坐标转换成直角坐标。

2.3　考虑无损介质传播的电磁波。假设在一个点 P，电场 E 是由 $E = u_x E_0$ 给出，磁场 H 是由 $H = u_y H_0$ 给出。问波是朝什么方向传播的？如果 $E_0 = 377 \mathrm{mV/m}$ 并且介质是空气，H_0 是多少？坡印亭矢量是多少？在 P 点上每单位面积的平均功率流是多少？

2.4　在一般情况下，SWR、S 的值范围是多少？对应 $|\varGamma|$ 的数值范围是多少？参考图2.7，什么是驻波比？什么是 $\varGamma$？

参 考 文 献

1. K. Chang. *RF and Microwave Wireless Systems*. Wiley, Hoboken, NJ, 2000.

2. K. Chang, I. Bahl, and V. Nair. *RF and Microwave Circuit and Component Design for Wireless Systems*. Wiley, Hoboken, NJ, 2002.

3. D. K. Cheng. *Fields and Wave Electromagnetics*. Addison-Wesley, Reading, MA, 1990.

4. S. Ramo, J. Whinnery, and T. Van Duzer. *Fields and Waves in Communication Electronics*. Wiley, New York, 1984.

5. M. Sadiku. *Elements of Electromagnetics*. Oxford University Press, New York, 2006.

第3章 射频工程

射频（Radio Frequency，RF）工程是关于工作于诸如微波频率的无线电波频率系统。我们将从"信号和系统"的角度接触射频领域。无线电发射机和接收机的射频部分将被视为无线系统的一个子系统。因此，在整个无线系统设计中射频部分与其他部分的关系是相关的。举个例子，相对于其他因素而言，无线电接收机的灵敏度取决于射频部分的设计，并且它直接影响着链路预算。而且，当我们设计无线接入技术时，需要关注射频子系统的功能：例如，由于射频放大器的自然特性，高信号峰均功率比（见 6.5.2 节）会造成射频子系统失真或效率低下。

射频部分通常也包括其他方面，如设备技术和射频电路（包括有源电路和无源电路）。对此感兴趣的读者可以查阅列在本章后面的一些参考资料来探究有关这些方面的细节，但这些都超出了本书范围。在我们的"信号与系统"方法中感兴趣的那些内容是诸如这些方面，如子系统的噪声贡献和指标的动态范围、灵敏度、选择性等方面。因为它们与整个无线系统设计的其他方面是有联系的，所以我们对这些方面感兴趣，并且也因为在射频设备中各种各样的工程因素的权衡。真正的电子元器件会引入噪声和其他缺陷，如非线性。尽管噪声、非线性等因素本质上是与元器件本身密切相关，对系统的影响可基于这些影响的模型来进行系统级的研究和量化，而不关心具体的器件物理学，这是我们所选择的研究思路。

对于那些刚刚接触射频的读者，在这里应该注意，与直流和低频信号相比，射频信号很难处理。不像直流电流的情况，只要你有时变电流和电磁场，辐射和耦合等各种现象都会发生，因为很难控制这些影响，所以我们必须小心处理射频信号。此外，设备和子系统的实际实现过程中（如非线性），如果我们不小心处理，会严重降低性能。

我们开始从整体看待射频，并在 3.1 节中介绍相关的分析假设和技术。然后，我们在 3.2 节中处理噪声的问题。除了噪声，射频工程的另一个特点是处理非线性，那是我们在 3.3 节中考虑的。射频系统的重要部分，如混频器、振荡器和放大器将分别在 3.4 节、3.5 节和 3.6 节中讨论，之后在 3.7 节中我们将了解一些其他的射频组件。

3.1 简介和预备知识

我们首先看看典型的无线电射频子系统（见3.1.1节）。这将给我们一个很好的视图，在一个典型的射频子系统中，放大器、滤波器、混频器等是如何组装在一起的。然后我们详细说明关于射频的"小心处理"方面和它是如何不同于低频电路的（见3.1.2节）。最后，我们介绍一些数学基础，比如我们是如何构建射频子系统（见3.1.3节）的以及我们如何推演分析非线性效应（见3.1.4节）。

3.1.1 超外差式接收机

目前最流行的无线接收机架构称为超外差式接收机。图3.1所示为一个超外差式无线电接收机框图。在图3.1中，我们看到放大器、混频器、频率合成器和滤波器。这些都是接收机射频部分的基本构建模块。一般来说，放大器用来放大信号功率，混频器通过乘以（也称为混合）一个周期信号来产生上变频或下变频信号。频率合成器可以简单地看作是一个振荡器，或者它可能包括一个振荡器加上额外的电路。滤波器选择一个频带的频率通过，使其他频率的信号衰减。

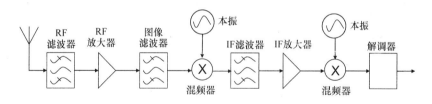

图3.1 超外差式接收机

正如1.4节中提到的，通过无线传输的通信信号频率是非常高的，所以它通常被称为是"射频"。为了解调信号和检测传输过来的信号，接收机的射频部分通常需要降低的信号为基带附近的信号。对于这个讨论，我们使用术语信道，用来表示一个传输机发送信号所需的一个特定的频率通道（如在GSM中是200kHz信道），而我们使用术语带宽指在相同网络或系统中其他发射机传输所需的频率范围（如在GSM-900中的上行890~915MHz）。超外差式接收机使信号从射频到基带变化有两个阶段，首先，它从射频下变频转变为一个中频(IF)，其次，它从中频下变频转变为基带信号。两个阶段的下变频转换带来一些挑战，在许多情况下，其所面临的困难被认为是超过了优势，其中包括：

1）在射频领域设计抑制信道外部干扰的优秀滤波器是很难的，因为：

① 射频载波频率 f_c 通常是非常高的，通常是 $f_c >> B$，B 是信号所需带宽，

这使设计高选择性射频滤波器成为一个挑战；另一方面，中频可以选择诸如分数带宽比 B/f_{IF} 来允许高选择性中频滤波。

②如果没有中频，另一个射频高选择性滤波障碍是射频滤波器需要可调，作为接收方通常需要接收来自内部网络或系统的整个带宽的射频信号，但射频滤波器需要识别带宽内的信道。然而，当信道的高选择性滤波在中频里完成后，射频滤波器可以更轻松地通过整个网络或系统的带宽。在这种情况下，射频滤波器有时被称为预选滤波器。

2）接收整个带宽的射频信号的调谐只需要在接收机的前端完成，所以其余的电路可以固定，不用考虑 f_c，也就是说，它不需要适应不同的 f_c 值（因为相同的原因，我们能有一个高选择性固定频率中频滤波器和中频有效的放大）。

3）射频和中频的分离给来自发射机（如无线电既发送又接收信号）的高功率射频信号接收电路（中频）和从接收机中频电路本身输出的线性反馈（其将与输入接收机的信号相比较后放大）到接收机的输入。

超外差式接收机的一个主要缺点是，信号在其他频率（除 f_c 外）可能在 f_{IF} 消失，不管如何选择中频滤波器都不可能被过滤掉，因为这些杂散信号的频率与期望信号频率相同。这些杂散的信号包括镜像信号和 1/2IF 信号。在 3.4 节中，我们会提到这些杂散信号如何产生。

有超外差架构的替代结构，可看本章末的参考文献以寻求更多细节，但超外差架构仍是当前最受欢迎和重要的架构。

3.1.2 小心处理射频

首先，电气工程入门课（如第 1 章回顾的一些主题）通常涉及一些直流和超低频交流电路，如 60Hz。60Hz 电磁波的波长大约 5000km，这比学生在电气工程实验室见到的大很多数量级。当电路的物理尺寸比波长小得多时（即在高频，如 RF），对模型电路来说基础的静态电路是足够准确的，特别是在这种情况下使用的集总电路模型，使用可忽略电阻的圆导线连接的集总元件（电阻、电容、电感等），这在射频里是不够的。相反，我们看见分布式元器件，如传输线（见 2.3.3 节）和像 3.7 节的其他各种 RF 组件，加上滤波器、放大器、混频器等，被设计成在一定频率范围工作的电路。

一种解释电路尺寸与波长比原因的方式是从时间滞后影响的角度[6]。对于尺寸比波长小的电路，电场和磁场可以认为是准静态的，像静态场一样分布，作为一个位置函数（即使有时间变化）。互耦合，如互电感和互电容，可以用特种集总器件规划和隔离。考虑一个有线环路，导线的任何部分电流都会产生一个磁场传向环路的任何其他部分，可以忽略相位差异（因为环路比波长小得多），因此环路起到一个电感的作用。对于尺寸比波长小不了多少的电路，然而考虑同一有线环路，从环路其他部分到达环路任何部分的磁场由于确定的传播时间和相对小的波长可能有很大的相位差异。所以环路辐射并充当天线。所以在射频里，我们必须小心处理信号的一个原因是各种意外辐射、耦合和其他效应会严重降低电路性能或使电路不起作用。

另一种对于集总电路在射频不工作的原因的解释，是其在高频下，趋肤效应意味着大部分的电磁能量不能穿透导电材料（如铜）制成的圆导线，且大部分停留在表面。

设备和子系统的非线性是射频的另一个方面，我们必须小心处理，我们将在 3.1.4 节中讨论。此外，阻抗匹配也是非常重要的（正如 2.3.4.2 节中已经看到的，我们试图匹配连接设备的输电线路，以减少电压驻波比和功率损耗）。

3.1.3　射频设备和系统：假设和限制

出于建模和分析的目的，一个系统可以是：

- 线性或非线性。
- 无记忆或动态。在动态系统中，输出有可能取决于除当前以外的时刻（即，它可以有记忆）。卷积是典型的动态 LTI 系统相关运算的例子。
- 时不变或时变。

在信号处理和通信信号处理的许多情况下，系统一般是作为线性、时不变和动态来进行建模和分析的。

然而在研究射频时，我们通常感兴趣的是非线性影响。在初次接触到非线性、时变和动态系统时，太难以分析，所以通常人们研究非线性、时变、无记忆的系统。除非另有声明，这是我们这里的假定。

3.1.3.1　二端口网络

在谈论建模系统、子系统和设备为线性或非线性时，我们隐含假设有一个输入，一个输出（如果当系统的输入以某种方式发生变化时，其输出也以特定方式发生变化，这样的系统称为一个线性系统，没有输入或输出的系统将没有意义！）。明确指出，在本章里将许多系统、子系统和设备考虑建模为二端口网络，我们在 2.3.5 节中已简要介绍。网络这个词在这里被用作电气或电子网络（在正如 1.2 节开始部分介绍的）。我们假设考虑噪声因数，例如，在有一些输入信号和输出信号的情况下我们总是考虑噪声因数。这是考虑射频组件的噪声贡献的最有效方式，因为我们想知道当信号流入组件和信号流出组件时噪声的贡献。

子系统建模作为二端口网络的概念是非常有用的，我们从子系统的细节中抽象出来，只考虑它对系统的影响，信号通过它时作为一个"黑匣子"。同时也会有一些设备和子系统有超过两个端口，如定向耦合器（见 3.7.1 节）和环路器（见3.7.2节）。当要讨论它们时，我们将指出端口的数量。

3.1.4 非线性效应

在实际设备中非线性会导致谐波失真和互调失真。

3.1.4.1 谐波

给定前述的假设（非线性系统），我们通过认真分析谐波和互调的现象就很自然出现。首先，我们考虑谐波。相对于给定频率正弦函数，如 $\cos\omega t$，在 $\cos(n\omega t)$ 项中，对于每一个 n 值，称为第 n 次谐波。这个 $\cos\omega t$ 也称为基波。

对于非线性和无记忆的系统，输出 $y(t)$ 可以用输入 $x(t)$ 表示为

$$y(t) = a_1 x(t) + a_2 x^2(t) + a_3 x^3(t) + \cdots \qquad (3.1)$$

如果系统是时变的，系数 a_1、a_2 等也是时变的。

如果 $x(t) = V\cos\omega t$，然后（忽略四阶及以上高阶项）我们使用泰勒级数近似得到

$$y(t) \approx \frac{a_2 V^2}{2} + (a_1 V + \frac{3a_3 V^3}{4})\cos\omega t + \frac{a_2 V^2}{2}\cos2\omega t + \frac{a_3 V^3}{4}\cos3\omega t + \cdots \qquad (3.2)$$

我们看到的输出是以 $\cos n\omega t$ 形式的各项和（即谐波序列和）。第 n 次谐波与 V^n 大致成正比，但系数 a_n 随着 n 的增加变得很小，所以通常只保留低次谐波结果，例如第二次谐波和第三次谐波。

3.1.4.2 互调效应

所以我们看到了谐波，但是要看到互调项，我们至少需要两个正弦波。基本上当有两个或更多正弦波时，互调项（也称为互调积）在当我们展开式（3.2）中的项时，由于正弦项的混合和互乘，它们就结束了互相"调制"。它们也非正式称为"互调"。在双正弦信号的情况下，它通过一个无记忆的非线性设备后，将会有如下形式项（尽管其中一些可能非常小）：

$$\cos(m\omega_1 + n\omega_2)t \qquad (3.3)$$

其中 m 和 n 可以是任意整数，甚至负整数或零，这些都是互调项（因此当 $m = 0$ 或 $n = 0$ 时谐波是互调的一个特殊项）。互调项的阶数是 $|m| + |n|$。人们经常谈论二阶、三阶互调项。

我们观察到一个非常重要的情况，有一个两种正弦波之和 [即 $x(t) = A\cos\omega_1 t + B\cos\omega_2 t$，其中 ω_1 和 ω_2 是两个正弦波的两个不同频率。一般来说，它们不需要相位对齐，可能会有一个相位偏移，但对于互调失真而言这不相关，所以为方便我们用这种方法描述它们。

我们假设系统是非线性和无记忆的，所以由式（3.1）建模。我们首先看看

式（3.1）$^\ominus$中的 $a_2x^2(t)$ 项（从此二阶互调项会出现）。

并且我们有

$$a_2x^2(t) = a_2(A\cos\omega_1 t + B\cos\omega_2 t)^2 \tag{3.4}$$

$$= a_2\left\{ \frac{A^2+B^2}{2} + \frac{A^2}{2}\cos2\omega_1 t + \frac{B^2}{2}\cos2\omega_2 t \right.$$

$$\left. + AB\left[\cos(\omega_2-\omega_1)t + \cos(\omega_2+\omega_1)t \right] \right\} \tag{3.5}$$

第一项是一个直流分量；第二项和第三项是二次谐波在 $2\omega_1$ 和 $2\omega_2$ 处（见图 3.2）的互调分量，最后两项也是互调分量，它们分别是在频率和及频率差处（即 $\omega_1+\omega_2$ 和 $\omega_2-\omega_1$）。

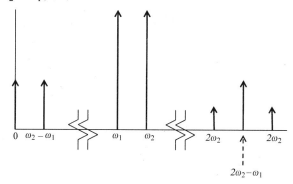

图 3.2　两个等功率正弦波二阶积

接着，我们看一下式（3.1）中的 $a_3x^3(t)$ 项（从中三阶互调项会出现），我们通过部分使用式（3.5）并与 $(A\cos\omega_1 t + B\cos\omega_2 t)$ 相乘计算它。这样，我们可以得到

$$a_3x^3(t) = a_3\left\{ \frac{A^2+B^2}{2} + \frac{A^2}{2}\cos2\omega_1 t + \frac{B^2}{2}\cos2\omega_2 t \right.$$

$$\left. + AB\left[\cos(\omega_2-\omega_1)t + \cos(\omega_1+\omega_2)t \right] \right\}(A\cos\omega_1 t + B\cos\omega_2 t)$$

$$= \frac{a_3}{4}\left\{ (3A^3+6AB^2)\cos\omega_1 t + (3B^3+6A^2B)\cos\omega_2 t \right.$$

$$+ 3\left[A^2B\cos(2\omega_1-\omega_2)t + AB^2\cos(2\omega_2-\omega_1)t \right]$$

$$+ 3\left[A^2B\cos(2\omega_1+\omega_2)t + AB^2\cos(\omega_1+2\omega_2)t \right]$$

$$\left. + A^3\cos3\omega_1 t + B^3\cos3\omega_2 t \right\} \tag{3.6}$$

我们看到有 6 个 3 阶互调项：$2\omega_1-\omega_2$、$2\omega_2-\omega_1$、$2\omega_1+\omega_2$、$\omega_1+2\omega_2$、

$\ominus$　原书为式（3.2），有误。——译者注

$3\omega_1$ 和 $3\omega_2$ （见图 3.3）

系统含义。有源设备的非线性效应如何影响系统性能？射频系统设计上的含义是什么？假设频率 ω_1 和 ω_2 很接近，当我们检测第二阶和第三阶互调项在一起时，我们看到，大部分的频率相对远离 ω_1 和 ω_2，除 $2\omega_1 - \omega_2$ 和 $\omega_1 - 2\omega_2$，这对频率可

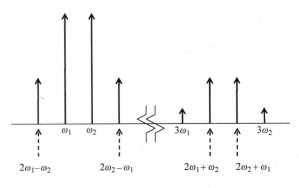

图 3.3 两个等功率正弦波的三阶积

能非常接近 ω_1 和 ω_2。因此，过滤掉这些序列可能是非常困难的或不切实际的。此外，随着输入功率的增加，互调项增长速度超过基波频率，有效地产生了一个可以用于非线性系统输入信号功率的上限。我们在 3.3 节中会详细讨论这些问题。可能发生的另一个问题是互调项远离期望信号，通过一个混频器后在期望信号附近停止，正如我们在 3.4 节中将要看到的。

3.2 噪声

像移动电话这样到达接收机的无线电信号可能很弱（如达到 -100dBm 水平）。在这样的信号水平，一个射频子系统里任何附加在信号的噪声都可能是一个非常严重的问题。在接收机里射频子系统先进行数字解调和检测，检测、解调后，我们可以使信号功率变得足够大，这样我们不必过多担心关于在接收机里其余的噪声。因此，射频子系统潜在的噪声问题是最关键的，这意味着接收机能够恢复传输信号与接收机拼命与无用噪声斗争之间的差异。

在接收机和发射机之间，我们更加关心噪声在哪里？如果在发射机和接收机之间添加了相同数量的噪声功率，附加的噪声功率在接收机所占信号的功率百分比要比发射机信号功率百分比要高，因为发射机的信号功率最高。换句话说，附加在发射机的噪声信噪比影响远低于附加在接收机的同等噪声信噪比影响。

因此，我们特别关注接收机的射频子系统。我们不能完全消除噪声，但我们可以通过精心设计，限制附加噪声。所以，我们需要特征化噪声并能计算射频子系统内部产生的噪声和射频子系统传送给基带解调器的噪声。一个密切相关的观点是我们想对输出 SNR（射频子系统输出）与参考输入 SNR（射频子系统）进行特征描述，因为对于一个给定的输入到基带解调器的最小 SNR，输出 SNR 与输入 SNR 比值将决定接收机的灵敏度。接收机灵敏度是指在系统可以处理的范围内接收机的输入最低信噪比，在 3.2.5.3 节中我们将量化这些思想。

3.2.1 噪声类型

噪声类型包括以下几种：

- 约翰逊－奈奎斯特噪声。不处于绝对零度（0K）的一个导电体，电荷载体（通常情况下是电子）将经历一个"随机"运动，这反映了其能量与其非零温度有关。这种运动被描述为热运动，产生了约翰逊－奈奎斯特噪声。由具有随机性质的热运动产生了符合加性高斯白噪声统计特性的噪声。因为约翰逊－奈奎斯特噪声产生的原因，它也被称为热噪声。
- 散弹噪声。当有电流携带离散电荷载体（通常情况下是电子），会产生电流的随机波动。散弹噪声可以建模为一个加性白高斯过程。
- 闪烁噪声。从随机电荷捕获，该噪声的概率密度函数与频率成反比，因此被称为 $1/f$ 噪声。因为它的 $1/f$ 特征，主要问题在于频率很低。

在一些技术领域，散弹噪声是主要作用成分，但对于无线电，尽管在甚低频信号与射频或中频信号混合的某些情况下，闪烁噪声是一个问题，但主要关心的仍是热噪声。

3.2.2 热噪声建模

电阻产生的热噪声可以建模为一个噪声电压源紧跟一个同一阻值的理想的、无噪声电阻，如图 3.4 左边所示。注意，平均噪声电压为零，但噪声电压方均根值非零。在这个模型里量子力学使我们得到下面的噪声电压方均根值：

$$\overline{V}_n = \sqrt{4kTBR} \tag{3.7}$$

式中，T 为温度，单位为 K；R 为电阻，单位为 Ω；k 为玻耳兹曼常数，$k = 3.8 \times 10^{-23}$ J/K；B 为系统带宽或测量带宽。在 3.2.3.3 节中将会看到实例。

为什么噪声电压方均根值取决于带宽 B？也可以说，每赫兹

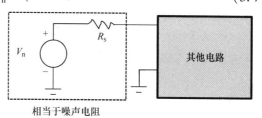

相当于噪声电阻

图 3.4 连接到其他电路的噪声源

的噪声电压方均根值是 $\sqrt{4kTR}$，如果我们让带宽 B 趋于无限，但这似乎意味着无穷大的噪声能量！在现实中，电阻的总噪声功率也不是无穷大的，因为在式（3.7）中只适用于低于 100GHz 的范围。式（3.7）只是一个近似，在极高的频率或极低的温度下不成立[5]。我们强调，为了获得实际的噪声功率，必须有一些有限值的测量带宽（参见 3.2.3.2 节）。因此，只要我们形成一个问自己系统带宽或测量带宽是多少的习惯，并且带宽是一个合理的值同时我们正确用它，我们应该可以使用式（3.7）。

3.2.3 转移的热噪声功率

因此，我们获得电阻的噪声电压方均根。含有噪声的射频子系统对射频电路的实际功率影响是怎样的？（注：我们在这里谈论的是平均功率，因为噪声电压是一个随机时变信号。）

我们必须小心地来区分这两个功率的概念：

1）在设备里产生多少噪声功率，也就是说，在热噪声的情况下，电荷载体的热运动的能量是多少？我们已经讨论了盲目应用［见式（3.7）］会导致不确定数量值，以及为什么这是不正确的。在任何情况下，下一个噪声功率的概念与射频工程更加相关。

2）多少噪声功率转移到"其余电路"？所有负载和测量设备都会有一些测量带宽 B，对于合理的 B 值，这是关系到多少噪声功率转移到其余电路的一个重要参数。此外，噪声功率转移到其余电路的概念可以分为：

- 可用功率（通常是可以转移的最大值）。
- 传递功率（实际功率转移）。传递功率一般小于或等于可用功率，在匹配的条件下是相等的。

通常，转移到其余电路的噪声功率是我们主要感兴趣的。继续举噪声电阻的例子，多少功率将被传送到负载上？假设我们连接的负载（戴维南等效）电阻 R_L 和带宽 B 与我们噪声电阻串联，如图 3.5 所示。然后，到负载的功率（传送功率）为

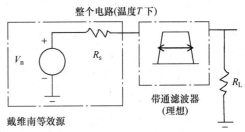

图 3.5 从噪声电阻器转移噪声

$$\frac{R_L}{R + R_L} \frac{\overline{V_n^2}(t)}{R + R_L} = \frac{4kTRR_LB}{(R + R_L)^2} \tag{3.8}$$

很容易证明当 $R = R_L$ 时最大（或者我们可以应用匹配负载的原理）。在这种情况下，我们有

$$\frac{4kTR^2B}{4R^2} = kTB \tag{3.9}$$

因此，对任意电阻负载 R_L，传递的功率是 $4kTRR_LB/(R + R_L)^2$，并且在匹配负载条件下，传送功率等于可用功率，就是 kTB。（注意：一个匹配 kTB 也分散在我们的噪声电阻中）。有趣的是，可用功率 kTB 独立于电阻 R。

3.2.3.1 噪声功率谱密度

有两个应用在射频工程领域里电阻热噪声功率谱密度的概念，我们必须小

心，不要混淆这两个概念。我们在这里提及这两个概念，方便那些在阅读来自多源的噪声功率时可能会困惑的读者。

第一个是基于可用噪声功率的概念。假定可用功率是 kTB，正如我们刚才看到的，可以定义可用的噪声功率谱密度为 kT（乘以测量带宽 B，产生 kTB），单位为 W/Hz。

第二个概念定义了每赫兹噪声电压方均根平方值为热噪声 PSD[7]，所以式（3.7）的二次方除以带宽 B，我们得到

$$\overline{V}_n^2(t) = 4kTR \tag{3.10}$$

注意 $4kTR$ 实际大小是每赫兹二次方电压！然而对于电压信号，很方便的一点是为 PSD 使用 V²/Hz［如果假设电压被应用在 1Ω 电阻上，数值上等于实际 PSD（W/Hz）］。

通过在 3.2.3 节中回顾如何从式（3.7）开始到于式（3.9）结束，我们发现这两个概念的等价性。

3.2.3.2　噪声等效带宽

在计算噪声时，当我们讨论带宽 B，好像我们有一个理想带宽为 B 的矩形滤波器。如果我们认为一个测量装置或负载作为一个滤波器，它可以认为有一个噪声等效带宽 B（或简单的噪声带宽），如图 3.6 所示。这个想法使我们获得该面积 A'，代表滤波器的频率响应曲线。然后，我们观察到滤波器频率响应的最大值 x。接下来，我们构造一个相同面积 A 的矩形，所以矩形的边长为 x 和 A/x。当 $B = A/x$ 时，代表相同面积 A 的理想滤波器带宽。

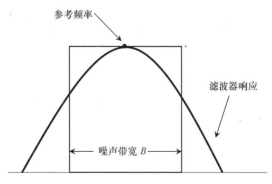

图 3.6　噪声等效带宽

3.2.3.3　工作实例

在室温下求一个只包含一个 5Ω 电阻的电路噪声电压，取带宽为 1kHz：

$$\overline{V}_n = 2\sqrt{(1.38 \times 10^{-23} \text{J/K})(290\text{K})(1000\text{Hz})(5\Omega)} = 2.8\text{nV} \tag{3.11}$$

3.2.4 等效噪声源模型

在本节中，我们假设所有的模块都匹配。对于真实的子系统，当要求最大信号功率传输时，这是一个合理的假设。我们已经看到一个噪声电阻如何传送功率 kTB 到匹配的负载，这在式（3.9）给出。现在构造其他噪声设备和系统的等效噪声源模型。使用这种类型模型的主要要求是，这些噪声源可以建模为"白噪声"，也就是说，有相对平坦的噪声谱密度。这些设备或子系统[⊖]的噪声贡献，甚至有一些像放大器这样的器件（不仅仅像电阻这样的无源负载）可以建模为来自一个等效噪声电阻，它贡献相同数量的噪声。该模型允许我们通过增加或减少温度 T 来设置等效电阻的噪声功率，而不必考虑实际的工作温度。因为等效电阻的噪声功率 kTB 与 T 成正比，我们可以认为 T 是一个可调参数，使我们设定适当的等价于噪声子系统的噪声功率。由于温度参数 T 不会是真正的工作温度，它被称为一个等效温度 T_e，T_e 可以用有效输出噪声功率的函数表示，$P_{noise,out}$：

$$T_e = \frac{P_{noise,out}}{kB} \tag{3.12}$$

就它的噪声贡献而言，子系统可以被认为是相当于在温度 T_e 的一个电阻，因为两者都将传送噪声功率 $P_{noise,out}$ 到一个匹配的负载。

3.2.4.1 输入参考

我们的等效噪声源模型还没有完成，因为子系统实际上是在内部产生噪声，但是当建模时我们需要放置等效噪声源到某个位置，通常的处理方式是经过输入参考，即子系统内部产生的噪声被引用回（或称为参考返回）输入处，尽管在子系统之前产生，而且尽管子系统本身是无噪声的，并将产生的噪声通过它传输（并获得放大等，取决于子系统干什么）。换句话说，子系统分解为两个部分：

●一个等价的噪声源，可用的噪声功率 kT_eB 传递到一个匹配的负载。

●一个无噪声的子系统，除了它不产生噪声外是和原始子系统完全一样的。

我们假设子系统连接到一个匹配的负载，因此噪声功率等价于可用噪声功率。

重要的是这个模型导致了输出子系统产生了正确噪声功率。因此，我们必须小心调整等效噪声源的输入噪声功率以产生正确的输出噪声功率。特别是，如果子系统是增益为 G 的放大器，我们应该更改式（3.12）为式（3.13）

⊖ 为方便起见，在后面几页不再多次说"设备或子系统"，我们只说"子系统"，这意味子系统也可能是一个单独的设备。——原书注

$$T_e = \frac{P_{\text{noise,out}}}{kBG} \tag{3.13}$$

3.2.4.2　级联

我们经常有级联的子系统（见图3.7），重要的是要能够计算出一个级联子系统的总体噪声贡献，而不只是一个子系统。如果我们有两个子系统级联，那么可以认为这两个是一个噪声子系统，用一个整体等效温度代表子系统生成子系统总噪声。让这两个子系统的增益分别为 G_1 和 G_2，噪声温度分别为 T_1 和 T_2。从来自子系统 1 和 2 级联输出的噪声功率 $P_{\text{noise1,out}}$、$P_{\text{noise2,out}}$ 分别为

$$P_{\text{noise1,out}} = (T_1 kBG_1) G_2 \tag{3.14}$$

（因为它从第一个子系统出来后经过第二个子系统）

$$P_{\text{noise2,out}} = T_2 kBG_2 \tag{3.15}$$

并且

$$P_{\text{noise,out}} = T_1 kBG_1 G_2 + T_2 kBG_2 \tag{3.16}$$

因此，参考这两种噪声返回到输入贡献的总和，我们需要除以整体级联增益 $G_1 G_2$，得到等效噪声温度，我们需要用适当的形式表达：

$$P_{\text{noise1+noise2,in}} = \frac{P_{\text{noise,out}}}{G_1 G_2} = T_1 kB + \frac{T_2 kB}{G_1} = kB \left(T_1 + \frac{T_2}{G_1} \right) \tag{3.17}$$

因此，级联的噪声温度是

$$T_{\text{cascade2}} = T_1 + \frac{T_2}{G_1} \tag{3.18}$$

这个分析是直接扩展到级联三个或多个子系统中。级联公式在式（3.28）中给出。从这样的公式中，我们可以看到，我们通常喜欢在级联前端有较大的放大以使大的增益更多地出现在公式分母中而不是在后端；另一种方法是如果大增益在级联的前端，从整体上将获得更少的噪声，因为它们并不放大所有后续的子系统贡献的噪声，而放大器级联的末端会放大所有前端子系统的噪声贡献。

图 3.7　级联系统实例

3.2.5　噪声图

所以一个子系统或子系统级联的噪声贡献，可以通过适当等效温度的等效噪声源建模。还有另一个相关的方法量化一个子系统的噪声贡献，就是通过噪

声因子（也称为噪声系数）。

关于噪声系数讨论背景，假设讨论的子系统（也称为实验设备）连接到信号源和负载。除非另有规定，设定信号源和负载双方阻抗匹配。至关重要的是要注意，源电阻将导致噪声，kTB。因为来自源电阻的噪声贡献取决于温度 T。通常认为，测量是在室温下完成的，选取 $T_0 = 290K$ 或者 $T_0 = 300K$。

因此，在双方阻抗匹配和室温条件下，噪声系数 F 可以定义为

$$F = \frac{SNR_{\text{input}}}{SNR_{\text{output}}} \tag{3.19}$$

（通常用分贝，尽管在许多计算中用绝对值）。另一种噪声系数 F 的定义为

$$F = \frac{\text{在室温下的子系统测量的输出噪声功率}}{\text{理想的子系统输出功率}} \tag{3.20}$$

如果 G 是子系统的增益，可以看到两个定义的等价性如下式：

$$F = \frac{SNR_{\text{input}}}{SNR_{\text{output}}} = \frac{S_{\text{in}}}{kT_0 B} \Big/ \frac{GS_{\text{in}}}{GkT_0 B + GkT_e B} = \frac{GkT_0 B + GkT_e B}{GkT_0 B} \tag{3.21}$$

式中，T_0 是室温；子系统的等效噪声是 $kT_e B$，参考输入以及输出端测量到的噪声，因此是 $GkT_0 B + GkT_e B$。

式（3.21）作为一个附加的好处，我们还可以用 T_e 和 T_0 表达 F，

$$F = \frac{GkT_0 B + GkT_e B}{GkT_0 B} = \frac{T_0 + T_e}{T_0} = 1 + \frac{T_e}{T_0} \tag{3.22}$$

另外，

$$T_e = （F - 1）T_0 \tag{3.23}$$

再次回到式（3.21），我们可以看到当我们处理噪声数据时，为什么输入参考方便的另一个原因。如果我们使

$$N_{\text{in}} = kT_0 B \tag{3.24}$$

是输入的噪声功率及

$$N_{\text{out}} = GkT_0 B + GkT_e B \tag{3.25}$$

是输出噪声功率，然后替换到式（3.21），我们有

$$F = \frac{N_{\text{out}}}{GN_{\text{in}}} = \frac{GN_{\text{out,input-ref}}}{GN_{\text{in}}} = \frac{N_{\text{out,input-ref}}}{N_{\text{in}}} \tag{3.26}$$

式中，$N_{\text{out,input-ref}}$ 为参考输入的输出噪声，这里我们看到，F 独立于 G，所以对于参考噪声返回输入的一个好处是 F 不依赖于系统增益。

3.2.5.1 不同类型设备的噪声系数

我们已经看到如何计算子系统噪声系数增益 G（如放大器）。对于工作在室温下的无源器件，如传输线或衰减器 $F = L$，其中 L 是损失。这是因为信号衰减 L dB，而输出测量的噪声等于输入测量的噪声。因此信噪比通过无源器件衰减 L

dB。同样，我们有 $F = -G$。

对于天线来说，这取决于天线"看到"什么。对于地面的天线，室温是正常的（即它们带来室温为 T_e 的大气噪声）。对天线指向空间（如卫星系统），它通常表示，它们"看到"50K 的噪声温度。

3.2.5.2 级联

当有两个或两个以上的元素级联时，我们可以使用 Friis 公式

$$F = F_1 + \frac{F_2 - 1}{G_1} + \frac{F_3 - 1}{G_1 G_2} + \cdots \tag{3.27}$$

或等效于

$$T = T_1 + \frac{T_2}{G_1} + \frac{T_3}{G_1 G_2} + \cdots \tag{3.28}$$

这里我们使用等效温度。

推导：从增益为 G 和噪声系数为 F 的设备输出噪声 $FGkT_0B$ 开始，如果我们有 F_1 与 G_1、F_2 与 G_2 级联，第一个设备的输出噪声是 $F_1G_1kT_0B$，第二个设备的输出噪声就成为 $F_1G_1G_2kT_0B$。同时，第二个设备增加的噪声 $G_2kT_eB = F_2G_2kT_0B - G_2kT_0B$（我们认为级联里只有第一个设备得到了"真正的"输入噪声 kT_0B，并且所有其他设备只得到它们的增加噪声）。

$$FGkT_0B = F_1G_1G_2kT_0B + F_2G_2kT_0B - G_2kT_0B \tag{3.29}$$

$$FG = F_1G_1G_2 + F_2G_2 - G_2 \tag{3.30}$$

$$F = F_1 + (F_2 - 1)/G_1 \tag{3.31}$$

这可以拓展三个或三个以上子系统级联。

3.2.5.3 接收机灵敏度

假设信号检测器（在射频之后）需要一个最小信噪比 SNR_{min}（如，为了实现一些误码率目标）。然后将提供信号检测器的最小信噪比必须至少大于 SNR_{min}，因为我们预期在射频电路组件添加噪声会降低信噪比。接收机灵敏度，是指进入接收机射频阶段能给信号检测器提供至少 SNR_{min} 时的最小信噪比 SNR。因此，在射频设计中低（较好的）接收机灵敏度是一个重要的目标，因此，接收机可以使用较小的信号信噪比。

正如所期，接收机灵敏度直接关系到噪声系数，一个更大的噪声系数意味着一个更高（更糟糕的）接收机灵敏度。我们联系噪声系数 F、带宽 B 和所需最小信噪比 SNR_{min}，如下式（3.23）所示。定义噪声系数为

$$F = \frac{SNR_{in}}{SNR_{out}} = \frac{S/N_{in}}{SNR_{out}} \tag{3.32}$$

式中，S 和 N_{in} 分别为信号功率和输入噪声功率。我们用序列的测量带宽和输入噪声谱密度表示 $N_{in/Hz}$ 表示 N_{in}，并重新编排各项，有

$$S = N_{\text{in/Hz}} \times B \times F \times SNR_{\text{out}} \qquad (3.33)$$

现在，对于灵敏度，我们只是用 $SNR_{\min}$ 替代 SNR_{out}，并且 S 变为灵敏度。此外，我们用分贝的形式写出所有项，得到

$$S_{\text{in,min} \mid \text{dBm}} = N_{\text{in/Hz} \mid \text{dBm/Hz}} F \mid_{\text{dB}} + SNR_{\min \mid \text{dB}} + 10\lg B \qquad (3.34)$$

通常情况下，我们假设输入的匹配条件和室温，那么我们有

$$N_{\text{in/Hz} \mid \text{dBm/Hz}} = kT = -174\text{dBm/Hz} \qquad (3.35)$$

所以我们有以下有用关系：

$$S_{\text{in,min} \mid \text{dBm}} = -174\text{dBm/Hz} + F \mid_{\text{dB}} + SNR_{\min \mid \text{dB}} + 10\lg B \qquad (3.36)$$

注：灵敏度是我们常遇到的数据之一，其数值或许跟非正式描述的相反。当我们说接收机 A 比接收机 B 更灵敏，则 A 的灵敏度数值会比 B 的灵敏度数值小，反之亦然。

3.2.5.4　本底噪声

本底噪声的概念与灵敏度的概念密切相关。N_{floor} 表示本底噪声，我们定义本底噪声为

$$N_{\text{floor}} = -174\text{dBm/Hz} + F \mid_{\text{dB}} + 10\lg B \qquad (3.37)$$

本底噪声可以被认为是系统提供的最小噪声，在匹配负载条件、室温和测量带宽 B 下的测量输出。因此，灵敏度和本底噪声是有关的。

$$S_{\text{in,min} \mid \text{dBm}} = N_{\text{floor}} + SNR_{\min \mid \text{dB}} \qquad (3.38)$$

3.2.5.5　假设、陷阱等

关于噪声计算这里有一些事情要记住，特别是对于那些可能变成新主题的事情。

- 噪声系数一直是在室温 290K 下测量得到的。
- 总是假设满足输入和输出负载匹配条件。

这些都是典型的假设，但是也可以谈论一个更一般的噪声系数的概念，并不一定是在室温下或在负载匹配的条件下。拉扎维使用更一般的概念，说明了如何在这种情况下，噪声系数变得依赖于源电阻，例如参考文献 [7]。负载匹配的传统情况消除了歧义，所以，在实践中，我们做传统的假设。

3.3　有关非线性系统问题

非线性系统（如放大器）工作在理想的情况下（输出功率随着输入功率呈线性增加，以 dB 表示）输入能力有一定范围。1dB 压缩点（见 3.3.1.1 节）是一个定量地描述输入功率的上限。另一个问题是，互调积增长速度快过基础输入功率的增加，导致输入功率的贡献超过互调的另一个上限将被视为过度。在本节中，我们展示了这些现象产生的非线性以及如何量化。

3.3.1　增益压缩

非线性可以视为子系统小信号增益的一个变化。在大多数情况下，将获得"压缩"（它饱和）。使用我们的标准模型式（3.2），非线性被视为 $a_1 + 3a_3A^3/4$ 中的 $3a_3A^3/4$ 项，在通常的压缩情况下，$a_3 < 0$。

3.3.1.1　1dB 压缩点

增益压缩概念通常由 1dB 压缩点量压；在这一点线性增益区外推输出下降 1dB。线性区域，$P_{out} = G + P_{in}$（dB），加上外推如图 3.8 所示。然而，由于增益是压缩的，当它从线性区移开，1dB 压缩点也显示在图 3.8 中。一般情况下，如 1dB 压缩点可能是指输入或输出功率（它与一个输入和一个输出功率有关），两者都在图 3.8 中显示。

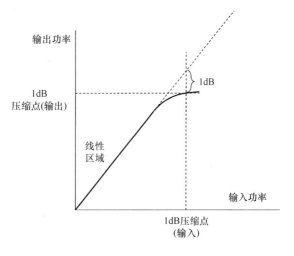

图 3.8　1dB 压缩点

3.3.2　互调积的大小

找到 1dB 压缩点，我们可以从一个小的输入功率开始逐渐增加，并观察线性输出功率的增加，直到它弯曲，达到压缩点。为观察互调积放大，我们可以使用双音测试。正如 3.1.4.2 节中看到的，我们至少需要两个正弦信号输入到非线性系统才能看到在输出除谐波外的互调积。特别是，我们正在寻找两个与基频（$2\omega_1 - \omega_2$ 和 $2\omega_2 - \omega_1$，正如前面所讨论的）最接近的三阶互调积。因此，我们可以开始把两个正弦信号以小功率（纯正弦波）输入，设置如图 3.9 所示。

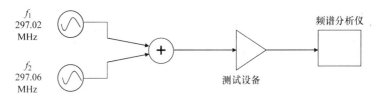

图 3.9　双音测试

在小功率下，互调积"淹没在噪声中"。当我们增加基频输入功率，预计三阶互调积功率和基频功率增加一样快。在一个特定的功率水平，三阶互调积会出现的本底噪声（见图3.10）清晰可见，如频谱分析仪不同的频谱成分。

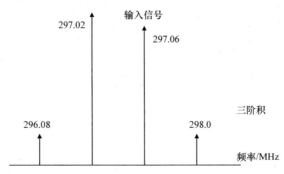

图 3.10 三阶互调积接近两个音频

这种情况发生的位置十分重要，作为 SFDR 的一部分，这是在 3.3.3 节中讨论过的。然而，我们首先考虑当我们继续增加输入功率会发生什么。在图3.11 中可以看到，理论上两曲线将在较高输入功率在某一点相交，称为三阶截距点，通常缩写为 IP3。在实际中，增益压缩在那之前发生（通常，到达 IP3[5] 之前的 12～15dB 处；伊根[2] 为 1dB 压缩点与在 10.6dB 处的 IP3 之间的差异的估计提供理论基础，但注意，这只是一个简单的尝试，取决于很多的假设，所以在实践中会有偏差）。然而，两直线的斜率应能从两个测量计算

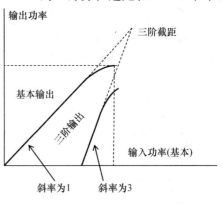

图 3.11 三阶截距

得出，并且 IP3 可以通过外推获得。事实上，如果我们信任我们的模型，对于线性区域输入功率一个值只需要对基频和三阶互调积输出功率进行一次测量。然后，设该曲线的斜率为 1 和 3，我们可以外推出交点，IP3。

IP3 有时代表了品质因数，因为 IP3 越大，在三阶互调积的输出变得太大前，输入功率越高。

然而，对于 IP3 的意义这里有些歧义，例如是否是输出或参考输入，是否 X 轴代表一个或两个的基频功率（在 IP3 产生一个 3dB 差异）[2]。

3.3.3 无激励动态范围

直观地说，一个子系统的动态范围，如放大器，或一个无线电接收器作为一个整体，都是从某个最小可用的输入功率到某个最大可用的输入功率之间。

问题是我们认为"有用"的是什么，两种低端的可能性是：

- 它可以作为灵敏度［在式（3.38）中定义］。
- 由于灵敏度取决于检测器阶段的 $SNR_{\min}$，定义一个独立于 $SNR_{\min}$ 指标的最小可用的输入信号，最小可用的输入有时作为本底噪声。

对于上端，最大可用输入功率的热门概念是，输入功率在三阶互调积刚刚从本底噪声开始出现时值（更确切地说，三阶互调产物等于本底噪声）。可用输入功率这一概念的范围称为无激励动态范围。

让 P_{IIP3} 和 P_{OIP3} 为三阶截距点，分别作为放大器的输入和输出参考。$SNR_{\min}$ 是最低可接受的信噪比。因此，最小输入功率可满足最低信噪比要求（即接收机灵敏度）。

$$P_{\text{in,min}} = N_{\text{floor}} + SNR_{\min} \tag{3.39}$$

现在，给定某个小的基本输入功率（在线性工作区域）P_{in}，P_{out} 为基本输出功率，P_{OIM3} 为三阶互调积的输出功率。那么，显然，$P_{\text{out}} = G + P_{\text{in}}$ 和 $P_{\text{OIM3}} = G + P_{\text{IIM3}}$，其中 P_{IIM3} 表示三阶互调积输入参考。尽管 P_{IIM3} 可以表示为一个 x 轴上的点，但我们必须小心记住，在图 3.12 中正确地解释两曲线，我们要以 x 轴作为基本的输入功率，然后这两个曲线分别代表基本输出功率和三阶互调（IM）积。

因为我们知道，三阶互调的斜率和基本曲线的斜率分别是 3 和 1，

$$\frac{P_{\text{OIP3}} - P_{\text{OIM3}}}{P_{\text{OIP3}} - P_{\text{out}}} = 3 \tag{3.40}$$

$$3(P_{\text{OIP3}} - P_{\text{out}}) = P_{\text{OIP3}} - P_{\text{OIM3}} \tag{3.41}$$

$$2(G + P_{\text{IIP3}}) - 3(G + P_{\text{in}}) = -P_{\text{OIM3}} \tag{3.42}$$

$$2P_{\text{IIP3}} - 3P_{\text{in}} = -(P_{\text{OIM3}} - G) \tag{3.43}$$

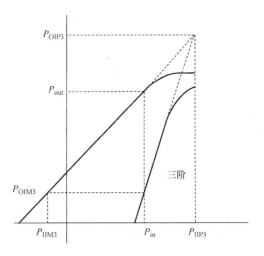

图 3.12　计算无激励动态范围

$$P_{\text{in}} = \frac{1}{3}(2P_{\text{IIP3}} + P_{\text{IIM3}}) \tag{3.44}$$

这样，如果我们现在设置 $P_{\text{IIM3}} = N_{\text{floor}}$，那么 P_{in} 是以 SFDR 定义的最大输入信号，我们称之为 $P_{\text{in,max}}$。因此，

$$P_{\text{in,max}} = (1/3)(N_{\text{floor}} + 2P_{\text{IIP3}}) \tag{3.45}$$

因此，我们现在有

$$\text{SFDR} = P_{\text{in,max}} - P_{\text{in,min}} \tag{3.46}$$

$$= (1/3)(N_{\text{floor}} + 2P_{\text{IIP3}}) - N_{\text{floor}} - SNR_{\min} \tag{3.47}$$

$$= (2/3)(P_{\text{IIP3}} - N_{\text{floor}}) - SNR_{\min} \tag{3.48}$$

SFDR 的另一种表达式，当 $P_{\text{in,min}} = N_{\text{floor}}$ 时，有

$$\text{SFDR} = (2/3)(P_{\text{IIP3}} - N_{\text{floor}}) \tag{3.49}$$

3.3.3.1 IP3 的级联

当有一连串的子系统级联，如果我们能获得每个子系统的增益 G 和 P_{OIP3}，那么我们可以求得系统的 OIP3。（注：如果我们有 P_{IIP3}，在使用公式之前可以转换为 P_{OIP3}。）为子系统从 0 到 N 进行编号，并且让 i 成为一个索引指数。设 $P'_{\text{OIP3},i}$ 是子系统 $0 \sim i$ 的级联的 OIP3，其中 $0 < i < N$（$P_{\text{OIP3},0}$ 是子系统 0 的 OIP3）。然后，我们可以递归地使用公式计算系统的 OIP3 为

$$P'_{\text{OIP3},i} = \left(\frac{1}{P'_{\text{OIP3},i-1} G_i} + \frac{1}{P_{\text{OIP3},i}} \right)^{-1} \tag{3.50}$$

注：这些值都是线性的（不是分贝值）。

3.4　混频和相关问题

混频器通常用于"相乘"或"混合"一个单频信号（如一个振荡器的输出）。因此，混频器是一种三端口子系统（两个输入端口和一个输出端口）。正如在 3.1.4 节中看到的，射频电路的非线性会导致包括谐波在内的互调积出现。一些互调积，像三阶互调积，可能非常接近所需信号的频率，使其很难被滤除掉。当我们看射频电路中的混频器时，额外的挑战将会出现。

- 混频器本身就是非线性设备，这就是为什么在其他项输出中会有一项为两个输入乘积。

- 混频器执行频率转换，所以，在混频器输出中不需要的信号（频率）远离期望的信号（频率），可能最终在接近期望的信号（频率）处结束。

假设我们使用一个混频器，一个蜂窝信号从射频 f_{RF} 下变频到中频 f_{If}。我们只对混频器输出的频率差异感兴趣（频率总和始终大于输入频率，因此它可以用于上变频，但下变频不行）。把混频器输出的差频设为 f_{IF}，我们可以设置本地振荡器频率 $f_{\text{LO}} = f_{\text{RF}} - f_{\text{IF}}$ 或 $f_{\text{LO}} = f_{\text{RF}} + f_{\text{IF}}$。接下来，我们分别表示两种情况 $f_{\text{LO}} < f_{\text{RF}}$ 和 $f_{\text{LO}} > f_{\text{RF}}$。在混频器输出，我们有

$$f_{\text{IF}} = |f_{\text{RF}} - f_{\text{LO}}| \tag{3.51}$$

（其中我们取绝对值为允许 $f_{\text{LO}} > f_{\text{RF}}$ 的情况出现）。现在如果在其他频率（不是 RF）中有其他信号成分，它们将出现

$$f_{\text{out}} = |f_{\text{other}} - f_{\text{LO}}| \tag{3.52}$$

其中 f_{other} 是一些其他频率且 $f_{\text{other}} \neq f_{\text{RF}}$。现在，如果 $f_{\text{IF}} = f_{\text{out}}$（或即使它们很

接近），则不需要的信号会干扰所期望的信号。更准确地说，当 $f_{IF} = f_{out}$，我们称 f_{other} 为镜像频率，用 f_{image} 表示。f_{image} 和 f_{RF} 与 f_{LO} 有相同的距离（距离等于 f_{IF}）并分布在 f_{LO} 的两侧。

在图 3.13 中提供了一个示例，其中 $f_{RF} = 900.1 \text{MHz}$（在图中标记为"期望的"），$f_{LO} = 829.1 \text{MHz}$，$f_{image} = 758.1 \text{MHz}$。另一种可能性是 f_{RF} 和 f_{image} 互换。图 3.13 也说明了另一个可能的干扰频率，1/2IF 激励。1/2IF 激励的产生是因为 f_{LO} 的二次谐波的存在，表示为 $f_{LO,2} = 2f_{LO}$。有两个频率 $f_{LO,2}$ 转换成 f_{IF} 的。这两个频率是 $2f_{LO} \pm f_{IF}$，很容易被过滤掉。然而，也可能存在不希望的二次谐波信号。特别是 $2f_{LO} \pm f_{IF}$ 的二次谐波。

$$f_{other,1} = f_{LO} + \frac{1}{2}f_{IF} \tag{3.53}$$

和

$$f_{other,2} = f_{LO} - \frac{1}{2}f_{IF} \tag{3.54}$$

如果 $f_{LO} < f_{RF}$，那么式（3.53）变成

$$f_{1/2IF_{spur}} = f_{RF} - \frac{1}{2}f_{IF} \tag{3.55}$$

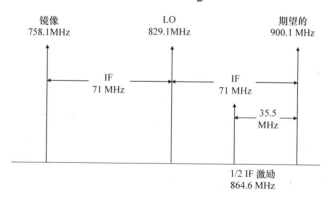

图 3.13 镜像频率和 1/2IF 激励

这里，我们已经更名 $f_{other,1}$ 为 $f_{1/2IF_{spur}}$。这种情况如图 3.13 所示。1/2IF 激励可能存在一个非常严重的问题，因为它是如此接近（只有 1/2 的 IF，即在我们的示例中是 35.5MHz）期望的信号，以至于可能很难滤除。至于其他情况下 $f_{LO} > f_{RF}$，习题 3.5 说明了 1/2IF 激励所在位置。

一般来说，不仅是期望信号和本地振荡器信号的混合，而且是二次和高次谐波（本地振荡器和期望信号）导致的一系列频率，由此其他信号可以被转换成干扰与期望的信号一起在混频器输出，这在任何无线电设计中都应仔细研究。然而，镜像频率和 1/2IF 激励是其中最为众所周知的，给定基波的强度，和甚至

许多情况下二次谐波及给定 1/2IF 激励与期望信号的近似度条件下。这些问题在有相位噪声（见 3.5.1 节）条件下更有挑战性。

3.5 振荡器和相关问题

振荡器常被用于产生连续波信号，以便在无线电发射机被调制和上变频到射频频率，同时它们也在接收机被下变频到接收信号（对上变频或下变频转换，振荡器的输出是混频器的一个输入）。

3.5.1 相位噪声

振荡器是不完美的。因此，一个理想的振荡器的输出是一个在期望频率 f_0 处的 δ 函数，但实际振荡器输出频率在 f_0 左右摆动。图 3.14 显示了一个振荡器相位噪声的频谱分布。我们看到的一些振荡器信号功率的一部分并不准确地集中在 f_0。

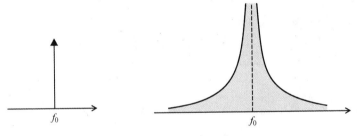

图 3.14　相位噪声[○]

相位噪声的影响包括：

- 它会降低信噪比（相应地产生误码率），也就是说，它降低接收机的灵敏度，所以有时候说，灵敏度降低（灵敏度数值上升）。
- 它会导致接收信号波动，这会引起定时恢复问题。
- 它降低了接收机的选择性。

相位噪声也会降低接收机的选择性，因为这种现象称为互混频，当相邻频道有强干扰发生时，LO 信号有足够的相位噪声也就是下变频信号泄漏到下变频期望信号的载波频率。此效果如图 3.15 所示。

在发射机附近（例如在同一装置中的发射机作为接收机）的情况下，在发射机信号中的相位噪声可能会严重干扰期望信号，也可能是小于发射机信号许多数量级（见图 3.16）。

这不同于互混频，是发射机问题，所以即使接收机本地振荡是理想的（无

○　原书图中为 f_c，有误。——译者注

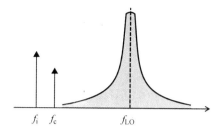
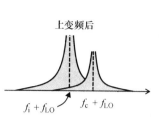

图 3.15 互混频

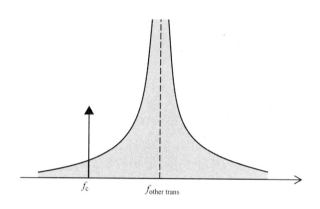

图 3.16 发射机近邻的相位噪声

相位噪声），发射机的信号可能仍然会显著干扰接收信号。

在接收机中相位噪声会导致信噪比下降，导致一个更具挑战性的检测器符号检测问题，导致误码率较高，这是一种被认为是观察接收机处信号星座图相位噪声影响的一种方式，如图 3.17 所示。由于相位噪声，星座点之间的距离是有效地减少。AWGN 也会引起星座点模糊，但是以一个更为圆形的方式。图 3.17 实际上显示了三个不同的影响（在现实中，一个给定的系统在所有星座点只会有一种影响；然而，不是画三个独立的图，而是更紧凑地显示为三图合一）。在图 3.17 的左下方的星座点的情况下没有 AWGN 信道和相位噪声。

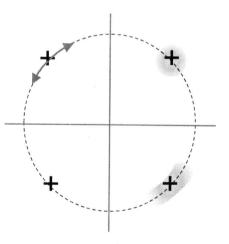

图 3.17 相位噪声和 AWGN 对 QPSK 信号星座图的影响

在有相位噪声的地方，星座点会沿圆周的边缘移动，如在图 3.17 的左上角显示。图 3.17 的右上方的星座点展示出 AWGN 信道的独立效应，没有相位噪声。在这里，不仅相位，而且信号幅度也被影响。图 3.17 的右下方星座点同时展示了 AWGN 和相位噪声影响。

进一步说，如果由于相位噪声波动，在接收帧定时恢复受到影响，以至于产生了 ϕ_Δ 偏移，那么接收图中每一个星座点都产生 ϕ_Δ 偏移。

3.6　放大器和相关问题

射频工程中常用的放大器有两种主要类型：低噪声放大器（LNAs）和功率放大器（PAs）。虽然两者都试图放大输入信号，但设计空间（参数和设计要求的范围）是完全不同的。射频工程师有时也讨论低级线性放大器，要求在 LNAs 和 PAs 之间，并可能会先于 PAs。

3.6.1　低噪声放大器

低噪声放大器通常在射频接收机的前端。因此，它们需要放大一个非常微弱的信号，同时添加尽可能少的噪声，因此名为低噪声放大器（LNA）。典型的噪声系数是 2dB，虽然它可能低至 1dB。然而，增益可能是有限的（15dB 是一个典型值），因为有低噪声系数的约束。

反向隔离可能是重要的，以抑制可能会从本地振荡器泄漏到天线的杂散信号。反向隔离的一个典型值是 20dB。

3.6.2　功率放大器

功率放大器在发射端用来传送相对较高的功率。因此，它们通常消耗射频收发器任何子系统的大多数功率。增益可能是 20～30dB，而输出功率可在 20～30dBm。

有各种各样的功率放大器，每一个有不同的权衡。一个极端，A 类放大器大多数呈线性，但效率最低，很接近输入信号。B 类放大器只有在半个输入信号周期内，用更少的线性实现更高的效率。C 类放大器可以比 B 类放大器更有效率，但由于非线性，只有恒包络变化调制是有用的。

3.7　其他组件

在低频和直流电路中，将两个或多个信号在电路中结合成一个点，或者将一个信号分为两个或多个路径。我们只需通过触碰相关电线来处置电气接触。在射频，我们不能做同样的事情。然而，有共同的组件，可用于这一个和其他的目的。例如，一个功率分配器（如图 3.18 所示的三向功率分配器）可以用来将输入信号分成三个输出路径。

3.7.1 定向耦合器

定向耦合器是一种流行的四端口设备。作为一个四端口设备，它如图 3.19 所示。通常情况下，一个信号是输入端口 1，和其他三个端口作用如下：

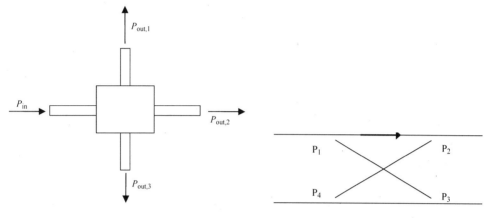

图 3.18 三向功率分配器   图 3.19 由定向耦合器与环路器
                                讨论的四端口参考图

- 端口 2（直通）。大部分信号都是从这个端口出来的，带有少量的耦合损耗。
- 端口 3（耦合）。由于设备内部的耦合，一些信号来自这个端口。
- 端口 4（隔离）。很少的信号会从这个端口出来（一般情况下，越少越好）。

因此，定向耦合器对各种应用都是有用的，如在我们想要"封住"信号，或"吸收"其中部分（例如，连接到测试和测量装置）。因此，我们会将信号输入端口 1，大多数从端口 2 输出，以及少量从端口 3 输出。

3.7.2 环路器

环路器是一个三端口设备，有以下行为：
- 当信号从端口 1 进入，大部分从端口 2 输出，少量从端口 3 输出。
- 当信号从端口 2 进入，大部分从端口 3 输出，少量从端口 1 输出。
- 当信号从端口 3 进入，大部分从端口 1 输出，少量从端口 2 输出。

3.7.2.1 双工器

双工器是用来连接两个发射机和接收机的天线或天线系统。当信号从发射机传来时，它应该是理想地只到天线，而不到接收机。当信号从天线中传来时，它应该是理想地到接收机，而不到发射机。因此，环行器可以用来提供这种行为。

习题

3.1 在计算子系统链的噪声系数时，有一个小的捷径可用于无源有损设备，如在链的传输线。假设我们有这样的设备，如第 i 个子系统，和另一个第 $(i+1)$ 个子系统，增益分别赋值为 $G_i = -L$ 和 G_{i+1}，并且假设第 $(i+1)$ 个子系统的噪声系数为 F_{i+1}（用 dB 表示）。可以将第 i 个和第 $(i+1)$ 个子系统简化成一个噪声系数子系统

$$F\big|_{dB} = L + F_{i+1}\big|_{dB}$$

这个简单的噪声系数（dB）相加省去了使用 Friis 公式从 dB 到线性的转换。一种方法是可以使用 Friis 公式证明这种捷径的有效性，请证明。

3.2 考虑一个射频系统的一部分具有带通滤波器（1.5dB 损耗，中心频率在 2.4MHz，带宽为 150MHz），紧随两个放大器，一个接一个（10dB 增益，$F = 2$dB 和 15dB 增益，$F = 1.5$dB），在室温下（假设 290K）。系统的噪声系数是多少？

3.3 我们现在来考虑本底噪声和它的真正含义，一个重要原因是我们把本底噪声作为无杂散动态范围（SFDR）概念的一部分。我们解释式（3.38），本底噪声是：ⓐ作为噪声功率，在早期阶段进入子系统输入吗？ⓑ子系统贡献的噪声，参考的输入吗？ⓒ子系统贡献的噪声，参考的输出吗？ⓓ或作为其他参考吗？在 SFDR 定义中，IM3 积和本底噪声相等意味着什么？特别地，是参考输入的 IM3 积还是参考输出的 IM3 积等于本底噪声？

3.4 一个接收器有 10dB 的噪声系数，1MHz 的带宽，一个 5dBm 的三阶截距点，和一个 0dB 的 SNR_{min}。计算其灵敏度和动态范围。接下来，添加一个前置放大器 24dB 增益和 5dB 的 NF。现在的灵敏度是多少？

3.5 在本书里我们算出 $f_{LO} < f_{RF}$ 情况下 1/2IF 激励的位置。现在我们考虑另一种情况，$f_{LO} > f_{RF}$。计算式（3.53）和式（3.54），给出 1/2IF 激励的位置，它们是接近期望信号的位置吗？如果如此，假设 $f_{LO} = 829.1$MHz 和 $f_{IF} = 71$MHz，如图 3.13 所示，此时 $f_{1/2IF_{spur}}$ 的值是多少？

参 考 文 献

1. K. Chang. *RF and Microwave Wireless Systems*. Wiley, Hoboken, NJ, 2000.

2. W. F. Egan. *Practical RF System Design*. IEEE-Wiley, Hoboken, NJ, 2003.

3. T. S. Laverghetta. *Microwaves and Wireless Simplified*, 2nd ed. Artech House, Norwood, MA, 2005.

4. D. K. Misra. *Radio-Frequency and Microwave Communication Circuits: Analysis and Design*. Wiley, Hoboken, NJ, 2001.

5. D. M. Pozar. *Microwave Engineering*, 3rd ed. Wiley, Hoboken, NJ, 2005.

6. S. Ramo, J. Whinnery, and T. Van Duzer. *Fields and Waves in Communication Electronics*. Wiley, New York, 1984.

7. B. Razavi. *RF Microelectronics*. Prentice Hall, Upper Saddle River, NJ, 1998.

第4章 天　　线

　　天线是一种用于无线发射机和接收机的装置。在无线发射机中，天线将引导的电磁波信号（通常是从传输线）转换为传播的电磁波信号。在无线接收机中，天线将无线电磁波信号（到达接收机）转换为引导的电磁波信号。

　　当用于发射无线信号，而不是在每一个方向以相同的功率辐射，为更有效的方向性通信，天线使信号具有方向性。方向性、天线增益等是量化这种现象的方式，这也被称为天线模式。在4.1.8节中我们将进一步更定量地研究这些方向特征。用于接收无线信号时，其方向特性与发射相同。发射和接收模式之间的这种相互作用是天线的互易特性之一。

　　通过互易性原理，以下特性是相同的：

　　1）发射和接收的阻抗。

　　2）用于发射和接收的方向特性/模式。

　　为了提高我们对天线的理解以便于使用，我们需要检验不同的方法来表征它们，只有部分是它们的方向特性。因此，我们将在4.1节中研究了各种天线的特性，这将为我们提供不同的方式来谈论天线。在此基础上，在4.2节中，我们将研究一些现存天线的类型。

　　如果我们使用天线阵列，而不是单一的天线，另一个灵活性和控制自由度是可以用的，所以在4.3节中我们考虑了天线阵列。在本章结束部分将简要介绍有关使用和连接天线及馈电的一些实际问题。

4.1　特征

　　我们从一些对天线工作有用的三维几何方面开始，再比较近场到远场，并讨论极化。然后，我们考虑一系列的天线模式相关主题，同时也考虑了孔径的概念。

4.1.1　基本3D几何

　　虽然大多数人对二维（2D）的几何比三维（3D）几何可能更熟悉，但是我们却生活在一个三维世界中。在工程的许多领域，2D就够了，但有时3D几何是必要的、有用的。天线的研究是一个区域，这对一些基本的3D概念是有帮助的。

　　通常，我们尝试把3D现象如天线辐射模式作为2D图处理。一个常见的办法（见图4.1）是把问题中的现象做横截面。在研究天线时，我们经常看到这些截面的参考，代表各种平面（我们可以想象这些平面与 3D 形状的交叉部分）。水平面是平行于地面的水平方向。垂直平面是垂直于地面的平面。

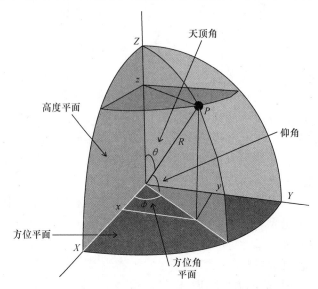

图 4.1　由天线模式讨论有关的几何术语

从方位平面的参考方向到方位平面上的一个点的角度称为方位角，用 ϕ 表示；在高度平面上从其与方位平面的交叉到高度平面一个点的角度，被称为仰角。用天顶角来代替仰角是比较常见的。天顶角在高度平面上从垂直于方位平面到高度平面一个点之间的角度，它是用 θ 表示的。天线周围的任何一点均可以用球面坐标 (R, θ, ϕ) 表示，其中 R 是该点与天线的距离。

除了使用 3D 平面理解天线相关的现象外，使用立体角概念（即 3D 角度）也有帮助。球面度是一个量化立体角的常见方式。2D 中用类似的方式定义成弧度。在 2D 情况下，工作角度（2D）（也被称为平面的角度）有规律，1 弧度是圆弧长度等于圆半径对应的角度，在 3D 情况下，圆和弧长分别推广到球体和球体表面的区域面积。球面度是一个区域面积等于球体半径二次方对应的立体角。立体角和球面角如图 4.2 所示。图 4.2 显示了

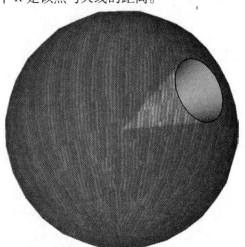

图 4.2　小立体角

一个球体，它的一个锥体已被切割。圆锥体的尖端在球体的中心，锥体的另一端与球体的表面相交。锥体的侧面和锥的尖端形成一个立体角度，类似于两条线如何在一个点上的线相交，形成一个（2D）平面角。

4.1.2 近场和远场

无论我们使用什么天线都可以观察到离天线不同距离的电磁波行为。人们认为有两个区域，菲涅耳（Fresnel）区（也被称为近场区）和弗劳恩霍夫（Fraunhofer）区（也被称为远场区）。

在近场，我们足够接近天线，耦合效应显著影响场模式，而在远场，我们距离天线太远，不管使用什么天线，波均径向向外传播（从天线位置）。在远场，场模式的形状与距离独立。在近场，它可能取决于距离。在近场，有耦合，也被称为交互（或振荡）的能量流，而且能量流向外在远场。交互能是被困在天线附近的反应能，如在谐振器中。因此，我们需要在远场测量从远处天线辐射的能量。

近场有时又分为两个区域：反应场和近辐射场。在反应场中，耦合效应占主导地位，而在近辐射场，耦合和辐射效应共存。所有这三个区域如图 4.3 所示。

远场和近辐射场之间的边界往往被取为

$$d_{\text{boundary}} = \frac{2L^2}{\lambda} \quad (4.1)$$

式中，L 是天线的最大尺寸。（注：如果 $L > \lambda$ 这个经验法则最有效[1]）。对于近辐射场和反应场的边界，它可以取[1]为 $0.62 \sqrt{L^3/\lambda}$。这些都是流行的近似值，我们不期望在围绕这些距离进行观察时发现区域之间的突然转换。表 4.1 总结了这三个场的特征。

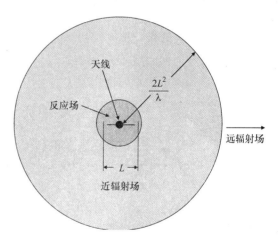

图 4.3 远、近辐射场和反应场

表 4.1 近场和远场

替代项		特征
反应场	菲涅耳区	耦合效应占主导
近辐射场	菲涅耳区	有一些辐射，但能量流不是完全辐射
远场	弗劳恩霍夫区	辐射，能量流直接向外辐射

4.1.3 极化

线性极化（电磁波）指的是指在一个方向上电场情况。水平极化和垂直极化分别指的是平行于地平线或地面或垂直于它的线性极化。为什么在电场的方向上描述极化，而不是磁场？这只是一个惯例问题。

从广义上讲，圆极化有时是指电场方向随时间变化的情况，严格说来，包括椭圆极化和圆极化。圆极化或椭圆极化发生，需要方向不同、相位不同的 E 波的叠加（否则，如果它们同相，很容易被看成是线性极化，例如，通过适当的旋转轴，使 E 只指一个方向）。例如，我们可能有

$$E(z) = a_x E_x e^{-jkz} + a_y E_y e^{j\theta_0} e^{-jkz} \tag{4.2}$$

其中 θ_0 不是 2π 的整数倍数。严格来说，圆极化是椭圆极化的特殊情况，在椭圆变为圆时发生（如 $E_x = E_y$，$\theta_0 = 90°$）。有时，这被描述为一个，椭圆轴比问题，其中的轴比是长轴与短轴的比值。如果几乎为 1，我们可以视椭圆极化为圆极化圆形。

4.1.3.1 天线极化

波极化是与天线极化概念密切相关的概念（见图 4.4）。波极化一词最初是指波的一个属性，而天线不是波，天线如何极化？天线极化的思想是，当天线用于传输时，将发送一定的极化波。

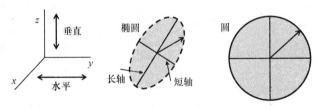

图 4.4 天线极化

同样，天线最好能接收某种极化波（见 4.1.3.2 节更多讨论极化波如何比其他波更好接收）。[注意：天线极化不是天线绝对属性；相同的天线，在不同的方向，可以被用来发送和接收不同的极化波（见 4.2.4 节的示例）。]

天线极化的例子包括：

● 偶极天线，极化方向与天线方向相同。因此，如果偶极子是水平的，其极化也是水平的，如果它是垂直的，其极化也是垂直的。

● 一个旋转天线（见 4.2.4 节）可以用作一个圆极化天线。

为了更好地接收无线电波，如果可能的话，在接收机中的天线，尽可能根据所发送的信号的极化方向为导向。电视天线通常有一个水平方向，接收广播电视信号，通常是水平极化[5]。汽车天线往往有一个垂直方向，以最佳接收垂直方向极化的调幅广播信号。调频无线电信号是圆极化的，所以方向不很重要。

在传播路径中的多个反射改变了极化角度，所以即使一个信号以一定的线性极化发送，它也可以以不同的角度线性极化到达或圆极化。

4.1.3.2 极化损失和失配

假定天线是线性极化，它将最好地接收同一方向的线性极化波。否则，接收到的信号将降为原来的$1/\cos\theta_{\mathrm{p}}$，其中$\theta_{\mathrm{p}}$是天线极化和波极化方向的夹角。因此，如果从$\theta_{\mathrm{p}}=0$到$\theta_{\mathrm{p}}=45°$，我们从没有损失到3dB的损失，当$\theta_{\mathrm{p}}$达到了90°，极化损耗将是无限的［理论与实践中由于严重的失配情况极化损失可能是20～30分贝（dB）］。

如果波是线性极化，天线是圆极化，或反之亦然，极化损耗是3dB（圆极化波可以分解成两个线性极化分量，而线性极化天线只能接收到两个中的一个）。如果两者都是圆极化的，则它们在同向圆极化没有损耗。然而，如果它们方向相反（一个右手，一个左手），理论上损耗是无限的。在实践中，可以观察到20～30dB量级的损耗（因为信号和天线可能不是完全严格的相同极化）。在表4.2中总结了不同类型极化失配的极化损耗。

表4.2 极化损耗

波极化	天线极化[1]	极化损耗
线性	线性，$\theta_{\mathrm{p}}=0$	0dB
	线性，$\theta_{\mathrm{p}}=45°$	3dB
	线性，$\theta_{\mathrm{p}}=90°$	理论上是无穷大（实际是20～30dB）
	圆形	3dB
圆形	线性	3dB
	圆形，同向	0dB
	圆形，反向	理论上是无穷大（实际是20～30dB）

[1] θ_{p}是不同极化（线性情况）。

4.1.4 辐射强度、模式和方向性

天线在每个方向上辐射不同的功率。天线方向图描述了天线在不同方向上的辐射功率的不同。坡印廷矢量，在2.3.2.1节中介绍了，从远场天线径向向外，并给出了单位面积功率。因此，模式可以用单位面积（时间平均）功率（即坡印廷矢量）表示。模式也可以用每球面（单位立体角度）的（时间平均）功率表示（即辐射强度）。其写为$U(\theta,\phi)$。如果R是到天线的距离和$S(\theta,\phi)$是坡印廷矢量的大小，然后

$$U(\theta,\phi)=R^2S(\theta,\phi) \quad \mathrm{W/sr} \tag{4.3}$$

辐射强度是一个非常有用的概念。尽管$S(\theta,\phi)$随R^2减小，但辐射强度与距

离无关。因此我们不需要关心指定一个与天线模式有关的距离，只要我们是在远场，辐射强度只是取决于角度，而与天线的距离无关。模式的共同变化（除了只是辐射强度）是用分贝表示的辐射强度和归一化的辐射强度。标化归一化辐射强度给我们提供了归一化功率模式[3]。用 $P_n(\theta, \phi)$，表示，它是 U 与最大辐射强度的比值

$$P_n(\theta, \phi) = \frac{U(\theta, \phi)}{U(\theta, \phi)_{max}} \qquad (4.4)$$

虽然天线模式经常用二维绘图，但这些是三维（3D）现象的二维截面。所以至少在思想上它有助于 3D 现象可视化。对于基础三维几何，我们转回图 4.1。对于三维模式通常如何绘制显示，我们可参考图 4.5。想象一下，在源头我们有一个天线，那么图形将显示一个可能获得的（3D）天线模式。它也显示了 3D 模式如何被投射到方位角和高度平面来获得（2D）方位角模式和高度模式。特别是，方位角平面展示了与三维模式交叉以及这个横断面变成方位角模式。

注意在图 4.5 中，方位角平面模式完全对称，是一个圆（即一个方位角 ϕ 的恒定函数，即独立于 ϕ）。这意味对所有 ϕ 功率辐射相等。因此这种天线称为全方向的。还要注意在高度平面，该模式是天顶角 θ 的非常恒定函数，因此在平面有方向性。

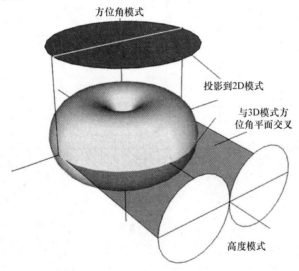

图 4.5　天线模式的方位角平面和高度平面

将天线称为全向模式天线仍然很常见，由于在最大辐射的重要角度（$\theta = 90°$），它在方位平面中是一个常数函数。

天线的方向增益 $D(\theta, \phi)$，是 U 与平均辐射强度之比

$$D(\theta, \phi) = \frac{U(\theta, \phi)}{U(\theta, \phi)_{av}} = \frac{U(\theta, \phi)}{P_r/4\pi} = \frac{4\pi U(\theta, \phi)}{P_r} \qquad (4.5)$$

式中，P_r 是总功率辐射。然后，天线的方向性是最大方向增益：

$$D = \frac{U(\theta, \phi)_{max}}{U(\theta, \phi)_{av}} = \frac{4\pi U(\theta, \phi)_{max}}{P_r} = \frac{S_{max}}{S_{av}} \qquad (4.6)$$

最大方向增益方向有时被称为瞄准方向。

注："方向增益"与"方向性"的定义有多个"可以使用"。我们有只遵循一个公约，目的是使用这两个术语来区分这两个概念：①$4\pi U/P_r$ 和②$max4\pi U/P_r$，称前者为方向增益，后者指方向性。读者应该知道另一个公约，它认为，"方向性"是一个新的术语，取代了"方向增益，"所以"方向性"用于两个概念，在②隐含式没有给定方向，而①可以在需要时明示或隐含一个特定的方向。按照符号，$4\pi U/P_r$ 表示为一个 θ 和 ϕ 的函数［即 $D(\theta, \phi)$］和 $max4\pi U/P_r$ 仅是 D 函数，而独立于 θ 和 ϕ。

考虑到统一性 D 常常用分贝表示。D 的例子如表4.3所示（在4.1.9节有更多关于 dBi 和 dBd 的介绍）。

表4.3 天线方向性的例子

	D	D/dBi	D/dBd
全向性	1	0	-2.15
半波偶极子	1.64	2.15	0
短偶极子	1.5	1.76	-0.39
小环	1.5	1.76	-0.39

4.1.4.1 波瓣

退一步就看一个方向，最大增益方向，我们从整体上考虑天线的辐射模式。通过目测经常可以发现相对较高强度区域与相对较低强度区域有分离。（当然，这将不适用于无向性天线；对于全向天线，在全向地方平面没有波瓣，而在其他平面可以讨论波瓣）。最高的辐射强度被发现在主瓣，而其他瓣称为旁瓣（也被称为小瓣）。

如果从主瓣180°方向有一个小瓣，它可以被称为一个后瓣。前向后的比是天线的前端（主瓣峰值）最大信号与从后端最大信号的比值。

4.1.5 波束面积

波束面积（或波立体角），Ω_A 由下式（4.7）给出

$$\Omega_A = \int_0^{2\pi} \int_0^{\pi} P_n(\theta, \phi) d\Omega \quad sr \qquad (4.7)$$

其中 $d\Omega = \sin\theta d\theta d\phi$ 波束面积与方向性相关

$$D = \frac{4\pi}{\Omega_A} \tag{4.8}$$

4.1.6 天线增益

天线增益指一个（无损）各向同性信源，由下式（4.9）给出

$$G = E_{ant}D \tag{4.9}$$

式中，E_{ant} 为天线辐射效率，效率系数，是无量纲的，范围为 $0 \le E_{ant} \le 1$；E_{ant} 为量化的欧姆损耗，所以如果天线是无损的 $E_{ant} = 1$。

G 和 D 之间的区别：增益 G，包括效率（和欧姆损失），而方向性 D，不包括它，因此 $G < D$。对 Friis 公式中链路预算计算等，我们用两个中哪一个？用 G。

如果我们令 P_{in} 作为输入总功率，P_{rad} 为辐射功率，P_{loss} 为欧姆损耗，则

$$E_{ant} = \frac{G}{D} = \frac{P_{rad}}{P_{in}} \tag{4.10}$$

令 R_{rad} 表示辐射电阻，当电阻中电流等于天线中的最大电流时，等效电阻消耗 P_{rad}。

（注：辐射电阻是一个假想的电阻，因为 P_{rad} 实际上是由天线发射，而不是热量散失。）我们有

$$\frac{P_{rad}}{P_{in}} = \frac{P_{rad}}{P_{rad} + P_{loss}} = \frac{I^2 R_{rad}}{I^2 (R_{rad} + R_{loss})} \tag{4.11}$$

因此

$$E_{ant} = \frac{R_{rad}}{R_{rad} + R_{loss}} \tag{4.12}$$

通常，R_L 很小，E_{ant} 接近 1[2]。

4.1.7 孔径

在接收天线中，考虑传播波的能量可以被捕获多少。让坡印亭矢量幅度 $S = |P|$，并令 P 为在接收机中的终端阻抗的功率，我们有

$$A = P/S \tag{4.13}$$

令 V 为当天线以最大方向响应及入射波与天线具有相同的极化方向时（即避免极化失配）的感应电压。

我们认为终端或负载阻抗如 $Z_T = R_T + jX_T$ 和天线阻抗 $Z_A = R_A + jX_A$。我们假设一个匹配负载的场景，所以 $R_T = R_A = R_{rad} + R_{loss}$ 和 $X_T = -X_A$。

有效孔径 A_e 为

$$A_e = \frac{V^2}{4S(R_{rad} + R_{loss})} \tag{4.14}$$

对于无损天线，$R_{\mathrm{loss}} = 0$，我们有最大的有效孔径，为

$$A_{\mathrm{em}} = \frac{V^2}{4SR_{\mathrm{rad}}} \tag{4.15}$$

4.1.8 天线增益、方向性和孔径

可以表明

$$\lambda^2 = A_{\mathrm{em}}\Omega_{\mathrm{A}} \tag{4.16}$$

所以 A_{em} 完全取决于 Ω_{A} 和波长。

从式（4.16）和式（4.8），我们立即得到

$$D = \frac{4\pi}{\lambda^2}A_{\mathrm{em}} \tag{4.17}$$

$$G = E_{\mathrm{ant}}D = \frac{4\pi}{\lambda^2}A_{\mathrm{e}} \tag{4.18}$$

4.1.9 无定向辐射器和 EIRP

一个无定向辐射器是一种在各个方向上有均匀辐射功率的理想天线。一个无定向辐射器不应当与全向天线混淆。一个全向天线仅在一个平面上均匀地向所有方向发射。因此，一个偶极天线是全向的（在垂直于天线平面），但它不是无定向的。

任何天线都可以与无定向天线相比。无定向天线有单位增益。假设我们的天线增益为 G。这样，如果无定向天线和我们的天线两者都发射相同的功率 P_{t}，那么我们天线沿着最大增益方向将发射 G 倍以上的功率。对于无定向天线在最大增益（我们天线）方向上发射相同的功率，它将不得不传输 G 倍以上的总功率（即对发射机用功率 $P_{\mathrm{t}}G$ 而不是 P_{t}）。这个概念足够有用，有一个术语，ETRP，有效无定向辐射功率（EIRP），通常给定如下：

$$\mathrm{EIRP} = P_{\mathrm{t}}G_{\mathrm{t}} \tag{4.19}$$

其简单表示一个无定向天线必须辐射多大的功率，才能在最大增益方向上有相同的有效功率。

所以如果你对 EIRP 有限制，使用定向天线不会有帮助，因为随着 EIRP 变大而 G_{t} 变大。但如果限制的是 EIRP（Hz），你可以使用很宽的带宽（认为扩频传输）保持在有限值以内。

另外，有效的辐射功率（ERP）比较辐射功率是与半波偶极子天线比较，而不是与无定向天线比较。由于天线可以与多个参考天线相比（全向和偶极子），可用 dBi 和 dBd 的术语来区分。全向天线的增益用 dBi 表示，半波偶极子天线收益用 dBd 表示，见表4.3。

4.1.10 Friis 接收信号强度公式

在 2.3.2.1 节中我们已经看到坡印亭矢量 P。在自由空间和远场条件下，一个全向天线功率通量密度在半径为 d 的假想球体表面上相等，径向向外。令 P_d 为离一个发射天线距离 d 的功率通量密度，并注意到一个半径 d 球体的表面面积是 $4\pi d^2$，则

$$P_d 4\pi d^2 = P_t \tag{4.20}$$

那么，在相同的假设下，使用增益 G_t 的非定向天线，在最大直接增益方向，则

$$P_d = \frac{\text{EIRP}}{4\pi d^2} = \frac{P_t G_t}{4\pi d^2} \tag{4.21}$$

对于离发射天线距离 d 的一个接收机，在远场接收的功率与有效孔径有关

$$P_r = P_d A_e \tag{4.22}$$

由式（4.18）得知，有效孔径与接收天线增益有关。用式（4.21）和式（4.18）代替 P_d 和 A_e，我们因此得到

$$P_r = \frac{P_t G_t}{4\pi d^2} \frac{G_r \lambda^2}{4\pi} = \frac{P_t G_t G_r \lambda^2}{(4\pi d)^2} \tag{4.23}$$

4.1.10.1 固有阻抗、互阻抗和共振

两种阻抗类型都能与任何天线相关联。固有阻抗是一个与其他导体完全隔离的天线馈电点终端的测量阻抗。互阻抗天线馈电点终端测量阻抗的贡献来自于与天线场附近导体的场作用、寄生效应及耦合。甚至地面也可能是这些其他导体之一（即使它是有损导体）。互阻抗可以使天线模式改变，改变在馈电点处的阻抗。比如，理解互阻抗是理解一个八木天线的基本。

固有阻抗（假设没有互阻抗）是施加到馈电点的电压除以电流流入的值。当相位同步时，阻抗是纯电阻。那么天线被称为谐振器。但是天线不需要有效共振，是需要有良好的阻抗匹配和低的 VSWR，这比天线谐振更重要。

4.1.11 带宽

你可能已经听说过宽带天线和窄带天线等术语。这是指天线的带宽（在宽带天线情况下的相对宽，窄带天线条件下的相对窄）。现在我们将考虑天线的带宽是什么？它是指在一定频率范围内，天线通常工作性能最佳。通常，这意味着天线的某些特性是在一些可接受的范围内。这些特性可能包括模式、波束宽度和输入阻抗，以及其他。由于不同的特性是以不同的方式与频率有关，可用带宽取决于特定应用情况下什么是重要的。因此，没有一个单一的天线带宽的定义。

然而，在许多情况下，有一些已发现有用的天线带宽的定义。这些有用天线带宽的定义包括：

- 模式带宽，基于相关增益、波束宽度等准则。
- 阻抗带宽，基于相关的输入阻抗和辐射效率的准则。
- 电压驻波比（VSWR）≤2 或电压驻波比（VSWR）≤1.5 的频率范围，是一个流行的天线带宽概念。这有时也被称为阻抗带宽。

在实践中，应进行测量以检查，如天线模式、效率、增益和输入阻抗在预期的频率范围内变化。此时，它变成比一个精确的规定更加主观判断的工作带宽。

4.2 举例

天线有各种形状和大小。在这里，我们选择了几个重要的例子简要地介绍。

4.2.1 偶极子天线

偶极子天线也被称为赫兹天线，因为赫兹使用这样的天线来证明麦克斯韦方程[5]。偶极子天线是两根电线或空心管彼此方向相差 180°，从而产生两个"极"，因此得到它的名字。图 4.6 显示了在水平方向上的左侧的偶极子（辐射或垂直接收）。同样的偶极子展现在中心垂直方向，水平方向辐射或接收。

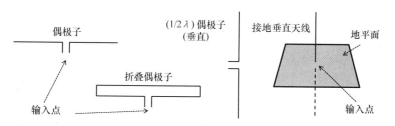

图 4.6　各种天线

要找到天线的模式，我们需要知道电流分布情况。通常情况下，电流分布是近似的简单函数，这样简化了分析。例如，如果我们可以做出以下假设，一个正弦电流分布是实际电流分布的一个很好近似：

- 该天线是通过平衡双线传输线对称（在中心）输入。
- 天线是"薄"的，即线径直径比波长 λ 小得多。

4.2.1.1 半波偶极子天线

半波偶极子是最常用的天线之一。正如它的名字所暗示的，它名义上是半个波长（参照工作的最佳频率），也就是，作为一个偶极有两半，每半 $\lambda/4$ 长。通常，一个半波偶极子比理论值切短约 5% 以说明在两端的（电容）边缘效应[5]。未经切短的 $\lambda/2$ 偶极子具有 $Z = 73 + j42.5\Omega$ 的终端阻抗。馈电点在中心，电流值最高（在两端为零电流）和天线阻抗约为 72Ω（切短的 $\lambda/2$ 偶极子）。天线阻抗大部分都是辐射电阻。

4.2.1.2 非常短的偶极子

偶极子比 $\lambda/2$ 短很多是可能的，它们有时被称为赫兹偶极子。这样一个偶极子可以是：

- 在现实生活中，一个不存在于现实生活中的无穷小电流元件 I dl；
- 一个短线性天线，当辐射假定沿其长度携带恒电流。

有时，一个非常短的偶极子也可能被称为短偶极子。

4.2.1.3 介于半波和赫兹偶极子之间

到目前为止，我们有非常短的赫兹偶极子，其中 $L \ll \lambda$，电流均匀分布及半波偶极子，电流正弦分布。一个介于两者之间的长度，即 $L < \lambda/4$，有时又称为短偶极子，可以建模为一个近似的三角电流分布。

4.2.2 接地垂直天线

接地垂直天线也被称为 Marconi 天线或四分之一波长垂直天线，是 Guglielmo Marconi 发明的。这是一个地平面上的 $\lambda/4$ 天线。天线是在底部输入，而不是在中心，所以它可以被描述为一个单极子，与偶极子相反（是中心输入）。地面反射单极子的行为像一面镜子，所以天线看起来像一半的偶极子。因此，单极子电流和电压模式与半个 $\lambda/2$ 偶极子相同，但在输入端电压只有 $\lambda/2$ 偶极子的一半。因此，输入阻抗是 $\lambda/2$ 偶极子的一半，为 37Ω。

理想情况认为地平面是一个很好的导体，在这种情况下，它用镜面反射的方式从垂直极反射辐射能量。然而，在许多应用中，地面的导电性很差，所以 $\lambda/4$ 垂直天线模式偏离了理想模式。这种天线，有时称为一个鞭子，如图4.6的最右边的天线。虚线下方显示的是"另一半"的偶极子，通过其反射地面而"产生"。它可以与正对它左边的偶极子比较。

4.2.3 折叠偶极子

许多电视接收天线使用折叠偶极子作为有源元件。折叠偶极子如图4.6所示，是从左边第二个天线。折叠可以帮助使折叠的偶极子比一个普通的偶极子更坚固。

一个1/2波长折叠偶极子输入电流的输入阻抗比1/2波长偶极子天线的4倍还高。由于 $72 \times 4 = 288\Omega$，折叠偶极子通常使用 300Ω 的平衡双引传输线。

4.2.4 旋转门

除了沿波传播方向的轴之外圆极化天线可以放置两个偶极子 $\lambda/4$。例如，一个偶极子可以是平行于 x 轴的 $x-z$ 平面，另一个可以是平行于 y 轴的 $y-z$ 平面，它们在 z 方向上间隔 $\lambda/4$。如果用于传输，在 z 方向上发送一个圆极化波。注意，"天线"可以被看作是一个阵列（见 4.3 节），它是由两个偶极子组合而成。其概念在图 4.7 中左边所示。

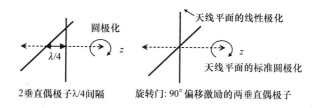

图 4.7 旋转天线和圆极化

另外，代替 $\lambda/4$ 空间间隔两偶极子，它们可以相同的 z 坐标放置。事实上，此组合的天线有一个名称。一个旋转天线放置两偶极子相互成直角，输入相位差 90°。如果水平安装，结构看起来像一个旋转门。波在垂直于天线平面方向传播将被圆极化。圆极化是右手还是左手方向，这取决于哪一个偶极子领先另一个 90°。这种类型天线的变化，有时用于卫星通信。

旋转天线的另一个用途是基于它们的水平特征（假定天线是水平方向的）。方位平面上的模式几乎是全向的。当在水平方向观察时，极化是线性的和水平的。旋转天线的变化已被用于调频广播，在水平极化全向模式是有吸引力的。

注：该特性并不是一个与观察平面一样的水平或垂直安装问题。如果在交叉偶极子平面上观察，在该平面上的线性极化是全向的。如果垂直于交叉偶极子方向观察，我们看到圆极化。因此，我们不能说天线本身是否是线性极化还是圆极化，这取决于观察的地点。

4.2.5 环形天线

环形天线的尺寸小和带宽宽。辐射模式看起来像一个环形。一些环形天线仅包括一个环，但可以增加更多的匝数，以提高天线的灵敏度。在天线中感应的电压与匝数成正比。

将环形天线与一个偶极子比较是考虑的基本要素。可以用多种方式考虑这些，例如，一个小的方环可以被认为是由 4 个短的线性偶极子组成，或者它们可以被认为是一个短磁偶极子。

4.2.6 抛物面天线

在一些应用中，如电视广播或基站天线，因为信号需要大面积传输或从一个大的地区接收，需要全向天线，或宽波束天线。但是在其他应用中，需要非常高的方向性和增益。举一个例子是点对点微波无线电链路，另一个例子是卫星通信。许多方向性好的天线，即使如八木天线，仍然有一个波束宽度引起传输信号扩散，尤其是当收到远方信号时。一个优秀的解决方案，如点对点微波无线电链路或卫星通信，那就用到抛物面天线（见图4.8）。在实践中，一个抛物面需要从一个信号源输入，并且有很多方式馈入。因此，抛物面天线也被称为抛物面反射镜。

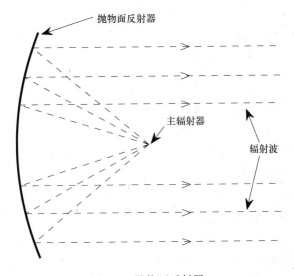

图4.8 抛物面反射器

抛物面天线，由于其射线准直性可以获得很高的增益和方向性，即从发送的无线电波抛物面相互平行，而不是分散。当然，传播环境能引起分散、反射、折射等，但在视线环境，传输可能达到很远，包括至高过地球的卫星轨道。

方向性是

$$D = \varepsilon_{ap} \left(\frac{2\pi r}{\lambda} \right)^2 \tag{4.24}$$

式中，r 是抛物面天线的半径；ε_{ap} 是孔径效率或照明效率。（注：孔径效率不能与天线效率相混淆。回想一下，方向性不依赖于天线效率，但依赖于增益）。孔径效率是多种因素的产物，包括由馈点辐射总功率的分流（从馈点经过反射器经常有一些溢出）、堵塞（当馈点是在焦点时，馈点和其支撑结构可能部分阻塞反射器的信号）和反射器平面输入模式的不均匀性。

4.2.7　移动设备天线

在严格的设计约束条件下，必须选择手机天线。不同于基站天线，它被安装在基站发射塔上，手机天线被安装在消费者随身携带的手机上。因此，大小、重量、可见度和成本都有严格的限制。特别是，该天线要小，重量轻，剖面低和廉价。此外，天线需要相对高效（有助于降低电池能量消耗），和在某些情况下较宽的带宽（尤其是多模手机操作在多波段，此时往往是相同的天线用于所有的带宽）。此外，假定接近人类用户，人的存在可以显著地影响天线模式，天线会产生大量的辐射穿透人的身体（例如，头部和大脑），所以这些影响也需要加以研究。渗透到人体的往往是量化的具体吸收率（Specific Absorption Rate，SAR）。

从历史上看，单极天线被使用，并且看到天线从手机结构中伸出来被认为是可以接受的。目前，最常见的移动设备天线系列是贴片天线，也被称为平面天线。具体来说，平面倒 F 天线（PIFA）及其变体在移动设备中很流行。这些都比一般的贴片天线更复杂，所以我们只是在 4.2.7.1 节讨论矩形微带贴片天线。

对于更大的设备，如笔记本电脑和平板电脑，与手机相比，设计挑战相对比较小。有时，框架的一部分可以用作天线。

4.2.7.1　贴片天线

贴片天线也被称为微带天线。一种贴片天线，包括一个在接地平面上的电介质基板上的导电贴片。与微带线一样，微带天线普及的一个原因是它们可以在印制电路板上印刷。此外，它们生产便宜，体积小，重量轻，并且功率小。图 4.9 为一个矩形贴片天线，从左边侧面看，是在基板上的贴片，这依次又躺在地面平面上。它还显示出了贴片的宽度 W，高度 h，介电常数 ε_{r}。当我们从顶部看贴片天线时，我们也可以看到长度 L。在这个例子中，它是由一个微带传输线馈送。然而，贴片天线不仅仅是由微带传输线馈送。例如，它们也可以用同轴传输线来传输。通常情况下，在电介质内，选择的 L 约是所需载波频率波长的一半（因为在自由空间中的波长不同于在电介质中的波长）。就像半波长偶极子，因为边缘领域可能会使贴片看起来更长，L 可能需要在实践中稍短。选择的高度常是在电介质中波长的一小部分。

在 2.3.3 节中我们已经看到微带传输线，它们听起来就像微带天线。是什么允许一个被用作传输线而另一个用作天线？一个不同 L 和 W 的选择。贴片天线看起来非常宽（比 W 相对大）传输线，它处于开口电路状态，从两端辐射出来。当用作传输线时；另一方面，两个端部通常被连接到匹配负载。同时，贴片天线的辐射发生在边缘，是边缘场所在位置（见图 4.10）。

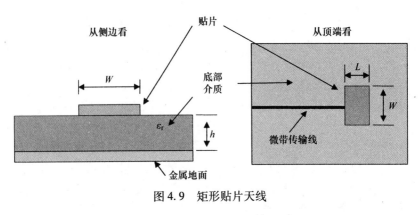

图 4.9　矩形贴片天线

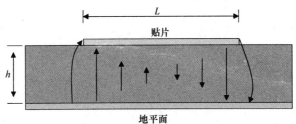

图 4.10　贴片天线辐射方式

这些场是弯曲的，向外弯曲，所以辐射从那里泄漏。ε_r 选择这里有区别，在这里更小的 ε_r 会导致边缘领域更弯曲，这将导致更多的辐射。因此，较小的 ε_r 是有利于辐射，而大的 ε_r 使微带传输线会更好，将更多的能量保存在内部。

4.3　天线阵列

假定一些所需天线的模式、输入阻抗等，如果它不与一些已知的天线参数匹配（例如，一个半波长偶极子），创建一个匹配参数的新天线则是一个挑战。在一般情况下，对每个新应用都设计一个新天线是很难的，用天线阵列工作通常更方便。天线阵列由彼此接近的多个天线组成并作为一个系统处理。组件天线可称为阵列天线。通过选择合适的空间分布和相位–幅度关系，几乎可以任意地由天线阵列产生复杂的天线模式。一种考虑问题的方法是为实现一个特定的天线模式，我们更喜欢控制在我们天线结构中的空间电流分布。有天线阵列，使我们能够更准确地控制空间电流分布，比我们设计一个单片（单）天线实现相同的空间电流分布更容易。

因此，天线阵列是一个在特定空间分布的单天线（通常为偶极子）的集合并具有特殊相位–幅度关系的电压和电流激励。虽然它们通常是相同类型和长度的偶极子，但阵列元素不必都是相同的。正因为当阵列元素都一样，所以我们可以应用强大的概念，如阵列因子和模式乘法来快速和有效地分析和预测各种天线阵列的行为。通用和有用的天线阵列排列包括：

- 线性。天线在一个平面上呈一条线排列。
- 平面。天线分布在一个平面。
- 环形。天线排列成一个圆形。

在本书中，我们用有限的篇幅介绍线性阵列，在4.3.1节中讨论。

天线阵列的更一般定义，包括配置指反射器和方向器。事实上，一个著名的配置为八木天线，尽管它只有一个有源器件，通常被认为是一个阵列，剩余的是反射器和方向器。

4.3.1　线性阵列

我们考虑一个由相同阵列元素排列成一条线的 N 元素阵列，同时还要考虑天线阵列的天线模式。为方便起见，我们假设阵列元素沿 z 轴方向排列，并且简单假设相邻的元素之间有一个固定的距离 d。更具体地说，我们可以假设元件位于 $z = 0$，$z = d$，到 $z = (N-1)d$，如图4.11所示。我们假设阵列元素之间没有耦合（这将简化分析）。因此，我们可以简单地应用叠加原理，得到远场一个位置的电场 E 与每个阵

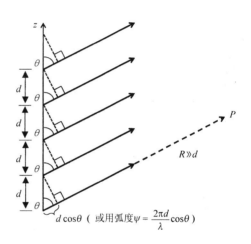

图4.11　线性阵列

列元素（尽管单个元素仅仅是本身）的贡献总和。我们在足够远距离的位置 P 观察 E 场，我们可以假设：

- 第 i 个元素和 P 之间的角度 θ_i（顶点）是一个常数 θ。
- 从第 i 个元素到 P 的距离 R_i 是一个常数 R，就考虑在 P 点处的 E 场的幅度。
- 从第 i 个元素到 P 的距离 R_i 是 $R_0 + id\cos\theta$，只要考虑在 P 处的 E 场相位，这样，来自相邻元素波的相位差用弧度表示是 $(2\pi/\lambda)d\cos\theta$。

对于 $d \ll R$ 时这些假设是合理的。特别是，我们注意到对振幅和相位确定距离 R_i 之间的差异的处理是合理的，因为非常小的距离变化产生的幅度差异非常小，但对相位将产生显著的差异。

这些元素都输入相同的信号，具有相同的振幅，但相邻元素之间有相位偏移。特别是，当我们沿阵列从一端到另一端移动，每个元素领先前一元素相位 β

或滞后之后元素相位 β, β 是一个小的相位差。则在 P 点处的 E 场可以写成一个相量之和，为

$$E = E_0 \left(1 + e^{j\psi} + e^{j2\psi} + \cdots + e^{j(N-1)\psi} \right) \qquad (4.25)$$

式中，E_0 是来自位于原点的 E 场阵列元素的贡献，其中

$$\psi = \frac{2\pi}{\lambda} d\cos\theta + \beta \qquad (4.26)$$

考虑到式（4.25）的右边是几何级数，我们可以简化式（4.25）为

$$E = E_0 \frac{1 - e^{jN\psi}}{1 - e^{j\psi}} \qquad (4.27)$$

注意，总 E 场是一个元素 E 场的产物，有一个因子，是阵列几何和不同阵列元素相对激励倍数的一个函数。我们称之为阵列因子。当所有元素相同时（例如，所有的偶极子），它可以应用到阵列一个有用的原理，如模式乘法：

$$\text{阵列模式} = \text{单阵列模式} \times \text{阵列因子} \qquad (4.28)$$

这样，在我们的示例中，阵列因子是

$$\frac{1 - e^{jN\psi}}{1 - e^{j\psi}}$$

4.3.1.1　垂射阵列

当有一个线性阵列，我们常常希望阵列轴线垂直于最大辐射方向。在这种情况下，阵列可以称为垂射阵列。为获得一个垂射阵列，则当每个阵列 $e^{j\psi} = 1$ 时我们观察到式（4.25）达到最大值，所以对于任何整数 m。我们需要

$$j\psi = 2\pi m \qquad (4.29)$$

对于一个垂射阵列，$\theta = \pi/2$，所以式（4.26）的第一个项为零。因此，为最大垂射辐射，我们设置 $\beta = 0$，$\psi = 0$。

然而，我们必须小心，因为我们不希望垂射阵列在其他角度有最大辐射。但式（4.29）除了 $\pi/2$，在其他角度是满足的。例如，当 $d = \lambda$，$\beta = 0$，最大辐射也发生在 $\theta = 0$ 和 $\theta = \pi$，这种现象被称为栅瓣。为了避免栅瓣，我们可以选择 $d < \lambda$。

例如，一排偶极子排列成一条线，所有偶极子与线是并行方向，而且所有相位输入（$\beta = 0$），可以导致单偶极子增益明显提升。每个偶极子在 $\theta = \pi/2$ 辐射最大。该模式得到阵列因子相乘，特别是对于 N 取值较大时，其更为直接。参见图 4.14 图示说明。

4.3.1.2　端射阵列

与垂射阵列相比，端射阵列的最大辐射方向平行于阵列轴。这样，$\theta = 0$ 或 $\theta = \pi$。$\psi = 0$ 时分别求解式（4.26）得到 $\beta = -2\pi d/\lambda$ 和 $\beta = 2\pi d/\lambda$。注意，对于 $d = \lambda/2$，最大辐射是在 $\theta = 0$ 和 $\theta = \pi$ 的方向。选择 $d < \lambda/2$ 会避免这种情况

和栅瓣的其他情况发生。

4.3.1.3　特定角度方向波束

代替 $\theta = 0$、$\pi/2$，或者 π，正如我们所看到的为垂射和端射阵列，假设我们想用 $\theta = \theta_0$ 引导主波束。再次对 $\psi = 0$ 求解式（4.26）得到 $\beta = -2\pi d\cos\theta/\lambda$。

4.3.2　八木天线

八木天线常用于电视接收天线，如图 4.12 所示，八木天线有 3 个不同类型的元件。

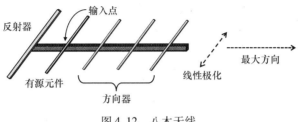

图 4.12　八木天线

- 有源或驱动元件是一个偶极子或折叠偶极子，与用于传输或接收的射频电路有一个电气连接。
- 反射器是在偶极子的后面，通常一个直杆比偶极子长 5% 左右。它与有源元件或射频电路没有电连接。
- 方向器是在偶极子前面，比偶极子短约 5%。可能有多个方向器，它们也被称为寄生器件。

有源元件、反射器和方向器之间没有电气连接。

4.3.3　对数周期偶极子阵列

对数周期阵列由半波长偶极子水平阵列组成。最长的被切短用于最低频率（例如，2 频道 VHF 电视），随后的偶极子每个被切短并且位置靠近前一个，距离和长度有一个恒定的比值：

$$\frac{l_2}{l_1} = \frac{l_3}{l_2} = \cdots \frac{D_2}{D_1} = \frac{D_3}{D_2} = \cdots \tag{4.30}$$

其中 $l_1 = \lambda/4$，λ 是所需的最低频率要求，D_1 由下式（4.31）给出

$$\alpha = \text{artan} \frac{l_1}{D_1} \tag{4.31}$$

式中，α 为扩散角。

该阵列具有较宽的带宽，因为它有许多不同频率的偶极子共振。方向性和增益与八木天线推理相似（即反射器和方向器）。如果偶极子 2 是共振的，则偶

极子 1 作为一个反射器，偶极子 3 和 4 作为方向器。虽然一个对数周期阵列的器件相互电连接，但不像八木天线，它是一种宽带天线，因为随着频率的变化，不同的器件变为有源，而其他的则可以作为方向器。不像其他一些阵列，如我们前面所讨论的 N 个元素的均匀阵列，对数周期阵列其元素并不是都一样（即使它们都是偶极子，但它们长度不同）。

4.3.4　基站天线

一个典型的全向基站天线如图 4.13 所示。它基本上是一个偶极子线性阵列，其中每一个偶极子均是面向阵列的轴线平行。

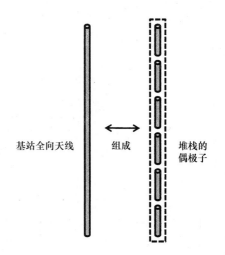

基站全向天线　　组成　　堆栈的偶极子

图 4.13　典型的全向基站天线

器件通常是同相激励，所以垂射模式出现。图 4.14 说明了随着更多的偶极子加入，如何提升这样的偶极子阵列的方向性。

一个"更好"的基站天线，也就是通常看到的面板天线如图 4.15 所示。这是有用的，特别是在蜂窝中扇区使用的地方，所以我们不希望天线是全向的。

它由两个部分组成，其中在平面反射器前面有两个平行的偶极子。在这样的一个反射器前单偶极子将产生一个 3dB 增益（3dBd），波束宽度从 360° 变到大约 180°。反射器前面有一双偶极子导致大约 6dBd 的增益，加上波束变窄约 90°（实际数量取决于参数的具体部署，例如，65° 的 3dB 波束宽度和 120° 的 10dB 波束宽度，如图 4.15 所示）。面板天线由这样的偶极子对阵列组成，每个反射器前面一个偶极子。通过模式乘法，我们可以期待良好的方向性。

在图 4.16 和图 4.17 中，我们看到了两个面板天线和全向天线安装在基站。注意，天线被放在一个较低的和一个更高的三角形上。我们将在 4.3.4.1 节中讨论常用的三角形安装。

4.3.4.1　多个基站天线排列

对于如图 4.15 所示的基站面板天线，10dB 的波束宽度可能在 120°，它可将基站覆盖区域分为三个扇区，每个跨度约 120°。这样的分区是通常的做法，而天线通常被安装成一个三角形，如图 4.18 所示。三角形的每个边上的天线被指向面向那个边的扇区。通常，三个天线在三角形的三个边。如图 4.18 所示，这是因为一个传送天线在中心和两个接收天线在两边，靠近顶点。

两个接收天线展开约 12 波长，达到天线分集的目的（见 5.3.5 节）。

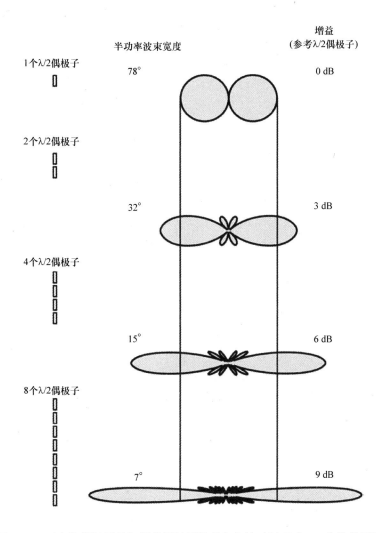

图 4.14 更多的偶极子叠加提升偶极子阵列方向性（经 Kathrein 允许使用）

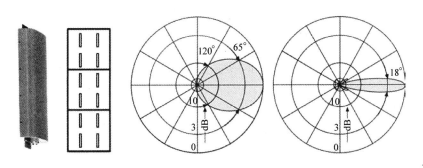

图 4.15 典型基站面板天线（经 Kathrein 允许使用）

图 4.16　面板和全向天线在一个基站上

图 4.17　图 4.16 所示同一基站上一些天线的放大图

4.3.4.2　倾斜

最大方向增益应该不可能完全来自天线（即，零度）水平方向，但应该轻微向下，因为移动站通常会略低于基站天线的高度。

可以做机械倾斜或电气倾斜安装。在机械倾斜的情况下，天线可以物理移动，以便它位于所需的角度。一个带有机械倾斜的面板天线如图 4.19 所示。图 4.20 显示了相应的模式图。电气倾斜是通过使用从顶部向下移动非零 β（相移）激励实现。特别是增加一个常数，阵列中不同器件增加相移，实现向下倾斜。

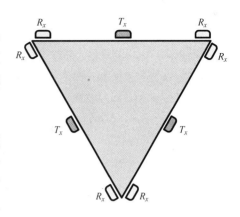

图 4.18　基站天线典型的安装方式

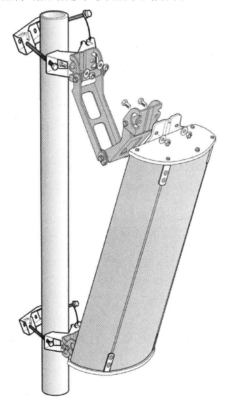

图 4.19　机械倾斜的面板天线（经 Kathrein 允许使用）

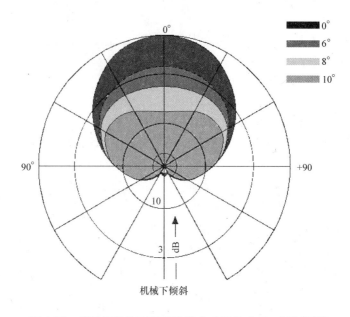

图4.20 机械倾斜的面板天线模式（经 Kathrein 允许使用）

4.3.4.3 隐身天线

蜂窝发射塔有时被认为是"丑"和不美观的一些其他结构。在一些地方，尤其是在人口密度高的地方，蜂窝系统运营商可能会被地方政府要求隐藏他们的发射塔和天线，或至少使它们不太明显。

例，各种隐身天线和隐身塔被伪装成树。在图4.21中，我们看到了一个隐身天线，这是使它看起来像一个屋顶的装饰，在图4.22中，我们看到一个天线被隐身涂装成砖的图案。

图4.21 隐身天线伪装成屋顶装饰（经 Kathrein 允许使用）

图 4.22　伪装融入周围砖模式的隐身天线（经 Kathrein 允许使用）

4.3.5　使用多天线的新思想

传统上，天线阵列已被用来作为一个单元，即作为一个单一的天线可能有复杂的模式，如果改变阵列器件之间相位－幅度关系，模式可以调整。模式可以是有一些方向有波束，另一些方向为空值（这可以被称为波束形成）。阵列元素之间传输的差异将是相位差的形式，但它们将发送相同的信号。在接收端，一个阵列可能被用于波束形成，或它可能被用作分集合并，其中所有天线接收同一信号（相同的信号，由于每个天线信道的差异，可能有不同的相位和振幅）。然而，自从20世纪90年代末以来，新的思想被引入，不同的信号（由完全不同的位组成）可以在不同的天线上发射。

● 更先进的自适应波束形成。当允许天线阵列适应不同的系统条件时，波束形成可以非常复杂，这样的目的是减少同信道干扰或改变一个光束方向来跟踪移动物体的运动，这样的自适应天线阵列，也被称为智能天线，在9.2.2.3节中将做简要讨论。

• 天线分集。天线分集接收技术是试图获得在不同天线接收信号之间的低相关性，然后把它们有利组合的接收技术（这种技术将在 5.3.5 节中讨论）。然而，这些观点可以概括为空间分集的概念，它涉及如空时编码之类的知识，这将在 9.2.2.2 节中做简要讨论。

• 空间复用或多输入多输出（MIMO）。多个天线被用来创建多个发射器和接收器之间的并行信道，以允许信号以更高的数据速率通信。我们将在 9.2.2.1 节中简要讨论 MIMO。

所有这些想法均可以被视为多天线技术。我们在 9.2.2 节中将进一步讨论它们。

4.4 实际问题：天线连接、调谐等

在本节中，我们不谈论天线本身或射频本身，只讨论天线连接。

4.4.1 平衡器

一些传输线是固有平衡的，有些是本质的不平衡。在平衡传输线中，信号是对称的，而在不平衡的传输线中，信号是不对称的，与地连接。例如，一个双引电缆是平衡的，而同轴电缆是不平衡的（外部导体接地）。同时，天线（如偶极子）是对称的。因此，当连接一个不平衡的电缆到平衡的电缆或平衡天线（例如偶极子）时，应使用一个平衡器。

4.4.2 馈线损耗

我们对 EIRP 表达有了基本的，如式（4.19）。若发射机和天线之间有电缆损耗，一个 EIRP 更精确的表达是

$$EIRP = \frac{P_t G_t}{L_B L_f} \qquad (4.32)$$

式中，L_B 和 L_f 分别为分支损耗和馈电损耗，L_B 是由于发射机功率 P_t 可能通过耦合几个发射器的环路器耦合（不只是感兴趣的发射机）到天线馈电系统。耦合器尽量减少驻波比和从其他发射机发散的信号功率。然而，功率损耗 L_B 是经"耦合"和"分支"发生的。馈线损耗是因为发射机输出与天线通常有一些距离，所以必须有一个反馈系统（电缆、波导等与其相关的 VWSR）。如果馈线损耗不够确切，则有一个"合理的估计"，为每 100m 的馈线 10dB[5]。有时，馈线电缆和跳线电缆的一个制造上的区别是馈线电缆不太灵活（损耗小），而跳线电缆更灵活（损耗大）。例如，一个经验法则是每 100m 馈线电缆 6.1dB，每 100m 跳线电缆 21 dB[4]。在 16.3.1 节里我们将介绍更多关于电缆的内容。

除了有损电缆的损耗，也有可能是由于反射损耗，其特点是高的 VSWR

（见 2.3.4 节）。由于用电缆连接天线与射频子系统，因此，我们需要仔细创建匹配负载条件以最小化 VSWR，从而在产生高 VSWR 和反射损耗失配负载条件下，我们不会遭受不必要的损失。目前已经开发出各种调谐技术，以帮助实现这一目标。

习题

4.1 考虑一个半波偶极子，远场与近场分界点与天线之间的距离 d_{bounday} 是多少？用信号波长 λ 和天线长度 L 表示。四分之一波长天线时如何？假定天线刚好是半波长和四分之一波长。

4.2 如果我们有一个直径 5m 的抛物线碟形天线，发射一个 5 GHz 的信号，假设 $\varepsilon_{\text{ap}} = 0.7$，天线的方向性如何？

4.3 我们想建立一个半波偶极子接收 200MHz 的广播。假设校正因子为 95%，偶极子最优波长是多少？

4.4 证明式（4.27）可以表示为

$$E = E_0 e^{j(N-1)\psi/2} \frac{(\sin N\psi)/2}{(\sin \psi)/2} \tag{4.33}$$

如果阵列元素不位于 $z = 0$ 到 $z = (N-1)d$，但是关于原点对称时是多少？如果我们保持参考点（相位）在原点，对应的阵列因子是多少？阵列元素放置在哪里呢？

4.5 为什么八木天线有时不被认为是一个天线阵列？

参考文献

1. C. Balanis. *Antenna Theory: Analysis and Design*, 3rd ed. Wiley, Hoboken, NJ, 2005.

2. D. K. Cheng. *Field and Wave Electromagnetics*. Addison-Wesley, Reading, MA, 1990.

3. J. D. Kraus. *Antennas*. McGraw-Hill, New York, 1988.

4. M. Nawrocki, M. Dohler, and A. H. Aghvami. *Understanding UMTS Radio Network Modelling, Planning and Automated Optimisation: Theory and Practice*. Wiley, Hoboken, NJ, 2006.

5. P. Young. *Electronic Communication Techniques*, 5th ed. Prentice Hall, Upper Saddle River, NJ, 2004.

第 5 章 传　　播

所有的电磁现象都可以用麦克斯韦方程描述，所以会有这样的论断——麦克斯韦方程式足以让我们研究所有的这些电磁现象。然而，有些特定的现象经常发生，有助于我们合理地学习和分类。接着，就可以创立物理或数学统计模型了。这些模型有助于：

1）学习和分析这些现象；

2）预测电磁波行为；

3）建立无线系统性能评估的分析和仿真模型；

4）无线信道通信的设计技术和技巧。

因此，在本章，我们将研究这个描述常见效应的模型。在 5.1 节我们将从反射、折射、衍射——皆产生于电磁波的波本质开始。这些效应不只是无线电波专有的。接着我们将考虑更加特殊的蜂窝系统传播环境。我们将这些讨论分为两种：大尺度效应和相关的模型会在 5.2 节研究，小尺度效应和相关的模型会在 5.3 节研究。我们所说的大尺度效应和小尺度效应会在我们学习这些章节后明白。最后，我们会简要研究如何将传播效应融入到无线链路设计的链路预算中。

5.1　电磁波传播：常见效应

在本节，我们以一个在自由空间中通用的"路径损耗"模型来开始（见 5.1.1 节），此环境是没有其他物体的自由环境。接下来，我们会研究 4 种主要现象——发生于电磁波传播过程中与物体的相互作用：反射、绕射、折射、散射（见 5.1.2 ~ 5.1.4 节）。这些可以被看作是波的现象，但不是具体单独的无线电波或电磁波。"环境中的物体"不一定是固体，甚至空气密度的一点点改变都能让这些现象发生。

5.1.1　路径损耗

在自由空间中，一个来自于无定向天线的信号会因纯粹的地理原因和能量守恒定律而衰减。换句话说，由于天线周围是一个随着 d 二次方增长的球体（这里 d 是距天线的距离），所随着波在传输过程以 $1/d^2$ 的速度远离无定向天线，电磁波会在球体表面被分散得越来越"薄弱"。自由空间中接收信号功率的 Friis 方程可被推导为

$$P_{\mathrm{r}}(d) = \frac{P_{\mathrm{t}}G_{\mathrm{t}}G_{\mathrm{r}}\lambda^2}{(4\pi)^2 d^2 \Lambda_0} \tag{5.1}$$

式中，$P_{\mathrm{r}}(d)$ 是离发射机距离 d 处的接收信号功率；P_{t} 是发射机功率；G_{t} 和 G_{r} 分别是发射机和接收机的天线增益（相对于无定向天线）；λ 是波长（与 d 的单位相同）；Λ_0 是与传播无关的系统损耗因子（比如，滤波器、天线等的损耗）。同预测的一样，Friis 公式显示出了 $1/d^2$ 的特性。

如果没有信号传播过程中的损耗，$1/d^2$ 衰减是自由空间中的理想情形。但是现实中的测量真地能证明这一趋向么？实验中观察的总体趋向是接收信号功率水平更倾向于 $d^{-\nabla}$ 曲线，其中 d 是基站到用户天线之间的距离，∇ 通常取值在 $2\sim6$ 之间，被看作是路径损耗指数。由于在式（4.23）中，路径损耗指数是 2，所以人们可能希望在无线系统中，∇ 能够接近于 2，比如在蜂窝环境中。然而，蜂窝环境不是自由空间，在基站附近，∇ 更加接近于 4。这可以由 5.2.1 节中的地面反射模型、5.1.2 节中的反射体吸收损耗以及 5.1.4 节中的散射现象来解释。

5.1.2　反射和折射

当一束波在一个媒介中传播时遇到一个物体，或者是另一个比波长大得多且相对光滑的媒介中的一个空间区域［也可能有其他情况：比如，可能会有散射（见 5.1.4 节）］，反射和/或折射就会发生。折射是一个与波的入射角相同角度的"反弹"。在电磁波的情形中，当波射入一个理想的导体时，100% 的波会被反射。当波射入一个电介质中时，部分波会反射，而部分波会折射（通常折射和反射会同时发生）。波的一部分会由于折射进入物体或是媒介。不同于反射，折射波的角度通常与入射角不等，但是取决于一系列的因子，见式（5.2）。

反射和折射如图 5.1 所示。此例中，折射更接近于垂线，是因为波从一个密度较小的媒介进入一个密度较大的媒介。同样，折射会发生于波从密度较大的媒介进入密度较小的媒介时，这种情况下，折射会远离垂线。

Snell 定律将不同媒介中的折射率、波速和入射角联系起来：

$$\frac{N_1}{N_2} = \frac{v_2}{v_1} = \frac{\sin\theta_2}{\sin\theta_1} \tag{5.2}$$

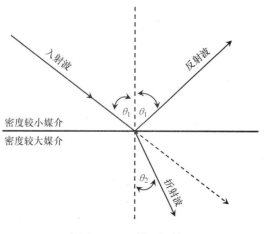

图 5.1　反射和折射

式中，v_2 和 v_1 分别是波在媒介 2 和媒介 1 中的速度；N_1 和 N_2 分别是媒介 1 和媒介 2 的折射率；θ_1 是入射角（来自标准，如图 5.1 所示）。

5.1.2.1 与地平线的距离

我们知道地球的形状近似球体，自然会想问：在地球表面，我们能把一个高度为 h 的天线发射出来的信号传播多远？

首先，我们先考虑一个相关的问题。如果我们从高 h 处画一条直线到地球表面，最长的直线能有多长，假设地球是一个完美的球体的话？（有时称之为"光学地平线"因为它是到地平线的直线距离）显然，这条直线必须与地球相切，这样，我们用勾股定理得到：

$$d_{optical-horizon} = \sqrt{2Rh + h^2} \approx \sqrt{2Rh} \qquad (5.3)$$

式中，R 是地球半径，与 h 的单位相同。

现实情况中，无线电波能在接触地表前传播的比光学地平线更远，是因为其在大气中传播时会发生折射（折射率通常随着到距离地表高度的减小而减小）可以说，是比光学地平线还要远的距离，是无线信号到地平线的真实距离，如图 5.2 所示。

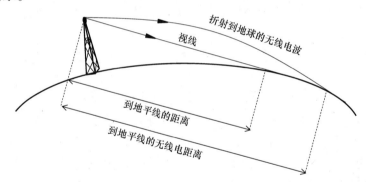

图 5.2　光学地平线与无线电地平线并不相同

我们可以用一个相关因子 K 来将折射效应考虑进去，通常 K 取值是 $4/3$[7]。此时，到地平线的距离是

$$\sqrt{2KRh} \qquad (5.4)$$

假设 R 以 km 为单位，h 以 m 为单位，地球半径是 6378km，这样我们就能得到：

$$\sqrt{2KRh} = \sqrt{\frac{8}{3} \times 6378 \times \frac{h}{1000}} \approx \sqrt{17h} \quad \text{km} \qquad (5.5)$$

而如果 R 单位为 mile，h 单位为 ft 的话，则有：

$$\sqrt{2h} \quad \text{mile} \qquad (5.6)$$

5.1.3 绕射

无线电波能够传播的比光学地平线更远的另一个方式是绕过障碍物。绕过障碍物，定义为绕射，使得无线电波能够被不在无线电发射机视距里的阴影区域所接收。这一现象的方式不需要介质的改变（引起折射波的路径弯曲）或者反射的发生。总之，绕射是讲波在障碍物周围的行为。

一种思考绕射的方法可基于惠更斯原理，事实上，这是一个很有用的原理，它解释了所有的波的现象，包括绕射、干扰、折射及反射。在惠更斯模型中，波阵面上的所有点都可视作次级波的点波源。尖锐障碍物对波的影响可由惠更斯原理解释（比如"刀刃"障碍物，见图5.3），而如果我们仅用反射和折射的话这一行为就会让人比较费解。例如，如果有一个刀刃（见图5.3：关于 h 的注解是为了5.1.3.1节中的推导）处于单一介质中，且周围没有其他物体，波穿过刀刃上方不会折射或者反射（因为介质是均匀的，也没有可反射的东西）。然而波还是在刀刃障碍物处弯曲了，这就是绕射现象。

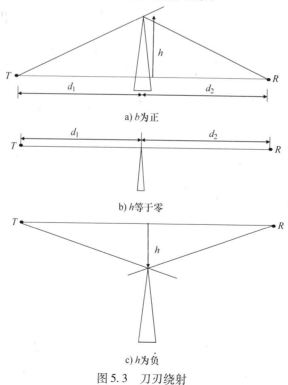

a) b 为正

b) h 等于零

c) h 为负

图5.3 刀刃绕射

5.1.3.1 菲涅耳区域和视距空隙

现在考虑一个无线发射机和无线接收机处于彼此的视距内。即使可以画一条连接发射机和接收机之间的连线（也就是说，我们可以从接收机处看到发射机，反之亦然），如果有一个障碍物，比如一栋楼、一棵树或是一座塔，很接近视距路径，无线信号依然会历经巨大的功率衰落（与一个真实的无障碍的 LOS 链路相比）。这种情形下的信号功率损失主要是来自绕射。视距空隙的概念就是在视距路径附近应该留多大的空间以避免这种情况。

视距空隙常被用菲涅耳区域量化（在光学文献中称为半周期区域）。菲涅耳区域是一系列围绕视距路径的同轴椭圆，有以下性质：考虑一个信号从发射机发往接收机，在中途的某处发生了绕射，然后到达了接收机；这个信号传播了比视距路径长的距离，我们称这额外的距离为附加路径长度。第一个菲涅耳区域表示附加路径长度最多为 $\lambda/2$ 的点的集合；第 n 个菲涅耳区域表示附加路径长度在 $(n-1)\lambda/2$ 和 $n\lambda/2$ 之间的点的集合。

第 n 个菲涅耳区域的半径为

$$r_n = \sqrt{\frac{n\lambda d_1 d_2}{d_1 + d_2}} \qquad (5.7)$$

式中，d_1 和 d_2 分别是发射机到障碍物与障碍物到接收机之间的视距路径的长度。可以看出，r_n 也是 d_1 和 d_2 的函数，而不仅仅与 λ 和 n 有关。前三个菲涅耳区域在图 5.4 中已给出。接下来我们可以证明，这个半径同每一个菲涅耳区域所要求的附加路径长度一致。

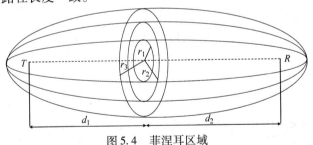

图 5.4　菲涅耳区域

现在考虑这样一个障碍物：在视距范围内低于 h 或者是在距视距 h 处挡住了视距路径（见图 5.5）。第一种情况，我们取 h 为负值，第二种情况取 h 为正值（见图 5.3）。而在大多数推导中，我们会用 h^2，所以 h 可以取正值或是负值。一束波从发射机经障碍物顶端到接收机，经过的路程会比视距路径长度多出：

$$\Delta \approx \frac{h^2}{2} \frac{d_1 + d_2}{d_1 d_2} \qquad (5.8)$$

这个额外路径长度 Δ，可以通过计算从发射机到障碍物顶端的距离来求得：

$$\sqrt{h^2 + d_1^2} = d_1 \sqrt{1 + \frac{h^2}{d_1^2}} \approx d_1 \left(1 + \frac{h^2}{2d_1^2}\right) \qquad (5.9)$$

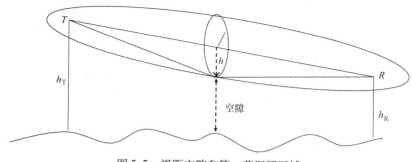

图 5.5　视距空隙和第一菲涅耳区域

当 $h \ll d_1$ 时，这个约等关系会非常接近。同样的，用 h 和 d_2 计算，额外路径长度会是

$$\Delta \approx \frac{h^2}{2d_1} + \frac{h^2}{2d_2} \tag{5.10}$$

从式（5.8）继续，按弧度计算，额外路径长度会是

$$\phi = \frac{2\pi\Delta}{\lambda} \approx \frac{\pi h^2}{\lambda} \frac{d_1 + d_2}{d_1 d_2} \tag{5.11}$$

这样，如果我们令 $h = \pm r_n$，我们就能得到

$$\phi = \frac{\pi}{\lambda} \frac{n\lambda d_1 d_2}{d_1 + d_2} \frac{d_1 + d_2}{d_1 d_2} = \pi n \tag{5.12}$$

按波长算的话，就会是 $n\lambda/2$，与我们依据额外路径长度所描述的菲涅耳区域相符。

对于视距空隙（见图 5.5），第一个菲涅耳区域最重要。一个经验法则就是第一个菲涅耳区域内应当没有障碍物，因此我们需令 $h < -r_1$；另一经验法则是 $0.6r_1$ 的范围内不应有障碍物：即最近的障碍物也应当远离视距路径 $0.6r_1$ 的距离。我们需令 $h < -0.6r_1$。有时我们说"无线视距"与普通视距不同，是因为需要包括视距空隙这一因素。

5.1.4　散射

无线电波会被环境中"粗糙"的物体散射，比如，树和粗糙的表面。要了解散射的概念，通过比较和对比无线电波在光滑表面的反射最好理解。考虑一个大的，光滑的表面（这里的大是相对于波长 λ）。假设一束平面波以一个特定入射角度到达这一表面，发生的反射会遵循 Snell 反射定律，所有均是一个角度。我们称为镜面反射，相反，如果这一表面是粗糙的，反射角会在一个范围内变动，取决于平面波到达的位置。这样，就发生了散射，波在一定角度范围内发生散射（见图 5.6）。

我们如何量化反射面粗糙还是光滑？一个公认的准则是 Rayleigh（瑞利）准

则。假设平面波以入射角 θ_i 到达表面，其最大的突起高度是 h_c；如果有

$$h_c < \frac{\lambda}{8\cos\theta_i} \qquad (5.13)$$

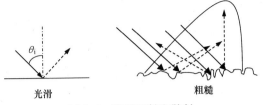

图 5.6　镜面反射和散射

则这个平面是光滑的，否则就是粗糙的（还有一个可替代的公式是将 h_c 看作是突起高度或下凹深度的均方值，并将 8 换成 $32^{[12]}$）。当 θ_i 较小时，这个准则是最严谨的，当 $\theta_i = 0$ 时达到最小，此时 $h_c = \lambda/8$。

5.2　蜂窝系统中的大尺度效应

从基站到手机设备的信号电平会受许多因素影响。通常，一个有用的方法就是将这些效应分为较小的，更容易处理的一些子集，比如将其分为大尺度或是小尺度效应。大尺度效应与多个波长数量级的距离有关，而小尺度效应则与单波长数量级的距离有关。随着手机远离基站，信号强度会下降，但仍会有很多的波动。大尺度效应可看作是反射、折射、路径损耗等，说明一个特定区域内的平均信号强度，而小尺度效应（比如波从不同时间、不同角度到达引发波的相长或相消干扰）会引起平均信号强度的波动。

在这一小节，我们研究大尺度效应，在 5.3 节我们会研究小尺度效应。为了了解大尺度效应，我们可以选择一些解析模型和经验模型。解析模型试图建模解析一个或是多个现象（比如反射、折射、绕射、散射）提出关于路径损耗有用的特性描述。经验模型基于大量的测量。地面反射模型是一个解析模型（见 5.2.1 节），而 Okumura 模型是一个经验模型（见 5.2.2 节）。Hata 模型是一个从 Okumura 模型推导出的准解析模型（见 5.2.3 节）。解析模型，例如对数衰落模型（见 5.2.4 节），可以与一些其他解析或是经验模型一起用来模拟来自于一些其他模型实际的大尺度衰落的变动。有必要说明，大尺度衰落依然有很多的变动（不同于小尺度衰落）。

5.2.1　地面反射模型

地面反射模型提供了一种可能的解释：假设在理想情况下，地面反射是无损耗条件下，为什么在靠近基站的地方 $\nabla \approx 2$，而在远离基站的地方 $\nabla \approx 4$。靠近基站时，传播遵循自由空间中的情况。任何经由地面反射的路径都远大于直接传播的路径，因此，即使在接近自由空间传播条件时，信号也会大幅度减弱。在远一点的地方，直接传播路径会受到地面传播路径的干扰，由于它们场强相近，会产生信号强度的快衰落。这些干扰可以由以下方式分析：假设我们有距

离为 d_0 的两个天线，如图 5.7 所示。用户天线高为 h_1，基站天线高为 h_2。从用户到基站，或是从基站到用户，有两条主要路径：直接传播和经地面反射传播。地面反射路径与地面角度为 θ。通常，当 d_0 远大于 d_1 和 d_1 时，θ 会是个很小的角度，这是我们感兴趣的情形。然而，为了清晰地说明，θ 的大小在图 5.7 中被放大了。

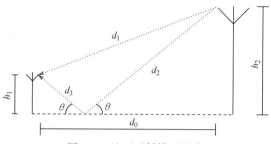

图 5.7　地面反射模型基础

直接传播路径的长度是

$$d_{\text{direct}} = d_1 = \sqrt{d_0^2 + (h_2 - h_1)^2} \qquad (5.14)$$

经地面反射路径的长度是

$$d_{\text{reflect}} = d_2 + d_3 = \sqrt{d_0^2 + (h_1 + h_2)^2} \qquad (5.15)$$

其路径长度之差为

$$d_{\text{diff}} = d_{\text{reflect}} - d_{\text{direct}} = \sqrt{d_0^2 + (h_1 + h_2)^2} - \sqrt{d_0^2 + (h_2 - h_1)^2} \qquad (5.16)$$

$$= d_0 \left[\sqrt{1 + \left(\frac{h_1 + h_2}{d_0} \right)^2} - \sqrt{1 + \left(\frac{h_2 - h_1}{d_0} \right)^2} \right] \qquad (5.17)$$

$$\approx d_0 \left\{ \left[1 + \frac{1}{2} \left(\frac{h_1 + h_2}{d_0} \right)^2 \right] - \left[1 + \frac{1}{2} \left(\frac{h_2 - h_1}{d_0} \right)^2 \right] \right\} \qquad (5.18)$$

$$= \frac{2h_1 h_2}{d_0} \qquad (5.19)$$

当 $d_0 \gg h_1$，h_2 时，式（5.18）的近似很巧妙。

假设地面反射会引起一个 π 弧度的相位偏移[13]，那么地面反射和直射路径间的相位偏差为

$$\Delta \phi = 2\pi \left\lfloor \frac{1}{\lambda} d_{\text{diff}} + \frac{1}{2} \right\rfloor = 2\pi \left\lfloor \left(\frac{2h_1 h_2}{d_0 \lambda} + \frac{1}{2} \right) \right\rfloor \qquad (5.20)$$

其中 $\lfloor x \rfloor$ 是 $k < x$ 时的最大整数，$x \in R$。由于 $d_0 \gg h_1$，h_2，式（5.20）可化为

$$\Delta \phi = 2\pi \left(\frac{2h_1 h_2}{d_0 \lambda} + \frac{1}{2} \right) \approx \pi \qquad (5.21)$$

由于 $d_0 \gg h_1$，h_2，直接传播路径和地面反射路径都接近于 d_0。因此，我们

假设两条路径有相同的幅度，功率由式（4.23）独立（如果每个路径是唯一路径）产生。那么接收到的功率则为

$$P_r(d) = \frac{P_t G_t G_r \lambda^2}{(4\pi)^2 d_0^2 \Lambda_0} \left\{ 2\sin\left[\frac{1}{2}(\pi - \Delta\phi) \right] \right\}^2$$

$$\approx \frac{P_t G_t G_r \lambda^2}{(4\pi)^2 d_0^2 \Lambda_0} \left(\frac{4\pi h_1 h_2}{d_0 \lambda} \right)^2 \tag{5.22}$$

$$= \frac{P_t G_t G_r h_1^2 h_2^2}{d_0^4 \Lambda_0} \tag{5.23}$$

其中得到式（5.22）的近似是由于 $\theta \approx 0$ 时 $\sin\theta = \theta$，应注意到 λ 消失了，在式（5.23）中找不到。更重要的发现是，此时路径损耗指数是 $\nabla = 4$，而不是自由空间中的 $\nabla = 2$。

5.2.2 Okumura 模型

Okumura 模型是一个在东京进行了大量测量的经验模型。这一模型在城市中的蜂窝系统被认为简单且比较准确的。在一模型被用在运行于 150~1920MHz 的通信系统，距离在 1~100km 之间，基站天线高度为 30~1000m。对不同的参数范围，该模型以图表和曲线的形式呈现。对其他类型地形的校正因子也能以更多的曲线形式得到。

5.2.3 Hata 模型

Hata 模型[5]由 Okumura 模型改进，主要是将曲线量化为一系列的方程。在 150~1500MHz，最远距离为 20km 的系统中有效。其主要的公式是用来服务于都市环境的，但是也可以通过校正因子用在中小型的城市环境中。这个公式在大区制系统（大于 1km）中的表现要好于小区制系统。

公式是（以 dB 为单位）：

$$L = 69.55 + 26.16\log(f_c) - 13.82\log(h_{BS})$$
$$- \alpha(h_{MS}) + [44.9 - 6.55\log(h_{BS})]\log d - K \tag{5.24}$$

式中，L 是距离为 d 处的路径损耗的中值；h_{BS} 和 h_{MS} 分别是基站和手机的天线高度；α 和 K 是校正因子，在表 5.1 中给出。

表 5.1　Hata 模型：校正因子

区域类型	$\alpha(h_{MS})$	K
开放类	—	$4.78[\log(f_c)]^2 -$
郊区类	—	$18.33\log(f_c) + 40.94$ $2[\log(f_c/28)]^2 + 5.4$

（续）

区域类型	$\alpha(h_{MS})$	K
中小型城市	$[1.1\log(f_c) - 0.7]h_{MS} -$ $[1.56\log(f_c) - 0.8]$	
大型城市		
$f_c > 300\mathrm{MHz}$	$3.2[\log(11.75h_{MS})]^2 - 4.97$	
$f_c < 300\mathrm{MHz}$	$8.29[\log(1.5h_{MS})]^2 - 1.10$	

图 5.8 展示了 Hata 公式与从 Okumura 曲线取得的值相比较的例子，实线用 Hata 模型算出，单个的点由 Okumura 曲线得到。可以看出，Hata 研究成果很了不起，它提供了简单、合理准确的公式，很接近 Okumura 的结果。

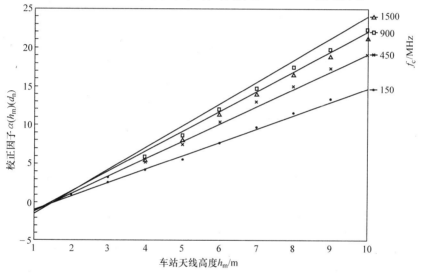

图 5.8　Okumura 曲线和 Hata 模型单一方面的比较
（来自本章参考文献 [5]，由 ©1980 IEEE 授权许可使用）

5.2.4　对数正态衰落

　　路径损耗之上是一个波动，经验发现其一阶统计量是对数正态分布[3]，即随机变量的对数呈正态分布，其均值是路径损耗。之所以路径损耗成分的信号功率电平从基本趋势上有波动，是因为在蜂窝环境中，存在着树、建筑物和其他衰减器，以及反射体、散射体和绕射体。一个启发式的观点可以从物理学上解释这个对数正态分布：在特定的路径上，如果有几个反射体和衰减器，每次反射和衰减均对信号幅度贡献了一个放大系数，这些放大系数可以被看作是变量。用分贝（dB）计算的话，这相当于数个变量的相加，由中心极限定理可知[10]，它们会呈近似的正态分布。

大尺度对数衰落的二阶统计并没有完全被理解，但是有一个指数形式的相关函数却较好地符合了一些经验数据[4]。之所以称之为大尺度衰落⊖是因为在大区制环境中，相关的距离都在数百米的数量级上。（然后，在微小区环境中，相关距离也可能会更小一些，如在数十米的数量级上。一个启发式的理解是对越大的区域来说，用户距离基站越远，所以更大的反射器和衰减器会起主要作用，它们分布得比小一些反射器和衰减器要远。）与之不同的是小尺度衰落（见5.3 节）由于典型的工作频率，相关距离在数十 cm 的数量级上。

5.3 蜂窝环境中的小尺度效应

小尺度效应存在的根本原因是从发射机到接收机，无线信号会经过不同的路径，如图 5.9 所示。这导致了多径时延扩展（见 5.3.1 节）现象。多径时延扩展一个有用的单量化数是方均根时延扩展，σ。通过比较 σ 的值和信号周期 T_s，我们可能会得到平坦衰落（见 5.3.2 节）或者是频率选择性衰落（见 5.3.3 节）。移动无线信道是时变的，描述信道时变特性的方法会在 5.3.4 节讨论。一项有效减轻小尺度效应的技术是分集合并，在 5.3.5 节我们会学习一些分集合并的方法。

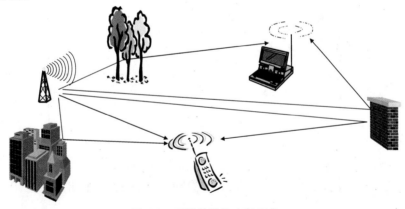

图 5.9　无线传输的多径现象

5.3.1 多径时延扩展

假设 $s(t)$ 是发射信号。接收信号可由信号经过多径到达信号的和来表示：

⊖ 大尺度衰落也被称为"慢衰落"，因为相关的距离要比小尺度衰落大几个数量级。因此，大尺度衰落的速度要比小尺度衰落慢。类似地，小尺度衰落也称为"快衰落"，但是我们按本章参考文献［13］中的说法称之为小尺度衰落，是因为"快"和"慢"也用来指时变无线信道随时间变化的速率（即：一个快衰落信道指一个信道有较大的多普勒扩展。因此用"大尺度"与"小尺度"可避免可能出现的歧义。——原书注

$$r(t) = \sum_{n=1}^{N} \alpha_n s(t - \tau_n) e^{-j2\pi f_c \tau_n} \tag{5.25}$$

式中，α_n 是实数，表示信号在不同路径上的幅度；τ_n 是实数，表示信号在不同路径上的时延，式（5.25）中有 N 个不同的路径，那么平均时延是

$$\bar{\tau} = \frac{\sum_n \alpha_n^2 \tau_n}{\sum_n \alpha_n^2} \tag{5.26}$$

然后令

$$\overline{\tau^2} = \frac{\sum_n \alpha_n^2 \tau_n^2}{\sum_n \alpha_n^2} \tag{5.27}$$

则时延扩展的方均根为

$$\sigma = \sqrt{\overline{\tau^2} - \bar{\tau}^2} \tag{5.28}$$

注意：在计算 $\bar{\tau}$ 和 $\overline{\tau^2}$ 时，只有 α_n^2 的相对值是重要的。如果给定归一化数值（经常有这种情况：信道测量值被最强到达路径的振幅归一化），那么它们可以直接用在公式里。然而，我们必须注意提供的数值是振幅还是功率。例如，提供了功率时延分布，则用这些数值的时候不带二次方。

时延扩展的方均根是描述多径时延扩展的一个有用的数值，这一数值与信道的优劣紧密相关。对比城市、郊区和室内环境，时延扩展方均根在城市环境中最大，在室内环境中最小。在城市环境中，时延扩展方均根可能是 μs 级，（在城市中能达到 $25 \mu s$，例如旧金山，一个有很多山和峡谷的地方）。在郊区环境，时延扩展方均根在 $0.2 \sim 2 \mu s$ 之间。在室内（建筑物中）环境中，时延扩展方均根接近数百 ns 的数量级。

图 5.10 和图 5.11 展示了两个"典型城市"的时延扩展信道 GSM 规范[8]，如可以用来进行无线系统的计算机模拟。

5.3.2　平坦衰落

假设传输的信号是一个窄带信号（相对于环境来说）。换句话说，信号的"频率响应"○相对平坦，在其频率范围内信号都有较强的功率。如果传输的信号

○　我们在"频率响应"这个词旁边加一个注解，是因为无线信道其实是一个时变信道，因为用户在移动。只有在信道是线性时不变信道（Linear, Time Invariant, LTI）的时候，频率响应才有意义。然而，由于无线信道变化得相对缓慢，通常称之为准时不变信道，这样就可以讨论频率响应，尽管频率响应会有一个缓慢的变化。例如，在时分多址系统中，用户循环共享频率信道，当时隙到达时，每个用户都在很短的时间内发射和接收信号。对大多数的实际情况，每个时隙内的频率响应均可以看作是恒定的，尽管时隙与时隙之间可能会不同。——原书注

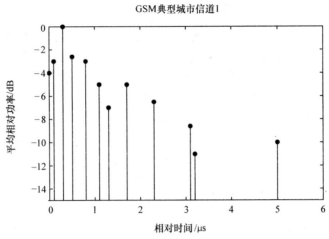

图 5.10　GSM 规范中典型城市信道 1

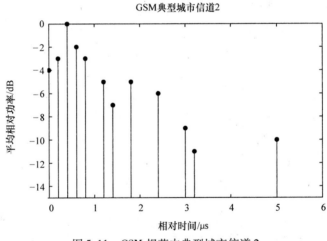

图 5.11　GSM 规范中典型城市信道 2

是一个数字调制波形，那么窄带就意味着符号周期远比发射机与接收机之间的重要路径长度的平均最大差异都要大，重要路径是指经过该路径的信号在接收信号中有一个较大的比重，这样我们就得到了平坦衰落，由于在频率范围内无线信道相对平坦，信号都有较强的功率。如果不是这种情况，那么就是频率选择性衰落，将在 5.3.3 节中研究。

当

$$\sigma \ll T_s \qquad (5.29)$$

会发生平坦衰落。从频域的角度看，定义相干带宽为

$$B_c = \frac{1}{2\pi\sigma} \qquad (5.30)$$

此时平坦衰落发生的条件为

$$1/T_s << B_c \qquad (5.31)$$

可以做一个合理的假设，每条路径都有一个独立随机的相位偏移，均匀分布于 $0 \sim 2\pi$。当天线之间有直接路径时，那么可以假设这条路径是主导路径（即，它所传输的平均信号功率要远大于其他路径，尽管并不一定比其他路径传输功率的和都大）。如果，其他路径都传输接近于同一个平均功率，那么接收信号的振幅服从 Ricean（莱斯）分布，因为接收天线的位置会变化。换句话说，随着接收天线的移动，信号包络的振幅在信号功率电平在局部均值附近处，呈服从 Ricean 分布的波动。这项结果推导来自 Rice 关于随机噪声的数学分析的重要论文，其分布是

$$f_{\text{Ricean}}(x) = \frac{x}{p} I_0 \left(\frac{x p_d}{p} \right) e^{-(x^2 + p_d^2)/2p} \qquad x \geqslant 0 \qquad (5.32)$$

其中 $I_0(\cdot)$ 是第一类零阶修正 Bessel（贝塞尔）函数。临界因子，$\kappa = p_d^2/2p$，在 Ricean 分布中至关重要，因为它是主导分量功率与衰落分量功率的比值[9]。κ 也被称为镜面反射率或是 Rice 因子[6]。

在大多数感兴趣的切换算法中，用户离基站相对较远，$p_d \to 0$ 且 $\kappa \to 0$，因为没有直接路径或是主导分量。这种情况是 Rayleigh 衰落的重要情况，没有主导分量的话，许多不同路径的联合贡献形成一个复高斯过程（受中心极限定理启发判定）。这种情况下，我们知道信号包络的振幅是 Rayleigh 分布[2]。也可以这样看：当 $p_d \to 0$ 时，其分布退化为 Rayleigh 分布，表达式为

$$f_{\text{Rayleigh}}(x) = (x/p) e^{-x^2/2p} \qquad x \geqslant 0 \qquad (5.33)$$

式中，x 是信号包络振幅；p 是信号的平均功率。

p 以及 Rayleigh 分布的准确意义有时会让初学者感到困惑。将其联系回到 1.3.4.1 节，我们可以将一个通带信号用同相与正交的形式写作：

$$x_b(t) = x_i(t) \cos(2\pi f_c t) - x_q(t) \sin(2\pi f_c t) \qquad (5.34)$$

现在我们定义 p 是 $x_b(t)$ 的时间平均功率：

$$p = \overline{|x_b(t)|^2} \qquad (5.35)$$

那么，什么是 Rayleigh 分布？不是 $x_b(t)$，而是包络 $A(t)$，如下给出：

$$A(t) = \sqrt{x_i^2(t) + x_q^2(t)} \qquad (5.36)$$

[从 1.3.4.1 节中 $x_i(t)$ 和 $x_q(t)$ 的定义得到。] 实际上，$A(t)$ 的平均功率是 $\overline{A^2(t)} = 2p$，其均值是 $\sqrt{p\pi/2}$。p 有时也被描述为"包络检测前的接收信号平均功率"，强调了它是 $x_b(t)$ 的平均功率，不是 $A(t)$ 的功率 $2p$。

Raleigh 分布的均值是 $\sqrt{p\pi/2}$，但是 Rayleigh 衰落过程可能会比这个均值低 20dB、30dB 甚至 40dB。这种在信号强度上的下降称为 Rayleigh 衰落。即使是在

无线链路余量较大的环境中，如果用户处于 Rayleigh 衰落中，也几乎不能进行有效的通信。然而，由于用户的正常移动，其不会长期处于 Rayleigh 衰落中，而使之成为一个严重的不可克服的问题。如果用户一直处于 Rayleigh 衰落中，那么没有多少办法可以缓解这一衰落。即使是孩子用手机时也知道，稍微走动几步，就可以让弱的信号显著增强。"稍微走动几步"是什么意思？在 5.3.4 节中我们会量化分析。

5.3.3 频率选择性衰落

我们可以将相对于环境信号是窄带的这一假设做一个扩展，如果在数字系统中，扩展这一假设意味着符号周期可能接近或者小于一些时延扩展的测量值。这种情况称为频率选择性衰落，而窄带情况下是平坦衰落，因为对信号的所有频率分量，衰落都是给予接近相同的影响。在频率选择性衰落中，我们引入符号间干扰（Inter Symbol Interference，ISI）这一概念。

当满足下列条件时我们称衰落为频率选择性的，

$$\sigma \gg T_s \quad \text{或} \quad 1/T_s \gg B_c \tag{5.37}$$

图 5.12 指出了重要的一点，相同的信道 [左图为冲激响应的时域 $h(t)$，右图为冲激响应的频谱 $H(f)$] 可以是平坦衰落信道也可以是频率选择性衰落信道。取决于信号相对于信道的带宽。正如在式（5.31）和式（5.37）所见，有相同相干带宽 B_c 的相同信道，根据 $1/T_s$ 的不同，传输信号可以是平坦衰落或是频率选择性衰落。

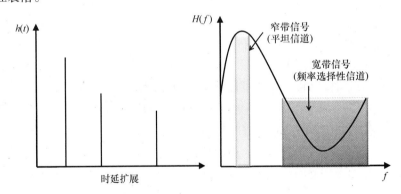

图 5.12 同一信道可以是平坦的或是频率选择性的

为了构建一个良好的系统，需要引入一个可以减弱时延扩展效应的方法。这些方法包括：多载波技术、扩展谱技术及均衡器技术。均衡器过滤了接收信号以减弱来自信道的影响[11]。其他两种方法可以看作是把宽带信道分割为一些窄带信道，利用窄带信道，在接收机处将输出智能地结合在一起。经常会用到高斯广义平稳不相关散射模型。不同的窄带子信道的衰落是独立的，每一个信道均有与前一章所讲的窄带情况下相同的行为。

5.3.4 时变：多普勒频移

要估计小尺度衰落的二阶统计特性，通常会假设到达接收天线的不同路径是独立的，且在角度上均匀分布。随着设备的移动，每个角度都关联着一个不同的多普勒频移，因为根据每条路径上的角度，路径长度会有不同的变化的速率。如图5.13a所示，令θ为移动设备移动方向和与地面平行的入射信号之间的角度，v_0为移动设备的速度，v_1为移动设备在其与基站连线分量上的速度。则v_1也是到基站路径上的变化速率，并可得

$$v_1 = v_0 \cos\theta \qquad \text{m/s} \tag{5.38}$$

或

$$v_1 = (v_0/\lambda)\cos\theta \qquad \text{Hz} \tag{5.39}$$

路径上这一变化令相同频率的载波频率产生了一个明显的偏移〔即$(v_0/\lambda)\cos\theta$〕。这一载波频率的偏移就是多普勒频移，该现象就是多普勒效应。

在这种情况下，当发送正弦波，接收到的信号的功率谱为

$$S(f) = \begin{cases} \dfrac{C_1}{\sqrt{f_m^2 - (f-f_c)^2}} & |f-f_c| < f_m \\ 0 & |f-f_c| > f_m \end{cases} \tag{5.40}$$

式中，C_1是比例常数；f_c是载波频率；f_m是最大多普勒扩展，计算方法为

$$f_m = \max v_1 = v_0/\lambda \tag{5.41}$$

图5.13b给出了这一功率谱。

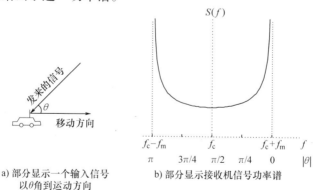

a) 部分显示一个输入信号   b) 部分显示接收机信号功率谱
以θ角到运动方向

图5.13 蜂窝系统的多普勒频移

注：图中指示的角度显示了与不同多普勒频移相关的角度。

 高斯是指在相位上随机分布的不同路径的总和是一个复高斯过程；广义平稳是指统计量是大尺度变化；不相关是因为衰落中的不同时延是不相关的。——原书注

对式（5.40）的低通等效部分做傅里叶逆变换得到了小尺度衰落的自相关函数。去掉了平均值［但在连续情况下与式（6.27）相似］后的自相关函数[7]等于

$$J_0^2(2\pi f_m \tau) = J_0^2\left[2\pi\left(\frac{v_1}{\lambda}\tau\right)\right] = J_0^2\left[2\pi\left(\frac{\Xi}{\lambda}\right)\right] \tag{5.42}$$

式中，$J_0(\cdot)$ 是第一类零阶 Bessel 函数；τ 是时间间隔；Ξ 是空间间隔，且 $v_1 = \Xi/\tau$。我们可以将此自相关函数看作是 τ 或者是 Ξ 的函数，因为在假设移动设备是以速度 v_1 匀速向基站移动的情况下，时域差别 τ 同空间差别 Ξ 相同。

方程（5.42）在图 5.14 中绘出，从中可以看出间隔超过 0.4λ 以上的点有较小的相关性。因此，在无线工业有一条有用的经验法则，如果连续取样超过半个波长的间隔则被认为是独立的⊖。如一载波的频率在 900MHz 左右，则半个波长在 15cm 左右。例如这种图在设计分集合并方案中会很有用（见 5.3.5 节）。

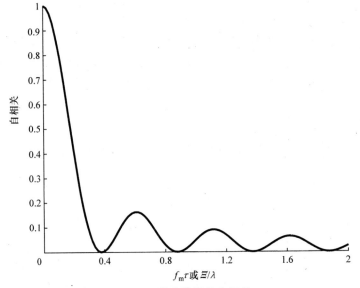

图 5.14　接收信号的自相关

另一种量化无线信道改变速率的方法是用相干时间的概念。相干时间有多种定义[13]：

$$T_c = \frac{1}{f_m} \quad \text{或} \quad T_c = \frac{9}{16\pi f_m} \quad \text{或} \quad T_c = \sqrt{\frac{9}{16\pi f_m}} = \frac{0.423}{f_m} \tag{5.43}$$

如果有

$$T_c \ll T_s \tag{5.44}$$

⊖ 当然，这种由式（5.40）得出的"到达角均匀分布"的假设是有效的，例如，在 5.3.5.1 节，我们会讨论在基站这个假设可能不适用的原因。——原书注

则信道可视作快衰落,

如果有

$$T_c \gg T_s \tag{5.45}$$

信道可视作慢衰落。

某种程度上,相干时间对应于多普勒频移就如相干带宽对应于时延扩展。两种情形下,一种现象在一个域内量化(比如,时域中的 σ 和频域中的 f_m),相干时间和相干带宽在双域将其量化。在两种情形下,准确的量化某种程度上有点随意,因其初衷是给无线系统的设计者一个设计的空间。如果 T_s 接近于 T_c,则信道既不能说是确切的快衰落也不能说是确切的慢衰落,如果 T_s 接近 σ,则信道既不是确切的频率选择性信道也不是确切的平坦衰落信号。

5.3.4.1　电平通过率与衰落持续时间统计量

电平通过率是指衰落包络的幅度超过一个门限电平的比率(见图5.15)。一般地,这个门限电平是衰落包络幅度的归一化方均根。给定一个门限电平 R,令 $\rho = R/R_{rms}$,R_{rms} 是衰落包络幅度的方均根值。则 ρ 就是归一化的,如果衰落是 Rayleigh 分布,那么电平通过率就是

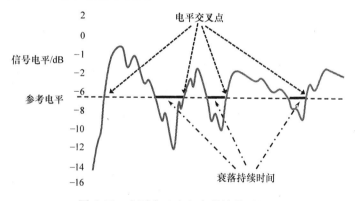

图5.15　电平交叉点与衰落持续时间

$$N_R = \sqrt{2\pi} f_m \rho e^{-\rho^2/2} \tag{5.46}$$

平均衰落持续时间是衰落时间的平均值(即,其处于门限电平 R 之下的平均时间,见图5.15)。这个值越大,信道性能越差。又令 $\rho = R/R_{rms}$,则平均衰落持续时间为

$$\bar{\tau} = \frac{e^{\rho^2} - 1}{\rho f_m \sqrt{2\pi}} \tag{5.47}$$

5.3.5　分集合并

分集合并是减轻小尺度衰落效应的一种方法。其基于这样一个想法:当取

一个随机变量的多个样本时，可以取到不同的值，有的大一些，有的小一些。因此，代替衰落随机变量的一次抽样，有时处于一个差的信道，我们获得同一随机变量的多个独立（或者相关性很小）的样本（在同一信道"看起来"是多个独立的）。然后我们用一些方法合并它们。比如，用选择性分集，可以选到最好的信道（最好的瞬时 SNR）。

5.3.5.1　获得多个独立样本

为了获得多个独立样本，可以在接收端用多个天线，它们的距离需要离得足够远来减少衰落统计量的相关性（空间分集或天线分集）。这些天线应距离多远？对基站来说的经验法则是 10 个波长或以上，而对手机来说约半个波长。为了理解这种差异的原因，我们可以设想，大多数的反射是发生在接近地面的地方，还是在手机附近。从手机处看，反射体和手机之间的多条路径会涵盖一个大的角度，而从基站看，由于基站离得很远，路径涵盖较窄的角度。因此，手机位置的较小变化，就能引起巨大的差异，而基站天线的位置对于同等变化需要较大的改变。

另一个获得多个独立样本的方法是用不同的天线极化（极化分集）。比如在接收端，可以在同一位置放置两个天线，一个被调整为接收水平极化的信号，另一个被调整为接收垂直极化的信号。如果我们只有一个水平极化天线，那么很多以垂直极化方法到达的信号会因极化损耗而丢失（见 4.1.3.1 节）。同样地，如果我们只有一个垂直极化天线，那么许多以水平极化方式到达的信号也会因极化损耗而丢失。为了达到分集效果，我们希望以不同极化方式的信号到达一个天线的衰落与到达另一个天线的不同。我们可以不那么严谨地认为，每个天线接收到了总信号的不同分量，这些不同分量可能历经了不同的反射、折射等。所以，分集的目的利用了极化损耗。

其他获得多个独立样本的方法包括：以大于相干带宽的不同频率间隔发射或是接收同一信号（频率分集），以大于相干时间的不同时间间隔发射或是接收同一信号（时间分集）等。从相干时间和相干带宽的概念可以预料到，间隔超过相干带宽或相干时间的两点，彼此之间的相干性很小。

5.3.5.2　选择性分集

在选择性分集中（见图 5.16），每个分集支路的瞬时 SNR 都在被持续监测，接收机不停地切换到当前有着最高 SNR 的分集支路。

如果所有的 N 个支路都是独立的，相同的 Rayleigh 衰落分布，瞬时 SNR 为 γ_j，平均 SNR 为 $\Gamma = \bar{\gamma}$，则有⊖

⊖　见习题 5.5 的推导。——原书注

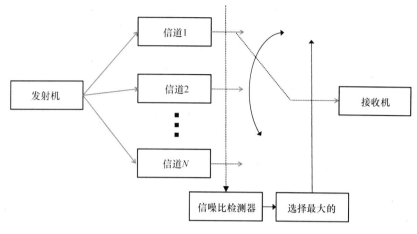

图 5.16　选择性分集

$$p(\gamma_j) = \frac{1}{\Gamma}e^{\gamma_j/\Gamma} \tag{5.48}$$

对于给定的值 γ_0，

$$P[\gamma_j \leqslant \gamma_0] = 1 - e^{-\gamma_0/\Gamma} \tag{5.49}$$

所以所有支路 SNR 在同一时间均低于 γ_0 的概率为

$$P[\gamma_1 \leqslant \gamma_0, \gamma_2 \leqslant \gamma_0, \cdots, \gamma_N \leqslant \gamma_0] = (1 - e^{-\gamma_0/\Gamma})^N \tag{5.50}$$

Γ 是每条支路的平均 SNR，令 $\Gamma_{\text{selection}}$ 为瞬时选择的支路的平均 SNR（每时每刻，都有一条支路被选中，该支路的瞬时 SNR 包含在了其平均值中）。则平均 SNR 的总体改进是

$$\Gamma_{\text{selection}} = \Gamma \sum_n^N \frac{1}{n} \tag{5.51}$$

5.3.5.3　等增益合并

与其只用一条有最高瞬时 SNR 的支路，而舍弃了其他的分集支路，我们不如利用其他分集支路的能量，来达到比选择性分集更好的总体 SNR，用这种方式我们把分集支路的能量都巧妙地合并起来。

在特殊情况下，所有的支路都有相同的平均 SNR，那么平均 SNR 的总体提升是

$$\Gamma_{\text{equal\ gain}} = \Gamma\Big[1 + (N-1)\frac{\pi}{4}\Big] \tag{5.52}$$

5.3.5.4　最大比值合并

最好的分集合并方式是最大比值合并（见图 5.17）。在最大比值合并中，分集支路都是同相的，进行一个加权求和。每条支路的加权来自于其瞬时 SNR。

这样，有好的 SNR 的支路得到更大的加权，因此其性能要比等增益合并更好。

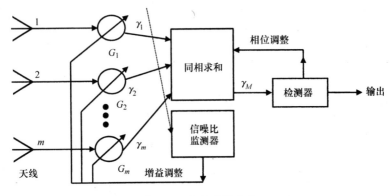

图 5.17　最大比值合并

我们可以看出，平均输出 SNR 等于输入 SNR 之和，即

$$\Gamma_{\text{max ratio, general}} = \sum_{j=1}^{N} \Gamma_j \qquad (5.53)$$

在所有分支都具有相同平均 SNR 的情况下，有

$$\Gamma_{\text{max ratio}} = \sum_{j=1}^{N} \Gamma = N\Gamma \qquad (5.54)$$

5.4　链路预算中融入衰落效应

发射信号是否足够强，使得接收信号有比给定的 BER 更好的性能？这取决于很多因素，包括发射天线与接收天线的增益和供电电缆损耗等。链路预算指的是将这些因素用一系列的数字量化，用分贝（dB）来表示增益和损耗。比如，如果我们在接收机处倒推，得到一个发射机处所需的发射端最小传输功率，通过无线接入技术分析（调制方式、编码等技术的结合）可能得到一个满意 BER 的 SNR 最小值。RF 设计分析。可能得到一个需加入 $SNR_{\min}$ 的本底噪声，获得接收机灵敏度［正如式（3.38）给出的］。通过分析接收机天线这些因素如电缆损耗，这将得出一个接收机天线接收的最小的信号功率值 $P_{\text{r,dB}}$，并根据这个值用式（4.23）得到 $P_{\text{t,dB}}$。

有两种方式可以改进仅用式（4.23）得到 $P_{\text{t,dB}}$ 的方法。第一个方法是，我们可以将简单的 $10\nabla\log d_0$ 替换为从其他模型得到的路径损耗：Hata 模型或是其他我们想用的模型。第二个方法是，我们可以加入一些衰落余量来抵消对数正态衰落和 Raleigh 衰落效应。现在我们考虑怎么得到一个合适的衰落余量抵消在链路预算中的对数衰落和 Raleigh 效应。

信号电平测量值通常是时域离散的实值的样本，用分贝（dB）表示，之所以这些样本用分贝表示，是因为放大器的输出通常有一个对数的特性，也因为功率电平允许一个宽的动态范围。假设 Y 是 Rayleigh 分布的，那么 $X = 20\log Y$ 的分布则是我们称之为反对数 Rayleigh（ALR）分布。ALR 分布的概率密度函数[15]为

$$f_X(x) = (\ln 10)\frac{10^{x/10}}{20p}\exp\left(-\frac{10^{x/10}}{2p}\right) \tag{5.55}$$

式中，p 是由 $2p = E\lfloor Y^2 \rfloor$ 得到的功率参数。$\overline{X} = 10[\log(2p) - \gamma/(\ln 10)]$，其中 $\gamma \approx 0.577216$，γ 是欧拉伽马常数，X 可以表示为

$$X = \overline{X} + \frac{10\gamma}{\ln 10} + 10\log[-\ln U] \tag{5.56}$$

呈均值为 $\overline{X}$ 的 ALR 分布，其中 U 是一个在 0～1 之间均匀分布的随机变量。因此，式（5.56）的 Rayleigh 衰落点可以看作是一个用分贝表示均值 $\overline{X}$ 附近的加性噪声（在绝对值域中是乘性噪声）。

因此，可以将式（4.23）做修正，则接收信号功率可以写作

$$P_{r,dB}(\ell) = P_{t,dB} + G_{t,dB} + G_{r,dB} + 20\log\lambda - 20\log(4\pi) - 10\nabla\log d_0 - 10\log\Lambda_0 + \gamma(\ell) + \Phi(\ell) \tag{5.57}$$

式中，$P_{r,dB}$、$P_{t,dB}$、$G_{r,dB}$ 和 $G_{t,dB}$ 分别是 P_r、P_t、G_r 和 G_t 用分贝表示的值；ℓ 是一个坐标矢量，表示与基站距离为 d_0 的一个位置；$\gamma(\ell)$ 是标准偏差为 σ_{lf} 的零均值高斯变量，表示去掉平均值的对数正态衰落；$\Phi(\ell)$ 是去掉均值的 ALR 随机变量，代表小尺度衰落。

通常会加入 10dB 的余量来抵消 σ_{lf}，而如果要抵消对数正态和小尺度衰落，其联合衰落余量应增加为 20dB。如果在系统中使用了分集合并技术，则余量会减少。

习题

5.1 假设我们需要 $h < -r_1$ 的视距空隙，r_1 是第一个菲涅尔区域的半径，所以需要 $|h| > \sqrt{\lambda d_1 d_2/(d_1 + d_2)}$。通常在点对点微波链路中，频率的数量级为 GHz，距离的数量级为 km，但是视距空隙的数量级为 m。我们可以用下式表示视距空隙：

$$h > 17.3\sqrt{\frac{d_1 d_2}{F(d_1 + d_2)}}$$

其中 F 是 GHz 的频率，d_1 和 d_2 是 km 级的距离。

5.2 计算该多径模型的平均额外时延和时延扩展方均根，如图 5.18 所示。估算该信道的相干带宽。如果一个 GSM 用这一信道，它会经历平坦衰落还是频率选择性衰落？需要用一个均衡器吗？

5.3 试着对比 Hata 模型是否与简单路径损耗指数模型相一致，其中功率随着距离有 d^{-n} 的下降（比如 d^{-4}）。所谓"相一致"是指它们产生的结果是否在彼此的合理范围内。让我们来重点注意包含 d 的 Hata 模型。首先，为什么 d 是正值而在 d^{-n} 中 d 的指数是负值？接着，我们观察一些数值。在 $h_{BS} = 1$ 的情况下，随距离变化功率下降是多少？h_{BS} 取多少时，路径损耗指数恰好等于4？

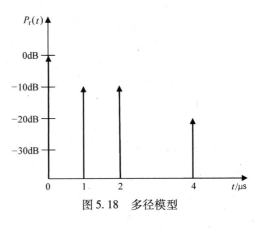

图 5.18　多径模型

5.4 一个移动设备以 10m/s 的速度远离基站，载波频率为 900MHz。最大的多普勒频率是多少？当 $\rho = 0.5$ 时，电平通过率和衰落持续时间是多少？

5.5 假设 x 服从 Rayleigh 分布。给出：
$$P(x \leqslant X) = 1 - e^{-X^2/2p}$$

现在 γ_j 是一个服从 Rayleigh 分布随机变量的二次方，请推导式（5.49）。并由式（5.49）推出式（5.48）。

5.6 现在我们有一个拥有 3 个独立分集支路的接收机，其平均 SNR 分别为 5dB、7dB、10dB。如果用最大比值合并，那么分集合并器的输出的平均 SNR 是多少？

附录：Ricean 衰落推导

多径环境中，接收信号包络的振幅通常建模为一个 Rayleigh 分布随机过程。假设有足够多的相位上均匀分布的路径，这就是一个好的模型。然而，也有例外。如果存在一个主导信号分量（比如发射机到接收机之间直接路径的信号分量），那么从理论上和经验数据上，Ricean 分布能更好地描述信号变化。

主导分量之所以是主导的，是因为它衰减的没有其他分量严重。比如，视距路径是发射机和接收机之间最短的一条路径。在小尺度的条件下，我们可以假设主导分量包络的振幅是一个常数。接收信号可以写为主导分量和其他所有分量（这个"其他所有分量"通常是 Rayleigh 分布的）的和，我们得到

$$re^{j\theta} = ve^{j\beta} + ue^{j\alpha} \tag{5.58}$$

式中，r 和 θ 是接收信号的包络和相位；v 和 β 是主导分量的包络和相位；u 和 α 是其他所有分量的包络和相位。

我们可以将式（5.58）写为

$$r\cos\theta\cos\omega t - r\sin\theta\sin\omega t = (v\cos\beta + u\cos\alpha)\cos\omega t - (u\sin\alpha + v\sin\beta)\sin\omega t$$

为了不失一般性的简化，我们可以重新设置时间原点，这样主导分量在相位上就是完整的。这意味着我们将 β 设为 0，然后我们得到

$$r\cos\theta\cos\omega t - r\sin\theta\sin\omega t = (v + u\cos\alpha)\cos\omega t - u\sin\alpha\sin\omega t$$

如果把 u 分解为同相分量和正交分量，即 $u_i = u\cos\alpha$ 和 $u_q = u\sin\alpha$，可以得到

$$r = \sqrt{(v + u_i)^2 + u_q^2}, \theta = \arctan\frac{u_q}{v + u_i}$$

很明显，$u_q = r\sin\theta$，$u_i = r\cos\theta - v$，各变量关系如图 5.19 所示。

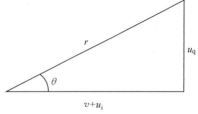

图 5.19 r、θ、u_q 以及 $v + u_i$ 的关系

这项变换的雅克比行列式为

$$\begin{vmatrix} \dfrac{\partial u_i}{\partial r} & \dfrac{\partial u_i}{\partial \theta} \\ \dfrac{\partial u_q}{\partial r} & \dfrac{\partial u_q}{\partial \theta} \end{vmatrix} = (\cos\theta)(r\cos\theta) - (\sin\theta)(-r\sin\theta) = r$$

如果有足够多的路径，则可以引用中心极限定理，即 u_q 和 u_i 接近零均值的高斯分布。更进一步，我们可以合理地假设它们不相关，则它们一定独立，因此其联合高斯分布为

$$f_{i,q}(u_i, u_q) = \frac{1}{2\pi p}e^{-(u_i^2 + u_q^2)/2p} \tag{5.59}$$

则有

$$f(r, \theta) = rf_{i,q}(r\cos\theta - v, r\sin\theta)$$

$$= \frac{r}{2\pi p}e^{-[(r\cos\theta - v)^2 + (r\sin\theta)^2]/2p}$$

$$= \frac{r}{2\pi p}e^{-(r^2 + v^2 - 2rv\cos\theta)/2p}$$

因此

$$f(r) = \int_0^{2\pi} \frac{r}{2\pi p}e^{-(r^2 + v^2 - 2rv\cos\theta)/2p}\mathrm{d}\theta \tag{5.60}$$

$$= \frac{r}{p}I_0\left(\frac{rv}{p}\right)e^{-(r^2 + v^2)/2p} \quad r \geqslant 0 \tag{5.61}$$

其中

$$I_0(x) = \frac{1}{2\pi}\int_0^{2\pi} e^{x\cos\theta}\mathrm{d}\theta$$

是第一类零阶修正 Bessel 函数。式（5.61）就是我们所熟知的 Ricean 分布。顺便一提，它最初是来尝试对有随机噪声的信号 v 包络分布进行建模而得到的。

对比 Rayleigh 分布［见式（5.33）］和 Ricean 分布［见式（5.32）］很有意

思。可以看出 Ricean 分布是 Rayleigh 分布乘以了一个这样的加权因子：

$$I_0\left(\frac{rv}{p}\right)e^{-v^2/2p}$$

注意这个分布是依赖于 v 和 p 的变化，即主导分量的包络和呈潜在高斯过程随机分量的功率。

从式（5.59）有，

$$E[u_i^2] = E[u_q^2] = p, \quad E[u_i] = E[u_q] = 0$$

随机分量（除主导分量外的所有分量）呈 Rayleigh 分布，则

$$E[u^2] = 2p, E[u] = \sqrt{\frac{\pi p}{2}}$$

就产生 Ricean 分布的和，我们有

$$E[r^n] = (2p)^{n/2}\Gamma\left(\frac{n+2}{2}\right)F_1\left(-\frac{n}{2};1;-\frac{v^2}{2p}\right)$$

式中，Γ 是伽马函数；F_1 是一个超几何函数，写作为

$$F_1(a;c;z) = 1 + \frac{az}{c1!} + \frac{a(a+1)z^2}{c(c+1)2!} + \cdots$$

所以，特殊情况下有：

$$E[r^2] = 2p\left(1+\frac{v^2}{2p}\right) = 2p + v^2 = E[u^2] + v^2$$

及

$$E[r^2] = 2p\Gamma\left(\frac{3}{2}\right)\Gamma_1\left(-\frac{1}{2};1;-\frac{v^2}{2p}\right)$$

当 v/p 趋近于 0 时，退化为一个 Rayleigh 分布，正如所预期的，由于这种情况下我们没有了一个主导分量。当 rv/p 变得很大时（即，$v/p \gg 1$ 或者 r 趋近于正无穷），可以写作为

$$p(r) \sim \left(1+\frac{p}{8rv}\right)\sqrt{\frac{r}{2\pi v}}e^{-(r-v)^2/2p}$$

当 v/p 很大时或者我们处在分布曲线的末端（r 很大），分布变得有点类似高斯分布，均值为 v，方差为 p。当 v/p 很大，我们可以认为这种情况下主导分量远超其他一切分量，则得到一个有高斯波动的主导分量。

参 考 文 献

1. J.-E. Berg, R. Bownds, and F. Lotse. Path loss and fading models for microcells at 900 MHz. In *IEEE Vehicular Technology Conference*, pp. 666–671, Denver, CO, May 1992.

2. A. B. Carlson. *Communication Systems*. McGraw-Hill, New York, 1986.

3. D. C. Cox, R. R. Murray, and A. W. Norris. 800 MHz attenuation measured in and around suburban houses. *AT&T Bell Laboratory Technical Journal*, 63(6):921–954, July 1984.

4. M. Gudmundson. Correlation model for shadow fading in mobile radio systems. *Electronics Letters*, 27(23):2145–2146, Nov. 1991.

5. M. Hata. Empirical formula for propagation loss in land mobile radio services. *IEEE Transactions on Vehicular Technology*, VT-29(3):317–325, Aug. 1980.

6. M.-J. Ho and G. L. Stüber. Co-channel interference of microcellular systems on shadowed Nakagami fading channels. In *IEEE Vehicular Technology Conference*, pp. 568–571, Secaucus, NJ, May 1993.

7. W. C. Jakes, editor. *Microwave Mobile Communications*. Wiley, New York, 1974. Republished by IEEE Press, Piscatouray, NJ, 1994.

8. 3GPP Technical Specification Group GSM/EDGE Radio Access Network. Radio transmission and reception (release 1999). 3GPP TS 05.05 V8.20.0, Nov. 2005.

9. K. Pahlavan and A. Levesque. *Wireless Information Networks*. Wiley, New York, 1995.

10. A. Papoulis. *Probability, Random Variables, and Stochastic Processes*. McGraw-Hill, New York, 1991.

11. J. Proakis. *Digital Communications*. McGraw-Hill, New York, 1995.

12. A. V. Raisanen and A. Lehto. *Radio Engineering for Wireless Communication and Sensor Applications*. Artech House, Norwood, MA, 2003.

13. T. Rappaport. *Wireless Communications: Principles and Practice*. Prentice Hall, Upper Saddle River, NJ, 1996.

14. S. Rice. Mathematical analysis of random noise: 2. *Bell System Technical Journal*, 23: 46–156, 1945.

15. D. Wong and D. Cox. Estimating local mean signal power level in a Rayleigh fading environment. *IEEE Transactions on Vehicular Technology*, 48(3):956–959, May 1999.

第三篇 无线接入技术

第6章 无线接入技术简介

这里我们主要涉及无线个人通信系统，其中有很多移动设备（比如移动站或是手机）通过基站连入网络（也被称为接入点）。此系统中可能有很多基站，典型地支持两种方式的通信（不同于无线广播或者广播电视），设备也可能连接到个人（也称为用户或是子用户）。在有多个移动设备要接入网络的环境中，会用到信道化技术，是指能够将不同设备通信区分开来的技术。

接下来的几章我们主要学习无线接入技术。在第7章，我们将研究许多无线接入技术中会用到的组件技术。然后，我们将看到这些组件技术和其他技术，如何被加入各种标准，在第8章选择性地概括一些标准（如 GSM、IS-95CDMA 及 802.11 "WiFi"）。第9章会介绍无线接入技术的最新趋势。

本章建立在第1章的基础上，提供一些关于无线接入技术相关的进一步基础知识。我们将在6.1节回顾数字信号处理，然后在6.2节中探索基于无线链路的数字通信。6.3节讲述革命性的蜂窝概念。本章最后，我们讨论扩展频谱（见6.4节）及 OFDM（见6.5节）。扩展频谱（包括 CDMA）和 OFDM 的讨论是从技术角度上讲的，而在第8章，我们将了解这些想法如何运用在真实的系统和标准中。

6.1 数字信号处理回顾

信号的振幅可以是离散或是连续的。离散振幅信号的振幅值是一个有限集，而连续振幅信号则取自一个无线连续的集（如，小于一个有限值的所有实数）。

信号也可以是离散时间或是连续时间的。对连续时间信号来说，时间变量是连续的。对离散时间信号来说，其时间变量是离散的，通常有一个均匀的间隔。离散时间信号可以看作是对一个连续时间信号进行抽样获取的，这些不同时间取得的信号值则称为样本。如果不太需要不断地建立起离散时间变量和连续时间信号间关系的话，为了方便，离散的时间变量常写作一整数序列。通常，只有在需要将离散时间转化为连续时间时（或是反过来），才会需要样本间的时间间隔，否则在离散时间中，样本可以看作是一个序列。本书中，我们给时间变量加中括号来表示离散时间信号（如，$x[n]$，n 为整数），给时间变量加小括号来表示连续时间信号 [如 $x(t)$，t 是一个实数]。

模拟信号是具有连续振幅和连续时间的。数字信号是具有离散振幅和离散时间的。假设有一个系统接收了输入 $x[n]$，产生一个输出/响应 $y[n]$。令→表示系统的作用（如，$x[n]{\to}y[n]$）。假设有两个不同的输入，$x_1[n]$ 和 $x_2[n]$，及 $x_1[n]{\to}y_1[n]$ 和 $x_2[n]{\to}y_2[n]$。令 a_1 和 a_2 为两个标量。当且仅当

$$a_1x_1[n] + a_2x_2[n]{\to}a_1y_1[n] + a_2y_2[n] \tag{6.1}$$

系统是线性的。

当且仅当

$$x[n-n_0]{\to}y[n-n_0] \tag{6.2}$$

系统是时不变的。

6.1.1　冲激响应与卷积

一个冲激（或者单位冲激）信号定义为

$$\delta[n] = \begin{cases} 1, & n=0 \\ 0, & n{\neq}0 \end{cases} \tag{6.3}$$

所有的线性时不变（LTI）系统都可以用它们的冲激响应来描述。冲激响应 $h[n]$，是输入为冲激信号时的输出：

$$\delta[n]{\to}h[n] \tag{6.4}$$

如果冲激响应经过一个有限的时间变为 0，则系统有一个有限的冲激响应，否则，系统有一个无限的冲激响应。

卷积（离散时间）：冲激响应为 $h[n]$ 的 LTI 系统的输出为

$$y[n] = h[n] * x[n] = \sum_{l=-\infty}^{\infty} x[l]h[n-l] = \sum_{l=-\infty}^{\infty} h[l]x[n-l] \tag{6.5}$$

6.1.2　频率响应

假设一个稳定的 LTI 系统的输入为

$$x[n] = A\cos(\theta n + \phi) \tag{6.6}$$

那么

$$A\cos(\theta n + \phi){\to}A\,|H(\mathrm{e}^{\mathrm{j}\theta})|\cos[\theta n + \phi + \angle H(\mathrm{e}^{\mathrm{j}\theta})] \tag{6.7}$$

其中

$$H(\mathrm{e}^{\mathrm{j}\theta}) = \sum_{l=-\infty}^{\infty} h[l]\mathrm{e}^{-\mathrm{j}\theta l} = |H(\mathrm{e}^{\mathrm{j}\theta})|\mathrm{e}^{\mathrm{j}\angle H[\exp(\mathrm{j}\theta)]} \tag{6.8}$$

数字频率 θ 与模拟频率 f 有这一关系：$\theta = 2\pi fT$，T 是抽样间隔。用 $2\pi fT$ 将 θ 替代，用 t 将 nT（抽样时间）替代，则有

$$A\cos(2\pi ft + \phi) \to A\,|H(f)|\cos[2\pi ft + \phi + \angle H(f)] \qquad (6.9)$$

代替写 $H(\mathrm{e}^{\mathrm{j}2\pi ft})$，正弦体是隐式形式，我们就将 $H(f)$ 写为

$$H(f) = \int_{-\infty}^{\infty} h(t)\mathrm{e}^{-\mathrm{j}2\pi ft}\mathrm{d}t = |H(f)|\mathrm{e}^{\mathrm{j}\angle H(f)} \qquad (6.10)$$

6.1.2.1 滤波器

滤波器是一个信号的变换器件，通常都有一个特定的目的。低通滤波器可以保留低频分量而消去高频分量，高通滤波器则保留了高频分量，消去了低频分量。带通滤波器保留了带内的分量，消去带外的其他频率分量。无线通信中，带通滤波器是必备的。

滤波器的频率响应，其频率范围可分为通带和阻带，通带频率是可以通过滤波器的频率。正如我们生活的世界不仅只有黑和白，现实情况下，一个滤波器不只有通带或是阻带，它们之间也有过渡的区域，但是通带或是阻带中的频率响应并不是纯粹的且平坦的（可能会有微小的波动，至少，振幅不为常数）。

6.1.3 抽样：离散时间和连续时间的连接

许多情况下，离散时间信号是由连续时间信号通过一个称为抽样的过程获得的。这是通过抽取连续时间信号在周期性的时刻的值获得的，其间隔为 T'，T' 称为抽样间隔，$F' = 1/T'$ 是抽样速率，获得的值称为样本。了解连续时间信号与通过抽样得到离散时间信号的关系很有用，因为它能产生形形色色的应用。令 $x(t)$ 为连续时间信号，$x[n]$ 为离散时间信号（n 是抽样指数），$x_\mathrm{s}(t)$ 作为连续时间函数的离散时间形式，很清楚地显示了抽样操作。它有时帮助我们想象离散时间信号是 $x[n]$，有时也是 $x_\mathrm{s}(t)$。我们有

$$x[n] = x(nT') \qquad (6.11)$$

即：

$$x_\mathrm{s}(t) = x(t)\sum_{n=-\infty}^{\infty}\delta(t - nT')$$

$$= \sum_{n=-\infty}^{\infty} x(nT')\delta(t - nT') \qquad (6.12)$$

$$= \sum_{n=-\infty}^{\infty} x[n]\delta(t - nT') \qquad (6.13)$$

用脉冲序列（见表 1.1）的傅里叶变换及"乘性"性质（见表 1.2），我们能得到 $x_\mathrm{s}(t)$ 的傅里叶变换为

$$X_s(f) = X(f) * \left[\frac{1}{T'} \sum_{n=-\infty}^{\infty} \delta\left(f - \frac{n}{T'}\right) \right] \tag{6.14}$$

$$= \frac{1}{T'} \sum_{n=-\infty}^{\infty} X(f - nF') \tag{6.15}$$

6.1.3.1　奈奎斯特抽样定理

从式（6.15）可以看出如果 $X(f)$ 的带限在 $-F'/2 < f < F'/2$ 范围内，我们能在全频率范围内清晰、不重叠地恢复 $X(f)$，间隔为 F'。然而，如果 $X(f)$ 的带限不在 $-F'/2 < f < F'/2$ 范围之内，就会产生重叠，即混淆现象。当出现了混叠现象，则信号被破坏且不能完美地复原；另一方面，如果没有混淆现象，连续时间信号可以完美地复原。换句话说，在没有混叠现象的情况下，仅靠样本 $x[n]$ 就可以决定连续时间信号，这就是奈奎斯特抽样定理的精髓所在。对一个带宽有限的连续时间信号，当 $|f| > f_N$，$X(f) = 0$，如果 $x(t)$ 的抽样速率 F' 满足：

$$F' > 2f_N \tag{6.16}$$

则它可以由它的抽样样本来唯一决定，其中 f_N 称为奈奎斯特频率，$2f_N$ 称为奈奎斯特抽样速率。

6.1.3.2　重建连续时间信号

给定一组连续时间信号的样本集，根据奈奎斯特抽样定理，如果抽样速率 $F' > 2f_N$，则我们可以重建原始信号。

6.1.4　傅里叶分析

正如在1.3.2节看到的，傅里叶分析可以让我们将一个信号分解为一系列正弦信号的和，这在学习线性系统中是非常有用的工具。1.3.2节中的傅里叶变换是针对连续时间信号的；然而，在离散时间信号中我们也可以使用傅里叶变换。

6.1.4.1　离散时间傅里叶变换

对一个离散时间信号 $x[n]$，其离散时间的傅里叶变换为

$$X(e^{j2\pi F}) = \sum_{n=-\infty}^{\infty} x[n] e^{-j2\pi Fn} \tag{6.17}$$

其傅里叶逆变换为

$$x[n] = \int_{-1/2}^{1/2} X(e^{j2\pi F}) e^{j2\pi Fn} dF \tag{6.18}$$

注意：有不同的符号可以使用，我们在此书中用 $X(e^{j2\pi F})$，是为了强调它与（连续时间）傅里叶变换 $X(f)$ 的不同，$X(e^{j2\pi F})$ 是一个周期为1的关于 F 的函数。同样，也可以将 DTFT 想作是一个单位圆，而（连续时间）傅里叶变换为实数。我们用 F 而不是 f 来表示 DTFT 的频率变量，原因为当我们对比（连续时间）傅里叶变换和 DTFT 时，$f \neq F$。

DTFT 和（连续时间）傅里叶变换可以看作是有一个在时间上/频率上的简单的缩放关系。当我们在计算傅里叶变换时，样本间隔为 T'，而在计算 DTFT 时，样本间隔某种意义上归一化为 1。因此，我们可预期这两个变换（在频域上）也有一种缩放关系。的确，以直接积分的方式计算式（6.13）的傅里叶变换，可得

$$X(f) = \sum_{n=-\infty}^{\infty} x[n] e^{-j2\pi fnT'} dt \tag{6.19}$$

现在对比 DTFT 的表达式（6.17），可以看出关系为

$$F = fT' \tag{6.20}$$

所以

$$X(e^{j2\pi F}) = \frac{1}{T'} \sum_{n=-\infty}^{\infty} X\left(\frac{F-n}{T'}\right) \tag{6.21}$$

其中 $X(f)$ 的副本扩大了 T' 倍，$X(f)$ 的一系列副本间隔为 $F = 1$。

6.1.4.2 离散傅里叶变换

DTFT 在时间上是离散的，而不是在频率上。而 DFT 在时间上和频率上均离散。特别地，N 个点 DFT 为

$$X_k = \sum_{n=0}^{N-1} x_n e^{-j2\pi kn/N}, \qquad k = 0, \cdots, N-1 \tag{6.22}$$

及 IDFT 为

$$x_n = \frac{1}{N} \sum_{k=0}^{N-1} X_k e^{j2\pi kn/N}, \qquad n = 0, \cdots, N-1 \tag{6.23}$$

另外还有一种为人熟知的快速傅里叶变换（FFT）方法，用来使 DFT 计算时比直接计算式（6.22）更有效率。

6.1.5 自相关函数与功率谱

类似于连续时间情形下的自相关函数和功率谱，我们在离散时间信号处理中也有类似的表达式。然而由于篇幅限制，此处就不叙述了，有兴趣的读者可以看诸如 Oppenheim 和 Schafer 的文章[4]。的确，我们这里给出类似式（1.39）和式（1.40）的表达式，即，式（6.24）与式（6.25）。

对于一个有限能量序列 $x[n]$，我们能得到一个非周期性的自相关序列：

$$r_{xx}[n] = \sum_{k=-\infty}^{\infty} x[k] x^*[n+k] \tag{6.24}$$

对于能量无限的序列：周期为 N 的周期性功率序列，可以定义其自相关序列为

$$r_{xx}[n] = \frac{1}{N}\sum_{k=0}^{N-1} x[k]x^*[n+k] \tag{6.25}$$

其中可以对任何周期序列求和，显然，$r_{xx}[n]$ 也是周期性的。

作为式（6.25）的一个特殊情况，对于一个周期为 N 的序列，当它只取值为 A 或 $-A$ 时，式（6.25）变为

$$r_{xx}[n] = \frac{A^2}{N}(N_{\text{agree}} - N_{\text{disagree}}) \tag{6.26}$$

当 k 从 0 变化到 $N-1$ 时，其中 N_{agree} 和 N_{disagree} 分别是 $x[k]$ 和 $x[k+n]$ 一致或是不一致的数量。所谓一致，是指 $x[k]=x[k+n]=A$ 或者 $x[k]=x[k+n]=-A$，不一致则是指，$x[k]\neq x[k+n]$。式（6.26）的推论是每个"一致"给总和加了一个 A^2，每个"不一致"给总和加了一个 $-A^2$。为归一化式（6.26），我们可以除以 A^2。

6.1.5.1 二进制序列

到此，我们讨论了离散时间序列 $x[n]$，我们令 $x[n]$ 在实数上取任意值，甚至可以是复数。可以看出这些序列是如何被看作是连续时间实值或是复数值信号的样本。然而，在数字通信中，我们会遇到另一种重要的序列，其值取自一个有限集。比如，二进制序列，通常由 0 和 1 组成，例如 00111100。

当我们想在通信系统中传送编码时，二进制符号 0 和 1 很有用。然而，在电子领域，它在某种意义上有内在的不平衡，违反了我们公式中一些隐含的假设，所以我们不能用"原来"的公式了。比如，考虑两个二进制序列，$y_1[n]$ 和 $y_2[n]$，$y_1[n]$ 全部取 0，$y_2[n]$ 全部取 1。那么这两个序列的自相关是什么？直观上，全 0 序列与它本身一一对应，正如全 1 序列。然而，当用式（6.25）（周期为 1）计算这两个序列时，我们得到一个惊人的结果：对 $y_1[n]$，有 $r_{y_1y_1}[n]=0$，对于 $y_2[n]$，有 $r_{y_2y_2}[n]=1$。不同于许多情况，这两个序列的均值不是 0，而是 1/2（如果 0 和 1 是等概率的），这正是导致问题的原因所在。

有一种方案是用自相关的另一个表达式，有时称为去均值自相关（因为去掉了均值 $\overline{x[k]}$）：

$$r_{xx}[n] = \frac{1}{N}\sum_{k=0}^{N-1}(x[k]-\overline{x[k]})(x^*[n+k]-\overline{x^*[n+k]}) \tag{6.27}$$

在乘之前，我们减去了均值 1/2。用这种方法得到 $y_1[n]$ 和 $y_2[n]$ 的 $r[n]$ 均为 1/4，当一个序列从完全不相关到完全相关变化时，其自相关从 0 到 1/4 变化。如果不喜欢 1/4，可以乘以 4 做归一化处理。

另一个方案是定义一个二进制运算符，来取代自相关 [如式（6.25）] 和正交性 [如式（6.32）] 公式中的乘法，其中我们令 $1\cdot 1=1$，$0\cdot 0=1$，$1\cdot 0=-1$，$0\cdot 1=-1$，因为想让自相关更相似些。这样做的话，在任何时候，当两

个输入相同时，我们定义"得分"为1，不同时为-1。

第三个方法注意到0和1常用来作为相反值的脉冲编码，所以可以表示为1和-1，则有了0均值，我们可以使用相关的表达式，如式（6.25）和式（6.32）。特别地，这种表达方式（1和-1）有时称为双极性二进制信号，如1.4.2.1节那样。特别地，在双极性二进制信号中，一束波形$x(t)$表示0，其相反波形$-x(t)$表示1。在CDMA系统中，当谈及PN序列的自相关性质和Walsh码的正交性等时，我们会用这个方法。

6.1.6 设计数字滤波器

有限冲激响应（Finite Impulse Response，FIR）滤波器和无限冲激响应（Infinite Impulse Response，IIR）滤波器是两种主要的滤波器。正如其名称的含义，FIR滤波器有一个有限的冲激响应，IIR滤波器有一个无限的冲激响应。

IIR滤波器可以设计为有以下3种连续时间滤波器中的一种行为：

• Butterworth滤波器：其在通带上被设计为最大限度的平坦，在通带和阻带上幅值响应都是无变化的。

• Chebyshev滤波器：在通带上的幅值响应是等波纹的（并非不变化，但是会有一个给定的很小范围内的波动），而在阻带上仍是无变化的（这是第一类Chebyshev滤波器），或者是在阻带上等波纹而在通带上无变化（第二类Chebyshev滤波器）。Chebyshev滤波器通常要比Butterworth滤波器的阶数低一些。

• Elliptic滤波器：其幅值响应在通带和阻带都是等波纹的。

6.1.7 统计信号处理

6.1.7.1 自相关

一个随机序列$x[n]$的自相关为

$$r_{xx}[n, m] = \overline{x[n]x[m]} \tag{6.28}$$

如果是给定一个取值为0和1的随机二进制序列，则如6.1.5.1节讨论的那样，我们在计算自相关之前将这些值映射为1和-1。

广义平稳性（Wide Sense Stationarity，WSS）。正如连续时间情况下，均值独立于时间，自相关仅与时间间隔$m-n$有关（即，它是一个$k=m-n$的函数），所以可以写作$r_{xx}[k]$来凸显这个性质。

6.1.7.2 工作例子：随机二进制序列

考虑一个随机二进制序列，它的每个符号独立于其他所有符号，等概率地取1或-1。换句话说，序列$x[n]$中的值是独立同分布的，有1/2的概率取1，1/2的概率取-1。

那么$x[n]$是WSS，其自相关函数是：

$$r_{xx}[k] = \begin{cases} 1 & k = 0 \\ 0 & k \neq 0 \end{cases} \tag{6.29}$$

对比这个随机二进制序列的自相关函数与式（1.81）中的随机二进制波的自相关函数会很有意思。

6.1.8　正交性

两个 $x(t)$ 和 $y(t)$ 如果满足：

$$\int_0^T x(t) y^*(t) \mathrm{d}t = 0 \tag{6.30}$$

则它们是正交的（在一个周期内，从 0 到 T），通常 $x(t)$ 和 $y(t)$ 可能是复数值信号，我们用 $y^*(t)$ 表示 $y(t)$ 的复共轭。例如，如果 $x(t) = \cos(2\pi nt/T)$，$y(t) = R$，其中 n 是一个正整数［所以 $x(t)$ 包含 n 个周期，不论 T 如何取值］，R 是一任意实数，我们可以证明 $x(t)$ 和 $y(t)$ 是正交的。

$$\int_0^T \cos(2\pi nt/T) R \mathrm{d}t = \frac{RT}{2\pi n} \sin(2\pi n) = 0 \tag{6.31}$$

正弦和余弦曲线的一个有趣的性质（来自于关于横轴的对称性）是：无论何时我们在圆周整数倍上对其求积分，其积分结果均为 0。这个性质看起来不起眼，然而在确定许多不同的波形是否正交时会很有用，正如我们在一些工作实例中看到的。

更一般地看，当两个函数的内积为 0 时，我们可以说它们是正交的。根据它们的内积可以将这个正交性用于离散时间序列，例如，两个长度为 N 的序列是正交的，当且仅当

$$\sum_{n=0}^{N-1} x[n] y^*[n] = 0 \tag{6.32}$$

6.1.8.1　工作例子

考虑两个频率相同的正弦曲线，都有一个相同的周期 T_0。令 $T = nT_0$，如果有一个相位偏移，它们可以是正交的吗？如果可以，什么样的相位偏移可以令它们正交？

令 $x(t) = \cos(2\pi t/T_0)$，$y(t) = \cos(2\pi t/T_0 + \phi)$，则有

$$\int_0^T x(t) y(t) \mathrm{d}t = \int_0^T \frac{1}{2} \left[\cos(4\pi t/T_0 + \phi) + \cos(\phi) \right] \mathrm{d}t = T\cos\phi \tag{6.33}$$

其中，我们用到了式（B.4）处理余弦的积，剩下的几项消去了，是因为积分经过一个整数倍的周期。显然，当且仅当 $\phi = \pi/2 \pm n\pi$，式（6.33）的结果为 0，n 是任一整数。因此，正弦和余弦曲线是正交的，所以同相信号和正交信号可以看作两个独立的信道（见 1.3.4.1 节）。在接收端，可以根据这一性质，只提取同相信号或是只提取正交信号。

6.1.8.2 工作例子

考虑两个有不同频率的正弦曲线，$f_c \pm f_\Delta/2$：

$$\int_0^T \cos[2\pi(f_c - f_\Delta/2)t]\cos[2\pi(f_c + f_\Delta/2)t]\mathrm{d}t$$

$$= \int_0^T \frac{1}{2}\{\cos[2\pi(2f_c)t] + \cos(2\pi f_\Delta t)\}\mathrm{d}t$$

$$= \frac{1}{2\pi f_\Delta}\sin(2\pi f_\Delta T) \tag{6.34}$$

由于式（6.31），第一项积分消去了，所以当 $2\pi f_\Delta T$ 的 π 的整数倍时，两条正弦曲线正交。因此，最小的非零 f_Δ 使两条正弦曲线正交的值是：

$$f_\Delta = 1/2T \tag{6.35}$$

6.1.8.3 工作例子

考虑两个不同频率的复正弦曲线，$f_c \pm f_\Delta/2$。此例中，由于是复数值的信号，所以我们取其中一个的共轭（见 6.1.8 节）。由于 $e^{j\theta}$ 的共轭是 $e^{-j\theta}$，则有

$$\int_0^T e^{j2\pi(f_c - f_\Delta/2)t}e^{-j2\pi(f_c + f_\Delta/2)t}\mathrm{d}t = \int_0^T e^{-j2\pi f_\Delta t}\mathrm{d}t$$

$$= \frac{1}{j2\pi f_\Delta}(e^{j2\pi f_\Delta T} - 1)$$

$$= \frac{1}{j2\pi f_\Delta}\{[\cos(2\pi f_\Delta T) - 1] + j\sin(2\pi f_\Delta T)\}$$

为保证正交，实部和虚部都必须为 0，所以 $2\pi f_\Delta T$ 应为 2π 的整数倍。这样，令这两条曲线正交的最小非零 f_Δ 为

$$f_\Delta = 1/T \tag{6.36}$$

注意：与前例相比，余弦曲线仅需间隔 $1/2T$。

6.2 无线接入系统的数字通信

无线系统的设计者面临着苛刻的需求和严格的限制，经常要做一个艰难的权衡。在设计无线系统时的一个挑战便是选择调制方式，以及如果处理相关的信道估计和定时恢复。

6.2.1 相干与非相干

恒包络调制方式（如 QPSK）由于种种原因在无线系统中受到欢迎。由于信息被编码在了信号的相位中，在接收端精确的载波相位同步就很关键。许多无线系统因此专门引入了导频符号，确定且已知，与其他的符号一起传输。导频符号可以用于符号定时恢复，更一般地讲，用于信道估计。因此，可以执行相干解调，其中相干解调意味着利用允许载波相位同步的信道知识相干解调。

取代相干解调的另一个方式是非相干解调，它不需要信道信息，特别地，不需要载波相位信息。非相干解调的一个优势是不需要复杂的信道估计（及更小的功率和带宽，因其不需要为对应的导频符号）。然而，比起相干解调，其性能会损失几个分贝。通常性能损失大概是 3dB，而考虑一些特殊的例子时，比如，用非相干解调差分编码的 QPSK（DQPSK）与用相干解调的普通编码的 QPSK 相比，性能损失接近 2.3dB。事实上，相干解调可以用在 DQPSK 信号中（如果可以得到信道知识，例如因为可以得到导频符号），用相干解调 DQPSK 的性能处于相干解调 QPSK 与非相干解调 DQPSK 之间。

6.2.2　QPSK 及其变种形式

鉴于 QPSK 及其变化在无线系统中的流行，此处我们做简要讨论。

DQPSK 使用了差分编码。每个符号根据其前一符号与新符号的相位差编码，而不是用一个固定的星座点。由于差分编码的使用，DQPSK 可以使用简易的硬件。它不需要相干解调，通常是用非相干解调，因为不需要准确的参考相位。然而，QPSK 有大约 2.3dB 的性能损失（即，它的信噪比要比 QPSK 的高 2.3dB 才能达到相同的误码率）。直观地看，这是因为每个编码的误差都能造成附加误差，所以我们预计成对的误差会频繁出现，可由图 6.1 看出，此图中，我们从 π/4 开始移动到 3π/4（相位偏移为 π/2），然后到 7π/4（相位偏移为 π）。为了方便假设 SNR 合理地高，这样我们

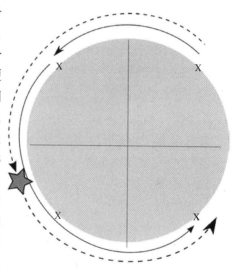

图 6.1　DQPSK 中一个误差引起成对误差出现

只需找一个偶然出现的相位上的误差。在实线弧中是一个正确编码的例子，达到接近 3π/4 处和在接近 7π/4 处，所以相位差被正确解码为 π/2 和 π。虚线弧是一个错误编码的例子。假设由于噪声或是其他原因，第二个点位于 5π/4 附近处（用实线星号标出），第三个点正确的位于 7π/4 附近处。如果用 QPSK 调制，会有一个编码误差（5π/4）。然而由于用了 DQPSK，结果就有两个误差：相位偏移为 π 及 π/2（而不是 π/2 和 π）。

QPSK 的一个问题是常会有 180° 的相位变化（见图 6.2）。当出现这一陡峭的相位变化时（如从一个符号转变到下一个符号），通常的恒包络信号会穿越相量图的原点，因此，如果相位变换更平滑些，信号中会有更多的包络变化。

QPSK 的一个好处是它可以在发射机处不用线性功率放大器，因为它是恒包络的且信息编码在相位上。然而，由于包络随 180° 相位突然的变化，我们需做出选择：要么回去用线性功率放大器，或者忍受频谱再生（旁瓣会增加），引发对邻近信道的干扰。由于这两个选择都是不理想的，所以设计者们需要找出能够避免 180° 相位突变的方法。

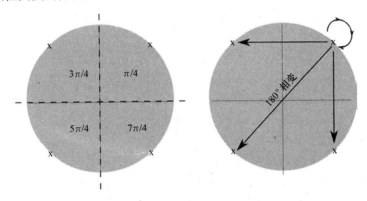

图 6.2　QPSK 四相区及 180° 相位变化

OQPSK（偏移 QPSK）是 QPSK 的一种，其 I 与 Q 的变化都偏移了半个符号，所以在每次变化中，只有它们中的一个改变，因此最大改变为 90°。图 6.3 展示了 OQPSK 如何避免经过原点。一个 OQPSK 编码的信号可以写作

$$s(t) = A \left\{ \left[\sum_{n=-\infty}^{\infty} I_n p(t-2nT) \right] \cos(2\pi f_c t) + \right.$$

$$\left. \left[\sum_{n=-\infty}^{\infty} Q_n p(t-2nT-T) \right] \sin(2\pi f_c t) \right\} \tag{6.37}$$

式中，I_n 和 Q_n 分别是第 n 个同相比特和第 n 个正交比特；$p(t)$ 是脉冲成形函数。与 QPSK 相比，此信号的符号间隔为 $2T$。注意正交信令的半个符号（T）延迟。

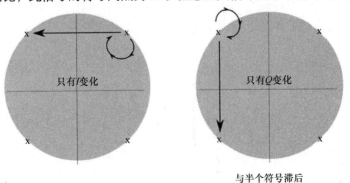

图 6.3　OQPSK 避免 180° 相变

π/4 的 QPSK 则是在两个不同的星座图交替，彼此以 45°转换。因此，最大的相位变化为 135°。图 6.4 说明了它的工作机理。

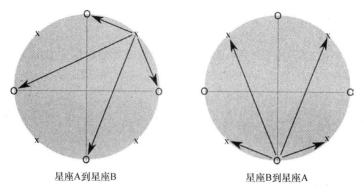

星座A到星座B　　　　　　　　星座B到星座A

图 6.4　π/4 的 QPSK 如何避免 180°相变

6.2.3　非线性调制：MSK

不同于相位或是幅度调制方法，其载波的相位和幅度根据数据流调制，在 FSK 中，是根据数据流调制其载波的频率。考虑一个二进制 FSK 方式，载波频率以 $+f_\Delta$ 与 $-f_\Delta$ 波动，取决于当前传输的比特。这样，频率就会是 $f_c + f_\Delta$ 或 $f_c - f_\Delta$。为实现好的频率特性，需要避免一个陡峭的相位偏移，如 QPSK 中讨论过的那样。一个用 FSK 时避免陡峭相位偏移的方法是：最小频移键控（Minimum Shift Keying，MSK）。FSK 方式中有一种叫作连续相位频移键控（CPFSK）的调制方式，其相位是连续的（没有突变的相移）。MSK 的数学分析不在本书范围内，但是可以由图 6.5 有一个直观的了解。令 T 为符号周期，$f_\Delta = 1/4T$。所以，如把相量看作是在频率 f_c 处旋转的相量，则两个频率 $f_c + f_\Delta$ 和 $f_c - f_\Delta$ 可以看作如下所示：

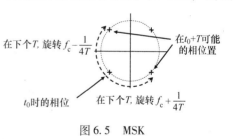

图 6.5　MSK

- $f_c + f_\Delta$ 为一个正旋转（逆时针），表示在一个符号周期内相位上的增加（累积），增加了 $2\pi f_\Delta T = \pi/2$ 弧度。

- $f_c - f_\Delta$ 为一个负旋转（顺时针），表示在一个符号周期内相位上的减少，减少了 $\pi/2$ 弧度。

所以，如果我们在一个特定的角度开始（如图所示，在 $5\pi/4$ 处开始），每个比特我们顺时针或是逆时针转动 $\pi/2$ 弧度。

对一个给定的比特率，MSK 有比 QPSK 更宽的主瓣，更小的旁瓣。MSK 一

个流行的变形是高斯 MSK（GSMK），用在 GSM 中。GSMK 减少的旁瓣比 MSK
更多。

6.3 蜂窝的概念

一个无线个人通信系统无线接入部分的建设尝试可能会经过以下的步骤：

1）申请一个或多个合适的频段（如果不连续）的频段牌照。

2）将频段频谱分给多个频率信道$^\ominus$。

3）为基站找一个合适的位置，最好在小区的中心位置，或是高一点的地方
（比如小山上）来减少传输的功耗。

4）安装基站，使其与处在服务小区任一地方的移动设备通信，为不同的手
机分配不同的频率信道。

假设授权的总频谱为 B_{total}（kHz），每个信道用了 $B_{channel}$（典型地，语音信
号约为 30kHz）。该系统有以下限制：

1）用户人数有限制。如果频率信道是固定的，在达到最大容量前，只允许
有 $\lfloor B_{total}/B_{channel} \rfloor$ 个用户。如果信道按用户需求是动态分配的，那么用户数量可
以超过 $\lfloor B_{total}/B_{channel} \rfloor$，但是同时通信的用户数量仍是 $\lfloor B_{total}/B_{channel} \rfloor$。

2）如果服务区很大（例如一个城市区域，或是城市加郊区），则设备和基
站需要以很高的功率传输，来减轻无线传播环境中的路径损耗。

这样，系统成本会变得很高，且只能服务于少量用户。

蜂窝的概念是一个技术性的突破，引用了许多基站来覆盖服务区，每个基站
只覆盖服务区的一小部分。服务区因此被分割为一个个的小区，每个小区是一个
基站的覆盖区域。通过增加或是减少每个基站的最大传输功率，每个小区的覆盖
会随之增大或是减少。而且，频率信道（或是简称为"频率"）可以复用。这是因
为距离一个小区很远的地方，信号会变得很弱，另一个基站就可以使用相同频率
信道，不会有额外的干扰。频分复用是蜂窝网络的精髓（见图6.6）。

为了系统地复用频率，可用频谱 B_{total} 被分为 N_s 个信道集（N_s 是一个正整
数），每个信道集有（B_{total}/N_s）kHz 的频谱，及 $N_c = \lceil B_{total}/N_s B_{channel} \rceil$ 个信道。
每个小区分配了一个信道集，只用信道集中的 N_c 个信道。使用同一信道的小区
被称为同信道小区。从地理因素考虑安排小区及同信道小区，当将小区看作正
六边形时是最恰当的安排。我们按以下原则给小区安排信道：

1）对每个信道集，同信道小区之间应该彼此相隔很远，为一个固定的距
离 N_s。

$\ominus$ 此处，我们假设用了不同频率的带宽做信道化。接下来如果有其他信道化的方法介绍，我们会
重返本节中讨论的一些概念。——原书注

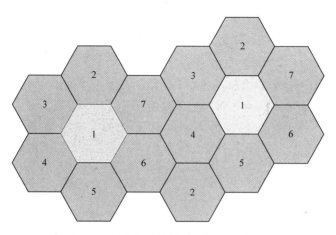

图 6.6　频率复用的例子，复用因子为 7

2）每个小区应归属于一个信道集，信道集的分配应该完全地覆盖整个区域。

这样，每个信道集的同信道小区就可以讲究而有规律的模式分布，而六边形小区可以同时铺满整个区域，当且仅当：

$$N_s = i^2 + j^2 + ij \tag{6.38}$$

式中，i 和 j 是非负数。式（6.38）可以从几何学上推导。在这种情况下，每个小区都被 6 个小区包围，复用距离 D 指的是小区中心到另一个最近的同信道小区中心的距离。要从几何上定位最近的同信道小区，只需从该小区的 6 个方向上有 i "步"，向左或向右 60°，然后再有 j "步"。一步是指从一个小区中心到另一个毗邻的小区中心。N_s 也被称为频率复用因子。

6.3.1　与 S/I 关联的频率复用

一个蜂窝系统中该选取什么样的频率复用因子？频率复用因子越小，每个小区分配的信道数越多。但是频率复用因子越小，系统（平均）干扰越严重。我们怎样量化频率复用因子与 S/I 的关系？一个方法是我们现在要推导的近似值。假设信号强度从小区到手机大致以 d^n 下降，所以对于某发射功率 P_0 接收信号大约是 P_0/d^n（见 5.1.1 节）。

考虑一个六边形化的蜂窝系统，D 是小区中心到其最近的同信道小区中心的距离，如我们之前定义的一样；R 是小区的"半径"：是其中心到任一顶点的距离（由于对称性，到具体哪一个顶点并不重要）。我们可以预料到，在设计时的选择中，手机处的 S/I 要求要比基站处有更严苛的限制。所以从手机处看 S/I，可以想象到最差的情况，此时手机位于正六边形小区的顶点（根据假设的信道强度模型）。那么，我们得到干扰功率是同信道干扰功率的总和：

$$S/I \approx \frac{P_0/R^n}{\sum_{\text{nearest Interferers}} P_0/D^n} = \frac{(D/R)^n}{6} \tag{6.39}$$

其近似值来自于假设①我们只需要考虑最近的同信道小区的干扰，由于更远处的同信道小区的信号要弱得多；②令手机到同信道小区的距离约等于 D。由于最近的同信道小区有 6 个，所以得出以上结果。

我们需要一个额外的功课来完全解开这一谜题。可以得出（见本章结尾的习题）$D/R = \sqrt{3N_s}$，则我们有

$$S/I \approx (1/6)\left(\sqrt{3N_s}\right)^n \tag{6.40}$$

给定一个最小的 S/I 需求，N_s 会有一个下限。

6.3.2 容量问题

从小区这一级上，我们考虑如何让系统容量增加。

更小的小区。频分复用允许一个蜂窝系统服务于更多的用户，但是式（6.40）给出了 N_s 的下限。然而，即使我们用了最小的 N_s，仍然可以在小区这一级有提高容量的方法。一种方法是用更小一点的小区，即所谓的微蜂窝与微微蜂窝。

扇区化。另一个方法是用扇区化或分区。其基本思想是弃用全向天线，而使用定向天线来将每个基站的覆盖区域分成几个扇区。图 6.7 展示了这一技术，有助于减小干扰水平，因此允许有一个更小的 N_s 来提高容量。

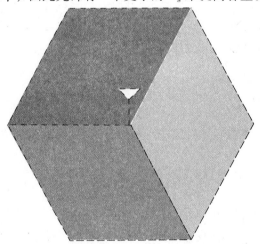

图 6.7　使用扇区有助于提高蜂窝系统容量（这里，一个标准的六角形被分为 3 个扇区）

系统的其他部分。改变无线系统的其他方面也可以提高容量。例如，更有效的语音和信道编码，及其他链路级的技术可以减少每个用户所需的带宽，也

可以提高容量。这些技术可用来减少所需的 S/I，因此根据式（6.40）允许有一个更小的 N_s。其他更多成熟的想法可见第 7 章，其他的方法，如 HARQ 和多天线技术，可见第 9 章。

6.4　扩展频谱

本节我们专注于单一用户的扩展频谱，只用一个发射机和一个接收机。扩展频谱的一些好处我们已经了解了，我们会在 7.1 节讨论多用户的扩展频谱，使得我们对扩展频谱技术的优势与劣势有更全面的了解。

在传统的通信系统中，调制信号的信号带宽通常取决于数据速率数量级。已经有很多的工作来使通信带宽更有效，使无线频谱使用最大化。而在频谱扩展系统中，信号带宽要比数据速率大得多（见图 6.8）。由于有用的带宽很稀缺，乍一听这个方法不是个好主意，但是用扩展频谱确实有很多好的理由。信号带宽与数据带宽的比率称为处理增益（见 7.1 节）。用扩展频谱的一个好处就是在多发射机环境中，其带宽效率可比得上传统系统（见 7.1 节）。

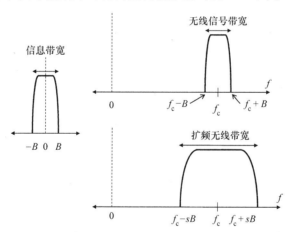

图 6.8　给定带宽的信号（左）常规传输时在载波频率处占用相同的带宽（右上）
但扩频后产生更大带宽的信号（右底）

扩展信号由一个窄带信号获得，通过一个精心设计的过程，其中加入了一些可控的"随机性"。这一可控的随机性来自于一个伪随机数发生器，通常是一个伪随机数序列的形式。在讨论扩展频谱时，这样的随机数序列也被称为 PN 序列。用 PN 序列而不是真正的随机数序列是很重要的，因为只有序列不是真正随机时，接收机才能重建传输信号，这样接收机才能再生这一序列。

给定一个源信号 $s(t)$，扩展频谱信号可以用多种方式产生，如：

- 直接序列。$s(t)$ 直接乘以 PN 序列。

- 跳频技术。$s(t)$ 在不同频率信道附近跳变。

- 跳时技术。信号 $s(t)$ 在一个脉冲序列中调制脉冲位置。换句话说，一个脉冲序列中，一个常规的脉冲串是在时间上均匀扩展，而跳时技术令一些脉冲在其常规的位置上产生了位移。

扩展频谱的一些典型的好处有：

- 被拦截的概率小（有时称为 LPI）；

- 被侦测的概率小（有时称为 LPD）；

- 对窄带信号干扰小；

- 抗干扰能力强；

- 缓解多径迟延扩展效应。

之所以有 LPI、LPD 及对窄带信号干扰小的益处，是因为信号功率在一个宽的带宽上分布得如此稀薄。因此，很难侦测到信号是否存在，即使是被侦测到了，也不容易拦截。由于 PN 序列的使用，频谱扩展接收机有了较强的抗干扰能力，频谱扩展也使可怕的多径延迟扩展效应减轻了。

在扩展频谱的一系列技术中，信号扩频方式变化有许多可以研究的范围，比如 PN 序列如何产生及运用，PN 序列有什么性质等。

6.4.1　PN 序列

在通信与计算领域的各种应用中，产生"随机"比特很有用。伪随机噪声序列看起来像随机噪声，如白噪声。如第 3 章所学的，理想的白噪声有一个平坦的频谱，在所有频率上均匀分布。换句话说，它的理想的自相关函数是 $R(\tau) = k\delta(\tau)$。我们也知道一个随机二进制波形看起来非常像白噪声（见 1.3.5.5 节），有一个宽的频谱和窄的自相关函数。

PN 序列具体的性质取决于它是怎么产生的。所以我们现在讨论一个特殊并且有用的 PN 序列，m 序列是如何产生的，然后研究这些序列自相关函数的性质（在 6.4.1.2 节中）及一些乘法性质（在 6.4.1.3 节中）。之所以研究这些是为了给我们接下来在 6.4.2 节中要讨论的直接序列扩展频谱（Direct Sequence Spread Spectrum，DSSS）打下一个基础。DSSS 是 IS－95（CMDA）系统及 3G 无线系统中的一个基础技术。

6.4.1.1　用 LFSR 产生 m 序列

对于伪随机噪声，我们想产生看起来像白噪声的序列，并且可以重复地产生相同的序列。更进一步说，其相对容易产生。

有一个用起来方便且容易重复产生 PN 序列码的流行方法是用线性反馈移位寄存器（LinearFeedback Shift Register，LFSR）（见图 6.9）。并且，这样产生的序列看起来是随机的。我们称每一个由 1 和 0 构成的唯一的集为 LFSR 的一个状态。令 LFSR 的长度为 m（即，它有 m 个记忆单元），则有 $2^m - 1$ 个非零状态。每收到一个时钟信号（T_c 秒一次），LFSR 就会移位。每个输出是 PN 序列的一个码片（在频谱扩展中，PN 序列中的组成部分通常称为码片），则码片速率为 $1/T_c$。

假设 LFSR 从某一初始状态开始。如果是一个全零的状态，LFSR 显然会在一系列的移位后仍一直保持这个状态，所以全零状态不是一个有用的初始状态。因此假设初始状态至少有一个 1。每次移位，LFSR 的状态都会改变。在回归到初始状态时，它也可能不会历经所有的 $2^m - 1$ 个状态。历经所有 $2^m - 1$ 个非零状态的序列就是 m 序列，这是我们想要的。这些序列的周期为 $T_p = T_c(2^m - 1) = T_c P$，其中 $P(=2^m - 1)$ 是状态数。m 序列有非常令人满意的自相关性质，我们接下来会学习到。图 6.9 展示了一个有 5 个寄存器的 LFSR，产生一个 $2^5 - 1$ 个状态的 m 序列。图 6.9 中产生了一个周期（长 31）的输出；此后，这 5 个寄存器回到 01000 的状态，并重复产生序列。在诸如 IS - 95 CDMA 系统（见 8.2 节）中，会用到有更多寄存器的 LFSR，但其基本原理是一样的。

为了让接下来的几个章节的用词更加精确，我们令 $x(t)$ 代表（产生 PN 序列的）LFSR 的输出，表示一个连续时间变量，令 $y[n]$ 代表 LFSR 的输出，表示为一系列的数字值序列，然后观察 $x(t)$ 与 $y[n]$ 的自相关函数。这两种情况下，我们假设二进制反极性信号 $x(t)$（和 6.1.5.1 节一样）将 0 映射为一个冲激信号 $p(t)$，将 1 映射为 $-p(t)$，而 $y[n]$ 的值假设为 1 和 -1，其中 $0 \rightarrow 1$，$1 \rightarrow -1$。

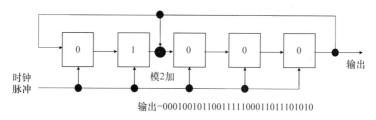

输出=0001001011001111100011011101010

图 6.9　线性反馈移位寄存器

6.4.1.2　m 序列的自相关性质

我们可以想象连续时间 m 序列自相关性质，或者作为一个序列的自相关。这两种思路本质上是一样的，但是有时用一种会比另一种更简便。

用刚定义的 $x(t)$ 与 $y[k]$，$x(t)$ 的归一化自相关函数为

$$R_x(\tau) = (1 + 1/T_c)\Lambda(t/|T_c|) - 1/T_c \qquad -T_p/2 \leqslant t \leqslant T_p/2 \qquad (6.41)$$

且它是周期性重复的。由于进行了归一化，当 $t = 0$，$t = \pm T_p$ 等时，它的最大值为 1。图 6.10 中绘出了 $R_x(\tau)$（注意：为了更清楚地说明，图 6.10 中我们将垂直缩放比例夸大了）。然而，正常情况下，$-1/T_c$ 很小，$T_p \gg T_c$，所以峰

值或尖峰比我们从图 6.10 图中看到的间隔距离远得多。

类似地，我们将式（6.26）用在 $y[n]$ 上，得到

$$R_y[k] = \begin{cases} P & k = 0, \pm P, \pm 2P, \cdots \\ -1 & \text{其他} \end{cases} \tag{6.42}$$

为了更容易地与式（6.11）做比较，可以将其归一化为（见图 6.11）：

$$R'_y[k] = \begin{cases} 1 & k = 0, \pm P, \pm 2P, \cdots \\ -1/P & \text{其他} \end{cases} \tag{6.43}$$

$R_x(\tau)$ 与式（1.80）相比，其不同之处是前者是周期性的，在峰值处有有限的带宽，而后者是真正的随机，峰值处是一个 delta 函数，没有周期性。同样也可以将 $R_y[k]$ 和式（6.29）做比较。

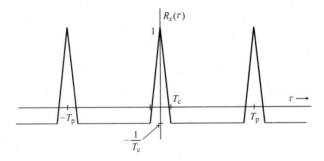

图 6.10 m 序列的自相关

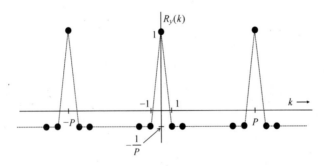

图 6.11 m 序列（归一化）的离散自相关

6.4.1.3 m 序列的乘法性质

让我们考虑做乘法时会发生什么：

- 一个 m 序列乘以它本身（0 偏移）；
- 一个 m 序列乘以它本身时移后的序列（非零偏移）；
- 一个 m 序列乘以一个低速率的比特序列；
- 之前乘法后的输出再乘以 m 序列（0 偏移）。

如图 6.12a 所示，当一个 m 序列乘以它本身，会出现一个简单的平坦的输出。这是因为 $1 \times 1 = 1$，$(-1) \times (-1) = 1$，所以输出恒为 1。这类似于 R_y [0]，其中"1"都加起来得到了 P。然而，当一个 m 序列乘以它自身的时移序列，结果由接近相等的 1 和 -1 组成。如果是一个长为 $2^n - 1$ 的 m 序列，则输出有 2^{n-1} 个 -1，$2^{n-1} - 1$ 个 1。（由于周期 $2^n - 1$ 是个奇数，我们无法得到相同数量的 1 和 -1）。这与式（6.42）一致，因为所有的"1"和"-1"最后加起来是 -1。

当一个 m 序列乘以一个低速率（相对于 m 序列的码片速率来说是低的）的比特序列，会出现另一个看起来是随机的序列，如图 6.12b 所示。此图中，我们给出了码片周期 T_c，低速率比特序列的比特周期为 T_b。现在，如果图 6.12b 中的输出再乘以相同的 m 序列（0 偏移），我们又得到了原来的那个低速率的比特序列。为什么会这样？这是因为低速率比特序列乘以两次相同的 m 序列（0 偏移），所以 m 序列消掉了，如图 6.12a 所示。注意：如果不是乘以相同的 m 序列（0 偏移），而是乘以一个非零偏移的相同 m 序列，信号则会发生扩展。所以它必须乘以相同偏移的相同 m 序列。

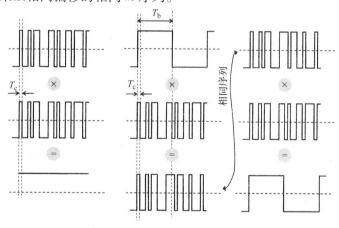

a) m序列自乘　　b) m序列与低速序列相乘　c)b)输出再与相同m序列相乘的结果
图 6.12　m 序列的乘法举例

6.4.2　直接序列

图 6.13 展示了直接序列扩展频谱（DSSS）。一个比特序列（信息比特），周期为 T_b，乘以一个更高速率的 PN 序列，码片周期为 T_c。每个序列我们都用 1 和 -1 表示，正如 6.1.5.1 节讨论的。图 6.13 中只给出了两个比特间隔窗内的序列相乘。注意到第一个比特周期，信息比特是 1，所以输出就是这个比特周期内的 PN 序列。在第二个比特序列周期中，信息比特是 -1，所以在这个比特周期中输出是 PN 序列的"翻转"（1→-1，-1→1）。

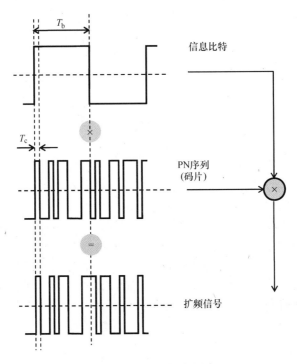

图 6.13　直接序列扩频

如图 6.13 所示，输出序列的码片速率为 $1/T_c$。因此，当一个信息序列乘以一个 PN 序列时，其结果是一个带宽与 PN 序列相近的序列。这就是我们发现的频谱扩展系统中的经典的频谱特性。直观上看，我们在时域令两个序列相乘，则我们是在频域做了卷积计算，即输出的频谱应是两个序列频谱的卷积（信息序列的频谱为窄带，PN 序列则有一个宽带的频谱）。

因此，我们称这样相乘的输出为一个加密信号（就是说信息序列被 PN 序列加密了）。这一加密信号是宽带的，可以再次乘以相同偏移的 PN 序列来复原，如我们在 6.4.1.3 节讨论的那样。而乘以一个不同的 PN 序列，或是不同偏移的相同 PN 序列，则无法复原信息序列。

已经看到了直接序列扩展频谱中发生了什么，现在我们重新回到扩展频谱的好处，看它们是如何实现的。图 6.14（左侧）展示了加密信号的功率在一个很宽的带宽上分布，所以很难侦测或是拦截，可能隐藏在噪声层之下。但它还在那儿，可以通过乘以有正确偏移的正确 PN 序列来复原窄带信息序列（如图 6.14 右侧恢复后所示）。这一频谱密度上的增益也可以粗略地称为处理增益。因干扰信号分布在一个很宽的带宽上，所以在宽带范围内的任何窄带信号产生的干扰都很小。那么窄带信号对 DSSS 加密信号的干扰如何？图 6.14 左侧示出了一个窄带的干扰，然而，乘以 PN 序列以后，这个干扰扩散了。这又是图 6.12b 中的一个应用。与此同时，所需的信号变为了窄带信号，可以被过滤掉，所以大多数的干扰功率被滤掉了。

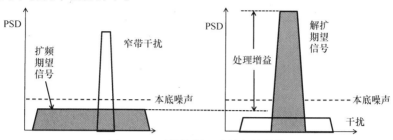

图 6.14　干扰抑制以及扩频的性能

6.4.2.1　Rake 接收机

回想我们之前将无线信道建模为一个短周期（相比于信道的相干时间）的线性时不变系统。Rake 接收机是一个使用以下性质的接收机：

- 信道的线性特性；
- PN 序列的自相关性质。

它能够极大地克服一个频率选择性衰落信道的干扰。由于线性特性，接收信号可以写作同一信号的不同时延的总和。

在式（5.25）中，我们将接收信号写作是不同多径分量的总和：

$$r(t) = \sum_{n=1}^{N} s_i(t) \tag{6.44}$$

其中，

$$s_i(t) = \alpha_n s(t - \tau_n) e^{-j2\pi f_c \tau_n} \tag{6.45}$$

这样我们能更方便地讨论每个路径上的接收信号 $s_i(t)$。记住由于发射机处信号乘以了 PN 序列，所以每个路径上的多径分量都乘以了 PN 序列（但是有不同的偏移）。因此，如果我们将 $r(t)$ 与跟 $s_i(t)$ 同步的一个 PN 序列相关，则可以期望：

- 输出有很大一部分来自于 $s_i(t)$；
- 而 $s_i(t)$ 的贡献量，当 $j \neq i$ 时，则会变得很小，因为它们被 PN 序列的低自相关所抑制。

这就是 Rake 接收机的基本思想，有数个相关器（也称为 Rake 接收机的梳状滤波器）可以获取并提取不同时延的到达信号。Rake 接收机的输入信号 $r(t)$，如式（6.44）所描述的，是不同时间到达的不同路径分量的总和。实际中，$r(t)$ 会被下变频为低中频或是基带，相关器也会是同样的低中频或是基带。在一个多径时延扩展信道中，如果最强到达信号的路径分量能够获得，则系统的性

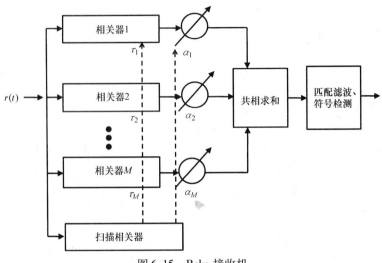

图 6.15 Rake 接收机

能最佳。这些相关器或梳齿器如何能被设定为最佳的时延或是偏移？毕竟，无线信道是时变的。方案是有一个以上可以持续扫描最佳偏移（有最高信号强度时）相关器，然后让其他相关器转移到最佳偏移。

信号如何经过多个梳齿器处理合并后被提取？最好的选择是最大比值合并，因其有最佳的性能，且信号可以较容易地同相化，因为 Rake 接收机设置了不同的时延，时延是已知的。进一步地讲，扫描相关器也知道了相关器的有关 SNR，所以最大信噪比加权可以应用到信号。

工作例子：假设信号分别以 4dB、5dB 和 7dB 由 Rake 接收机的 3 个相关器获得。经过最大比值合并器后，Rake 接收机输出信号的 SNR 是多少？

应用式（5.53），可以直接加起来，即（4 + 5 + 7）dB = 16dB。

6.5 OFDM

无线通信正交频分复用（OFDM）并不是一个新方法（早在 1985 年，Cimini[1] 就提出了无线通信中的 OFDM，最早期 OFDM 的一些基础知识并不是专针对无线通信而研究的）。然而，在最近的十年，它成为流行的无线标准和系统中的常客⊖。

如 5.3.3 节所讨论过的，当 $\sigma >> T_s$ 时，我们会面临频率选择性衰落的麻烦。如果能将其转化为一个平坦衰落信道就好处理了。对一个给定的无线环境，σ 不能改变，所以我们要在 T_s 上做一些功课。然而，如果用普通的方法，在单

⊖ 早在 1995 年，OFDM 就被用于数字音频广播系统 CDAB。——原书注

一载波通信中，我们要得到一个高速率的数据，T_s 需要变得很小。例如，要达到 $R = 10\mathrm{mbit/s}$，则需要 $T_s = 0.1\mu s$（假设是二进制调制）。即使使用高阶调制，我也需要 $T_s = 1\mu s$（4 阶调制），$T_s = 10\mu s$（8 阶调制），$T_s = 100\mu s$（16 阶调制）或是 $T_s = 0.001s$（64 阶调制）。

假设我们想要传输速率为 R 的数据，但想要避免频率选择性衰落效应。在 OFDM 中，数据是在 N 个并行信道中传输，每个信道只需以 R/N 的速率传输，所以总的数据速率仍为 $N \times R/N = R$。这样，并行信道中的每个符号的周期（也称为符号时间）为 NT_s，有 N 倍的提升。我们将 OFDM 符号周期记为 $T_s' = NT_s$。抽样间隔仍是 T_s，所以每个周期 T_s' 仍有 N 个样本。

有了 OFDM 与一般多载波调制，多个并行信道由多个频率载波形成，每个信道都是一个低速信道，然后一起协作提供一个所需速率的信道。这多个载波也被称为子载波，因为每个载波都只传输总数据的一部分。多载波调制不是一项新技术，可见于一些军用无线链路，如 Link11（MIL – STD – 6011）。然而，OFDM 比起其他多载波技术有吸引人的优点：

- 在所有多载波技术中，OFDM 的相邻子载波间隔最为紧凑。如果子载波再靠近一点，则会失去正交性。
- 在数字领域中，用数字信号处理技术，多载波调制可以达到一个很高的效率。换句话说，比起其他技术使用 N 个基带滤波器和 N 个子载波频率产生器，外加每个对应的解调器（导致了更多的硬件和费用），OFDM 则使用数字信号处理技术（即 IDFT 与 DFT）将数据分配给了子载波，仍然只使用一个基带滤波器、一个载波频率产生器和一个接收端的相干解调器，与一个单载波系统一样。从另一种方式看，用信号处理产生的子载波是虚拟的。
- IDFT 与 DFT 可以利用 IFFT 和 FFT 使其更有效率。
- 循环前缀的引入，使得多径时延扩展效应进一步减轻了。

提起子载波间隔，与习题 6.5 一样给出了一个有趣的练习，来比较 OFDM 的子载波间隔与非 OFDM 的多载波间隔。

我们在一个周期 T_s' 内观察相邻子载波间的频率差异，如图 6.16 所示，高频率的子载波要比低频率的子载波整整多走了一个以上的周期。［注意：这指出了相邻子载波间的频率差为 $1/T_s'$，根据 6.1.8.3 节内容，这一相邻子载波的最小间隔仍然保持了正交性。］在任何 OFDM 符号周期内的时间里，$0 \leqslant t \leqslant T_s'$，OFDM 的信号是 N 个子载波信号的总和：

$$x(t) = \sum_{n=0}^{N-1} X_n \exp\left(j2\pi \frac{nt}{NT_s}\right) \tag{6.46}$$

式中，X_n 是第 n 个子载波的符号。我们可以将时间离散化，将 t 写作 kT_s［即抽样连续时间信号式（6.46）］，则有

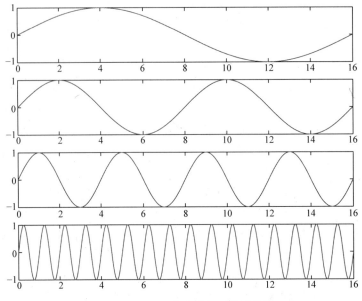

图 6.16　OFDM 多个并行子载波传输

$$x(kT_\mathrm{s}) = \sum_{n=0}^{N-1} X_n \exp\left(\mathrm{j}2\pi \frac{nkT_\mathrm{s}}{NT_\mathrm{s}} \right) \tag{6.47}$$

现在如果令 $x_k = x(kT_\mathrm{s})$，则我们可以看到 OFDM 中如何得到 DFT/IDFT，则得到

$$x_k = \sum_{n=0}^{N-1} X_n \exp\left(\frac{\mathrm{j}2\pi nk}{N} \right) \tag{6.48}$$

上式（6.48）为序列 X_0，X_1，$\cdots$，X_{N-1} 的 IDFT。

　　尽管使用子载波减轻了多径时延扩展效应，我们仍可以更进一步。在 OFDM 中，每个符号之间插入了一个保护间隔，其长度可以选为与 RMS 时延扩展量级一致。在保护间隔传输会收获什么？并不是一些随机的数据或是什么都不传输，在 OFDM 中最后的几个样本被迅速复制到了保护间隔中，这些处于保护间隔内的样本称为循环前缀，因其使得整个传输看起来像一个循环信号的一部分。

　　随着循环周期的引入，我们可能会提这样一个问题：OFDM 的符号周期是什么？仍然是 NT_s 还是 NT_s + 保护间隔？文献中可能会找到不同的定义。有时，为了更加准确，NT_s 被称为 OFDM 符号长度，或是有效符号长度，而 NT_s + 保护间隔可能被称为符号间隔，来强调这是一个符号的起始到下一个符号的起始之间的时间。在 IEEE 802.11a 中，NT_s 称为 FFT 周期，NT_s + 保护间隔称为符号间隔。有助于将所有的子载波看作是一个单元，来将一个载波的频率与整个频率联系起来（比如，向上或是向下变频整个多载波信号）。

　　现在回顾式（6.46），注意到它只应用于"一个 OFDM 符号周期内的任一时间", 即 $0 \leqslant t \leqslant T'_s$, 所以我们可重写这一方程使之适用于所有时间 t 为

$$x(t) = \sum_{n=0}^{N-1} X_n \prod \left(\frac{t - T'_s/2}{T'_s} \right) \exp\left(j2\pi \frac{nt}{NT_s} \right) \qquad (6.49)$$

其中函数 $\prod$ 是矩形脉冲函数, 已在 1.2.4 节中介绍过了。它以 $T'_s/2$ 为中心, 宽为 T'_s, 令间隔 $0 \leqslant t \leqslant T'_s$ 以外的值均为 0。我们可以将式 (6.49) 看成是每一个矩形脉冲函数 $X_n \prod \left[(t - T'_s/2)/T'_s \right]$ 与一个正弦曲线的乘积的总和。因此, 在频域中, 我们有了由 n/T'_s 变化的 sinc 函数。如图 6.17 所示。我们作以下一些观察:

- 图 6.17 中提供了另一种视角来思考为什么不同子载波是彼此正交的。为复原频移了 n/T'_s 的子载波, 我们所做的有效的事是可以乘以一个相同频率 n/T'_s 的正弦波。这相当于在频域 n/T'_s 处抽样。从图 6.17 中, 我们可以看到每个其他 sinc 函数 (表示其他子载波) 都在 $f = n/T'_s$ 处, $n = 1, \cdots, N$, 穿过了零点。

- 图 6.17 中可以一眼就看出如果每个子载波再靠近一点, 它们就不会正交了。

- 我们可能不太满意用了矩形脉冲 $X_n \prod \left[(t - T'_s/2)/T'_s \right]$, 因为它的频谱效率低。换句话说, sinc 函数 (在频率上) 要比其他函数下降得慢一些, 因此增加了信号的频谱占用率。

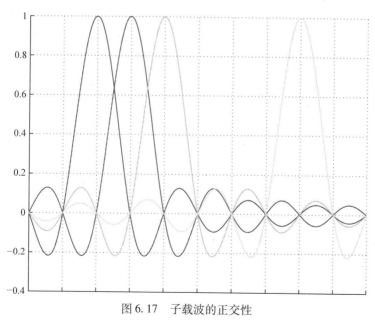

图 6.17　子载波的正交性

6.5.1　频谱成形与保护子载波

如我们刚才所提的, 有矩形脉冲基础的 OFDM 系统在时域有较差的频谱利

用率，因为 sinc 函数下降缓慢。除非加以控制，否则它会引发相邻信道间的干扰。因此，OFDM 中需用一些频谱成形技术（如用升余弦脉冲的脉冲成形，见 1.4.2.1 节）。然而频谱成形技术对子载波边界处的影响非常严重，因此 OFDM 系统中通常不在边界处使用子载波。例如，在 IEEE 802.11a 中，64 个子载波只使用其中的 52 个，其他没用到的子载波都设为 0。

在频域上看，这在 OFDM 信号的两个边界处均导致了子载波的严重扭曲。图 6.18 展示了一个 OFDM 系统框图。经过 FEC 编码，也许一些编码能减少 PA-PR（见 6.5.2 节），数据符号被调制，从串行变为并行，使得 N 个符号可以同时经 IFFT 处理。经 IFFT 处理以后，信号又从并行转为串行（P – to – S），加入了一个循环前缀（CP），再进行频谱成形（如脉冲成形）及数字 – 模拟转换（DAC）。接下来是 RF 处理，信号被放大并发射。

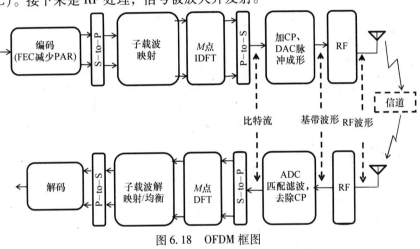

图 6.18　OFDM 框图

在接收端，经过向下变频，模拟 – 数字转换（ADC）及在串行变并行中（S – to – P）中去掉循环前缀，在分集合并前系统经过一个 FFT。再经过并行变串行（P – to – S）后，符号被解码。

6.5.2　峰均功率比值

在如 OFDM 这样的多载波系统中，数据在并行的子载波中被独立地调制。

任何时刻，输出信号都是各个子载波上的调制信号的线性合并。可以被记为一系列随机复矢量的总和。如果在时域一些点同相所有加起来会发生什么？此时，会有一个峰值功率要远比平均功率（是许多 OFDM 符号的平均值）大得多。我们可以将这一峰均功率比值（PAPR，或简称 PAR）量化为

$$\gamma_c = \max_t |x(t)|^2 \tag{6.50}$$

$x(t)$ 已在式（6.46）中给出。

γ_c 是基带信号的最大的瞬时包络峰值功率。计算会很繁琐，因此，一个可行的计算方法是常用一个离散时间 PAPR，γ_d，它常被用来取代 γ_c，并被定义为

$$\gamma_d = \max_{0 \le k \le LN-1} |x_k|^2 \tag{6.51}$$

其中

$$x_k = \frac{1}{N} \sum_{n=0}^{N-1} X_n e^{j2\pi nk/LN} \tag{6.52}$$

L 是过抽样频率，之所以用过抽样是因为我们抽样模拟信号越多（更大的 L 值），γ_d 会越接近 γ_c。然而，当我们接近 $L=8$ 时，γ_d 已很接近 γ_c，满足了大多数实际需求[5]。

通常，由于以下原因，我们不希望有高的峰均功率比值：

- 放大器会饱和，导致部分信号会被截断。
- 放大器有一个有限的线性工作范围。如果把 PAR 的范围映射到线性工作范围，那么 PAR 的取值范围越大，放大器的放大系数就越小。此外，PAR 值的范围越大，高 PAR 的部分就会有更多的非线性干扰。

因此，我们需要减小 PAR。

图 6.19 显示了当 $N=64$ 时 PAPR/PAR 的分布（在输入信号的范围内），这是一些基本 OFDM 系统的典型值，如 IEEE 802.11a。可以较容易地推导出一个分析的高斯近似，在图 6.19 中绘出。这个近似为

$$P(\gamma_d < R) \approx (1 - e^{-R})^N \tag{6.53}$$

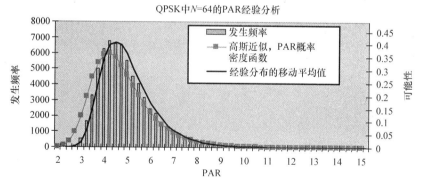

图 6.19　OFDM 系统峰值平均功率比

实验上的 PAR 概率分布很好地吻合了这一近似估计。其分布的尾部也很接近高斯分布。注意到一个给定模块的 PAPR/PAR 的期望值会随 N 增加而增加。

尽管文献中已经研究了很多关于 PAPR 的内容，最近几年仍出现了另一个度量标准，即立方度量，能够更好地量化功率放大器效率的影响。

习题

6.1 证明连续时间傅里叶变换的周期为1。

6.2 让 D、R 及 N_s 如6.3节所定义的。证明 $D/R = \sqrt{3N_s}$。提示：此处可能会用到余弦定理［附录A中的式（A.10）］。

6.3 IEEE 802.11a 的数据速率为 20msym/s，及 20MHz 的信道间隔。如果给定信令速率为 20msym/s，那么子载波间隔 Δf 是多少？抽样间隔是多少？OFDM 的符号周期是多少？加入 0.8μs 的保护间隔，OFDM 的符号周期变为多少？

6.4 考虑以下一个多载波调制系统：有 15 个数据子载波及一个导频子载波。子载波间隔为 110Hz，用 DQPSK 编码。T_s' 的值为 13.33ms 或者 22ms，这取决于使用的模式。两种模式下的数据速率分别是 2.25bit/s 或者 1.364bit/s。这是基于一个真实的系统，Link-11 系统，用在军事通信系统中。注意：与 OFDM 不同，它不用 FFT/IFFT，所以数据速率、子载波间隔等会有很多不同。我们让它与 OFDM 做比较，假设我们有一个 OFDM 系统，相邻子载波的间隔与其相同。并假设 ODFM 系统中的 $N=16$，但是有一个子载波不传数据，即它也有 15 个数据子载波。假设它也用 DQSPK。那么 OFDM 的符号周期和抽样间隔是多少？OFDM 的信令速率是多少？OFDM 的数据速率是多少？与 Link-11 相比有什么发现？

6.5 再次比较 OFDM 和习题 6.4 中的多载波系统。这次我们取相同的数据速率（即每个子载波的数率是 2.25bit/s）。那么 $N=16$，15 个载波上的数据用 DQPSK 调制，OFDM 的信号速率是多少？子载波间隔是多少？OFDM 的符号周期是多少？

参 考 文 献

1. L. Cimini. Analysis and simulation of a digital mobile channel using orthogonal frequency division multiplexing. *IEEE Transactions on Communications*, 33(7):665–675, July 1985.

2. B. G. Lee and S. Choi. *Broadband and Wireless Access and Local Networks*. Artech House, Norwood, MA, 2008.

3. J. S. Lee and L. E. Miller. *CDMA Systems Engineering Handbook*. Artech House, Norwood, MA, 1998.

4. A. V. Oppenheim and R. Schafer. *Discrete-Time Signal Processing*, 2nd ed. Prentice Hall, Upper Saddle River, NJ, 1999.

5. K. D. Wong, M. O. Pun, and H. V. Poor. The continuous-time peak-to-average power ratio of OFDM signals using complex modulation schemes. *IEEE Transactions on Communications*, 56(9), Sept. 2008.

第7章 组件技术

本章我们将研究一些无线接入组件技术。这些技术需要满足无线接入子系统的多种多样的需求。比如，无线媒体是一种共享的介质，因此需要有媒体访问控制（Media Access Control，MAC）技术，我们不能简单地再用有线媒体控制技术（在7.1节讨论）。在蜂窝无线系统中，能够使用户有效且及时地从一个小区切换到另一个小区，是蜂窝系统中的一个关键性能。我们会在7.2节讲述相关内容。在无线接入系统中，干扰控制非常重要，由传输引发的干扰可以通过控制发射功率来控制，如7.3节所讨论的。7.4节中我们会学习差错控制编码，这对无线系统尤其重要，因为其未处理的误码率要比有线系统高。

7.1 媒体访问控制

在基础层，无线媒体是一个共享的资源。如果我们研究一个系统，它看起来像是一个特别的无线链路，有以下的独特性质：一个特殊发射机与接收机组，没有其他发射机的干扰，之所以我们会这么看，是因为我们是处在一个较低的层面上观察。比如，一个手机应用可以写成：它有一个到有线网络中某个地方服务器上的电子书库的独自或专用链接。而实际上，当数据比特从电子书服务器出来到达应用时，它经过了一个共享的媒体。从分层的角度看是一个通信模型（见10.1.1节），它被称为媒体访问控制（MAC）层，是协议栈的第二层，来处理共享媒体的问题。在更高的层面上，则它可能会是点对点或是点对多点的服务（关于分层概念的更多知识，可见10.1.1节）

媒体访问控制是指有两个或以上的设备共享一个无线媒体。在一个授权带宽内，媒体访问控制集中于相同种类的设备，而在一个未授权的带宽内，系统设计者得考虑其他种类设备的传输（如蓝牙系统的设计者需要考虑使用相同带宽的Wi-Fi发射机的干扰）。在17.4.1节，我们会进一步讨论授权与未授权带宽的对比。

多路接入是媒体访问控制的一个子集，因为它是指与媒体访问同一种类型的问题（即多路设备访问一个共享中心点问题，如基站或接入点的问题）。事实上，严格地讲，即使是在基于TDMA或CMDA的蜂窝系统，也只有上行链路是用TDMA或CDMA。下行链路是基于时分复用（TDM）或是码分复用（CDM）。两种多路接入技术和复用技术都处于媒体访问控制的保护下。MAC方案可以根据是否有一个中心控制器来分为两类。7.1.1节我们简要研究无中心控制器的方案，而在 7.1.2 节研究有中心控制器的方案。

7.1.1 分布式控制 MAC 方案

经过几十年的研究，提出了许多分布式（即没有一个中心控制器）的媒体访问控制方案。著名的 Aloha 协议是最早的技术之一，于 1971 年部署于 Aloha-Net。它的基本工作原理如下：

- 如果有数据要发送，则直接发送（不需要检查是否可以发送，媒体是否空闲等）。
- 如果你的信息与其他发送者的信息发送碰撞，则稍后再试一次。

在一次碰撞的事件中，以及其他情况发生时，有许多不同变化取决于尝试重发的时间。在发送信号不多的时候，Aloha 的性能不错，因为碰撞的概率比较低。而当发送次数增加时，碰撞概率会增加，Aloha 的性能会恶化。时隙 Aloha 协议是对 Aloha 的一个改良。在这个技术中，时间被分为离散的时隙。所有要尝试的传输必须在时隙开始时才可以。它极大地减少了碰撞的概率。令人惊奇的是，时隙 Aloha 在 GSM 系统中被证明也有足够的鲁棒性——不是针对所有的传输，但至少对随机访问信道来说是这样的（见 8.1.1.3 节）。

7.1.1.1 应用从以太网课上学到的

基于以太网的有线局域网无处不在。最初，基于以太网的局域网是一个共享的媒体⊖，某种方式有点像无线媒体，但在其他方式上又不像。某种意义类似于许多设备连接到一个共享总线上（图 7.1 给出了总线拓扑），从这一结构来看，它有点类似无线媒体，所以有可能会发生碰撞。以太网用了载波监听技术及碰撞检测方案。因此以太网 MAC 协议称为载波监听多路访问与碰撞检测（CSMA/CD）。载波监听意味着在传输前，传输设备需要监听共享的媒体来判断是否已经存在了一个传输（一个载波）。尽管这已经减小了碰撞概率，但碰撞依然会发生（例如，假设有两个或以上的设备监听到媒体是空闲的，并于几乎同一时间开始传输）。

在无线局域网环境中不能再使用 CSMA/CD，因为有无线传输的范围有限，比如所示的隐性终端问题及显性终端问题。在隐性终端问题中，如图 7.2 所示，设备 A 和 C 都在 B 的范围内，而互相不在彼此的范围内。因此，它们无法感知另一个设备的传输。所以假设它们同时想传数据给 C（隐性终端），则会出现一个它们无法检测到的碰撞。

显性终端问题，如图 7.3 所示，算是一种双重的隐性终端问题。在这种情况下，C 想给 D 传数据，如果继续传输，就会传输成功。然而，A 在给 B 传数

⊖ 当今随着交换式以太网的流行，情况有所变化，每个设备都有自己的碰撞域。——原书注

据，所以 C 会侦听到存在一个载波，因此不必要地抑制了自己的传输，尽管对 A 到 B 的传输不会造成干扰，因为 D 在 A 的范围外。此例中，C 就是"显性终端"。

有很多可能的解决方案。IEEE 802.11 用了载波监听多路访问与碰撞检测。我们将在 8.3.2 节中讨论 802.11 MAC 的这些问题及其他方面。

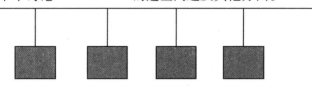

图 7.1　以太网中的总线拓扑结构例子

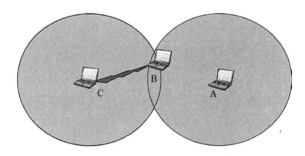

图 7.2　隐性终端问题

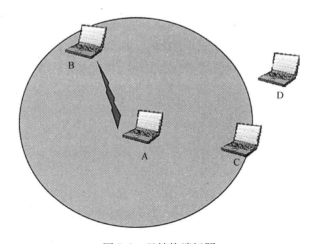

图 7.3　显性终端问题

7.1.2　中心控制多路接入方案

不同于之前一节，本节有一个中心点，比如基站和接入点，控制和协调着各类设备的多路接入。

从不同设备到一个基站或是接入点的传输是如何分割到不同信道的？最明显的两个选择是不同的频带，或是同一频带的不同时隙：频分多址（Fequency Devision Multiple Access，FDMA）和时分多址（Time Divisim Multiple Access，TDMA）技术。正如其名所示，FDMA 是基于给不同设备安排不同的频带（通常所有的频带带宽均是相等的），而 TDMA 是基于给不同设备安排不同的时隙［通常所有时隙的长度相等，被置放于一个包含了几个时隙的"帧"中（比如 GSM 的 8 个时隙的帧；每个帧中给一个发射机安排了一个时隙，比如每个帧中的第二个时隙）]。FDMA 和 TDMA 的概念如图 7.4 所示，3 个用户由频率或是时间分开。注意到相邻频带和时隙间有频谱和时间上的浪费。这是为了最小化相邻频带或是相邻时隙的不完善、不精确等原因造成的干扰。不同时隙的间隔也称为保护时间。

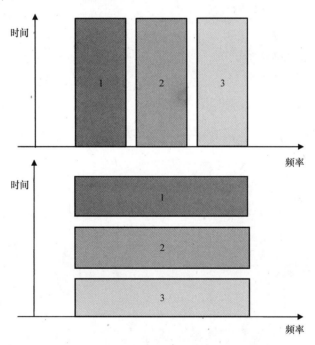

图 7.4 FDMA 和 TDMA 的频率 – 时间划分

另一些多路接入技术也有可能，码分多址（Code Division Multiple Access，CDMA）基于 6.4 节所介绍的扩展频谱原理，其中各类设备都使用同一频带，在同一时间传输数据。与 TDMA 和 FDMA 不同，图 7.5 表明了多路传播是在同一时间和频带上进行，但是却安排在不同的维度上。通常 CDMA 这一术语与直接序列扩展频谱有关，但是它也可以指用其他形式的扩展频谱技术来区分设备。

比如，广义地讲，CDMA 可以指：

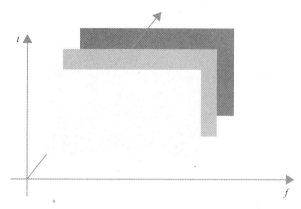

图 7.5　码分多址

• 直接序列扩展频谱（DSSS）用于多路接入。不同设备的数据乘以不同的 PN 序列或是有不同偏移的同一序列（偏移间隔足够远以可使接收机区分）；这样，所有设备就可以在同一频带上在同一时间传输数据。

• 跳频技术用于多路接入。所有设备在同一时间同一频带上传输数据，但是用不同的跳频序列（即，它们会在跳跃于整个频带范围内的不同的子频带，有小概率的碰撞）。

• 脉冲位置用于多路接入（也称跳时技术）：所有设备在同一时间同一频带上传输数据，传输一个带宽很宽的（因此时间上很窄）信号，在所有的时间周期内，但是用不同的精确脉冲位置/偏移的序列，有小概率的碰撞。

尽管 DSSS 可能是多路接入控制中最常见的扩展频谱技术，跳频技术也可见于一些商业系统（如蓝牙及 IEEE 802.11 的官方物理层制式，但并没有如 IEEE 802.11 中的 DSSS 物理层一样被广泛使用）或是军事数据链路如 Link–16。脉冲位置调制也可见于一些超宽带（Ultra Wide Band，UWB）系统（17.4.2 节会讲更多的 UWB 相关内容）。

OFDMA 是 OFDM 的一个变形，被改进为允许多路接入。常规的 OFDM 只有一个发送者和一个接收者。与 OFDM 中所有子载波都由一个发射机发射不同，多路设备在不同组的子载波上传输。接收机接收信号之后再解调为一个类似的 OFDM 信号，分为不同发射机的不同信号，因为接收机知道是谁在它那一组的子载波上传输。

在图 7.6 中，我们用一个过抽样的例子说明。假设 $N = 8$，有 3 个设备在传输。

• 令子载波为 X_0，X_1，X_2，$\cdots$，X_7。
• 令 3 个用户为 A、B、C，基站为 D。

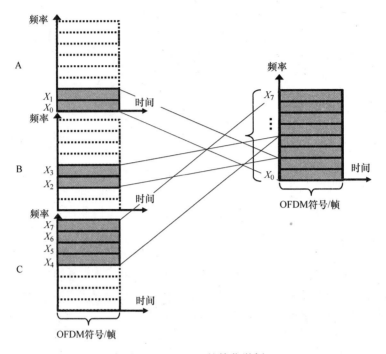

图 7.6　OFDMA 的简化举例

- A 在 X_0 和 X_1 上传输数据，其他子载波则不传输，数据为一个常规 OFDM 符号的形式。
- B 在 X_2 和 X_3 上传输数据，其他子载波则不传输，数据为一个常规 OFDM 符号的形式。
- C 在 X_4、X_5、X_6 和 X_7 上传输数据，其他子载波则不传输，数据为一个常规 OFDM 符号的形式。
- A、B、C 在同一时间传输，D 接收了所有 8 个子载波并将其解调为 $N = 8$ 个 OFDM 符号。注意：已假设多路接入信道是线性的，所有信号在 D 处均可以直接缩放或是相加。信号甚至可能到达 D 时有不同的信号强度，但是没有关系，因为它看起来像是对所有信号的一个频率选择性衰落（但是对每个子载波是平坦衰落）。

在刚才的那个简单的例子中，我们的 N 很小，只有 3 个设备在传输。而在现实系统中，N 可能会很大，传输的设备也会很多。并且，信道不会局限在一个 OFDM 符号周期内的一组特定的子载波，可能会是在两个或是多个 OFDM 符号周期内。我们将会在 9.4 节讲到真实系统（WiMAX）中的 OFDMA。

所以 OFDMA 中，子载波的分配可能会从一个 OFDM 符号到另一个 OFDM 符号时产生变化。这会让我们将其与 TDMA 做比较。想象一个 TDMA/OFDM 系统，发射机轮流在 OFDM 符号周期内的整个子载波范围内传输。注意到 OFDMA 比 TDMA 更加灵活，正如图 7.7 看到的。在此图中，不同用户传输的信号为不同的灰度。显然，OFDMA 允许每个用户都有更好颗粒度的数据速率（可以分配更多或更少的子载波），也允许改变数据速率（用户不需要被强制安排在一个固定的位置，但是当需要时可以随时间改变位置）。

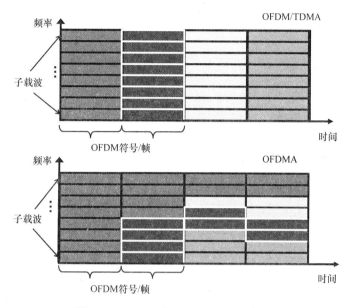

图 7.7　OFDMA 比 OFDM/TDMA 更灵活

而且，在 OFDMA 中，更好的子载波可以用更高速率的调制方案，接收机比 CDMA 等系统更简单。一个普通的 OFDM 接收机不需要过于复杂的信号处理。而 OFDMA 中可以利用多用户分集的优点。不同设备可以"看到"从基站来的或是到基站的不同信道，这些信道随时间变化，有时变好，有时变差。因此，子载波可以根据其质量分配给不同设备（比如，在一特定时间，一个设备在某一组子载波上有更好的性能，则子载波会分配给这一设备，接下来，当信道发生变化，其他设备在这一组子载波上有了更好的质量，则把这组子载波分配给这一设备）。如果能合理实行，则可以实现比 CDMA、TDMA – OFDM 更好的性能，其中频率选择性衰落某种意义上被平均化了。这是我们第一次讲到多用户分集，但是在 9.3 节，当接触到 HSPA 和 EV – DO 时，我们会知道这并非 OFD-MA 的独有特性。实际上，这一概念最早提出来是用来突出如 HSPA 和 EV – DO 等系统的最佳数据空中接口。

OFDMA 相比于 CDMA 还有以下好处：
- 可更方便地消去干扰，因为有更少的干扰源。

• OFDMA 的信干比（SIR）比 CDMA 更好，因为 CDMA 在上行链路和下行链路都有干扰，而 OFDMA 的正交性使得上行链路和下行链路的干扰减少，至少与同一小区的其他传输信号之间也如此。

• 建立一个新的 OFDMA 连接更方便。而 CDMA 中每个新连接的建立都需要仔细考量，以避免给干扰环境带来太多的负面影响。

值得注意 2G 系统中的 TDMA/FDMA 占据了主导位置（可以由 GSM 的主导位置看出），3G 系统则是被 CDMA（WCDMA 与 CDMA2000 主系统）主导，3.5G 及 4G 系统（WiMAX 和 LTE 是基本例子）则被 OFDMA 主导。事实上，有传闻在 20 世纪 90 年代末期，有一个关于在系统中最终 UMTS 该用什么空中接口技术的讨论，并进行了一次投票，WCDMA 以一票优势击败了 OFDMA。彼时，OFDMA 被认为还不够成熟。现在我们的观点已经改变了。

7.1.2.1 一些对比

FDMA 的一个问题是相邻信道的间隔没有达到最小，因此浪费了一些带宽；另一方面，像 OFDM 一样，OFDMA 用了最紧致的子载波间隔的同时，也保证了相邻载波的正交性。TDMA 则有需要在时隙间加入保护时间的这一劣势。FDMA 和 TDMA 都没有利用到多用户分集，因为用户都被分配在了固定的频带和时隙上，而不管是否有更好的频率和时间信道。CMDA 有近 - 远问题，功率控制很关键。OFDMA 有高峰均功率比（PAR 或 PAPR）的问题，然而，OFDMA 的一系列变形，如单载波 FDMA 可以用来减少 PAR 问题。

多路接入方案（在上行链路上）间的差异也可以类似地用于下行链路中，尽管一些问题会变得没那么重要。例如，在下行链路中，信号从基站发射，在 TDM 中保护时间变得不太重要（同一基站在连续时隙内传输信号），CDM 中功率控制变得也没那么重要（见7.3 节）。

7.1.3 双工

无线系统中双工的概念与多路接入和多路复用技术类似，但是不同之处是它只关心移动设备和基站之间的链路，而不是在多路接入与多路复用情况中的多对一或是一对多的情形。之前我们讨论了多路接入与多路复用技术但是没有涉及一个系统需要怎么处理上行链路和下行链路。然而，一端或是两端可能不是物理上能同时进行发射和接收（特别对手机来说是这样，其发射电路和接收电路可以共享一部分器件来减少费用，如共享天线）。而且，上行链路和下行链路需要处在不同的频带，以减少上行链路和下行链路间的干扰。

在时分双工（TDD）系统中，移动设备和基站间的上行链路传输及同一基站和手机间的下行链路传输会发生在不同的时间。因此，手机的一个天线可以既用来发送也用来接收。在频分双工（FDD）系统中，移动设备和基站间的上行链路及同一基站和手机间的下行链路在不同的频带内。一些系统（如 GSM）用 FDD，但是会给上行链路传输和下行链路接收加 3 个时隙的间隔，所以移动设备不需要同时发送和接收。

7.1.4　多小区

尽管在单一小区中，多路接入与多路复用技术很好懂，但在许多实际系统中（如蜂窝系统），它们用在一个多小区的环境中，在设计时就需要考虑其他小区的影响。特别地，我们的多路接入技术怎样可以处理来自其他小区的干扰（可能是周围小区的上行或是下行链路传输）？同样的问题也会见于多路复用技术中。

在 FDMA/FDM 和 TDMA/TDM 情况下，如果邻近小区用相同频率传输会有很大的干扰；因此，需要引入一个频率复用因子，我们已经在 6.3 节中讨论过了。在 CDMA/CDM 情况下，我们可以利用扩展频谱处理增益使得每个小区都能使用相同的频率。因此，CDMA/CDM 的频率复用因子为 1。

7.2　切换

切换是指使用中信道的任何变化，也被称为换手。切换是蜂窝概念的一个关键部分，因为：①它是干扰控制机制中不可分割的一部分，有了它蜂窝系统才能复用频率且仍提供质量过得去的无线链路；②它允许蜂窝系统支持其用户移动性（即，用户不会被局限在任何一个基站服务覆盖区域内）。因此，如果没有切换，细致的小区规划，包括通过合理分布小区复用频率都会受到严重影响。回想我们讨论频率复用时，一个隐含的假设就是与基站联系的设备有最强的信号（见 6.3 节）。即使做出让步使得用户有可能远离他们初始的基站（这一让步可能是以珍贵的容量为代价，因此同信道小区会分布在距离很远的地方），系统的使用也会受到限制，因为如果用户离他/她的服务基站太远的话通话质量会下降很多。

因此，对于蜂窝系统中干扰控制机制及移动性支持来说，切换都是非常基础的技术。

我们会在 7.2.1 节研究使用切换的花费，在 7.2.2 节讲关于给切换分类的方式，在 7.2.3 节讲一些关于切换的算法，7.2.4 节会给出一个例子，而 7.2.5 节讲到有关本书其他章节的一些例子。

7.2.1　代价

每个切换都需要网络资源来进行，这包括无线空中信令、网络信令、数据库查询及网络重建等形式。由于切换同时涉及了无线链路和网络层，所以它自然需要涉及空中接口和网络接口的信令。空中接口信令是关于用户与基站的；而网络接口信令是关于基站与网络实体，如移动交换中心的。正如信令是在两端发生的，所以两端都有花费。控制信令（如切换信令）需要使用宝贵的无线带宽，无论是用专用的控制信道还是用业务信道的带内信令。

虽然在网络接口这端带宽问题会小一点，然而这一端要使用更多的其他资源。在不同网络实体如基站和移动交换中心间实现控制信令只是其中的一部分。注册和认证时的数据库访问也是切换花费的一部分。而且还会用到网络重构，以节点间设立和取消链路，及桥接的形式。这些功能使得系统能做出必要的内部调整以允许用户接入新基站并停止与旧基站的连接。一些系统中，可能会用多播的一小段时间或是在战略节点的缓存来保证没有数据或语音损失的无缝切换。

7.2.2　切换的种类

一种分类的方法是根据切换的原因：为提高链路质量，减少对其他用户的干扰等。第二种分类方法是根据切换是在小区内还是小区间进行。小区间切换中，旧基站与新服务基站是不同的。而小区内切换中新基站和旧基站相同，但是所使用的信道不同。通常我们所讨论切换时是指小区间的切换。小区间切换可以进一步细分为交换机内切换与交换机间的切换。在一个更大的层面看，也会出现系统间的切换，如图 7.8 所示。这些分类均基于支撑网络的拓扑结构。

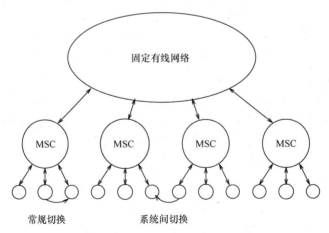

图 7.8　固定有线网络、移动交换中心（MSC）、基站之间的层次关系
（常规小区间切换和系统间切换的差异）

使用扇区的系统（见 6.3.2 节）产生了同一小区不同扇区间切换的问题。一种说法是将同一小区内的扇区切换看作是小区内切换，另一种说法是将其看

作小区间切换。在我们看来，后者更佳，因为这些扇区从很多方面上都可以看作是逻辑上的不同小区，只不过正好是共享一个基站位置。而且，如果一个系统有多个频带（如 GSM 900 和 DCS 1800），即使是相同位置的小区，如果它们之间出现切换，则被看作是一个小区间切换，因为频带发生了改变[3]。

第三种分类方法是硬切换和软切换，其分类依据为有问题用户与超过一个基站之间的通信时在执行切换的关键时段会发生什么。硬切换在是否进行切换会有一个明确的决定。当决定切换时，切换启动和执行不考虑用户是否与两个基站同时有业务传输信道。而在软切换中，会有一个条件性的决定是否切换。根据来自两个或以上的基站导频信号变化的强度[○]，最终会决定与其中的一个基站通信。这通常发生在已知一个基站的信号要远比其他基站的强。在过渡期间，用户同时与所有的备选基站都有传输信道。

第四种切换分类方式是基于切换判决控制是处于哪个位置。在网络控制切换系统中，也称为基站控制切换，切换判决控制是发生在基站的网络中。用户是被动的，不参与切换判决。在移动协助切换系统中，切换判决控制是处于基站网络中，但是移动设备会参与这一决定。移动设备将做一些测量并把测量值传递给做决定的实体，来协助基站。在用户控制基站系统中，基站判决控制位于用户端。

7.2.3　切换判决的挑战

我们现在考虑一个手机在两个基站（BS 0 和 BS 1）之间移动的情形，其中来自两个基站的信号强度分别为 S1 和 S2。随着手机在 BS 0 和 BS 1 之间移动，S1 和 S2 的测量值在图 7.9 中绘出。假设每隔一段时间，会出现以下切换判决：

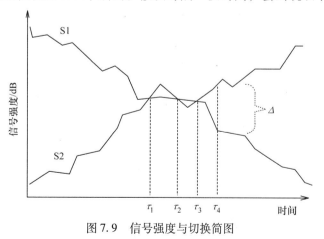

图 7.9　信号强度与切换简图

[○]　一个小区内不同扇区的切换有时也称为更软的切换。——原书注

- 如果 S2 – S1 > 0 且服务基站是 BS 0，则切换到 BS 1。S2 – S1 是 BS 1 相对于 BS 0 的信号强度。
- 如果 S1 – S2 > 0 且服务基站是 BS 1，则切换到 BS 0。
- 其他情况则不做切换。

使用这个切换算法，用户会在 BS 0 和 BS 1 之间来回切换 3 次。在 τ_1 处，用户从 BS 0 切换到 BS 1，在 τ_2 处，从 BS 1 切回 BS 0，在 τ_3 处，又从 BS 0 切换到 BS 1，最终保持在 BS 1 中。这一系列的切换发生在一个很短的时间内，有时称为乒乓效应，类比于乒乓球在桌上两端之间的（乒乓）活动。问题在于每执行一次切换，都会消耗网络资源，如我们前一章所解释的，每一次切换执行时都会有一定概率引起通话的切断。

为了减轻乒乓效应，硬切换算法的一个标准特性是引入滞后。基于此思想基础算法调整为：

- 如果 S2 – S1 > Δ_0 且服务基站是 BS 0，则切换到 BS 1。
- 如果 S1 – S2 > Δ_1 且服务基站是 BS 1，则切换到 BS 0。
- 其他情况不做切换。

Δ_0 和 Δ_1 是滞后余量，且通常有 $\Delta_1 = \Delta_0 = \Delta$。滞后允许系统在执行一次切换前等待，直到更加确定该不该做出切换，因此减轻了乒乓效应。这个算法的一个变化用在了 GSM 中。用滞后的值也可见于图 7.9，Δ 的值在右侧给出。此例中如果用了滞后，则从 BS 0 到 BS 1 只进行了一次切换。

用滞后的一个缺点是切换判决按平均来说延迟了，这个延迟随滞后界限增大而增大。因此在平均延迟和不必要切换的平均次数之间有一个权衡，可以根据改变滞后门限来调整。Δ 越大，平均延迟越大，但是 Δ 越小，不必要的切换次数会增多。

事实上，图 7.9 给出的是一个关于信号强度的简化图。在现实条件下，信号强度测量值可能看起来更像图 7.10 中所示的，因为所有的衰落（尤其是小尺度衰落）都发生了。因此，这一曲线常用样本平均来使其更光滑，因此取平均窗的大小称为切换算法中的另一个重要参数。在 Rayleigh 衰落环境中，另一些估计器要比基础抽样平均估计器在估计平均信号强度上表现得更好[6]。

7.2.4 例子：AMPS 中的切换

在高级移动电话系统（Advanced Mobile Phone System，AMPS）中，第一代的蜂窝系统，大多数的切换控制是由基站和移动电话交换局（MTSO）完成的，因为切换是由网络控制的变化。由于 AMPS 用了频分多址接入，在一个通话中，用户端被调到一个频道。为了监视其他与服务基站相关的信道或是监视其他基站，用户端需要一个接收机。在 AMPS 设计中加入额外的硬件是我们所不希

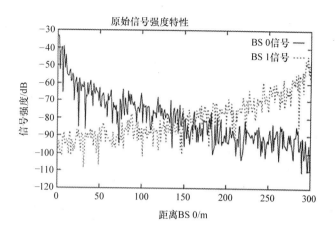

图 7.10 信号强度与切换

望的。

无论何时只要有一个激活的通话，服务基站便会监视上行链路的信号强度。如果信号强度下降到一个特定门限以下，或是当监控音频⊖遭受了太多干扰，MTSO会命令周围其他组基站寻找该用户，如果周围的一个基站发现它能更好地服务用户，则做出切换到这一基站的决定。如果没有找到这一基站，则不去干涉通话，通话有可能会因极其差的链路质量而中断。

对于由不同移动交换中心（Mobile Switching Center，MSC）服务的基站间的少数切换（即交换机间的切换），使用了特定的协议：例如 IS－41 系统有专门的协议。对于在 MSC 服务区域的切换（即交换机内的切换），切换过程有以下四步：

● 找到一个连接新服务小区站点的小区站点主干。

● 用户被指示调准入新小区站点，并赋予一个新的监控音频频率。注意这个信息在当前语音信道中传播（以"空闲与突发"的方式用带内信令），会产生语音信道可以听到的"滴嗒"声。

● 在交换网络中建立一个新路径。

● 之前的小区站点主干被释放。

比起第二代的系统，AMPS 的切换程序要相对简单。因为 AMPS 中有工程余量，所以系统发现需要切换前，用户可以距基站很远（在几倍于小区直径的数量级上）。MTSO 则得通过查询不同组的基站来找到该用户，可能会花费一些时间，接着在（可能迅速）恶化的信道中发送执行切换的重要信令信息。

⊖ 它允许同信道用户有一定区分地使用三个有区别的频带中的一个用于传输。——原书注

7.2.5 其他例子

其他关于在蜂窝系统中切换性能的例子可在 8.1.2 节和 8.2.8 节中找到。

7.3 功率控制

功率控制是指在移动设备和基站两端，以一个可控的方法调整发射功率电平，在某种程度上优化干扰环境，来解决一个特定的问题，如远－近问题，在 7.3.1 节介绍。在 7.3.2 节，我们会比较上行链路与下行链路的功率控制需求。在 7.3.3 节，将解释开环/闭环功率控制的差异。

7.3.1 远－近问题

扩展频谱系统中的抗干扰能力其实是干扰抑制能力，以此，干扰信号的强度被一个有关处理增益的因子降低了。因此，如果所有到达信号的强度都接近相等，在这种情况下它的性能最好，否则，到达信号强度的差异会导致处理增益的减少。对于一个面临一个或是多个强干扰源存在条件下的微弱信号来说，是一个尤其严重的问题。

如果有两个或更多发射机（如移动设备）给同一个接收机（如一个基站）传输信号，一个离基站近些，另一个离得较远，则可以预计较近发射机的路径损耗要远小于较远的发射机。因此，到达信号的强度是不平衡的。为了得到最好的结果（最大化一个 CMDA 系统的容量），基站会追踪各个发射机的信号强度，给这些发射机发送指令来提高或是降低发射功率，希望在接收信号强度上能有相应的调整。

7.3.2 上行链路与下行链路

功率控制的需求是不对等的。上行链路上的功率控制要比下行链路的重要。这是因为传输信号来自于不同的移动站（Mobile Station，MS），功率控制可以很大程度上帮助较弱移动站的信号接收。如果处理得当，功率控制可以使得所有移动站的信号以接近相等的信号强度到达基站。

为了更清楚地讨论下行链路功率控制，我们引入两个 MS，A 和 B，A 靠近基站，通常能从基站处接收到更强的信号，而 B 远离基站，接收到的信号会弱一些。不同于上行链路，在下行链路中传输的信号都来自一个基站。下行链路情况下的目标是什么？假设我们依照上行链路的例子，产生以近乎相等的功率到达每个站的所有移动站的接收信号。唯一能做的方法就是要看基站能否为其他所有移动站（以步调一致的组形式）一起增加或是减少发射功率电平。否则，如果基站要同时提高某些信道的发射功率（如 MS 到 B），和减少其他信道的发射功率（如 MS 到 A），前者信道会比后者信道接收更强的功率。然而，如果基站为所有移动站同时增加或是减小发射功率，它必须迎合接收到最弱信号的移动站（如 B）。则基站会令所有信号以一个同样高的功率传输使得如 B 那样的移动站能接收到合适的功率电平。而其他大多数的移动站，包括 A，接收到了一个远超所需的高功率信号，此时基站对周围基站通信的干扰可能会增大。

或者，基站可以尽力对离得近的移动站减少发射功率，并/或对离得远的移动站增加发射功率，用一种"需者多得"的原则。这一替代方案事实上用在 IS-95 中，它导致在每个基站的不同信道上有不同的接收功率强度（对诸如 B 的 MS 高一点，对诸如 A 的 MS 低一点）。这种差别的功率控制（不同信道有不同功率电平）类型对诸如 B 的移动站来说有双重的好处：

- 提高了诸如 B 的移动站在信道上的发射功率，使得处于这一信道的移动站有更高的接收信号功率。

- 对其他不需要过高功率的移动站（例如 A）的信道，同时相应地减少了信号功率，也减少了 B 处的同信道干扰（由于同信道干扰源变弱），进一步有助于 B 处的接收。

与此同时，对诸如 B 的 MS 的双重好处也是对诸如 A 的 MS 的信号的双重恶化。不仅是功率降低导致它们接收到更低的功率，信道内的干扰也会变强（来自于诸如 B 的 MS 的信道）。某个程度上这还可以接受，因为像 A 这样的 MS 有余量，但这也是为什么下行链路上的功率控制没有上行链路那么重要。

7.3.3　开环和闭环功率控制

正如在 CDMA 系统中的功率控制，通常有以下几种，如图 7.11 所示。

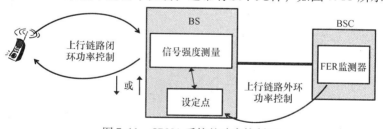

图 7.11　CDMA 系统的功率控制环

- 开环功率控制，移动站设置它的初始发射功率，不需要来自基站的反馈。它称为"开环"的原因是缺乏环路的"闭合"，即来自基站的反馈。移动站的功率电平是根据它从基站测量的信号强度设置的。因此，如果测量到的信号强度很高，它调低它的初始发射功率电平，而如果测量到的信号强度很低，则它提高它的初始发射功率电平。这与接收信号强度成反比的机制挺有道理，因为目标是使从所有移动站发射的信号能够以接近同一功率电平到达基站。

— 171 —

- 闭环功率控制解决了开环功率控制的问题：不是直接根据基站的接收信号强度，而是根据移动站接收信号强度的估计值。在闭环功率控制中，基站处接收的每一个移动站的真实信号强度是基站决定处理的一个输入，决定移动站是否应该增加或是减小它的发射信号功率电平。
- FER 目标的长期调整，产生了改变接收信号的目标。

具体系统中有具体的有关功率控制的参数，如功率控制步长、从基站到 MS 的上行闭环链路功率控制命令的频率、功率控制的动态范围，在接下来几章中具体并系统的讨论中给出（见 8.2.8.1 节）。

7.4 纠错编码

纠错编码是数字通信系统中不可或缺的一环。由于无线通信系统中的误比特率通常比有线通信系统中的高，所以纠错编码在无线系统中更为重要。纠错编码的其他称谓有差错控制编码和前向纠错。"前向"的原因是源码加上这一编码后，再向前传给目标。接收者可以侦测到并改正差错（有限值内），不需要向后给发送者发送任何东西，如一个再传请求。

所有的纠错编码都给数据比特加了一些冗余。编码器在来源处加了一些冗余，解码器在目标处试图复原原码。附加冗余的性质取决于编码和编码器（见图 7.12）。

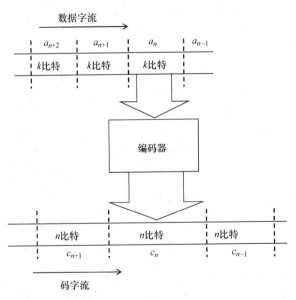

图 7.12　通用框架中的分组码和卷积码

有两类基本的编码：分组码和格码。在分组码中，编码器每次处理 k 个比特的分组，并产生 n 比特的码字，其中 $n > k$（因此，添加了冗余）。相关的编码称为一个 (n, k) 分组码。编码率是 $R = k/n$。如果我们称 k 个数据比特的分组为数据字，则会有 2^k 种可能的数据字，由于 k 个数据比特有 2^k 种可能的组合，所以需要 2^k 个码字来表示它们。在一个分组码中，数据字到码字的映射独立于数据流中之前和之后的比特。因此，分组码被称为无记忆的，可由组合逻辑电路实现。

另一方面，在格码中，我们仍考虑将 k 个数据比特映射到 n 比特的码字，然而，码字不再受限于仅与当前 k 个数据比特独立，但与之前的数据比特有关。因此格码是有记忆的，它需由时序逻辑电路实现。除了 n 和 k 之外，我们还需另一个参数 m，表示之前的 k 个数据比特的分组数，且依赖于当前的 n 比特码字。我们称这个相应的编码为一个 (n, k, m) 码，m 也被称为该编码的记忆阶。同分组码一样，码率是 $R = k/n$。卷积码是格码中重要的一种编码，是一种线性且时不变的格码。

我们会在 7.4.1 节和 7.4.2 节中分别介绍分组码和卷积码。分组码或是卷积码以及级联的常见变形，会在 7.4.3 节中讲到。接着在 7.4.4 节和 7.4.5 节分别简要地介绍最近的 Turbo 码和 LDPC 编码。

7.4.1 分组码

第一眼看上去，一个分组码必须由编码器所使用的一组码字，以及从数据字到码字的映射来定义。而事实上，如果数据字有特定的统计上的性质（所有 k 比特序列都有相同的可能性，并且独立于之前和之后的比特），则从数据字到码字有什么样的映射都不重要。码字的组 C 是我们分析编码性能所需全部信息。这一编码常被认为是 C，要设计满足性能目标的编码，需要专注于选择好的码组。

与此同时，数据字到码字的映射，可以被选为简化编码器的实现。常被选中的映射有码字包含数据字加上一些其他比特，这称为一个码的系统编码。此例中，码字中的比特有的被称为系统比特（来自数据字），有的称为校验码（是添加到数据字的比特）。例如，一个数据字 11000011 可以被编码为 1100011010，在这一系统编码中，010 是校验码，11000011 是系统码。

一个码字的汉明加权是它里面"1"的数量。任何两个码字之间的汉明距离是指比特不同的位置的数量。一个编码的最小距离 $d_{\min}$ 是它的任意两个码字的汉明距离的最小值。一个编码的差错侦测能力可能不同于它的差错纠正能力。比如，接收到的分组可能与所有的码字不同，则我们知道有差错，但是它可能同两个或以上的码字有相同的汉明距离。如果一个编码有一个特定的 $d_{\min}$，则它可以检测到 $\lfloor d_{\min}/2 \rfloor$ 个差错，但最多只能纠正 $\lfloor (d_{\min} - 1)/2 \rfloor$ 个差错。码字间的间隔和最小距离已在图 7.13 可视化处理了。注意：编码空间实际上是 n 维的，所以要准确地将编码空间可视化，则需要从图 7.13 中隐含的三维空间上推断。

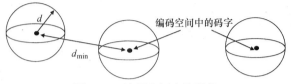

图 7.13　编码空间中的码字

7.4.1.1　线性码

如果一个编码 C 内的任一码字都是其他两个或以上码字的线性组合，则称 C 为线性的。它形成了有 n 个元组的向量空间的一个 k 维子空间，编码可以通过一个 $k \times n$ 的生成矩阵，G 来高效地编码。每个码字 c 均可以关联到它对应的数据字 a，通过：

$$c = aG \quad 维数:1 \times n = (1 \times k)(k \times n) \tag{7.1}$$

对于线性码，常可以找到一个系统编码，其中 $G = [I_k P]$ 或 $G = [P I_k]$，取决于用哪一个方便，I_k 是一个 $k \times k$ 的单一矩阵，P 是校验位的编码。另外，$d_{\min}$ 可以通过辛格顿界（Singleton Bound）关联回 n 和 k：

$$d_{\min} \leqslant 1 + n - k \tag{7.2}$$

进一步来说，对一个线性码来说，$d_{\min}$ 等于所有非零码字的最小加权。

另一个跟线性分组码有关的矩阵是它的奇偶校验矩阵 H。对于任意 $c \in C$：

$$cH^{\mathrm{T}} = 0 \tag{7.3}$$

所以 $GH^{\mathrm{T}} = 0$ 也成立。因此，H 可以用来检测接收到的向量是否是一个码字。

7.4.1.2　汉明码

汉明码属于线性分组码设计出来后最早的一批编码。汉明码存在于对 $m > 3$ 的所有整数，参数 $n - k = m$，$n = 2^m - 1$，所以 $k = 2^m - m - 1$。对于所有 $d_{\min} = 3$ 的汉明码。例如，（7，4）汉明码是最小的汉明码，更大的汉明码有（15，11），（31，26），（63，57）汉明码。图 7.14 给出了（7，4）汉明码的一个编码器，其对应的解码器在图 7.15 中给出。

7.4.1.3　循环码

除了线性，一些流行的分组码中还发现了另一项重要的结构特性：循环性。当对于任一码字 $c \in C$，c 的所有的循环移位都是 C 中的码字，则称这个编码是循环的。例如，[10010] 向左的循环移位为：[00101]、[01010]、[10100] 及 [01001]。

循环码和一个叫作有限域或是伽罗瓦域的数学结构有很强的关联。它们可以看作是有限域的理想形式。这类码字可以在一些结构中，由线性反馈移位寄存器较容易地产生。流行和实用的编码如 BCH、Reed – Solomon、Fire 编码，甚

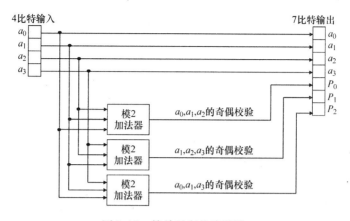

图 7.14 简单码字的编码器

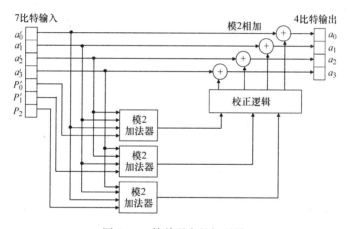

图 7.15 简单码字的解码器

至是一些汉明码都是循环的。

7.4.2 卷积码

卷积码是一种有记忆的线性时不变格码。因此，它可以由线性移位寄存器实现，图 7.16 给出了一个例子。从一个卷积码的移位寄存器结构，我们可以推导出这个编码的生成多项式。

另一种观点，卷积码还可以看作是一个无限长度的分组码。这一观点中，输入比特的整个无限序列是数据字，输出比特的整个无限序列是码字。由于有无穷多个数据字，编码的大小也会是无穷大。这个观点自然让人想到一个卷积码的生成矩阵 G 是一个无限维度的矩阵，有以下形式：

$$
G = \begin{bmatrix} G_0 & G_1 & G_2 & G_3 & \cdots & G_{m-1} & G_m & \\ & G_0 & G_1 & G_2 & \cdots & G_{m-2} & G_{m-1} & G_m & \\ & & G_0 & G_1 & \cdots & G_{m-3} & G_{m-2} & G_{m-1} & G_m \\ & & & \ddots & & & & & \ddots \end{bmatrix} \tag{7.4}
$$

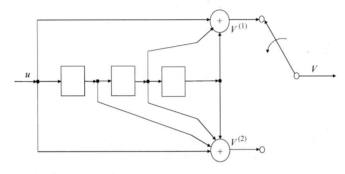

图 7.16　卷积码举例

每个子矩阵 G_i 又是 $k \times n$ 矩阵。

实际情况下，没人会用无穷序列。相反，输入流应该有一个有限的长度，如 kL。卷积码可以由编码器状态图或是格图等表示。图 7.17 给出了一个卷积码的格图。

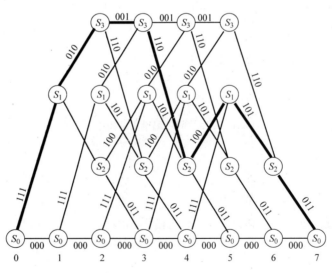

图 7.17　卷积码的格图举例

对应于分组码的最小距离，我们有最小自由距离。由于卷积码有记忆，过去的比特可以影响现在的比特。能够影响当前比特的过去信息的比特的数量称为约束长度。约束长度越长，编码的效率越高，但是解码器的复杂度也会增加。卷积码中最流行的解码器是 Viterbi 解码器。

7.4.3　级联

通过基本简单修改就能产生线性编码，包括：

1）扩展：增加 n 并保持 k 不变。

2）加长：通时给 n 和 k 增加相同的数量。

3）打孔：降低 n 并保持 k 不变。

4）缩短：同时令 n 和 k 减少相同的数量。

5）增加：增加 k 并保持 n 不变。

6）删减：减少 k 并保持 n 不变。

两个或以上的编码以背靠背的方式，可以一起使用。例如，在发送端，数据可以先经过一个分组编码器（Reed—Solomon 编码是一个不错的选择），这个分组编码器的输出再经过一个卷积编码器。在接收端，编码数据先经过一个对应的卷积解码器，其输出再经过分组解码器。这样一个布置叫作级联，这全部编码称为一个级联码。在一个二级级联码中，编码器中的第一个编码为外部码，第二个编码叫作内部码。在解码端，先解码内部码，然后是外部码。用级联码的主要原因是比起单独用一个编码，可以在误码率变化不大的情况下降低复杂度。

7.4.4　Turbo 码

Turbo 码可以看作是一种性能接近理论极限（称为香农极限，由克劳德·香农提出）的级联码。基础的 Turbo 编码器有两个完全一样的递归系统卷积编码器，一个接收原序列的信息比特，另一个输入通过一个交织器的信息比特。通常，同样的卷积编码器可以重复很多次，来自不同交织器的编码再成为不同编码器的输入。

在解码端，常用一个迭代过程。回到两个卷积编码器的例子，在解码端用了相应的两个解码器。第一次迭代中，每个解码器分别将接收到的对应编码器的比特作为输入。接着每个解码器对数据进行最大似然比（LLR）估计，然后把这些估计值传给另一个解码器，作为下次迭代中解码器的先验估计。注意：解码器不仅仅把比特的硬判决（即 0 或是 1）传给彼此，还以概率的形式传递了最大似然比估计值，其中 LLR 是比特级的，写作 $L(k)$，可以表示为

$$L(k) = \ln \frac{P(k = 1)}{P(k = 0)} \tag{7.5}$$

Turbo 码的 3 个关键元素使得它们有好的性能[2]：

- 在编码和解码过程中使用交织器。交织器给 Turbo 码提供了一个随机置换元素。
- 系统卷积码的使用。
- 构成解码器的软输入使用。

Turbo 码有时称为卷积 Turbo 码，强调构成编码的是卷积码。这与分组 Turbo 码不同，其构成编码的为分组码。分组 Turbo 码因为很多原因并没有流行起来，所以大多数系统中都用卷积 Turbo 码。

7.4.5 LDPC 码

低密度奇偶校验矩阵（Low Density Parity Check，LDPC）码是近年来出现的另一种编码，用来代替传统的纠错编码。LDPC 码已经成为 IEEE 802.16e（WiMAX）中纠错编码的一个选项。它们的特点是由一个稀疏校验矩阵，一个"1"元素低密度的矩阵。单纯靠一个稀疏矩阵并不能得到好的编码，但是 LDPC 码背后的迭代解码思想很关键。LDPC 码的迭代解码由 H 的稀疏性变得可行，而且可能达到最大似然性能（对一个常规的 H，要做最大似然解码的复杂度会很高）[4]。

7.4.6 ARQ

ARQ 是指接收者可以请求发送者重发一些被纠正甚至是丢失的数据的技术。因此，它可以归类为纠错技术［但是不是前向纠错（Forward Error Correction，FEC）技术］。然而，它也可以被看作是应该处于网络构架中，因为它经常在协议栈的更高层实现，不同于 FEC，多数情况下是在数据链路层实现。本书中，我们会在 10.1.3.1 节讨论 ARQ。它是在 9.2.1 节讨论混合 ARQ，它是一种 FEC 和 ARQ 的混合。

习题

7.1 假设有一个媒体访问方案，每个人的时钟都与一个共同的参考时间 t_0 同步。如果发射机要发射一些东西，它不会做监听，只会碰运气直接发射，希望不会遇到碰撞。所有发射机都同意只在时间 $t_0 + k\Delta$ 处发射，k 是整数，Δ 是一个有限时间间隔。那么这种媒体访问方案是什么？

7.2 多路复用和多路接入的差异在哪里：比如，TDM 和 TDMA 或是 CDM 和 CMDA 间的差异？哪一个更难实现？

7.3 解释远－近效应问题。什么功率控制有助于解决这一问题？

7.4 假设有一个分组纠错码，$n = 424$，$k = 300$。不知道这个码的其他信息，那么该码能检测到的最大差错数量为多少？能纠错的最大差错数量为多少？

7.5 为了得到一个好的最大似然比值应用在 Turbo 码中，计算一些值。如，令 $P(k=1)=p$，则 $P(k=0)=1-p$，并计算 $p=1/2$、$p=3/4$ 和 $p=1/4$ 时的 $L(k)$。其中存在对称性吗？你能用 $\ln[P(k=0)/P(k=1)]$ 表示出 $\ln[P(k=1)/P(k=0)]$ 吗？

参 考 文 献

1. R. Blahut. *Algebraic Codes for Data Transmission*, 2nd ed. Cambridge University Press, New York, 2003.

2. A. Giulietti, B. Bougard, and L. van der Perre. *Turbo Codes: Desirable and Designable*. Springer-Verleg, New York, 2003.

3. L. Hanzo and J. Stefanov. The pan-European digital cellular mobile radio system—known as GSM. In R. Steele, editor, *Mobile Radio Communications*, chap. 8, pp. 677–765. IEEE Press, Piscatoway, NJ 1994.

4. W. E. Ryan and S. Lin. *Channel Codes: Classical and Modern*. Cambridge University Press, New York, 2009.

5. S.-W. Wang and I. Wang. Effects of soft handoff, frequency reuse and non-ideal antenna sectorization on CDMA system capacity. In *IEEE Vehicular Technology Conference*, pp. 850–854, Secaucus, NJ, May 1993.

6. D. Wong and D. Cox. Estimating local mean signal power level in a Rayleigh fading environment. *IEEE Transactions on Vehicular Technology*, 48(3):956–959, May 1999.

第8章 空中接口标准的例子：
GSM、IS – 95、Wi – Fi

本章我们研究最流行的商业无线个人通信系统中的物理层和链路层。将从8.1节的 GSM 开始，主要基于 TMDA 的第二代系统。接着在8.2节讨论第二代 IS – 95 CDMA 系统。在8.3节我们会研究第三个标准，IEEE 802.11。

在蜂窝系统中，多个上行链路传输（从手机到基站）和下行链路传输（从基站到手机）同时发生，所以在设计系统时需要特别注意各种分离问题。所谓分离，是指避免或是最小化不同传输信号间的干扰。我们要考虑5类分离问题（见表8.1）：

1）考虑一个服务于多个移动站的基站。向这些移动站发送的信号是如何彼此分开的？

2）又考虑一个服务于多个移动站的基站。从多个移动站发送到一个基站的信号是如何区分开的？

3）在更大场景的情况下，蜂窝系统有多个基站。这多个基站的信号是如何与其他基站传输的信号区分的？

4）从移动站到基站的信号是如何与其他基站试图接收来自它们的移动站的信号区分的？

5）在多径环境中，每一个发射机 – 接收机对之间，都会有一个通信信号经过多径传播。这些信号的多径分量是如何彼此分开的？

表8.1 分离实现概述

分离类型	GSM	IS – 95 CDMA
DL：同一小区 MS 之间	时域 – 频域信道	Walsh 编码
UL：同一小区 MS	时域 – 频域信道	长码偏移
DL：不同小区 BS	距离（频率复用）	短码偏移
UL：不同小区 MS	距离（频率复用）	长码偏移
无线路径之间	均衡	Rake 接收机解决多经

8.1 GSM

GSM 是目前为止应用最多的第二代蜂窝系统。它也确实配得上它的名字（GSM，全球移动通信系统），走出了它的来源地欧洲，遍布了全世界。

GSM 分别以 FDD 方式在上行链路和下行链路中使用 TDMA 和 TDM。尽管使用了 FDD，上行链路和下行链路信号仍然偏移了 3 个时隙。比起在上行链路和下行链路可能同时传输，或者两者之间没有间隔地连续传输等情况，这缓解了硬件设计需求。

每个 GSM 载波的信令速率是 270.833kHz，载波间隔为 200kHz。每个 GSM 载波包括一个 8 个时隙的"帧"。通常，一个运营商会给每个基站都安排多个 GSM 载波（有一个合适的频率复用规划，正如 6.3.1 节中，来减少同信道间干扰和其他邻近小区的干扰），所以移动设备都分配给了一个特殊的载波，这个载波还会有一个特殊的时隙。因此，某种程度上，可以更准确地说 GSM 是 TDMA 和 FDMA 的结合。最后一个巧妙的设计就在于安排给一个移动站的载波不是固定的，但是会有规律的改变。因为整个突发是在没有改变频率的情况下进行的，它是一种慢的跳频。GSM 中的慢跳频超出本书范围，但是我们可以注意到它提供了一种信道分集的形式，尤其对动得很慢的移动站，否则就会长时间陷入 Rayleigh 衰落。另外，跳频没有被引入到普通的信道（如 FCCH、SCH、BCCH、PCH/AGCH、RACH）。

每个时隙长 0.577ms，含有 148 个比特，时隙之间还有 8.25 个比特的保护时间（见图 8.1）。在时隙内的传输称为一个突发，一个正常的突发含有以下（其他类型的突发在 8.1.1 节中介绍）：

- 两组 3 个尾比特位在每个时隙两端；
- 两组 57 个信息比特位紧挨着每个尾比特集；
- 时隙中间有 26 个试探比特；
- 试探比特的两端各有一个侵占比特。

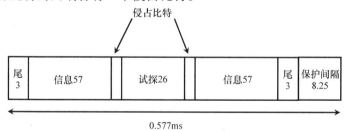

图 8.1 GSM 时隙

信道试探比特是用于信道估计（训练均衡器）和同步的导频比特。它们位于时隙中间，是为了最小化从试探比特发送起到时隙边端（起始位置和末尾）比特发送时的时间。如果试探比特位于时隙起始位置，则信道可能在时隙末端有很大的变化。类似地，如果试探比特位于时隙尾端，信道可能与时隙起始时大不一样。因为其位置位于时隙中间，所以它们也称为中间码，对比于起始码（在一些传输模式中，比特序列位于帧的前段）。

侵占比特是用来指出时隙是充满了用户数据还是被控制信令"侵占"了。系统有时候需要将业务信道时隙用于控制信令（例如，当发生了切换，会需要比平时更多的控制信令）。

尾比特允许移动发射机在一个突发的起始和末端分别斜升或斜降。这3个比特设为0。它们也可以辅助作为额外的保护时间，尽管时隙之间已经有了8.25比特的保护时间。"8.25比特"真正的含义是什么？可以传输四分之一个比特吗？不行，"8.25比特"指的是时间的长度，在保护时间内没有比特在传输。因此保护时间是8.25倍的符号间隔。保护间隔在上行链路（TDMA）比下行链路（TDM，因此，基站可以同步自己与不同移动站的传输）更重要。然而，在两个方向上，用的是同样长的时间。保护时间可以照顾到没有保护时间或充足保护时间引起的时间不准确和延迟扩展，会引起相邻时隙间干扰。实际上，如果将一个移动站到基站的传播时间和另一个移动站到基站的传播时间的差异考虑进去的话（在极端的例子中，一个移动站可能离基站很近，另一个可能离得很远），保护时间还需要更长。然而，定时先进技术有助于解决这一问题。在这项技术中，从移动站到基站的传播时间被估算出来，不同移动站的传输时间都被调整，用来补偿传播时间上的差异，所以它们会在所分配的时隙中几乎同步地到达基站。

信息比特来自于以下语音编码解码器的输出。每个来自语音编码解码器的GSM语音帧长20ms。在13kbit/s下，每个语音帧有260比特。差错保护并没有均等地运用在语音数据的所有比特上。这些比特分为三类。50个最重要的比特给予了最多的保护，接下来的132个比特次之，然后78个最不重要的比特最少。50个最重要的比特加入了3个校验位，然后这53的比特，同接下来的132个比特，和4个状态清零比特一起进入一个1/2码率的卷积编码器，得到378个编码比特。然后加入78个最不重要的比特（没有保护），得到456个比特（见图8.2）。这456个比特表示20ms的语音分布在了GMS时隙里的8个57比特的组块中。作为交织的一种形式，这一个时隙中的两个57比特的信息块是从两个不同的20ms语音帧中提取出的。

GSM帧可以组成更大的单元，称为复帧、超帧及超高帧，如图8.3所示。有两种复帧，"26复帧"和"51复帧"。通常，用户数据用26复帧传输（尽管在这些复帧中可以找到一些控制信令），51复帧用于各种控制信令。51复帧仅从基站处发射（不是移动站）。图8.4表示了一个51复帧如何由多个控制信道共享的。为什么有这么多种的控制信道？它们之间有什么差异？可以由8.1.1节中的一个例子来解释。我们将这些控制信道记为普通信道，因为它们不是专属于某一移动站，而业务信道是专用信道。超帧是怎么样的？超帧有51个"26复帧"的长度，同26个"51复帧"的长度一样。这是既可以包含整数倍的26

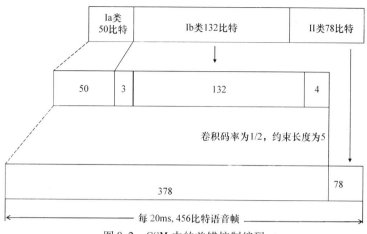

图 8.2 GSM 中的差错控制编码

复帧也可以包含整数倍的 51 复帧的最小单元，因为 51 和 26 的最小公倍数就 51×26。最大的帧是超高帧，有 2048 个超帧长。即一个超高帧有 3 小时 28 分 53.76 秒。这使得 GSM 可以实现跳频和加密功能的最小时间单位。

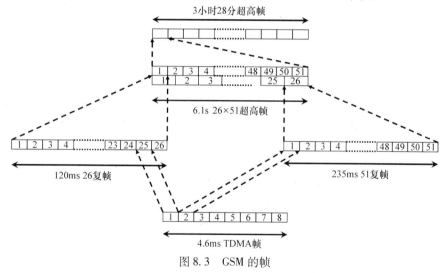

图 8.3 GSM 的帧

8.1.1 访问控制

现在我们研究移动站是如何利用控制复帧中的不同的信道来与基站同步，得到其信息，并试图获得访问权限，然后基站可能给移动站分配一个信道，我们依次研究每一步。

8.1.1.1 同步

频率校正信道（FCCH）和同步信道（SCH）被设计用来帮助移动站与基站

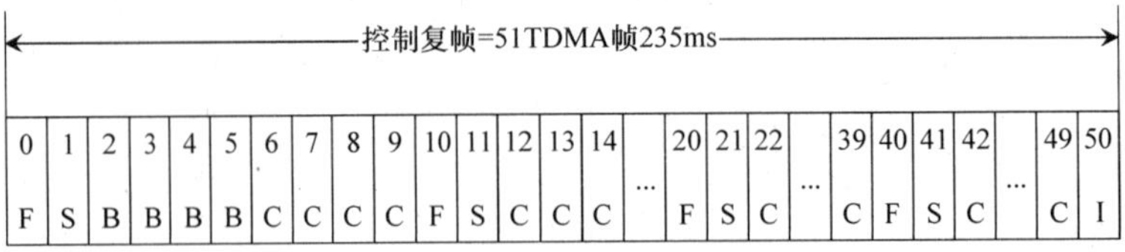

F: FCCH 突发(BCH)
S: SCH 突发(BCH)
B: BCCH 突发(BCH)
C: PCH/AGCH 突发(CCCH)
I: 空闲

图 8.4　GSM 的控制复帧

同步。如图 8.4 所示，FCCH 常在 SCH 之前的时隙传输，前一个 SCH 传输以后，每个随后的 FCCH 出现 8 个时隙。

FCCH 包含全零，产生一个纯正的正弦波。因此，一个移动站可以多次扫描不同的频率来找到 FCCH。当监听到一个 FCCH，如有必要，它可以用它内部频率时钟做微小调整，而且可以很清楚地知道时隙边界在哪里，可以解调下一个 SCH。

SCH 用了一个特别的突发，与普通的突发不同。它包含移动站可以使用的信息，所以移动站借此可以进行微调，能够精确地知道时隙的边界在哪儿，基站处时隙的全部序列的位置（如图 8.3 所示，当前的时隙可能在 $8 \times 26 \times 51 \times 2048$ 时隙组成的超高帧内的任一位置，移动站需要知道它的位置，然后就能知道目前基站处于每个循环的哪一部分）。

8.1.1.2　获得关于小区的具体信息

在 FCCH 和 SCH 的帮助下，一旦取得同步，移动站则准备移到 BCCH。基站有规律地在广播控制信道广播自己的信息。这些信息包括：

● 小区选择信息，帮助移动站选择要访问的小区（或至少尝试去访问）。事实上，移动站可以监测到来自多个小区的信号，然后用特定的标准来决定去访问哪一个小区。由于 BCCH 只能在获得同步以后才可以解调，所以移动站必须对每个基站都同步。

● 空闲模式功能的信息。我们会在 11.1.4 节对其进行更详细的讨论。

● 访问信息。关于试图访问和重复次数的信息会在 BCCH 上广播，有时作为 RACH 控制参数的一部分。

● 其他多种信息。

8.1.1.3　在 RACH 上访问基站

从 BCCH 得到同步及其他所需的额外信息后，移动站最终会在 RACH 上试图访问。RACH 的频率和位置可能会发生变化，移动站可以从 BCCH 得到这些信息。

如 FCCH、SCH、BCCH 及 PCH/AGCH、RACH 都是普通信道。然而，不同于其他下行链路普通信道，RACH 是一个上行链路普通信道。如其名字的含义，移动站没有被分配专有的时隙，而是试图以一个随机的方式在 RACH 上传输。这自有道理，因为基站并不知道什么时候某个移动站想要访问。特定载波上的特定时隙被设计为 RACH 时隙，移动站以一个时隙 Aloha 的方式访问 RACH（见7.1.1 节）。如果发生碰撞，会有一个随机的备用，即尝试再传。

8.1.1.4　初始信道分配

如果移动站访问请求成功，基站（与 BSC 一起）允许接收移动站，则表明在寻呼信道/准许接入信道（PCH/AGCH）上有移动站的初始信道分配。PCH/AGCH 可以将移动基站组分成不同组；或是一个子信道只能为信道分配信息所预留。移动站又可以决定来自 BCCH 的细节。

8.1.2　切换和功率控制

如果一个切换发生在同一 BSC 控制下的两个基站之间，则小区内切换在BSC 中实现，否则在 MSC 中实现。切换具有移动协助切换性质，用户将测量值每间隔半秒向基站传输一次。

相关测量值有接收信号强度（RXLEV）、接收信号质量（RXQUAL）、基站到用户的绝对距离（DISTANCE）。它们按以下方式测量：

● RXLEV 由用户端测量。它测量的是广播控制信道（BCCH）载波上的信号强度，由基站在所有时隙上连续传输，功率电平没有变化。它是由来自服务小区以及所有相邻小区的基站的用户端所测量的（也通过调谐和监听它们的BCCH 载波）。测量值平均在 15s 左右，被量化为 64 级。这些基站由 BCCH 上的基站认证码（Base Station Identity Code，BSIC）识别。相邻基站的 BCCH 的监控可由处于不同时隙的任何一个移动站所实现，这在它传送或是接收时进行，如图 8.5 所示。用户传输的 RXLEV 也可由基站测量。

● RXQUAL 是由误码率的估计值获得，它是信道解码前的误码率，用到了Viterbi 信道均衡器或是卷积解码器的信息。它被量化为 8 级，通过基站和其通信链路上的用户测量。

● DISTANCE 通过观察"定时提前"参数测量（可以测 0～70km 的距离，精度为 1km）。通过基站测量。

GSM 中的功率控制只用 RXLEV（具体的控制由网络运营商决定），而切换则 3 种都要用到。一个被称为功率预算参数的参数。允许系统将控制功率量级、用户最大功率容量等考虑进去。

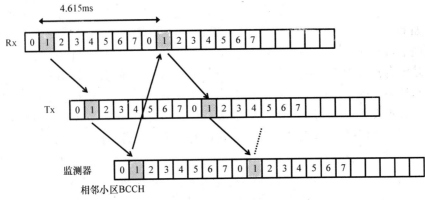

图8.5　用于传送、接收和监听 BCCH 的不同时隙

8.1.3　物理层方面

GMS 用了高斯最小频移键控（GMSK，见 6.2.3 节）作为自己的调制方案。GMSK 比 MSK 的频谱利用率要高。如之前所提的，信令速率是 270.8333kHz。这来自于符号周期 $T = 48/13\mu s$。

在 RF 方面，相邻频率信道之间的混叠很严重（彼此的间隔只有 200kHz），在相近载波的中心频率处，调制载波幅度仅下降了 40dB。然而，相邻频率信道不会用在同一个小区，甚至不会用在邻近的小区（由于频率复用因子）。

GPRS（见 12.2 节）用了与 GSM 一样的物理层，GPRS 数据是在分组数据信道（PDCH[2]）上传播的，按以下方式映射至时隙：每个 52 复帧中，有 12 个无线分组块。每个无线分组块包含 4 个时隙于 4 个连续的 TDMA 帧中（如，在 4 个连续的 TDMA 每帧的时隙 3），也有 4 个空闲帧。每个无线组块动态地逐块分配给移动站。因此，多个移动站可以共享一个 PDCH（每个分配给 PDCH 中不同组块）。通过给一个用户分配多个时隙可以提高传输速率。GSM 演变的增强型数据速率（EDGE，一个 GPRS 的增强），则用了一个新的调制技术，8PSK，取代了 GSMK，为了得到比 GPRS 更高的数据速率，如 GPRS，EDGE 复用了多数的 GSM 框架，包括 200kHz 无线载波及相同的网络结构。只有用无线时能看出差别来，多数体现在调制上。在 RLC 和 MAC 层也有一小部分改动。8 - PSK 的星座图可见于图 1.9d。

8.2　IS - 95 CDMA

IS - 95 CDMA 系统在每个小区都有频率复用［即信道复用为 1（最大的可能）］，信号也没有在时域中区分开（像 TDMA 系统那样）。因此，CDMA 系统中需要合理地利用不同的码来区分不同的信号。在 6.4.2.1 节中，我们知道了 PN 序列的自相关性质是如何用于区分到达不同时间偏移信号的。

IS-95 对初学者来说可能有些费解，因为它用了两种码：信道化编码和加扰编码。观察表 8.1，IS-95 用了正交 Walsh 编码来信道化（同一小区移动站的下行链路的区分），及加扰编码（在 6.4.1 节介绍的一种 PN 序列）解决其他 4 种分离问题。特别地，用了两种 PN 序列：

- 长 PN 序列，周期为 $2^{42}-1$ 个码片；
- 短 PN 序列，周期为 $2^{15}-1$ 个码片。

不同的移动站（同一小区或是不同小区）在上行链路传输中，用不同偏移的长 PN 序列来实现一个小区内或是跨小区的移动站间的分离。不同的基站在下行链路中，用不同偏移的短 PN 序列来实现小区间的分离。

8.2.1 基站下行链路分离

下行链路中用到了码分复用（CDM）。对于到达信号来自不同基站的情况下，一个移动终端可以用 PN 序列的自相关性质来追踪到它想要的基站，并抑制来自其他基站的干扰。特别是所有基站同享一个短 PN 序列，一个 $2^{15}-1$ 个码片的序列，它们以不同的偏移传输这一序列。允许偏移的 64 个码片的最小间隔给基站提供了 512 个可用的偏移。因此，在多于 512 个基站的网络中，偏移最终会被复用。然而，复用距离很大，实际中不会出现什么问题。图 8.6 展示了不同基站偏移是如何根据一个零偏移的参照物定位的。现在想象如果基站没有精确的同步（即，如果它们时钟互相不一致）。64 码片的最小分离可能会减少，引起误码率的增加。因此，在 IS-95 系统中，一个基站与另一个基站精准同步非常重要，常通过使用 GPS 来实现。

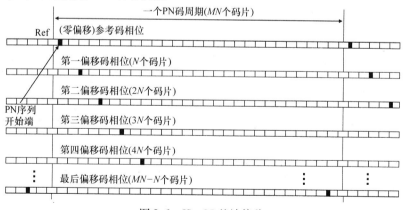

图 8.6 IS-95 基站偏移

8.2.2 单个基站到多个移动站的下行链路

我们将一个单基站与其移动站通信放大（即移动站与其通信）。基站可能为了特殊的移动站传输信号，也可能是为所有的移动站传输公共信号（例如导频信号就可以用于所有基站）。在基站处看，所有信号都是在同一时间以相同频率传输。分离这些不同信号的概念就是信道化，就是说基站为每个信号建立不同的信道，使得移动站可以分离出其想要的信号。特别地，我们将讨论下行链路信道化。而且，由于所有信号都是从相同基站传输的，它们用了相同偏移的短PN序列，因此需要另一个机制来分离出从基站传输包中的不同信号（即另一个机制需要用于信道化）。确实，有另一组码可以用于这一目的，这就是Walsh 码。

Walsh 码是一种正交码，可以较容易地构造。通常，用于一个系统（如，IS – 95）的 Walsh 码都有相同的长度 K（2 的幂）。例如，IS – 95 系统中使用的Walsh 码都是有 64 个元素的二进制序列（此处，我们交互使用 Walsh 码和 Walsh序列术语）。有 K 个长度为 K 的 Walsh 序列，可以将它们写作 W_i^K，其中 $i = 0$，1，$\cdots$，$K-1$，i 是 Walsh 码过 0 的数量（如 W_3^K 有 3 个过 0）。任意两个码 W_i^K 是正交的，即，如果我们将 Walsh 码二进制序列用 1 和 – 1 表示，则任意两个Walsh 码的内积为 0，相同的码除外。让 $W_i^K(k)$ 表示 Walsh 序列 W_i^K 的第 k 个元素，则应用式（6.32）我们有

$$\sum_{k=0}^{K-1} W_i^K(k) W_j^K(k) = \begin{cases} 0 & i \neq j \\ K & i = j \end{cases} \tag{8.1}$$

表 8.2 列出了 $K = 8$ 的 Walsh 码。为了简便，不是用 1 和 – 1 表示序列，我们做了 1→0 和 – 1→1 的映射，所以我们可以简便地用 0 和 1 的序列来表示它们（见 6.1.5.1 节中的讨论）。在实际系统应用中，为了通过乘积得到正交性，我们需要取相反值，如 1 和 – 1。表 8.2 可以证明其中任意一对 Walsh 码都是正交的。

表 8.2 长度为 8 的 Walsh 码

指定值	序列
W_0^8	00000000
W_1^8	00001111
W_2^8	00111100
W_3^8	00110011
W_4^8	01100110
W_5^8	01101001
W_6^8	01011010
W_7^8	01010101

因此，理想情况下，通过使用正交 Walsh 码，不同信号的信道化是完美的，然而用不同偏移的 PN 序列码来分离不同信号是不完美的，仍然会有少量的干

扰，即使是已经由处理增益抑制了。"理想情况下"是指什么？注意到在式
（8.1）中 Walsh 码需要被同步。如果两个 Walsh 码不同步的话，通常来讲它们
的内积不会是零。然而，由于信号都是从同一个基站发射的，它们可以在基站
处准确地同时发射。移动设备处的接收信号是多个信号的线性和，但是需要的
信号可以通过用具体 Walsh 码内积（相关）提取出来。所以根据式（8.1）中所
示的正交关系，其他信号被"消去"了，只留下了所需的信号。实际中，有多
径的情况因为多径使得完美对齐 Walsh 码的情况不存在，所以仍会有少量的
干扰。

　　为什么信道化通过使用 Walsh 码实现，然而不同基站的信号的分离是通过
使用不同偏移的短 PN 码呢？首先，正交分离比用不同偏移的相同 PN 序列得到
的不完美分离更好。第二，因为信号来自相同的发射机（基站），它可以同时发
射信号，多数会被同时接收（除了多径的情况，如之前所讨论的）。在基站分离
的情况下，即使基站协调传输，信号来自于多个源，取决于接收机（移动站）
的位置，信号会在不同的时间到达，使得利用 Walsh 码的正交性质即使有可能，
也是一个挑战。图 8.7 展示了用不同 Walsh 码实现了基站的下行链路的多个链路
信道的正交分离（它们在 I/Q 调制时被扩展到了 1.2288MHz，通过使用恰当的
BS 短 PN 码偏移）。

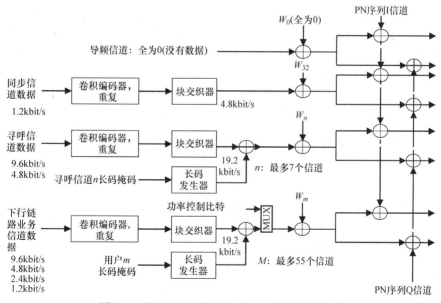

图 8.7　用 Walsh 码分离的 IS-95 下行链路信道

8.2.3　下行链路信道

　　下行链路业务信道按图 8.8 所示的处理。相比于 GSM（如图 8.2 所示），就

FEC 应用而言，IS-95 中的数据比特都被同等对待。它们都经过一个约束长度为 9 的码率为 1/2 的卷积码。尽管发射机可能以 4 个速率中的一个发射（0.8 ~ 8kbit/s，加入 CRC 和 8 个"尾比特"后，略微上涨到 1.2 ~ 9.6kbit/s），经过卷积码后一个简单的重复码使得速率达到 19.2kbit/s，不论起始的速率是多少。接着经过交织器，同时处理 384 个符号。在 19.2kbit/s 的速率下，需要 20ms 来积累到 384 个符号，所以交织器的延迟是 20ms。

除了下行链路业务信道外，还有一些控制信道，如图 8.7 所示，可以看到导频信道、同步信道和寻呼信道。由于最多可以有 7 个寻呼信道，控制信道总数为 9，每个用一个 Walsh 码，则剩下 64 - 9 = 55 个 Walsh 码可以用于下行链路业务信道。我们将在 8.2.7 节中讨论导频、同步、寻呼信道的使用。W_0（在同步信道上）通常设为全零，比其他信道传输功率要高。因此，这个未经调制的信道，非常有助于移动站的 Rake 接收机找到和跟踪来自己基站处的最强到达路径。尽管在末端有一个同相/正交调制、I 路和 Q 路使用相同的 PN 序列与相同偏移，提供了一种正交分集。

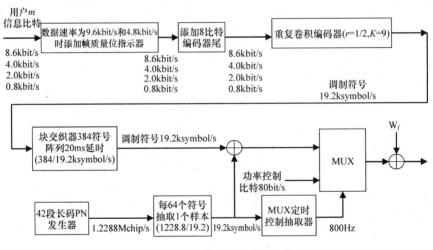

图 8.8　IS-95 的下行链路业务信道

8.2.4　移动站的上行链路分离

每个移动站都用一个长 PN 序列的不同偏移（见图 8.9）。这个与偏移对应的长序列"掩码"是移动站身份的一个函数，使得移动站唯一。这允许基站将一个移动站的信号从其他信号中提取出来，用长 PN 序列的自相关性质。当我们说"其他移动站"信号时，包括了同一小区的其他移动站以及相邻小区内向其他小区传输信号的移动站。

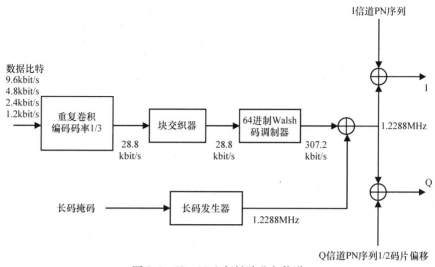

图 8.9 IS - 95 上行链路业务信道

注意到在 I/Q 调制器中，正交码片序列被延后了半个码片的时间，提供了一种 OQPSK 形式。然而，如在下行链路中一样，I 和 Q 用了同样的 PN 序列（仅有 1/2 个码片偏移）。

8.2.5 上行链路业务信道

上行链路业务信道并不包括导频信号，这是它需要一个较强的卷积码的原因。同样 Walsh 码被用在上行链路上，与下行链路中有完全不同的目的。它们是一个 64 进制正交调制的形式（即，交织器输出的 6 个比特的每个唯一序列被映射到 64 个 Walsh 序列中的一个）。因此，速率从 28.8kbit/s 上升为 28.8 × 64/6 = 307kbit/s。

8.2.6 多径的分离

最后但同样重要的，我们来研究分离难题中的第五种。想象一个基站和一个移动站之间的单链路或是其他方式，我们可以使用 PN 序列的自相关性质来解决多径问题，通过使用一个 Rake 接收机，如 6.4.2.1 节中所讨论的。在 IS - 95 中，移动站使用了一个有 3 个 finger 的 Rake 接收机，而基站使用了一个有 4 个 finger 的 Rake 接收机。除了调谐到达信号最强路径的 finger，还有一个 finger 用来搜寻强到达信号的新位置。

8.2.7 访问控制

8.2.7.1 同步和获取小区具体信息

同步是一个两阶段的过程：

- 导频 PN 序列同步；
- 从同步信道处获得额外的与同步相关的信息。

导频信道，如图 8.8 所示，是一个全零的序列，被一个为 0 的 Walsh 函数调制（同样都由全零构成）。然后乘以一个短 PN 序列。因此，导频信道可以称为一个为未调制信道，只不过是加了一个短 PN 码偏移。进一步说，它不是功率控制的（以一个恒定的功率发射）。由于导频信道没有被调制，移动站可以使用它的 Rake 接收机来相对简单地的接收导频信道。经过调谐对应好 Rake 接收机中导频信道的一个 finger 后，移动站有了关于短 PN 序列偏移所使用的信息，还有码片的定时和相位，所以它可以进行相干解调。进一步说，在一个多径环境中，Rake 接收机的 finger 会调谐到一些最强的路径上，允许其他 finger 调整到这些路径上，准备好接收机的进一步接收从基站经多径到达的信号。

在多径上接收到的导频信道的 E_c/I_0 用于软切换（见 8.2.8 节）。

一旦移动站获得导频信道，则可以获得同步信道。这很直观，因为同步信道是和导频 PN 序列对准的。像导频信道，同步信道是一个广播信道。然而，它载有信息，包括移动站在同步过程中余下同步过程所需的信息及更多其他信息。包括：

- （基站和网络的）ID 信息；
- 导频 PN 序列偏移；
- 不同定时信息，包括长码定时信息；
- 寻呼信道数据速率。

通过基站和网络的 ID，移动站可以决定是否该用此网络还是找其他网络。各种定时信息用于额外的同步（如帧和时隙，是一些信道上的定时单位）以及长码 PN 同步。从同步信道获得这些信息后，移动站则准备监视寻呼信道，因为它从同步信道处得到了寻呼信道的数据速率。它从寻呼信道上获得了额外的小区专有信息。尽管可能有多个寻呼信道，但移动站只监视一个，根据移动站 ID 号，使用一个哈希算法来选择寻呼信道。从寻呼信道可得到各种各样的信息，例如，广播信息，如下：

- 系统参数，如寻呼信道的数量；
- 访问信道参数：在一个随机访问信道上访问基站时会用到；
- 相邻基站的导频短 PN 码偏移列表。

寻呼信道也会用于移动站专有的消息，如当有一个电话打入或信道分配时的寻呼。

8.2.7.2 在随机访问信道上访问基站

当一个移动站没有其专有的资源时，会使用随机访问信道（RACH）来访问一个基站。这是一个基于竞争的信道，IS‐95 规定了一套发射用增加功率序列访问探头的程序（直到基站可以接收到 RACH 信息并告知）。如果初始功率和增加功率很大的话，会减少所需探头的数量，但是会导致对其他上行链路传输信号干扰的增加。然而如果这两个值很小的话，会需要更多的探头，每个探头都会引起对其他上行链路传输信号的干扰（也会增加潜在因素）。

8.2.8 软切换和功率控制

在 7.2.2 节中我们介绍了硬切换和软切换的差异。IS – 95 中为了实现软切换引入了信道集的概念[4]。每个移动站都拥有一系列的信道（每个信道都有不同的 PN 偏移和频率），包括激活集、备用集、相邻集和残余集。激活集包括当前使用的一个或是多个信道，在软切换过程中有两个或更多数量的信道和在其他时间内的一个信道。备用集包括适合被推选为激活集的信道。因此，选择作为软切换的新信道是从备用集中选出的。相邻集是指这一集合中的信道比较强，但是没有达到激活集和备用集标准的信道。残余集包括其他所有信道。信道从一个集合到另一个集合有特殊的规则。

在业务信道状态中（正常的通信链路）可能会有 3 个切换过程：

- CDMA 到 CDMA 软切换。这是发生在两个频率相同的 CDMA 信道之间。
- CDMA 到 CDMA 硬切换。这是发生在两个频率不同的 CDMA 信道之间。
- CDMA 到模拟硬切换。这是发生在切换中有一个共存的模拟信道的情况。

CDMA 到 CDMA 的硬切换和软切换通常由用户来发起。用户在导频信道上进行测量，并不改变频率。（每个基站都向它支持的每一个 CDMA 频率持续地发送一个导频信道，在其他频率上也有导频信道。）用户在由基站专有的 PN 序列范围内（也称为搜索窗）寻找可用的多径分量。当一个用户监测出一个足够强的导频信道，且不是它当前下行链路的信道（也可能会监测到数个信道，这种情况下用户会利用到分集合并），测量值被发送到服务基站，使其做出合适的决策，可能会是切换。用户发送到基站的信息包括：

- 导频强度。其计算方法是：在 k 个可用的多径分量上，求出每个码片的接收能量与总干扰加接收噪声谱密度的比值并相加，k 是用户在解调时用的 k 个相干器的数量：

$$导频强度 = \left(\frac{E_c}{I_0}\right)_1 + \cdots + \left(\frac{E_c}{I_0}\right)_k$$

- 切换掉线计时器。对于每个正在使用的信道和备选的导频信道，用户都持有一个切换掉线计时器。当导频强度低于一个门限时计时器开始计时，当导频强度超过门限时则重新复位。

- PN 相位测量值。为了更快的上行链路业务信道获取时间（例如，可以更加合理地设置它的相干器迟延），基站可能会用这些值来估计对用户的传播时延。

8.2.8.1 功率控制

在 7.3 节中我们介绍了功率控制的一般性问题和原理。在 IS–95 中，由基站签发的到每个移动站的上行链路控制指令的速率为 800Hz（即每秒 800 次）。功率控制步长一般是 1dB。功率控制的动态范围可能最高可达 70dB，在下行链路中也许仅有大约 20dB。

8.2.8.2 软切换中的功率控制

在软切换过程中，系统中的各种控制效用会发生什么？对于功率控制中会发生什么，我们对此有特别的兴趣。通常，不处于软切换时，一个基站和一个用户间的通信是基站给出功率控制命令，来增加或是减少传输功率。在软切换中，一个可能的情形是不同基站独立地发送功率控制命令，需要用户在这些不同的命令中做出裁决。另一种可能的情形是基站都达成一致，传输相同的功率控制命令。

在 IS–95 中，会使用到上述的可能方案。所有的下行链路业务信道与装载相同调制符号的用户激活集的导频有关联；功率控制子信道除外。下行链路业务信道集传输相同的功率控制信息，但是每个集都与其他有区分。用户在每个集上使用分集合并（因为信息都是一致的），并观察从所有集上获得的功率控制比特。如果只有一个命令用户减少传输功率，那它都会遵循并减少之。否则，则会增加功率。这是因为如果至少有一个减少功率的命令，则至少有一个基站可以提高覆盖。

8.2.8.3 空闲模式切换

即使是处于空闲状态下，移动设备也总是与基站联系着。当移动设备被开启，它获得一个导频信号，并选择附近最好的基站，接着就进入一个用户空闲状态，并持续地监视导频信道。如果用户监测到一个足够强的导频信道且与当前基站的不同，则会发生空闲模式切换。在空闲状态中移动站可以通过一个寻呼信道与基站通信。

8.3 IEEE 802.11 Wi–Fi

IEEE 802.11 的当前版本是 IEEE 802.11—2007，于 2007 年发布。然而，IEEE 802.11 系列的系统曾包含了 1999 年修订版（是 1997 年初始基础标准的修正）和一些修订：IEEE 801.11a，IEEE 801.11b 等（见表 8.3；关于标准中的修正和改进等解释，可见 17.2.6 节和 17.2.6.1 节，特地提到了关于 IEEE 802.11 的修正和改进）。这些改进中的许多内容都是现在 IEEE 802.11–2007 的一部分。然而，当提到 IEEE 802.11，人们通常指的是包含了其修正版的内容（例如，IEEE 802.11a 不是 IEEE 802.11–2007 中的相关部分）。

表 8.3　IEEE 802.11 系列成员

系列成员	特　　性
IEEE 802.11a	OFDM，最多 54Mbit/s，5GHz 频带
IEEE 802.11b	CCK 调制，最多 11Mbit/s，2.4GHz 频带，便宜、通用，特别在 802.11g 以前
IEEE 802.11e	QoS 扩展
IEEE 802.11f	接入点互用性
IEEE 802.11g	OFDM，最多 54Mbit/s，2.4GHz 频带，向后兼容 802.11b
IEEE 802.11i	比 Wep 更安全
IEEE 802.11n	OFDM，MIMO，最多 600Mbit/s
IEEE 802.11s	网状网络

由于 IEEE 802.11 被设计为在一个未授权的频谱内运行，物理层需要使用扩展频谱使其有干扰减少的特性，以及将发送功率能量展开来达到法规要求（未授权频谱使用法则给每个赫兹强加了一个最大 EIRP 的限度，由于 EIRP/Hz 的限制，用扩展频谱传输可发送更多的功率）。然而，IEEE 802.11 系统是一个很好的为扩展频谱应用的例子，并没有用于媒体接入，这不同于 CDMA 蜂窝系统。

IEEE 802.11 只规范了链路层及以下（见图 8.10）。某种意义上，IEEE 802.11 比起蜂窝系统（如 GSM）来，是一个更加纯正的无线接入技术，后者是一个更完整的系统。移动设备被称为移动站。

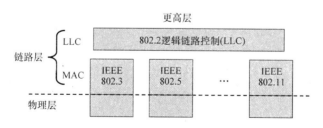

图 8.10　IEEE 802.11 只规定了协议栈的较低层

8.3.1　局域网概念

基于网络的 IEEE 802.11 一个基础组成部分是基本服务集（Basic Service Set，BSS）概念。事实上有两种 BSS，所以某种意义上说有两个基础组成部分。

● 独立 BSS（IBSS），也称为 IEEE 802.11 的 Ad Hoc 网络，由一组可以相互通信的站组成，每个站都处于其他站可以直接传输或是接收数据包的无线范围内，且无需一个中心控制器的帮助。IBSS 也独立于其他的网络（即它与其他网络不相连，如互联网）。如果一组设备想与另一组设备通信，且这种设备位于没有固定设施的荒漠中的话，IBSS 会比较有效。这种 Ad Hoc 网络不应当与 13.3 节中的移动 Ad Hoc 网络的概念所混淆。

● 基础结构型 BSS 包含了一组站及一个称为接入点（Access Point，AP）的特殊站。通常，如果两个非 AP 站在彼此的无线范围内，它们不允许直接通信，而是应经过 AP。这样做的一个好处是可以节省功率，由于站可能会进入睡眠模式，AP 可为它们缓存数据包。AP 执行了"第二层前向转发"功能，也被称作桥接。

在两种情况下，所有站（也包括基础结构型 BSS 中的 AP）在同一频带中发送和接收。如果在需要与另一网络整合的情况下（如有线网络，或是互联网），与其他网络的连接或是整合点称为一个入口。

IEEE 802.11 有 3 种概念的局域网（见 10.2.1 节）：

● 独立基本服务集（IBSS）概念，一组移动站独立地组成一个 BSS，所有移动站地位均等。图 8.11 左上侧给出了一个例子。

● 一个 AP 的基础结构型 BSS，其中 AP 起了 AP 和入口的作用，如图 8.11 左下侧。这是家庭 WiFi 网络的一个普通场景，其中单一 AP 也是有线网络的入口。（在这一普通场景中，同样的设备常扮演着 AP、入口、交换机、IP 路由器和 DSL 或有线调制解调器的角色！）

● 扩展服务集（Extended Service Set，ESS）概念，其中有多个基本结构型 BSS 和一个分布式系统（Distribution System，DS）连接着这些 BSS。DS 是一个抽象的概念，实际中常是一个有线网络（如以太网），但是也有可能是基于 802.11 的无线 DS。在 ESS 中，多个 BSS 和 DS 构成了一个大的局域网。因此，如果 LAN 中有一个路由器，那么 ESS 中，以 IP 来讲，每一个移动站距路由器都只有一"跳"的距离。ESS 中的运转对 IP 是透明的，不需要 IP 地址的改变（IP 地址改变是第三层的移动性）。相反，WLAN 在内部处理所有重要的数据包的重编路由。因此，ESS 中的运转也称为第二层的移动性。一个 ESS 可能或是不会连接到其他网络，如互联网。如果 ESS 连接到其他网络，集合点就是入口。ESS 如图 8.11 右侧所示。

有一个 AP 的基本结构型 BSS 可以看作是 ESS 的一种特殊情形，只有一个 AP，DS 塌陷，单一 AP 和入口被融入一个设备中。对常规的 ESS，IEEE 802.11 规定其功能、框架结构、信息，使得它可以像一个大的 LAN 一样运转，即使它包含了与一个 DS 相连的多个 BSS 也如此。当 DS 也用无线网络（IEEE 802.11）实施，则会有一个有趣的现象发生。当一个 BSS 中的移动站向另一个不同的 BSS（两者在同一 ESS 中）的移动站通信时，有 4 种相关的 MAC 地址：两个移动站的无线接口地址以及两个相关 AP 的地址，如图 8.12 所示。IEEE 802.11 提供了所有 4 种 MAC 地址的规范，以及"源 DS"和"目的 DS"两个标记。注意这些

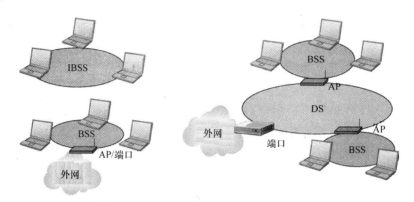

图 8.11　IEEE 802.11 中的局域网概念

标记如何被设置，以及当帧从发送移动站到接收移动站移动时哪一个 MAC 地址被指定。

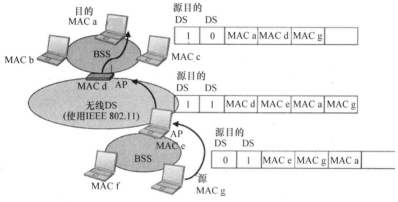

图 8.12　IEEE 802.11 帧中含有高达 4 种的 MAC 地址

8.3.2　IEEE 802.11 MAC

如 7.1.1.1 节所讨论的，无线及有线环境下存在差异，这使得 IEEE 802.11 中的 CSMA/CD（用在以太网中）无法使用。相反，IEEE 802.11 的 MAC 是基于 CSMA/CA。在 CSMA/CA 的基础上有两种 MAC 协议模式，分布式协调功能（Distribnted Coordination Function，DCF）及点协调功能（Point Coordination Function，PCF）。

由于存在碰撞的可能，及无线信道中相对高的误码率，IEEE 802.11 要求每个（单播）帧接收到后都发生一个确认帧（ACK）。但是开始发送时，它需要连入网络。它用了它的分布式 MAC 协议（本地决策发生于每个移动站而不是通过一个如 AP 这样的中心点的协调）来访问信道。为了理解信道访问机制，我们首先引入一些机制中的关键变量，然后在 8.3.2.1 节中讨论这一机制。

1）网络分配向量（Network Allocation Vector，NAC）。为了使分布式 MAC 协议运行，移动站需要持续地清楚媒体是否是空闲或忙碌。如果移动站需频繁地监测这些信息的话可能会浪费电力。相反，这种情况下，使用网络分配向量（NAV）有助于节省电力。NAV 是对当前帧传输所需时间总量的估计。在一些条件下，一个 IEEE 802.11 数据包的持续时间/ID 字段包含一个持续时间值，可以使其他移动站在设置它们的 NAV 时使用。当一个移动站接收到一个 IEEE 802.11 数据包，其持续时间/ID 字段满足这些条件（所以移动站知道了这个字段包含了一个持续时间值），它会更新 NAV。持续时间/ID 字段是 IEEE 802.11 每次传输的数据头的一部分，所以当空闲的移动站监听媒体时，如果它们能听到正在传输的数据包的持续时间/ID 字段，这些东西意味着一个时间长度，所以它们知道媒体将忙碌至少这一长度的时间，这段时间内它们可以停止监听。

2）竞争窗口和回退计数器。竞争窗口是指数备份过程的一个关键参数，这一过程是信道访问过程的子过程。回退计数器是指数回退过程的另一关键变量。

8.3.2.1 信道访问过程

当一个数据包到达一个移动设备的发射机，它会经历以下的过程（见图 8.13）。

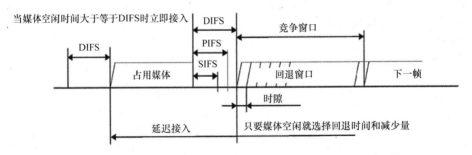

图 8.13　IEEE 802.11 基本 MAC 协议（来自 IEEE 802.11—2007[3]；
© 2007 IEEE，经许可允许使用）

1）如果媒体空闲了至少一个所需 IFS 的时间（也与我们之后会讨论的优先化机制有关），则进入第 2 步。否则，如果媒体是忙碌或是空闲了不到一个所需的 IFS 时间；则进入第 3 步。

2）它立即发送。发送后，如果是一个单播，则它会等待接收站的 ACK。如果接收到了，则结束。如果没有接收到，则需要再试一下，并进入第 3 步。

3）移动端根据标准中一个预定的数量扩大它的竞争窗口的大小（即不是一个随机的扩大）。移动端需要等到媒体空闲一个所需的 IFS 的时间，但是不会立即发送（像第 2 步那样），它会等一个随机的时间（根据回退过程）。这一随机时间的量是由回退计数器所给出，其由 0 到竞争窗口大小的均匀分布所得（因此，当竞争窗口变大时，它也会变大）。仅当这一额外时间结束且信道空闲了整个时间，则进入第 5 步。否则，如果信道在等待期间变为忙碌状态，则移动端进入第 4 步。随机等待的一个主要原因是为了避免多个站都在等待传输，都等待了一个所需 IFS 的时间，然后突然同一时间发送的情况。

4）回退过程暂停，直到信道空闲了另一个 DIFS 间隔后才继续。

5）它立即发送。发送后，如果是单播，则等待接收站的 ACK。如果接收到了，则进入第 6 步。否则，需要重传，然后重回第 3 步。注意第 5 步和第 2 步的差异，如果第 5 步成功了，需要进入第 6 步，而第 2 步成功后则结束。

6）竞争窗口重置为最小值。接着，为公平起见，另外一次随机回退执行一次，所以刚刚传输过的站回退，给其他站一个传输的机会。当然，一旦回退完成，该站重置，当要传输下一个数据包时再从第 1 步开始。

我们看到了第 2 步和第 5 步中的 ACK 的必要性。通常，ACK 有很高的优先级（有最短的 IFS，见 8.3.2.2 节）。ACK 可以是来自接收机的一个单独的控制帧，但常附着在一个数据帧上以减少开销。

CSMA/CA 用了以下方法来进一步避免碰撞。

• 用到了 RTS/CTS 技术，作为握手，允许一个发射机—接收机对同意发射机发送一个数据包。当发射机准备传输一些数据时，发送请求（RTS）控制信息会被发送。只有接收机用一个清除发送（CTS）标识应答，发射机才能传输数据。我们会在 8.3.2.3 节中看到一个使用 RTS 和 CTS 的例子。

• 网络分配向量（NAV）：每个站持有一个定时器，称为 NAV，它指示何时不传输数据时，不管意识到此时的无线媒体忙碌与否。NAV 根据移动站可能接收（例如来自在 PCF 期间控制媒体的一个接入点）来自另一个移动站发送一个 RTS 或是从另一个移动站发送一个 CTS 的信息而设置。每个移动站都拥有 NAV 可以减少碰撞发生的概率。

由于 RTS/CTS 是包头，而这对于较小的数据包特别有意义，如果 RTS/CTS 甚至完全开启，则它通常只用于一些大于指定门限的数据包。

DCF 采用了 CSMA/CA 并提高了一点优先级。PCF 位于 DCF 之上，所以从某种意义上来说它利用了 DCF 允许点协调器抢占控制媒体的特性。首先，我们介绍 DCF，然后简要描述 PCF。

8.3.2.2　帧间距离

帧间距离的概念使得 DCF 的优先可以实现。主要思想是一旦无线媒体是空闲的，不同优先级的业务均需要在尝试传输前等待不同长度的时间。因此，高优先级的业务有较小的等待时间。等待时间称为帧间距离（Inter Frame Spacing，IFS），IEEE 802.11 定义了一些 IFS 如下：

• 短 IFS（SIFS）。这些最短的 IFS 用在当一个帧已发送而且预计到会有一个立即的响应时。(如，ACK，或是一个帧是单播的，或如果一个 RTS 被发送时的 CTS)。

- PCF IFS (PIFS)。PIFS 是第二短的 IFS。它被点协调器（当 AP 扮演该角色时）用来抓取控制媒体。除了用 SIFS 未解决的响应外，没有其他传输会等待少于点协调器等待 PIFS 的时间，所以它可以在它们之前传输。一旦它开始传输，其他移动端就不能随便地传输了（因为它们要等待 DIFS 的时间），除了在点协调器的允许情况下。

- DCF IFS (DIFS)。DIFS 是移动端试图在 DCF 模式下传输的标准等待时间。

- AIFS。在 IEEE 802.11e 引入后，我们会在 11.3.3.1 节中简要讨论 AIFS。

点协调的功能（PCF）。IEEE 802.11 无线局域网可以在仅使用 DCF 期间和使用 PCF 期间两种状态中变化。某种意义上，DCF 永远不会被关掉，但是接入点（如点协调器）在 DCF 之上使用了 PCF，它通过使用 PIFS 来实现俘获媒体控制，接着转换到 PCF 并在 PCF 模式中控制传输。在 PCF 模式中，点协调器会使用轮询来找出哪一个移动端要传输数据，并协调该传输。PCF 并没有被广泛应用[1]。

8.3.2.3 例子：有关 RTS 和 CTS 及 SIFS 的传输时序

图 8.14 展示了使用 RTS 和 CTS 及 SIFS 的情形。

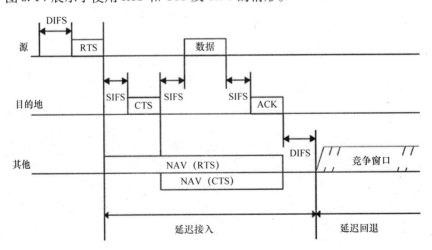

图 8.14 RTS 和 CTS 以及 SIFS 的时序图

（来自 IEEE 802.11—2007[3] © 2007IEEE，经许可允许使用）

我们注意以下几个点：

- RTS 之前的等待是 DIFS，不是 SIFS。如 8.3.2.2 节所提到的，SIFS 被用于一个"如果发送一个 RTS 时的 CTS"。这并不意味着 RTS 有相同的特权。某种意义上是因为 RTS 的发送不像 CTS 的发送那样对时间敏感。

- CTS 之后，源只需要在传输数据前等待 SIFS。所以，一旦 RTS 成功发送或是接收，这一组发射机—接收机就有了高于其他移动站的优先级，来完善这些数据的传输和接收。

- 我们也从图 8.14 中注意到 NAV 是如何设置的。对于另一个监听 RTS 的移动站，它会在 ACK 结束之后设置 NAV。如果移动站没有监听到 RTS，但是监听到了 CTS，它也会在 ACK 结束之后设置 NAV，但当然，这一值会比它监听到 RTS 的情况下要小。

8.3.2.4　例子：多片段传输时序

使用 SIFS 的另一场景是当一个传输被分为多个段的时候。每个段之后都有一个对应的 ACK。ACK 之后，下一个段等待一个 SIFS 后会允许被传输。这是当第一个段被传输和接收后，为了减少接下来段的接收迟延（见图 8.15）。

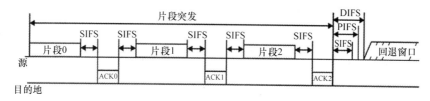

图 8.15　多片段传输时序图（来自 IEEE 802.11—2007[3]，© 2007IEEE，经许可使用）

8.3.2.5　控制行政与管理方面

在一个基于以太网的有线局域网中，局域网中的成员身份是很直接的。物理上（通过电缆）连接到局域网的站都是局域网的一部分⊖。而在无线局域网中，如果移动站处于其他移动站的无线范围并不意味着它就是局域网的一部分。DCF、PCF 及 CSMA/CD 描述了一旦移动站是 BSS 的一部分会发生什么。我们也需要考虑一个移动站开始怎样加入 BSS 或者离开它。如果存在一个 AP（基本结构型 BSS），一个移动站需要关联 ESS 来加入，将要离开时会断开，当它从一个 AP 移动到同一 ESS 的另一 AP 时，它会重联。

管理帧由以下目的而定义。注意：它与控制帧有些不同，像 RTS/CTS、轮询、ACK 等，这些像我们之前见过的那样，它们也有一个不同的名字：管理帧。管理帧有如下功能：

- 关联（请求与响应）。要加入一个 BSS，移动站需要与之关联，这是通过向 AP 发生一个关联请求来开始这一过程的。

⊖　至少默认：在现代局域网交换中，交换可以从管理上允许仅一定端口、一定 MAC 地址等是局域网的一部分。它也可以将物理上的局域网分成多个虚拟局域网。——原书注

- 重联（请求与响应）。从一个 AP 移动到同一 ESS 的另一 AP，会用到重联。
- 探测（请求与响应）。这是用来获得关于 BSS 的信息的。
- 信标。信标帧被 AP（或是在一个 IBSS 中的成员中分布）有规律地广播。它包括了诸如直接序列扩展参数集、SSID、信标间隔和流量指示地图等系统信息。
- 断开。这是关联的相反过程。
- 认证。认证是一个开放系统或是共享的关键变量（第 15 章有更多的细节）。
- 取消认证。这用来结束一个认证过程。

信标为希望加入一个 BSS 的移动站广播有价值信息。这包括 SSID（服务集 ID）和用于 BSS 的识别，也有关键的物理层参数。流量指示地图（Traffic Indication Map，TIM）帮助移动端节省电力，因为当有正在进行的传输且与它们无关时，它们可以进入睡眠模式。

不同于等待一个信标，移动站也可以发送一个探测请求后获得一个 AP 的探测响应。事实上，如果移动站只是在扫描 AP，它可能想在不同的频率来发送探测请求，来得到任何它可以得到的响应而不是耐心地等待信标。探测响应与信标很相似，但是少了一些信息，如 TIM。

8.3.2.6　执行中的变化

尽管规定已经很详尽了，但仍有在执行时变化的空间。例如 MAC 功能，不需要在 AP 中全部实现。相反，一个"分离的 MAC"执行可将 MAC 功能分为个体的 AP 群和其他元素，如一个无线局域网控制器（见图 8.16）。每个控制器均可能对应着数十或是数百个 AP。这使得减少 AP 数使成本变得更便宜，所以总的费用（相比于有同样数量的 AP，但功能齐全的 AP 且没有一个无线局域网控制器）会减少。除了能减少费用，一个分离的 MAC 执行也允许运营商合并一些不属于 IEEE 802.11 的中心协调元素。例如，AP 间的频率协调并不是 IEEE 802.11 的一部分。一个无线局域网控制器可以实现对多种 AP 频率分配的最优化算法。它也可以协调安全设置、QoS 设置等。

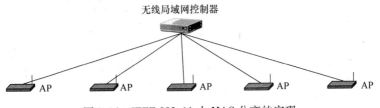

图 8.16　IEEE 802.11 中 MAC 分离的实现

8.3.3　大量物理层

最初的 IEEE 802.11（1997 年）只包含 3 个物理层选项：直接序列扩频（DSSS）、跳频扩频（FHSS）及红外线（IR），每个都支持 1Mbit/s 或是 2Mbit/s 的数据速率。实际上大部分会忽略 FHSS 和 IR 选项。同时，在之后的版本加入了其他物理层选项，如基于 OFDM、CCK 调制等。

最初的 DSS 是每个符号通过乘以一个 11 码片的序列来实现：1，－1，1，1，－1，1，1，1，－1，－1，－1。1Mbit/s 和 2Mbit/s 的不同之处是前者使用了 DBPSK，后者使用了 DQPSK。

IEEE 802.11b 加入了 5.5bit/s 和 11Mbit/s，通过使用 CCK 调制实现，一种 m 进制的正交调制形式。IEEE 802.11a 是第一个用了 OFDM 和 5GHz 带宽的补丁（IEEE 802.11 的基准 DSSS 及 IEEE 802.11b 是为 2.4GHz 规定的）。它可支持到 54Mbit/s。IEEE 802.11g，类似于 IEEE 802.11a，用了 OFDM，可以支持到 54Mbit/s。然而不同于 IEEE 802.11a，它在 2.4GHz 带宽中运行，所以比基准的 IEEE 802.11 和 IEEE 802.11b 更兼容。IEEE 802.11n 应用了 OFDM，并增加了 MIMO，可以支持 600Mbit/s 的数据速率。它可以用在 2.4GHz 和 5GHz。

8.3.3.1　近距离看 IEEE 802.11a

IEEE 802.11a 是 IEEE 802.11—1999 的补丁，引入了第一个基于 OFDM 的 IEEE 802.11 无线局域网的物理层。它用了以下系统参数：

- 20MHz 信道间隔；
- 一个 20Msample/s 抽样速率；
- $N = 64$ FFT；
- 48 个数据子载波和 4 个导频子载波；
- 每个子载波的调制（BPSK、QPSK、16QAM 或是 64QAM）；
- 导频辅助的相干检测；
- 1/2 码率的卷积码；
- 一个 0.8μs 的保护间隔（16 个时间样本）。

根据信道质量，IEEE 802.11a 可能会相应地改变它的传输速率。最好的情形下可以以 54Mbit/s 的速率传输，用了 64QAM 及只有 3/4 码率的 FEC，但是很多情形下信道不会这么好，因此需要回到一个较低的速率。这些可能的值在 8.4 表中给出。

表 8.4　IEEE 802.11a：的可能数据速率

传输速率 /（Mbit/s）	调制	FEC 码率	每 OFDM 符号的编码比特	每 OFDM 符号的数据比特
6	BPSK	1/2	48	24
9	BPSK	3/4	48	36
12	QPSK	1/2	96	48
18	QPSK	3/4	96	72
24	16QAM	1/2	192	96
36	16QAM	3/4	192	144
48	64QAM	2/3	288	192
54	64QAM	3/4	288	216

习题

8.1　给定 GSM 信号速率和每个时隙的时间分配，证明如图 8.1 中所示的，时隙中的比特数正好对应了该时隙。并计算保护间隔时间的长度，及与可能会在小区中所发生的时延扩展比较。

8.2　GSM 下的平均 FEC 速率是多少；即，有多少比特映射到了每个 20ms 的语音帧的 456 个比特中？为什么 GSM 解决方案要比使用一个所有比特平均速率的编码方式要好？

8.3　在一个 IS－95 系统中，基站间偏移在下行链路的最小间隔是 64 个码片。每个码片是多长（时间）？那么 64 个码片是多少？（这使得我们知道对基站来说达到同步是多么重要，因为 64 个码片不是一个很长的时间。）将这个时间与蜂窝系统中典型的 RMS 时延扩展做比较。

8.4　IS－95 的功率控制速率是 800Hz。功率控制指令的相应时间间隔是多少？

8.5　802.11 IBSS 可以连入互联网么？

参 考 文 献

1. B. G. Lee and S. Choi. *Broadband and Wireless Access and Local Networks*. Artech House, Norwood, MA, 2008.

2. E. Seurre, P. Savelli, and P.-J. Pietri. *GPRS for Mobile Internet*. Artech House, Norwood, MA, 2003.

3. IEEE Computer Society. IEEE standard for information technology—telecommunications and information exchange between systems—local and metropolitan area networks—specific requirements: 11. Wireless LAN medium access control (MAC) and physical layer (PHY) specifications. IEEE 802.11-2007 (revision of 802.11-1999), June 2007. Sponsored by the LAN/MAN Standards Committee.

4. D. Wong and T. J. Lim. Soft handoffs in CDMA mobile systems. *IEEE Personal Communications*, pp. 6–17, Dec. 1997.

第9章 最近的趋势和发展

随着无线技术的持续快速进步，其提供了更高的数据传输速率、更好的包数据流量优化性能等，在过去的十年里产生了许多新技术。因为这一章是许多关于无线接入技术章节中的一部分，我们在这里只把注意力放在近期无线接入技术的趋势和发展上。在其他方面的近期趋势和发展（比如网络）将在其他的章节进行论述，尤其是第12章和第13章。

在本章，我们将从9.1节的第三代 WCDMA 系统和 CDMA2000 开始讨论，然后在9.2节，我们将深入探索一些新兴的无线技术，例如 HARQ 和多天线技术。虽然 WCDMA 和 CDMA2000 是偏重声音和电路为中心的传统模式中最后一个无线空中接口，但这些技术很快被提升和改进以更有效支持高速包数据传输。比如 HSPA 和 EV-DO 等，这些将在9.3节进行讨论，我们在最后的部分将关注 WiMAX（9.4节）和 LTE（9.5节）。

9.1 第三代 CDMA 系统

有两个主要的第三代（3G）CDMA 系统：WCDMA（9.1.1节）和 CD-MA2000（9.1.2节）。总体来讲，这些系统被称作 3G 是因为它们强调的是为获取更高数据速率和可变数据速率等的 ITU 要求（更多的内容详见17.2.3.1节关于 3G 系统 ITU 的 IMT-2000 相关知识）。随着这些技术被加入到标准中，3G 系统同样见证了 Turbo 码和波束形成进入主流，（例如，Turbo 码的规范被使用，增加的导频能够被应用到波束形成中，更多关于波束形成的详细信息请查看9.2.2.3节）。WCDMA 和 CDMA2000 的标准等方面的发展将在17.2节进行论述，在这里我们只讨论这些系统的技术特点。

9.1.1 WCDMA

宽带 CDMA（WCDMA）空中接口是作为通用移动通信系统（UMTS）的一部分发展起来的，这个系统也将代替 GSM。该空中接口同 GSM 的空中接口相比是一种完全不同的再设计，对多址方式，用 CDMA 代替了 TDMA。它被称为宽带 CDMA 是因为它被应用于运行在 5MHz 的频谱，相比 1.25MHz 带宽的 IS-95信道宽了好几倍，相比 GSM 的 200kHz 信道要宽得多。相应的码片速率是3.84Mchip/s。

与 IS-95相比，WCDMA 的显著优势包括：

- WCDMA 相比 2G 系统支持更高的数据速率，是因为充分利用了更宽的带宽。

- WCDMA 支持多种速率的信道。IS–95 是一个 2G 系统，其将更多的重心放在了音频信道上，而 WCDMA 支持一个范围的数据速率。

- WCDMA 不需要基站彼此同步，然而 IS–95 需要使用 GPS 来保证基站彼此保持同步。

另外：

- 相比于 IS–95 的 800Hz，WCDMA 的闭环功率控制具有 1.5kHz 的传输速率。

- 代替 IS–95 中下行链路的每小区一个导频，在下行链路和上行链路上均有很多的导频，它们中的有些是具体针对单个链路的，这支持了上行链路相干检测和天线波束形成等）。尤其，为了波束形成在特殊方向上引导一个信号指向手机，一个专用的导频在同一波束上发送使手机能进行相干检测。关于波束形成的深入讨论请查看 9.2.2.3 节。

为了支持可变速率信道，WCDMA 在所有信道上相同速率的 Walsh 码上使用了正交可变扩展因子（Orthogonal Variable Spreading Factor，OVSF）码。OVSF 码是具有相同速率 Walsh 码的一般化形式，也可以认为是不同传输速率 Walsh 码的集合。那为什么可变速率信道需要可变扩展因子呢？考虑到最终来自发射机的码片速率是 3.84Mchip/s，而这个速度和所有信道的传输速度是相同的，有更高的数据速率的信道则需要较少的扩频；例如，具有 0.96Mbit/s 的信道仅需要通过一个从 3.84/0.96 = 4 的因子扩频就达到 3.84Mchip/s 传输速度，然而，一个具有 0.24Mbit/s 的信道则需要由一个 3.84/0.24 = 16 的因子扩频后才达到 3.84Mbit/s 传输速度。

我们可以想象 OVSF 码是通过将它们看作像图 9.1 中具有"父节点"和"子节点"分支的一棵树来建造的，每一个子节点的编码均来源于其父节点的编码，并具有相比父节点更高的扩频因子。图 9.1 只是显示了一棵树的开端，通常会有更多的等级延伸到图的下方。例如，在 WCDMA 中，有高达 256 的扩频因子的编码被使用。就像 Walsh 码一样，任何具有相同速率的两个 OVSF 码都是彼此正交的，一些不同速率的 OVSF 码也许会彼此正交。然而，任何两个不同速率的 OVSF 码都不必彼此正交。并且，我们应该确保的是任何被使用的 OVSF 码的集合总应该是正交集。给定一组编码集，一种很方便的方法来判断这些码是否能一起使用就是去检查它们中的任何一个码是否是这个集合中其他任何码的父节点（不一定是父母，甚至可能是一个"祖先"，即父母的父母）。如果这样的父–子关系在这个集合中存在，那么这些码就不是正交的。

同样的，如果我们没有遇到这个集合中其他的码而追踪每一个码的父节点

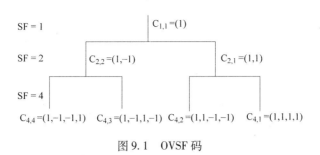

图 9.1　OVSF 码

到这个树的根节点，那么，在这个集合中的码都是彼此正交的。

图 9.2 显示了可变扩展因子码的一些使用方法。另外（没有在图中显示出来）与对不同的数据业务速率（对比语音和控制业务），不同的扩展因子将会被使用。

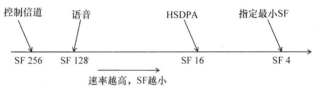

图 9.2　OVSF 码扩展因子的典型应用

9.1.2　CDMA2000

CDMA2000 是 IS-95 系统的演进，最开始，它只是被设计为与 WCDMA 相似的一个宽带 CDMA 系统。然而，自从它作为 IS-95 系统的演进被设计出来，在 CDMA2000 和 WCDMA 之间就有很多不同。因为 CDMA2000 是一种现存的以 CDMA 为基础，通过 1.25MHz 信道传输的 IS-95 系统的演进，CDMA2000 是为了处理 1.25MHz 用于 1 倍、3 倍、5 倍等整数倍的信道（即，1.25MHz，3.75MHz，和 6.25MHz）等。（因此，1X 为 1 倍 IS-95 系统的 1.25MHz 带宽，3X 意味 3 倍 1.25MHz 带宽等）。在最开始，我们关注 3X 版本的 CDMA2000（3.75MHz）同 5MHz 的 WCDMA 信道进行对比。实际上，这两个主要的空中接口是在 20 世纪 90 年代末被 ITU 选择作为 3G 的唯一全球空间接口标准的竞争对手，这也是 IMT-2000 框架的一部分，详情请见 17.2.3.1 节。

然而，大部分已经运行 IS-95 系统 CDMA 网络的运营商仍保持使用 1.25MHz 的信道，这些系统从 IS-95 系统被升级为 IS-2000 系统，也作为 CDMA2000 1X。CDMA2000 1X 在 IS-95 系统上增加了可变提升的改进，就像我们在 9.1.2.1 节讨论的那样。除了在 CDMA2000 1X 上进行的提升，兴趣使我们转向高速率无线数据传输上，9.3 节提到的 1×EV-DO，是作为一种利用原始

1.25MHz 信道的数据优化技术。一种从 IS-95 到 CDMA2000 演进的图示概要如图9.3 所示。

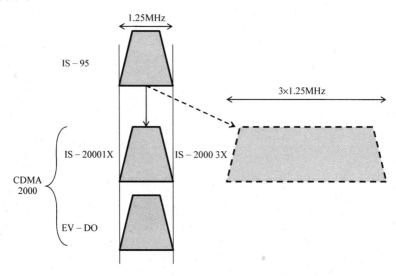

图9.3　IS-95 到 CDMA2000 的演进

9.1.2.1　IS-2000 在 IS-95 系统上的改进

为了满足 3G 技术的 ITU 要求，IS-2000 还需要信号和传输两方面的改进设计来支持 144kbit/s 的数据速率[13]。在信令方面，重点在于支持快速获取以及无线资源释放的信令，高速分组交换数据可以有效支持这一点。这包括添加新的控制信道以及为一些控制信道添加短帧规范。在传输方面，需要增加新信道来支持高速率用户数据。与只有下行链路存在导频信道（因此相干解调只能应用于下行链路）的 IS-95 不同，IS-2000 的上行链路也存在导频信道。与每个用户都有专门导频的 WCDMA 不同，IS-2000 存在可以用在波束形成的可选辅助导频信道，但仅有 4 个，也就是说同一时间只能使用 4 个波束。其中最知名的改进之一是物理层容量的提升，具体如下：

● 下行链路中。回想 IS-95 采用 QPSK 技术，相同的符号会同时在同相和正交载波上传输。这是发射分集的一种形式，但它带宽利用率不高。IS-2000 同样使用 QPSK 技术，但是同相和正交载波中传输不同的符号，所以其允许两倍的数据速率。从另一个角度看这个问题，IS-95 实际采用的是 BPSK，因为每个符号均含有一个码片（同相和正交载波中相同），而 IS-2000 的每个符号使用两个码片。结合这种容量增益，Walsh 码的长度从 IS-95 时的 64 增加到了 IS-2000 中的 128，这使得更多的 Walsh 码可用。

● 上行链路中。回想 IS-95 采用 64 进制正交调制，而且没有上行链路导频。IS-2000 的上行链路中加入了导频，使得相干解调在上行链路中变为可能，全面提高了链路容量。此外，导频的加入允许 Walsh 码用于信道化，所以一个移动站才能（用不同的 Walsh 码）同时给基站传输多个信道。

CDMA2000 可以像 WCDMA 那样采用 OVSF 码吗？是也不是，是是指在一定意义上采用了同一种思想，在 CDMA2000 中，可以找到 OVSF 码——对应的映射。不是是指在某种意义上又没有采用，新的码字只是叫作 Walsh 码，和以前一样，尽管 Walsh 码长度不同。因此，在下行链路中，可以采用 4 ~ 128 长度的 Walsh 码，同时最短的 Walsh 码用于速率最高的信道。

9.1.3 小结

在表 9.1 中，总结了 WCDMA、CDMA2000 以及 IS – 95 等 3G CDMA 无线接入技术的主要差异。

表 9.1 WCDMA、CDMA2000 和 IS – 95 CDMA 之间的比较

	IS – 95 CDMA	WCDMA	CDMA2000
码片速率	1. 2288Mchip/s	3. 84Mchip/s	1. 2288Mchip/s
Turbo 码速	N/A	1/3	1/2、1/3、1/4、1/5
DL 信道码	Walsh	OVSF	变长 Walsh
UL 信道码	N/A	OVSF	变长 Walsh
DL 扰码	PN 码偏移	Gold 码	PN 码偏移
UL 扰码	长 PN 码	Gold 码或短码	长 PN 码
UL 功率控制速率	800Hz	1. 5kHz	800Hz
UL 功率控制速率	50Hz	1. 5kHz	800Hz
UL 导频	N/A	多个	多个，仅有共同点
DL 导频	每小区一个	多个	多个

9.2 无线接入新兴技术

自从 UMTS 和 CDMA 2000 以来，无线系统无线接入领域的关键技术的创新，是混合 ARQ（HARQ）、复合天线技术和 OFDMA 应用。我们在 7.1.2 节介绍了 OFDMA，在 9.4 节和 9.5 节将看到如何从标准角度实现它。

在本节中，我们将关注 HARQ（详见 9.2.1 节）和多天线技术（详见 9.2.2 节）。

9.2.1 HARQ

HARQ 是传统 ARQ（10.1.3.1 节将介绍）和前向检错（FEC，见 7.4 节）的混合体。有几种方式去结合 ARQ 和 FEC，它们包括 I 型 HARQ 和 II 型 HARQ。

9.2.1.1 I 型 HARQ：追逐结合

I 型 HARQ，又叫作追逐结合，只有 1 个 FEC 编码比特的子集被发送（所

以它又被看作原码的打孔版本；我们在 7.4.3 节中讨论过码打孔）。这个子集满足接收机检测并纠正有限数量错误的要求，但是一般来说它的能力比完整的编码比特逊色。然后，在信道状态良好的情况下，这个子集也足够满足解码要求，所以带宽被节省下来。如果信道状态不好，那么相同的 FEC 编码比特子集将被再次发送以达到指定限值。每次重发这些比特，接收机中比特值的可靠性均会增加，因为在接收多个版本的相同比特时可以得到时间分集的一种形式。特别是，多个版本可以通过采用最大比合并的方式结合。这又被称为软结合，因为结合发生在比特判决之前，它不像硬结合那样发生在比特判决之后，在这种情况下，实际上收到的有价值的信息将会丢失，能做的最好的选择就是采用服从多数的决定。

9.2.1.2　Ⅱ型 HARQ

Ⅱ型 HARQ 又被称为增量冗余，其第一次传输类似于Ⅰ型 HARQ：只发送一个 FEC 编码比特的子集，满足检测和纠正有限数量的错误的要求。在信道状态良好的情况下，第一次传输就可以满足解码要求，能够节省带宽。与Ⅰ型 HARQ 的不同在于当需要重发时，Ⅰ型 HARQ 重发相同的编码比特，而Ⅱ型 HARQ 每次重发都发送不同的编码比特。这样做的结果是降低了每次重传的编码效率（从高速率低性能编码转换为低速率高性能的编码）。例如，图 9.4 描述了 4 个数据比特经过编码成为码率为 1/3 传输的 12 个编码比特。我们假设这是一个系统编码，也就是说编码比特包含一个原始数据比特的完整副本。这 4 个原始数据比特在第一次传输中被发送，导致基本上没有编码的传输（即码率 R 为 1 且没有 FEC 保护比特）。这种传输在信道状态良好的情况下是可行的，但如果需要进行重传，12 个编码中其他 4 位可以发送，有效地成为 1/2 码。如果还不够，还可以进行下一次重传，剩下的 4 个数据比特被传送回到最初的 1/3 码。注意：这个简单的例子并没有介绍接收机如何检测第一次传输是否包含错误，因为这是一个未编码的传输。在实践中，接收机必须有办法检测错误以便它能决定是否需要重传。然而，为了例子的清晰性和简单性，并没有介绍这种方法，这将在 9.2.1.4 节中做进一步讨论。Ⅰ型 HARQ 可以认为是一种码为重复码（因此每次重发相同比特位）的特殊Ⅱ型 HARQ。

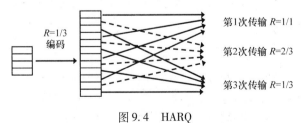

图 9.4　HARQ

9.2.1.3 应用实例：有效 FEC 码率

假设码率为 1/4，即每次发送比特的 1/4，产生有效码率为 1、1/2、1/3、1/4。假设 60% 的传输不需要重传，20% 需要一次重传，10% 需要两次重传，10% 需要三次重传。这种情况下，这个 HARQ 方案的有效 FEC 速率是多少？有效速率是

$$0.6 \times 1 + 0.2 \times \frac{1}{2} + 0.1 \times \frac{1}{3} + 0.1 \times \frac{1}{4} \approx 0.75833$$

其 $R \approx 3/4$，如果一开始就用 3/4 码率代替 HARQ 会怎么样呢？带宽利用率基本相同，然而，对于那 20% 需要第二次或者第三次重传的情况，3/4 码率可能不够强大（相应码率为 1/3 和 1/4），而对于 20% 仅需要重传一次的情况（对应码率为 1/2），3/4 码率的效果又不够好。因此，与采用 HARQ 相比，使用平率 3/4 码字可能会导致性能的严重下降。

9.2.1.4 HARQ 的进一步讨论

接收方如何知道何时收到的比特是可靠的或者什么时候需要重传？一般来说，某种错误检测（如 CRC）会被执行。这样的错误检测码的优点是占用的比特（其数量是数据比特数量级）比 FEC 少，所以对开销的影响很小。

一般更希望执行 Ⅱ 型 HARQ，因为当重发相同比特时 Ⅰ 型 HARQ 会有边际增益递减的效应，而 Ⅱ 型 HARQ 每次重发都是新的信息。事实上，研究也证明 Ⅱ 型 HARQ 的性能更好。并且，它的计算也要比 Ⅰ 型更复杂。

9.2.2 多天线技术

自 20 世纪 90 年代末期开始，就已经出现了关于多天线技术研究的爆发。新入行的人可能对听到的使用的不同术语感到迷惑：多输入多输出（MIMO）、空分复用、时空编码、Alamouti 方案、发射分集等。此外，还有一个新的发射分集或者已经知道和使用多年的旧的接收机分集技术的变化（见 5.3.5 节）？

在发射端和接收端使用多天线，这会允许自由维度出现，而它的增益可以用不同方式实现。按照增益实现方法的不同可以把多天线技术分为以下 4 类：

- 空间复用：通过同时传输多个独立的数据流来实现更高的数据速率。
- 空间分集：通过空时编码、接收天线分集尽力降低差错率。
- 智能天线，也叫作自适应天线阵列：为天线增益或者阵列增益波束形成提供更好的信噪比，降低同信道干扰等。
- 混合技术：结合上述两个或两个以上的技术。

MIMO 这个词可以用来形容通用设置，即（在无线媒体的输入和输出）两端使用多个天线。然而，有时也用来专门表示空间复用。在本节中，依据第二个惯例用 MIMO 表示空间复用。在给定的情况下应该采取哪类方法？在高信噪

比的情况下，假定无线环境支持空间复用是一个不错的选择。而在低信噪比的情况下，空间分集或者波束形成技术可能是更好的选择。

9.2.2.1 高比特率的空间复用

Foschini、Gans 以及 Telatar 的研讨在 20 世纪 90 年代末期极大地激发了人们对 MIMO 领域的研发兴趣，MIMO 技术已经被发现了作为系统重要组件进入最新商业无线系统以提供高数据速率的方法。假设发射端使用了 m 个天线，而接收端使用了 n 个天线（传统上分别称为发射天线和接收天线）。之后，就可以形成高达 m 个不同的独立信道，每个发射天线对应一个（事实上，空间复用中每个天线都可以传输不同的数据流）。这表明，在带宽和总功率不变的情况下，容量基本随 m 和 n 的最小值呈线性增长[5]。

然而，这是传输天线与接收天线之间信道独立的理想情况，这种情况更容易在发射端和接收端之间充满反射、折射的丰富衰落环境中被发现。所以每一对发射和接收天线的组合效应都不同。因此，在实践中，无线系统可以通过少量天线获取增益［如，2×2（2 个发射天线和 2 个接收天线），甚至高达 4 个，都需要传播环境提供支持］。当增加天线超过一定数量时（取决于传播环境）将不再允许更高的吞吐量，在这种情况下，其他天线可以用作其他目的，如波束形成。

给定理论容量，较低差错率情况下实现接近容量数据速率，可有多种选择。采用最大似然检测器的最佳性能往往在接收端以高复杂性为代价。目前也有多种低复杂性的最大似然检测器的替代品可以被使用。它们中的一些基于串行干扰消除原则，它的基本思想是，由于多个数据流需要在同一带宽中传输，而且要同时在接收端恢复成为给定数据流，其他数据流会成为干扰，这些干扰需要被消除。最早的方案是出自贝尔实验室的 BLAST 方案，基于这种方法逐层恢复数据流。

9.2.2.2 空间分集

在空间分集方案中，目的是通过把独立的数据流通过不同天线传输来获取尽可能高的数据速率，利用空间分集的优点获取分集增益。在一些方案中，也通过使用先进的编码方案实现编码增益。

接收分集技术，如选择分集、等增益组合和最大比合并已经被提出很多年了（见5.3.5 节），并且在 Jakes 编辑的经典书籍中得到了广泛的分析[8]。

最近，发射分集方案的研究变得流行起来，发射端的技术被用于提供分集增益或者分集和编码增益的合并。两篇里程碑式的论文说明了这种技术的价值，Alamouti 的双传输天线方案[11]和 Tarokh 等人的关于空时编码的论文[12]。随后，这种空时编码的大量推广和扩展被提出。

9.2.2.3　智能天线和波束形成

第 4 章已经讨论过天线阵列。波束形成是利用天线阵列产生波束沿指定方向传播或者在指定方向没有波束的天线模式。正如 4.3 节中看到的，阵列中不同天线间信号相关相位的微小变化也可以造成天线模式的巨大改变。阵列中的天线越多，那么可以用来创造波束的自由度就越大，特别是 N 个元素的阵列将拥有 $N-1$ 个自由度。这样的天线阵列有时被称为智能天线。这类天线通常出现在基站，因为与应用在移动端相比，把智能天线用在基站更为现实。然而，从理论上讲，智能天线是可以用于发射端也可以用于接收端的。通常，尤其是在传统的波束形成中，天线紧密排列而且高度相关。这与适用于低相关性的分集方案形成鲜明对比。

通过使波束沿指定方向传播，波束可以用于改进特定移动端或者移动端组的无线链路。而空的波束可以用于干扰设备存在的方向。用这种方式可以减少干扰。作为一个感兴趣的实际问题，当采用波束形成时，从基站到移动端通过波束的信道会与从基站到移动端的主要全向通道很不一样。例如，通过波束的信道基本上就是视线内的信道，而全向信道可能会包含很多视线外的信道。因此，如果只有一个公共导频信道被基站（在全向信道上）用于传输，那么这个导频信道对于信道估计和信号传输的相干解调价值有限。因此，每个波束均需要额外的导频，这是波束形成开始应用时的折中方案之一。

9.3　HSPA 与 HRPD

高速分组接入（HSPA）实际上包含了两种技术：高速下行链路分组接入（HSDPA）和高速上行链路分组接入（HSUPA）。HSDPA 出现在 HSUPA 之前，它们的工作方式存在一些差异，虽然也有一些相同元素。HSDPA 是 Releas 5 中 UMTS 主要增加的技术之一，而 HSUPA 是 Release 6 中 UMTS 主要增加的技术之一（详见第 12 章中 UMTS 演进的介绍，包括 12.3.3 节介绍的 Release 5，12.3.4 节介绍的 Release 6）。高速分组数据（HRPD）也被称为 $1 \times EV-DO$，1 指系统带宽（1 倍 IS-95 带宽），EV 代表演进，DO 是指"数据优化"。

9.3.1　HSDPA

在寻求更好地支持数据业务的过程中，查看 HSDPA 的一种方式是从 2G 系统到 3G 系统的演进过程中自然迈出的一步。2G 系统是以语音为中心，主要依靠电路交换。像 GPRS 这样所谓的 2.5G 只是在 GSM 时隙的基础上加入了一些数据流量的灵活性，但仍然基于 GSM 时隙。而在第一个 3G 系统 UMTS 中，新的专用信道（DCH）支持可变速率的业务。然而，相对于真正的分组交换信道，它更应该被看作是一个多速率电路交换。真正的分组交换对不论是来自移动设备或者发送给移动设备的数据流量都会更加优化，可以实现设备间更快更灵活的交换。因为数据是突发性的，在某一时刻，设备 A 可能需要大量带宽以应付紧急传输，而其他设备可以等待一段时间，而在另一个时刻，设备 B 和 C 可以共享带宽，其他设备可以等待一段时间。如果有一个方案能够提供这种灵活性，难道不是很好吗？

实际上，HSDPA 的一个关键思想是，它可以采用一种被称为"大信道"的方式，这个"大信道"可以在短时间内完全分配给设备 A，也可以在之后另一个短时间内共享给设备 B 和 C。如图 9.5 所示，y 轴表示"扩频码"。HSDPA 发生的情况是在基站可用的 OVSF 码总数中，为 HSDPA 传输分配一组 1 到 15 个 OVSF 码（扩频因子是 16）。其他码字可以正常用于电路交换服务、控制信令等。分配给 HSDPA 的所有码字，任意时刻从 0 到所有都可以分配给任意移动设备，一些码字还可以同时分配给两个或更多设备。

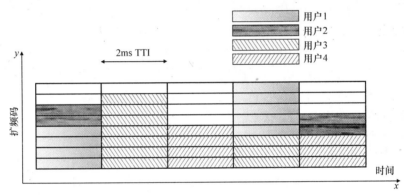

图 9.5　HSPA：一个可以在不同时刻灵活分配给不同设备的大信道

除了根据不断变化的需求分配信道资源，另一个影响分配决定的因素是基站和各个移动设备之间的信道状况。因此，给移动设备分配信道资源时，可以优先分配给那些信号更好的移动端。之后，当这些移动端处于阴影中，其他移动端也许有了更好的信号时，则优先分配给其他移动端。这是一种多用户分集模式，它有时被称为信道感知调度或者信道依靠调度。所以调度器设计过程中有多个输入。移动设备一方面有变换带宽的要求，另一方面又可改变信道条件。另外，对传输给设备的不同流量还可能有不同的 QoS 要求。如果调度器的优化传输主要基于信道状态，这可能会造成很多对移动端的不公平分配（如，如果一个移动端趋向于一个弱信道，它可能很难得到足够带宽，带宽资源大部分时间都被分配给了其他移动端）。如果调度器的优化主要基于带宽和移动端所需的服务质量，那么由此得到的总体容量可能会明显降低（可能调度传输更多的在较差的信道中）。因此，需要吞吐量和公平性之间的权衡。

　　此外，为了使信道感知调度可以更好地工作，基站需要能够快速调度大信道的分配，并且能够在短时间内完成该分配并提供相当程度的灵活性。事实上，快速分配是 HSPDA 带来的另一个创新。在此之前，信道分配由 BSC 控制，这造成了太多的延迟。因此，在 HSDPA 中，基站本身可以在 2ms 很短的传输时间间隔（TTI）中控制分配，为所需交换的分配提供了极大的灵活性。

　　正如在 7.3 节中讲到的，功率控制在 CDMA 系统的上行链路中至关重要。而在下行链路中就没有那么重要了。在 IS - 95 系统中，上行链路功率控制得到的传输功率动态范围为 70dB，而在下行链路功率控制中仅有 20dB。在 HSDPA 中功率等级保持恒定，质量好的信道通过采用高阶调制加以利用，而不是进行下行链路的功率控制或者当有强信号信道时传输给设备时降低传输功率。这样不管是 QPSK 或 16QAM 都可应用于 HSDPA 系统（以后，64QAM 可能被应用于 UMTS Relase7 中的 HSPA + 中）。相关适应能力是一种适应 FEC 码率的能力，也取决于信道状态。

　　产生高数据速率 HSDPA 的另一个特性是采用混合 ARQ（HARQ）。在 9.2.1 节中介绍了 HARQ。HSDPA 允许追逐合并以及增量冗余。FEC 码是一种打孔速率为 1/3 的 Turbo 码。可能具有高达 3 次传输（第一次传输以及紧随其后的一次或二次重传）。对于每一次传输和重传，码均被打孔（对第一次传输，打孔仅移除一些校验位，所以，系统比特加上剩余校验位被传输；对于重传，增加了冗余，系统比特被打孔，仅校验位被发送）。对于增加冗余，每次传输和重传时，打孔模式是不同的，而对于追逐合并，同一模式将被用于重传，与第一次传输一样。

9.3.2　HSUPA

　　HSUPA 是与 HSDPA 相对应的上行链路传输方案。不幸的是，HSDPA 的一些特性并不能应用于 HSUPA，例如，之前解释过的以下行链路自适应调制代替功率控制。在上行链路中，功率控制是不可避免的，所以它仍在被使用。因此，自适应调制不是 HSUPA 的特性。另外，不同于 HSDPA 的是，HSUPA 中不存在常见的共享信道。这是由于传输来自不同的移动端（下行链路的传输都来自于基站），而上行链路不使用正交信道。所以，上行链路更像是传统的上行链路信道，但像 HSDPA，它在物理层仍采用快速调度和快速 HARQ。

9.3.3　1 × EV - DO

　　1 × EV - DO 与 HSPA 相似，具有以下特性：
- 有一个很大的"管道"，可以使用短帧很快为多用户分集提供调度；
- 为更高的数据速率采用自适应调制；

- 有增量冗余的物理层 HARQ 的应用，同样支持更高的数据速率。

最近，CDMA2000 还包含另一种高速率分组优化方案，称为 1×EC－DV 或者 CDMA2000Release D。1×EV－DO 只服务于数据，而 1×EV－DV 则是为了早期版本的 CDMA2000 向后兼容而设计的，因此它可以用在早期版本的支持语音和低速率流量信道的系统中。DV 表示"数据和语音"。

9.3.4　增强演进

HSDPA 是在 HSUPA 之前介绍的，但当它们都被引入后，两者通常被简称为 HSPA。HSPA＋是 HSPA 最新的增强版本，它包括：

- 自适应调制到 64QAM；
- MIMO。

单独采用 64QAM 而不采用 MIMO 使得最大数据速率从 14.4Mbit/s 提升到了 21.1Mbit/s，如果再引入 MIMO 数据速率会提高到 42.2Mbit/s。

最近，双小区 HSPA 在 UMTSRelease8 的 LTE 中被提出。它也被称为双载波 HSPA，它允许使用两个载波，同时联合了两个载波的资源分配和负载平衡，因此它有"大信道"的两倍大小。最初，双小区 HSPA 没有和 MIMO 结合使用，最大数据速率为 42.2Mbit/s，而最近，双小区 HSPA 和 MIMO 的组合已经被指定，该组合可以将最大数据速率提升到 84.4Mbit/s。表 9.2 提供了 HSDPA、HSUPA 以及 1×EV－DO 特点与 UMTS 的 DCH 比较的总结。

表 9.2　HSPA 和 1×EV－DO 特点总结

特点	DCH	HSDPA	HSUPA	1×EV－DO
可变扩频因子	Yes	No	Yes	No
快速功率控制	Yes	No	Yes	No
软切换	Yes	No	Yes	虚拟
自适应调制	No	Yes	Yes	Yes
信道相关调度	No	Yes	Yes	Yes
LI HARQ	No	Yes	Yes	Yes
TTI/ms	10，20，40，80	2	2，10	1.6

9.4　IEEE 802.16 WiMAX

无线局域网的 IEEE 802.11 协议一提出就受到了广泛欢迎，但它只是为无线局域网而设计的。因此，它的通信范围被限制在几百米，MAC 协议也最适合短距离通信。像城域网（MAN）（详见 10.2.1 节中 LAN、MAN、PAN 之间的区别）这样覆盖范围更广的网络，它们需要一个新的设计。因此，在 1998 年，也就是最初的 802.11 协议被提出一年以后，关于 IEEE 802.16 的工作也展开了。802.11 是为无线局域网设计的，而 802.16 是为点对多点的城域网设计的。广为人知的 WiMAX 系统就是基于 IEEE 802.16 标准产生的。实际上，802.16 是拥有很多可选项的标准大家庭，主要包括：

- 为固定宽带无线应用设计的选项，俗称固定 WiMAX，它是在修订版的 IEEE 802.16 - 2004 中被指定的（通常也称为 802.16d，严格来说，802.16 - 2004 这个名称是不正确的，因为它只是一个修订而非修正版）。

- 为移动宽带无线应用设计的选项，俗称移动 WiMAX，被指定为修正版 802.16e - 2005（通常简称为 802.16e），这是一个在 802.16 - 2004 基础上增加了移动支持的修正版。

我们将在 17.2.2 节中进一步讨论 802.16 标准的发展。在 17.2.2 节中，还会讨论实际 IEEE 标准与 WiMAX 之间的联系以及它们如何影响部署选择。WiMAX 的特性包括：

- HARQ（包括类型 I 和类型 II）；
- 支持多天线；
- OFDMA。

9.4.1　HARQ 的应用

在 WiMAX 中 HARQ 的应用是可选的。

9.4.2　OFDMA 的应用

在一般情况下，任何子载波的组合都可以分配给传输或接收的移动设备。然而，在 802.16 中，只有子载波组才可以被分配。这些子载波组被称为间隙和突发。最小的分配单位是间隙。一般来说，一个间隙可能包括分布于时域（OFDMA 符号不同）和频域（中心频率不同）的子载波。子载波在一个间隙内的精确组合依赖于多种因素，包括是上行链路还是下行链路，以及子信道化的方案。

9.4.2.1　子信道化方案

IEEE 802.16 定义了大量的子信道化方案，这些方案用于像间隙这样的单位内子信道分组。有两种主要的子信道化方案。

- 把相距较远的子载波分为一组的分布式方案，包括下行链路全使用子信道（DL FUSC）、下行链路部分使用子信道（DL PUSC）和上行链路部分使用子信道（UL PUSC）方案。

- 把彼此相邻的子载波分为一组的相邻子载波方案，包括下行链路自适应调制和编码及上行链路自适应调制和编码方案。

分布式方案的想法是可以最好地利用频率分集的优势。而相邻子载波方案的想法是最好地利用高质量信道（良好的子载波往往频率集中而不是分散）进行自适应调制和编码。

DL FUSC。在 DL FUSC 中包含两种类型的导频子载波（见图 9.6）：

- 常数集合导频子载波：连续 OFDMA 符号中的固定子载波；
- 可变集合导频子载波：连续 OFDMA 符号中的变化的局部子载波。

此外还有保护子载波在其左右。

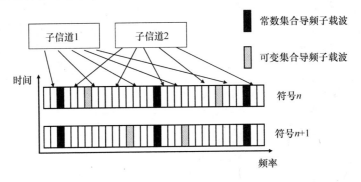

图 9.6   WiMAX FUSC 方案

例如，对于 $n = 1024$ 的 OFDMA 系统，它有 173 个保护子载波，82 个导频子载波和 1 个 DC 子载波，留下的 768 个数据子载波。这 768 个数据子载波被平均划分到 16 个子信道中，每个子信道中有 48 个子载波。这 48 个子载波又全方位分布在 OFDMA 帧的数据子载波中。

DL PUSC。在下行链路的 PUSC 中，将导频子载波和数据子载波的全集分组成簇。每个簇都是两个连续 OFDMA 符号中的 14 个相邻子载波，总共 28 个子载波（两个 OFDMA 符号中的 14 个子载波相同）。在这 28 个子载波中，24 个是数据子载波，4 个是导频子载波。每个簇又被以伪随机方式分为 6 组。一个子信道由同一组中的两个簇组成。因此，每个子信道含有 56 个子载波（两个连续 OFDMA 符号中的 14 个子载波，加上另外两个连续 OFDMA 符号中的 14 个子载波），另外由于是以伪随机方式进行分组，子信道内的簇的频率可能很接近也可能相差甚远。DL PUSC 方案如图 9.7 所示。

注意：就算 N 的取值不同，簇的大小也是相同的（都是两个连续 OFDMA 符号中的 14 个相邻子载波）。不同的 N 取值只会影响簇的数量的多少。为什么要分为 6 组？为什么不直接把子信道定义为任意两个簇的组合？簇的分组分布允许运营商选择使用所有组，或者只是特定的发射机的一个子集。例如，基站可能会被分区，并且就算所有扇区使用相同频带，也可以给它 3 个扇区中的每一个分配 2 个组。因此，不同扇区的基站传输干扰得以减小。

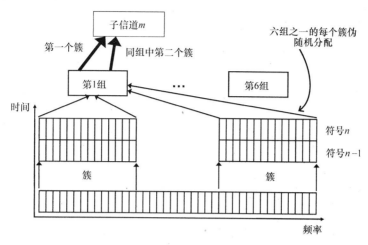

图 9.7　WiMAX 的 DL PUSC 方案

UL PUSC。在上行链路中也存在 PUSC 方案，它与下行链路的 PUSC 不同。它采用单元块代替了簇，单元块可以被认为与簇相似，只是大小不同。一个簇由两个 OFDMA 符号上的 14 个相邻子载波组成，而单元块由 3 个连续 OFDMA 符号上的 4 个相邻子载波组成。其中 8 个是数据子载波，4 个是导频子载波。还有另外一种选择，即由 3 个连续 OFMDA 符号上的 3 个相邻子载波构成，包含 8 个数据子载波和 1 个导频子载波，这可能在信道容易被跟踪的 WiMAX 应用中十分有用。

与 DL PUSC 相同，单元块也会被随机分为 6 组。而与同一组内的两个簇组成一个子信道的 DL PUSC 不同，UL PUSC 的一个子信道是由同一组内的 6 个单元块组成，一共 72 个子载波。UL PUSC 的构成如图 9.8 所示。

注意：在下行链路中也有一个选择和 UL PUSC 采用相同结构。这个选择有时被称为子载波的单元块化应用（TUSC）。

Band AMC。WiMAX 为运营商提供了极大的灵活性来满足他们部署各自系统的特殊要求。因此，在基于 OFDMA 的系统中，有两种不同的策略被应用在为信道分配子载波上。

• 扩展子载波到实现频率分集。大多数情况下我们希望了解一系列子载波的质量情况，这样就能得到其平均效果，与只给信道分配相邻子载波而有时不得不处理所有子信道中子载波质量都不好的情况相比，这种方案更加合适。

• 只给每个子信道分配相邻子载波。我们希望子载波的质量可以作为一个组同时提高或降低。如果能够自适应地改变对子载波的调制，这并不是一件坏事。因此，当子载波组质量差时，采用低速率调制，而当子载波组质量好时，采用高速率调制。

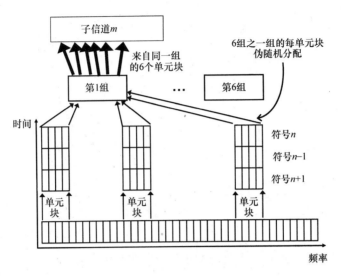

图 9.8　WiMAX 的 UL PUSC 方案

FUSC 和 PUSC 遵循第一个策略，而频带自适应调制和编码（频带 AMC）采用第二种策略。频带 AMC 分配相邻的子载波给子信道（见图 9.9）。因此，它失去了频率分集所具备的潜在好处。但它能比分散时更好地适应以组或频带为单位的子载波调制。此外，当与多用户分集结合时，它也能通过利用不同用户的子信道质量都很好的调度传输来达到更好的性能。在这些时间中，传输被分配给那些用户，并且它们子信道可以作为一个频带或组来使用更高阶调制使它的平均数据速率可以很高。

子载波在频带内的具体分组以及子信道的工作如下：

- 9 个相邻子载波（8 个数据子载波和 1 个导频子载波）形成一个频点；
- 4 个相邻的频点形成一个频带；
- 6 个临近的频带形成一个子信道。

当说到每一个频点中的子载波或者每一个频带中的频点相邻时，意味着它们频率相邻。然后，当说到子信道中的频带相邻时，并不一定频率相邻，事实上，这 6 个频带也不能彼此频率相邻。相反，一个子信道也不是：

- 时间上 6 个连续的频带（即 6 个 OFDMA 符号中的相同的频带）；
- 3 个 OFDMA 符号中相邻的 2 个频带；
- 2 个 OFDMA 符号中相邻的 3 个频带。

9.4.2.2　间隙、突发和帧

现在我们已经了解了多种形成子信道的方式，接下来继续学习间隙、突发和帧的相关概念。与子信道相比，一个间隙可以被认为是子信道中的数据子载波（只是数据子载波，而非导频子载波）。事实上，一个间隙是物理层资源中可

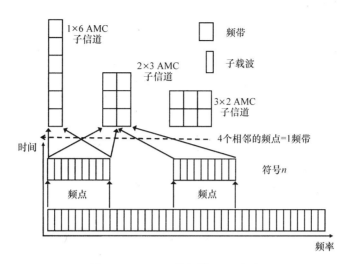

图 9.9　WiMAX 的频带 AMC 方案

以分配给移动设备的最小单位而不是子信道。一个间隙总是含有 48 个数据子载波（在同一 OFDMA 符号中不是必须的）。事实上，读者可能注意到 9.4.2.1 节中，尽管不同子信道化方案中每个子信道包含的子载波数量不同，但无论哪种情况，一旦我们减去导频子载波数，每个子信道都是 48 个数据子载波。感兴趣的读者可以通过习题 9.4 验证这一点。

突发是多个在时间以及逻辑子信道编号上邻近的间隙。当说间隙是逻辑子信道编号邻近的意思时，如图 9.10 所示。因此，一旦 FUSC（或 PUFC 等）映射被执行，突发中的实际物理子载波就可能被扩散到频率上。

OFDMA 的帧结构一般是基于时分双工（TDD）的，所以不需要成对的频谱。下行链路中的 OFDMA 符号队列，紧跟一个 Tx/Rx 过渡间隔（TTG），再之后是上行链路中的 OFDMA 符号队列。在下一个帧开始前有一个 Rx/Tx 过渡间隔（RTG）。TTG 和 RTG 是保护时间，其值（例如，一些情况下为 80μs 左右）根据移动端距离基站的远近变化而确定。

图 9.10 是一个用于 WiMAX 系统的 OFDMA 帧的例子。需要注意的是，纵轴是子信道逻辑编号，所以当获得被映射实际子载波时，它们会扩散（频域）到所有 OFDMA 符号的频段上。

下行链路帧由一个 OFDMA 符号长度的报头开始。帧中接下来的 OFDMA 符号在帧控制头（FCH）和 DL-MAP 之间分开。之后是数据突发，第一个下行链路数据突发除了携带用户数据，同时也包含 UL-MAP。这里我们简要解释报头、FCH、DL-MAP 和 UL-MAP。

报头：报头是一组已知的序列，在接收器中协助同步和均衡。

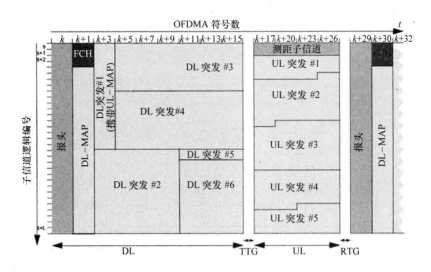

图 9.10　WiMAX 中的 OFDMA 帧（来自 IEEE 802.16—2009；© 2009 IEEE，经许可使用）

FCH：FCH 提供至关重要的信息，像 DL – MAP 中的信道编码和 DL – MAP 的长度。

DL – MAP：顾名思义，它包含移动端下行链路子信道的分配信息。除了这些映射，它还包含一些一般信息，如基站识别，以及当前帧的下行链路子帧中 OFDMA 符号的数量。

UL – MAP：和 DL – MAP 类似，但用于上行链路。

报头是固定的，FCH 和 DL – MAP 必须使用 DL PUSC。此外，下行链路突发的子信道化可以采用 9.4.2.1 节中提到的任意一种子信道化方案。这些信息在 DL – MAP 也会被提供。

至于上行链路帧，它以包含测距信道、信道质量信息（Channel Quality Information，CQI）信道以及 ACK 信道的 OFDMA 符号一起开始。上行链路突发可以紧随其后，因为在下行链路子帧中，基站已经提供了上行链路和下行链路的映射。

测距信道。测距信道包括 6 个相邻的 UL PUSC 子信道（相邻表示含有相邻的逻辑子信道编号）。它被移动端用于初始测距以及周期性测距等方面。测距是移动端获取一个合适的定时时偏移以及对传输功率做出必要的调整。它是一种随机接入信道（测距间隙由 UL – MAP 中的基站提供），测距间隙由移动端随机选择，而 CDMA 测距码字会在这段时间里发送给基站。基站能够回应时间偏移校正和功率级的校正。

CQI 信道。它为基站提供下行链路传输的信道质量信息。

ACK 信道。它用于为下行链路中 HARQ 提供反馈信息。

9.4.3　其他方面

　　和在其他系统一样，WiMAX 中的功率控制在上行链路比在下行链路中更关键。一个 OFDMA 系统的不同子信道从基站的不同移动端到达，基站需要通过功率控制命令来协调各个移动端。由于支持可变的速率，这就带来了一个问题，移动设备传输的总功率是可控的还是每个子信道的功率密度是可控的。在WiMAX 中，每个子信道的功率都是可控的。因此，随着移动基站传输的子信道数量的增加或减少，传输的总功率也分别按比例上升或下降。移动端提供的初始传输功率设定被用于测距过程。在测距过程中，一个特殊的物理层从移动端发出，基站利用它来估计信道响应等。它表明移动端所使用的初始传输功率以及时间偏移。

　　基于 802.16e 的 WiMAX 系统必须支持硬切换。然而，它还可以选择使用宏分集切换（Macro Diversity Handoff，MDHO）和快速基站交换（Fast Base Station Switching，FBSS），这些都是软切换方式。因此，它们都分享了传统软切换激活集的概念。MDHO 和 FBSS 的主要区别在于，MDHO 与所有处于激活集的基站同时通信（就像传统软切换一样），而在 FBSS 中，移动端只与激活集中的一个基站通信（称之为锚基站），它只需要监视激活集中的剩余基站，执行测距以及维护与其他基站的有效连接 ID。因此它可以很快从一个锚基站切换到另一个而无需切换信令。

　　802.16e 中的基本差错控制编码是一个约束长度为 7 的 1/2 码率的卷积码。根据选定系统的模式和设置选择，在 WiMAX 系统中可以发现 Reed – Solomon码、块 Turbo 码、卷积 Turbo 码以及 LDPC 码被指定。

　　WiMAX 中的空间复用、空间分集以及波束形成及它们的组合都支持多天线。它们是 802.16e 不可缺少的一部分，该标准指定了天线间的每个 OFDMA 符号如何分开导频子载波（每个传输天线的信道不同，并且必须在接收机端估计，所以每一个传输天线都需要导频子载波）。大量的反馈选项也被指定，并且允许使用闭环 MIMO。

9.5　LTE

　　LTE 的特点包括：HARQ、支持多天线、OFDMA。

　　LTE 网络中存在多种信道，分组逻辑信道是一种利用底层业务服务之后又映射到底层物理信道的信道。并不是所有信道都在我们的讨论范围内，这里介绍几种与本节相关的信道。

　　上行链路信道。大部分的上行链路业务在物理上行链路共享信道（PUSCH）中传输，除了 HARQ 应答、信道状态报告这样的控制信号，它们是在物理上行链路控制信道（PUCCH）中传输。传输信道的上行共享信道（UL-SCH）映射到 PUSCH。

下行链路信道。大部分的下行链路业务在物理下行链路共享信道（PDSCH）中传输。两个传输信道映射到 PDSCH，它们分别是寻呼信道（PCH）和下行链路共享信道（DL-SCH）。当然还有其他的传输信道，如广播信道（BCH）和多播信道（MCH），但它们都不映射到 PDSCH。BCH 用于广播特定的系统信息，MCH 用于支持 MBMS（详见 13.2.4 节）。

9.5.1　HARQ 的应用

LTE 中的 HARQ 是 MAC 层的一部分，尽管它的一些像软综合（最初传输和重发）的部分是在物理层完成的。此外，在 MAC 层之上的无线链路控制（Radio Link Control，RLC）层中，LTE 采用传统的 ARQ 协议。为什么在 RLC 层中使用 ARQ 协议，而在 MAC 层和物理层中要使用 HARQ 协议呢？这是因为 HARQ 依赖于来自接收器的反馈，这就造成了一些错误通过 HARQ 得不到解决。而在 RLC 层使用 ARQ 协议可以显著减少这些错误的数量，为高层提供低差错率的服务，尽管它以带来额外的延迟为代价。

在像是 BCH 这样的广播信道或者 MCH 这样的多播信道中使用 HARQ 是没有意义的，所以 HARQ 只被应用于 DL-SCH 和 UL-SCH。

9.5.2　OFDMA 在下行链路的应用

可被分配的时域资源的基本单位是资源块。每个资源块由在 7 个时隙（7 个 OFDM 符号）上的 12 个相邻子载波构成，因此，它包含 84 资源格（如果把一个时隙上的一个子载波作为一个资源格）。这样的分组放弃了最好的控制等级，减少了信令额外开销（如果能分配每个子载波），类似的方案被用于早期的 WiMAX。类似于第一次在 LTE 中使用 OFDMA 技术牺牲了频率分集（因为每个资源块中的 12 个连续子载波是在同一组中的），而与此同时，我们看到诸如 WiMAX 中的 FUSC 计划则能提供大量的频率分集。然而，LTE 中的资源块可以被共享（在 HSPA 中），并不是专用的（在 WCDMA 中）。所以跨频段（提供频率分集）的一个或者多个资源块可以分配给一个移动设备，TTI=1ms，所以资源块可以迅速根据用户需求来切换，也可以针对每一个移动设备的信道响应来迅速切换。如果对某个移动设备，一些资源块的接收比较差，且存在一些接收较好的资源块，则接收好的可以分配给该移动设备。

9.5.3　上行链路中的 SC-FDMA 或 DFTS-OFDM

LTE 的上行链路采用 OFDMA 的一种变形，称之为 SC-FDMA（见图

9.11），在上行链路中采用它主要是因为它可以容忍更低的 PAPR（见 6.5.2
节）。这一点在上行链路十分重要，因为较低的 PAPR 也就意味着功率放大器的
高效利用。这意味着在上行链路中 SC – FDMA 可以比 OFDMA 更加高效地传输，
这样延长了电池寿命，这对移动端很重要。

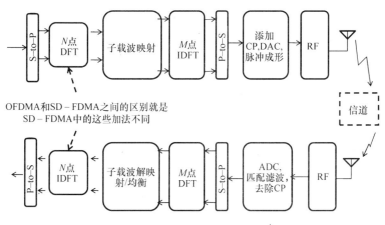

图 9.11　SC – FDMA 模块图

SC – FDMA 可以认为是在传输端子载波映射前添加了 DFT 并且在接收端添
加了相应 IDFT 的 OFDMA。作为 DFT 的结果，映射到每一个子载波的不仅是
FEC 和交织之后的 1、2、4、6 用户比特（取决于调制电平），而是整个比特块
的功能。因此，由于这种 DFT 的"扩展"，它有时又被称为 DFT – 扩展 OFDM
（DFTS – OFDM）。它在某种意义上可以被认为是单载波 FDMA 系统，即增加的
DFT 从时域转换到频域又通过增加的 IFFT 变换到时域，又回到单载波。

一般来说，增加的 DFT 和 IDFT 的大小会和 OFDMA 中标准的 IFFT 和 FFT
大小有所不同。否则，若两者都是 N 点变换，则会出现彼此抵消的现象。这里，
我们用 M 表示标准 IFFT 和 FFT 的点数，用 N 表示增加的 DFT 和 IDFT 的点数。
那么在 SC – FDMA 中有 $M > N$，并且多接入 SC – FDMA 中的一个基本点是不同
的发射机可以被分配到不同的 M 子信道的子集中。这与 OFDMA 非常相似。两
者之间的主要差别是用数据符号的傅里叶变换组合代替了输入 IFFT 的数据符号
（分配子信道的子集并把其他位置归零）。

和 OFDMA 一样，这里也存在如何把 N 个符号映射到 M 个 SC – FDMA 子信
道的子集中去的问题。理论上，来自每一个发射机的 N 个符号会聚集到一起，
或者在子信道间会用 0 完全分开，这会使得在接收端，不同发射机的子信道会
相互交叉，或许需要选择其他方法来实现符号到子信道的映射。每一种映射方
案都各有优缺点。对 LTE 来说，来自各个发射机的 N 个符号聚集在一起，形成
一个频率紧邻的组[3]。

当然，从效率上讲 N 点 DFT 和 IDFT 也可以用 FFT 和 IFFT 来实现，但为了避免混淆，通常写作 DFT 和 IDFT。

9.5.4　其他方面

就像很多其他无线系统，LTE 也采用开环和闭环功率控制，并且重点也放在上行链路功率控制上。功率控制命令会从移动基站发出来以提高或降低传输功率等级。与 UMTS 和 HSPA 不同，LTE 使用长度为 2 比特的功率控制命令，因此它提供了 4 种功率控制可能性，分别为 −1 dB、0dB、1 dB 和 3 dB。这与早期只能请求升降的 1 比特控制命令形成鲜明对比。此外，与 UMTS 和 HSPA 中所有信道的功率一起按比例上升或下降，LTE 中，对物理上行链路控制信道（PUCCH）和物理上行链路共享信道（PUSCH）的功率控制可以使用不同而且独立的命令。

因为 LTE 并不是基于 CDMA 的，所以它使用硬切换而非软切换。LTE 与 UMTS 和 HSPA 一样使用卷积 Turbo 码，但使用改进的交织器[3]。

9.6　下一步的发展

诸如 WiMAX 2 以及 LTE – Advanced 这样的新技术连续被推出。根据 ITU – R 的评估，WiMAX 和 LTE 都不算是 4G 技术，WiMAX2 和 LTE – Advanced 才有资格被称为 4G 技术。然后，ITU – R 随后放宽了限制，允许运营商把它们的网络称为 4G 网络，尽管它们并不符合 ITU – R 最初的技术要求。

习题

9.1　在相似的多径环境中，下面哪种空间复用配置可以产生最高的数据速率？

A. 2×2 　　　B. 3×3 　　　C. 2×4 　　　D. 6×2

9.2　一个无线系统在追逐结合中使用 HARQ。假设 40% 时间不需要重传，30% 时间需要重传一次，20% 时间需要进行两次重传，而剩下的 10% 时间需要重传三次。如果码率为 1/2，那么有效码率为多少？

9.3　为什么 HSUPA 的数据速率没有 HSDPA 中的快？

9.4　在 DL FUSC 中，每个子信道包含 48 个子载波，验证下列情况

• DL PUSC：每个子信道中有多少子载波？每个子信道中有多少导频子载波？每个子信道中有多少数据子载波？

• UL PUSC：每个子信道中有多少子载波？每个子信道中有多少导频子载波？每个子信道中有多少数据子载波？

• 频带 AMC：每个子信道中有多少子载波？每个子信道中有多少导频子载

波？每个子信道中有多少数据子载波？

9.5　在 SC – FDMA 中，为什么要在子载波映射之前进行 N 点 DFT？为什么它不能取消 OFDM 过程中的 IFFT，直接给出没有频分方面的简单时域传输？

参 考 文 献

1. S. Alamouti. A simple transmit diversity technique for wireless communications. *IEEE Journal on Selected Areas in Comunications*, 16(8):1451–1458, Oct. 1998.

2. J. Andrews, A. Ghosh, and R. Muhamed. *Fundamentals of WiMAX*. Prentice Hall, Upper Saddle River, NJ, 2007.

3. E. Dahlman, S. Parkvall, J. Sköld, and P. Beming. *3G Evolution: HSPA and LTE for Mobile Broadband*, 2nd ed. Academic Press, San Diego, CA, 2008.

4. K. Etemad. *cdma2000 Evolution: System Concepts and Design Principles*. Wiley, Hoboken, NJ, 2004.

5. G. Foschini and M. Gans. On limits of wireless communications in a fading environment when using multiple antennas. *Kluwer Wireless Personal Communications*, 6:311–335, Mar. 1998.

6. H. Holma and A. Toskala, editors. *HSDPA/HSUPA for UMTS*. Wiley, Hoboken, NJ, 2006.

7. H. Holma and A. Toskala. *WCDMA for UMTS: HSPA Evolution and LTE*, 4th ed. Wiley, Hoboken, NJ, 2007.

8. W. C. Jakes, editor. *Microwave Mobile Communications*. 2nd ed. Wiley-IEEE Press, New York, 1994.

9. J. Mietzner, R. Schober, L. Lampe, W. Gerstacker, and P. Hoeher. Multiple-antenna techniques for wireless communications—a comprehensive literature survey. *IEEE Communications Surveys and Tutorials*, 11(2):87–105, 2009.

10. H. G. Myung, J. Lim, and D. J. Goodman. Single carrier FDMA for uplink wireless transmission. *IEEE Vehicular Technology*, 1(3):30–38, Sep. 2006.

11. H. Schulze and C. Lüders. *Theory and Applications of OFDM and CDMA: Wideband Wireless Communications*. Wiley, Hoboken, NJ, 2005.

12. V. Tarokh, N. Seshadri, and A. Calderbank. Space-time codes for high data rate wireless communication: performance criteria and code construction. *IEEE Transactions on Information Theory*, 44(2):744–765, Mar. 1998.

13. S. Yang. *3G CDMA 2000*. Artech House, Norwood, MA, 2004.

14. C. Yuen, Y. L. Guan, and T. T. Tjhung. *Quasi-Orthogonal Space-Time Block Code*. Imperial College Press, London, 2007.

第 10 章　网络与服务架构简介

在本书第 10~13 章中，将讨论无线网络的网络与服务架构。在本章中，我们要奠定的基础主要集中在网络概念和 IP 网络上，并要有意识地向"全 IP"网络的无线网络靠拢。（这可以被看作是向全 IP 网络融合的两个出发点：传统的无线蜂窝网络和传统的 IP 数据网络）之后我们用两章介绍无线网络与网络架构从 GSM 到 LTE 的演进以及以语音和电路为中心的网络逐渐转变为以分组为中心网络的过程。在这些章节的第一部分，在第 11 章讨论 GSM 网络，同时还将介绍几个扩展 IP 性能的步骤，为语音 IP（VoIP）和服务质量（QoS）提供支持，这两者都是 IP 网络的重要组成部分，能在比如全 IP 无线网络这样的网络中扮演重要角色。在第 12 章中，将继续研究无线网络中用来使 IP 网络与相关功能相适应的其他步骤，如添加移动支持。另一方面，也看到无线网络如何开始以 GPRS 的形式添加数据包功能。该章还继续验证了从不同版本的 3G 网络技术（UMTS）到 LTE 技术实现的演进步骤。在第 13 章中，探讨了服务架构以及可替代网络架构技术，如移动自组网技术。

本章的其余部分包括 10.1 节回顾传统网络基础概念之后，在 10.2 节介绍了网络架构和相关概念。10.3 节回顾了 IP 网络，包括 IPv6。最后，在 10.4 节介绍了通信流量分析。

10.1　网络基础概念回顾

正如在道路交通网络中，汽车和其他车辆被称为车流量，在网络通信中传输的用户数据被称为通信流量。通信网络是一种复杂的分布式网络，它只具备有限的资源。由于通信网络是具备丰富功能的复杂系统，人们试图能把它设计成有助于网络工程师和架构工程师更好地理解、设计、实施以及排查故障的网络。为了实现这一目标，系统复杂性的问题必须得到解决。众多实施在通信系统中的方法里，一个叫作分层的模块式解决方法经常被使用。10.1.1 节将讨论分层的概念。

为了使分布式元素能共同服务以实现特定功能，它们之间需要通过交流来分配通信参数、预留资源等。这些交流是通信网络内部的，而且是实现系统功能所必需的，然而，它们与网络用户之间的通信有明显区别。因此，我们称之为控制信令或控制流，用于区别代表用户数据流量的数据流和用户流量。控制信令可以是带内的也可以是带外的（详见 10.1.2.1 节）。

这两种基本的网络交换方法必须解决分布式元素如何控制资源分配问题。对于电路交换，资源预分配需要从通信路径的一端用户到另一端用户，然而分组交换方法则不会进行资源的预分配。我们会在 10.1.2 节关于电路交换和分组交换的对比中进行详细阐述。

10.1.1　分层

模块化设计是一种处理庞大且复杂系统的方法，它把系统分成多个子系统或者模块，其中的每一个模块都是负责实现系统功能的子集。因此，它可以被看作是一种分而治之的方法，一种令人敬佩的、行之有效的方法。模块化设计在系统设计、安装、运营（包括网络管理和故障修复）方面很有效率。在通信领域，模块化设计的最杰出的例子就是分层的概念。功能和协议分布在各层之间，使得各层的设计、安装、运营与没有分层相比，更加好管理。分层是一种有层次特点的模块化方法：上层的功能是建立在下层的功能基础上的。各层通常安排在一种垂直的、符合这种层次特点的方式下，这种垂直的安排方法叫作协议栈。

一个著名的叫作开放系统互连（Open System Interconnection，OSI）的参考模型，可以用来演示通信系统如何分层建立，如图 10.1 所示。这个模型来自于国际标准化组织（ISO）。这个模型的名字就表明了系统的互连性对于其他系统的交流是开放的。会提供一些结构用来解释这些通信是如何被组织的，OSI 参考模型把功能分成了七层，其中层次的选择和每层实现的功能是基于以下原则的：

- 每一层的功能应明确定义。
- 每一层的功能应是国际标准化组织所列标准。
- 每一层应该为更高层提供一个不同的抽象服务。

图 10.1　OSI 模型的七层协议栈

- 每一层的功能组群应该使接口间的信息流最小。
- 层数不宜太多或太少。

通常，这些原则同样适用于更一般的模块化系统设计（在这种情况下，模块相当于层的概念；除此之外，其他的原则也值得一提，但我们不在这里讨论了，因为它超出了我们的范围）。

OSI 参考模型的 7 个层次（从低到高）分别是：

1）物理层。该层包含的功能和物理媒介相关，例如未处理的比特流如何通过物理层传输，信号发射端和接收端要做哪些处理来最大化地减少误码率，等等。

2）数据链路层。该层使用了物理层为传输比特流提供的服务。由于物理层通常是发生差错的一环（尽管误码率很低），因此数据链路层看起来像"一条免费处理未检测传输错误的线路"[6]，并以此为网络层提供服务。这层也是流控制处理的最底层。对于广播网络，数据链路层也通过它的子层，MAC 子层，控制着共享网络的接入。

3）网络层。该层的关注点与物理层和数据链路层相比有"更大的范围"，网络层关注的是端到端的通信，从源到终端，这其中的路径需要经历一个或者多个中间节点。然而，这种端到端是一种分布式的方式，所以，网络层对等的资源节点有可能正好是通往目的地的下一个中间节点（只在传输层及以上，对等节点才是真正的终点）。诸如服务质量（QoS）以及拥塞控制等问题也在网络层处理。

4）传输层。该层是含有真实源地址和目的地址端到端通信的最底层。它可以为高层提供可靠的数据传输，即使网络层只提供最大限度的服务。隧道协议（在 10.2.6 节讨论）可以说是在传输层传输数据，它把数据从一个端点传输到另一个端点。

5）会话层。该层负责管理端点之间的连接及对话。

6）表示层。该层负责为应用层转换不同语义和语法的数据。例如，两端的应用层采用不同的语法，表示层就需要为两个应用程序的对话提供必要的翻译。

7）应用层。该层是通信应用程序所在。用例包括超文本传输协议（HTTP）和文件传输协议（FTP）。

物理层和数据链路层是仅有的两个对等实体可以直接连接到相同媒介的层，会话层、表示层和应用层有时可以合并成一个层，例如，在 TCP/IP 中可以说是一个五层协议，应用层处于传输层之上。

需要注意的是，服务和协议是不同的概念，Tanenbaum 简单地区分了它们[6]：

服务是某一层提供给它上层的一组原语（操作）。服务可以定义为层准备表示用户执行的操作，但它不知道这些操作如何实现。服务涉及两层之间的接口，下层为服务提供者，上层为服务用户。

相反，协议是一组控制数据包的格式以及语义规则，或者是同层对等实体之间交换的消息。实体利用协议来进行服务定义，只要不改变对用户的可见服务，就可以自由改变协议。这样，服务和协议被完全分离了。

10.1.2 分组交换与电路交换

传统上，电话网络是电路交换网络。数据也可以在电路交换网络中传输，但可以说有效性不高。随着分组数据网络的出现，在通信网络中我们就有了两大主要的通信网络流量交换范例。这一节中，我们集中讨论电路交换和分组交换的例子。传统电话网络（见10.1.2.1节）就是一个很好的电路交换网络的例子，IP网络（见10.1.2.2节）（如互联网）则是一个分组交换网络的例子，ATM网络（见10.1.2.3节）是两者的混合用例。接下来，将从一个更广泛的架构角度讨论分组交换和电路交换的问题。在10.2.7节中我们将考虑两者走向融合，其中一个主要的想法就是把各种流量（即使传统上一直采用电路交换网络）都放在下一代分组交换网络上。

10.1.2.1 传统电话网络

有时我们使用主叫方和被叫方代表语音会话的两端，如电话。主叫方和被叫方的区别在于主叫方发起呼叫或会话而被叫方回应对方。更准确一点，如果我们需要区分人工用户和他们使用的设备（如手机），可以把人工用户称为主叫方或被叫方，而他们所使用的设备作为主叫设备或被叫设备。然而，这种称呼通常应用于明确的上下文环境中，所以为了方便我们一般只说主叫方或者被叫方。试图发起呼叫（由呼叫方）的过程叫作呼叫发起。在呼叫发起阶段的网络处理过程中，找到被叫方并提醒的过程叫作呼叫传递。虽然这些术语原本仅用于传统的电话中，但它们是足以通用的，也用于 VoIP 电话（使用 SIP，我们将在之后的章节进行介绍）。

传统的电话网络也被称为公共交换电话网络（Public Switched Telephone Network，PSTN）。在公共交换电话网络中，交换机之间通过 SS7 信令（将会进行简短解释）建立电路连接。交换机位于中心局，4 类交换机或中继交换机都连接到其他交换机上。5 类交换机连接到用户电话线，它们需要提供拨号音并处理用户线路，因此会有成百上千的线从 5 类交换机出来连接到用户线，其数量是在保证提供高可用性的前提下根据通信流量分析（见10.4节）得到的。

信令。电话网络中的早期信令方案是带内的（也被称为信道随路信令）变化，而后来的像 SS7 信令方案都属于带外变化，也被称为公共信道信令。带内信令，顾名思义，信令和话路是在同一信道上的。因此，信令的带宽有限，它可能更容易被欺骗（使用音频发生器，对用户来说更容易访问信令信道）。在带外信令中，信令在一个独立的可以满足信令带宽等要求的网络中，这使得黑客很难干扰它。早期的信令系统，直到 SS5 采用的都是带内信令，而从 SS6 以后，带外信令开始被采用。1980 年，ITU–T 提出了更适合数字系统的 SS6 改进方案——SS7。

局内呼叫（也称局内交换）不需要 SS7，主叫方与被叫方直接连接到同一中心局（即，同一交换机）。对其他涉及多个交换机的呼叫，SS7 信令用于它们之间的通信。SS7 信令从一个信令端点（交换机）通过信令转接点（Signaling Transfer Point，STP）或者直接传输到另一个端点（另一个交换机）。信令转接点的方法在北美极为流行，但在欧洲并不常见。每种方法都各有千秋。

SS7 协议的较低层堆叠到网络层都被消息传递部分（Message Transfer Part，MTP）处理，尤其是 MTP 的 1、2、3 级。对一些较高层，存在信令连接控制部分（Signaling Connection Control Part，SCCP）完成网络层的功能，其中一些更高层绕过 SCCP 直接使用 MTP 的服务。例如，在 MTP 的顶层，综合业务数字网（Integrated Service Digital Network，ISDN）用户部分（ISUP[3]）是用于电话交换机之间的呼叫相关信息。它占据重要角色，每天都被应用于全世界数以百万计的电话的建立、维护和电路拆除。后来，无线蜂窝网络的出现带来了对移动电话网络中移动性处理的需求。随着这些移动性需求的提出，增加更多的消息和协议势在必行。例如，GSM 移动性应用部分（Mobility Application Part，MAP），在 GSM 网络中使用 ISUP。另一个应用部分的例子是智能网络（详见 13.2.5 节）的智能网应用部分（Intelligent Network Application Part，INAP）。这些部分，不管是叫"X 用户部分"还是"X 应用部分"，（其中 X 是 ISDN、移动性等），均可以被认为是 SS7 的应用层部分。因此，我们可以认为 SS7 仅有底下三层（到网络层），它们之上就是应用层。ISUP 信令的例子是建立一个电话呼叫的过程，如图 10.2 所示。

更近一些，承载开关呼叫控制（BICC，ITU–T Q.1901）被提出并逐渐取代 ISUP。BICC 不依赖于 SS7，并且可以在其他网络（如 IP 或 ATM）中传输。当 BICC 用于 SS7 时，BICC 和 ISUP 都使用 MTP 服务。

10.1.2.2 IP 网络

现在基于 IP 的网络无处不在，虽然 IP 在设计之初没有考虑到无线和移动性，但 IP 如今为了能够与无线网络进行更好的通信，已经对 IP 网络有了很好的理解。虽然无线网络的最初设计是基于传统 SS7 的电路交换网络，但随着对移动性支持的扩展，无线网络已经迈向了超过十年的"全 IP"架构。我们在 10.3 节将主要介绍 IP 网络。

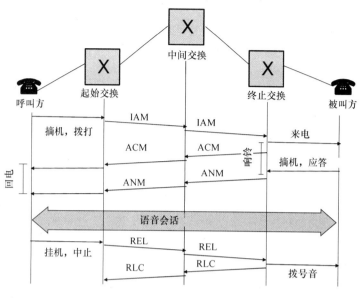

图 10.2 PSTN 中的 ISUP 信令

10.1.2.3 ATM 网络

异步传输模式（ATM）是一种分组交换和电路交换的混合模式，它的设计为高速交换网络中的语音和数据提供了良好的支持。因为它的设计支持数据有效性，所以不使用传统电路。然而 ATM 提供虚电路以支持语音以及其他恒定比特率的应用。虚电路以及其他 ATM 流量是由共同的载体传输的，我们称这个载体为信元。每个 ATM 信元均是由一个固定大小包含 5 字节的头部以及其后的 48 字节数据组成的数据包。

10.1.3 可靠性

在规划一个可靠的网络时，有各种关于设备（路由器、交换机、布线等）可靠性的问题，它们的生命周期有多长，它们的故障率是多少等。这些量化的指标如平均故障时间（MTTF）和平均修复时间（MTTR）。冗余链路以及冗余路由器或交换机有助于进一步减少因故障产生的停机时间。

此外，也有关于网络如何处理不断变化流量状况的动态运行的可靠性问题。电路交换的一个优势就是相对于分组交换更加可靠。电路交换中，电路被分配给两个端点之间的每一次通信。而在分组交换中，动态因素会导致网络拥塞、满队列以及数据包丢失等问题。初学者可能会惊讶——IP 这个得以广泛应用的协议竟是一个不可靠的协议。例如，IP 不提供任何担保：

- 数据包会达到预定的目的地；

- 数据包会在确定的时间内到达；
- 到达的时间延迟变化（也被称为延迟抖动）是被限制的；
- 按照一定顺序发送的数据包会按照相同的顺序到达目的地。

然而，这并不代表会丢失一切。对于需要更多可靠性的应用，TCP 是可用的，并且 TCP 采用 ARQ 机制（见 10.1.3.1 节）来重传丢失或者没有在一定时间内到达的数据包以保证可靠性。对于诸如语音流、视频流的应用，TCP 可能不是个好选择。我们将在 10.3.2 节讨论为什么，并提供如 UDP 和 RTP 等可选传输协议的更多细节。现在，尽管我们注意到模块化和分层的作用是明显的，但 IP 仍故意设计成一个带有重传机制的不可靠协议。这就允许它既可以配合如 TCP 这样的传输协议用于需要可靠传输的应用中，也可以配合 RTP、UDP 等协议用于如语音、视频这样不需要可靠传输的应用中。这种分而治之，混合与匹配的方式服务于高速发展的互联网，并且在各种最初设计者也没有考虑到的新应用中发挥了巨大作用。

10.1.3.1 自动重传请求

自动重传请求（Automatic Repeat Request，ARQ）是指一类相关技术来支持一个用于潜在不可靠网络或通信服务的可靠传输服务。它可以被认为是一种差错控制方法，其基本技术如下：

- 停止并等待。这是最简单的技术，发送方发送一个数据包，然后停止并等待确认后发送下一个；显然，因为等待的存在这种方法效率很低，但发送者只需要存储当前数据包。
- 倒退 N。在这项技术中，接收方可以要求发送方倒退并重发此前最近的 N 个数据包。不像停止等待，发送方可以有一个长度为 N 的窗口以应对没有收到接收方确认信息的情况。它必须从时间上倒退并重发最近的 N 个数据包（如果它没有收到 ACK，或收到一个否定的 ACK，都说明接收方没有收到）。因此，它需要存储最近 N 个数据包，另一方面，接收方不需要存储任何数据，因为发送方会倒退重发从开始到 N 的所有数据包。
- 选择重传。接收方也有一个缓存区，所以接收机可以要求重发指定的数据包，发送方不必发送 N、$N-1$ 等个数据包，直到当前数据包，因为接收方一直维护自身的窗口分组以及等待选择性重复传输的到达，并把数据包插入到正确的队列位置。

10.2 架构

网络架构需要与网络如何组织、分类和构造以执行不同功能综合考虑。我们首先从根据规模的流行网络分类开始介绍（见 10.2.1 节），之后是网络域的区分：核心、分布和接入（见 10.2.2 节），接下来我们介绍网络拓扑相关的主题

（见10.2.3节）以及通信模式（见10.2.4节），并简要介绍一个在网络团体中颇受争议的设计哲学领域：网络中应该投入多少智能因素（见10.2.5节）。最后但同样重要的是，我们回顾分层的概念（见10.2.6节）和网络融合的概念（见10.2.7节）。

10.2.1　网络规模

不是所有的网络都是一样的。通常，一个网络的地理区域大小是一个关于其自身需求以及与其他相同规模网络相似性的有用指标。因此，一个有用的网络分类方法是依据它的区域大小。

- 局域网（LAN）：在如家庭或办公室这样地理范围有限区域内的网络，其直径可能只有数百米甚至更小。
- 广域网（WAN）：它是局域网的补充，可以包括跨城市的网络以及覆盖全球的网络。
- 城域网（MAN）：针对一个城市范围的网络。虽然名词LAN和WAN几乎覆盖了整个网络大小的范围，但当我们希望指一个更具体的广域网类型时，我们称之为城域网（MAN）。
- 个人局域网（PAN）：一个比局域网覆盖范围还要小的网络。蓝牙就是一种很好的个人局域网无线技术。

10.2.2　核心、分布和接入

在较高的层上分析，网络可以被分为边缘设备或者终端用户和基础设施设备。边缘设备是指那些处于网络边缘的设备（如连接网络的电话机或者连接网络的ADSL调制解调器），而基础设施设备则是交换机、路由器等有助于从一个地方到另一个地方获取流量的设备。除此之外，网络的基础设施部分，尤其是大型网络，有时还要根据部件与边缘设备的距离分成不同的部分。

- 核心。核心有最高的流量容积需要处理，需要尽快地转发数据包。因此计算密集型决定（相关路由、QoS等）需要转向分布式。
- 分布（有时称为聚合）。策略、访问控制列表等被应用于分布式网络。各种计算密集型决定被从核心部分卸载，所以发送到核心的数据包可以尽快地被转发。
- 接入。负责连接终端设备和网络。接入处理不同接入技术的具体难题，在有线接入网中，接入网中通常有高的端口密度。

核心有时也被称为骨干，网络有时仅被分为核心和接入，省略了分布部分。只有无线接入网络和核心网络的GSM网络就是一个很好的例子。

10.2.3 拓扑结构

网络拓扑结构处理网络设备的安排，如这些设备如何连接。因此，设备是否连接到共享媒体（广播媒体）或点到点链路（非广播媒体）都会使得拓扑结构不同。

- 中心辐射型。只有一个设备是直接连接到其他设备，则这个设备叫作中心，而其他设备是分支。分支设备要发送数据给其他分支设备时需要通过中心设备。为保证任意两个设备之间都有一个连接通道，一个中心与分支拓扑利用 $n-1$ 个链接，这是设备之间链接数目最少的链接方法。
- 点对多点型。这是中心辐射型的另一个名称。
- 网格型。每个设备都连接到其他设备，有 $n(n-1)$ 个链接；有时还分为全网格和局部网格。局部网格是介于网格布局和中心辐射型之间的结构。

10.2.4 通信模式

在某些方面类似于拓扑结构，但又不同，是发送特定数据所采用的通信模式，分为

- 单播：一对一；
- 组播：一对多；
- 广播：一对所有。

其他的通信模式也是有可能的，如 IPv6 中的选播，但这超出了本书的范围。

广播代表所有接收者都应该可以接收的模式。如果随机数据包广播到整个网络，会消耗和浪费大量的网络资源。因此，广播通常只应用于一些特定的区域（如局域网）。

组播的传统说法就是，相同的数据要发送给多个目标。一个办法是分别单播相同的数据给每一个接收者。然而，发送者和接收者之间，至少从发送者到某些点的路径可能存在部分重叠。在多个接收者处于同一局域网的情况下，从发送者到接收者的路径是相同的，所有路径都是到达目的局域网。关于路径的部分或完全重叠的观点，为什么发送相同的数据有相同的路径或者部分相同的路径且发送多次？组播就是一种消除这种低效率的方法。

虽然组播可以在一定程度上消除单播沿同一路径或部分相同路径传输相同数据的不足，但这也会产生一定成本。这需要一些开销来建立和管理组播 [有多种不同的方式可被采用，对于 TCP/IP，有如互联网组管理协议（Internet Group Management Protocol，IGMP）]。因此，在组播节省的资源可观的情况下，它是最有意义的。前者的一个用例是组播如何分配多媒体的经典模式（如声音、视频等），由于涉及带宽，在此处可以节省的资源非常可观。后一种情况的例子是特殊的 IPv6 组播地址，如请求节点组播地址（见 10.3.6.3 节）。

10.2.5 "傻瓜" 网和智能网

网络团体长期争论的是网络中智能因素的数量，网络至少需要提供基本的连接以维持端点之间的通信。然而，除此之外还有什么需要提供呢？一个更加智能的网络可以为用户提供安全服务（如误差校正、位置信息以及加密等），而"傻瓜"网络可能仅提供很少的服务，并把它留给最终用户去提供这些服务。两种方法各有优缺点，大多数网络介于这两个极端之间。

10.2.6 分层访问

通信网络中的分层是一个功能强大的概念。你可能意识不到从网络分层所获得的灵活性和能力，直到你遇到下列情况：

- 链路层常被分为多个子层，包括逻辑链路控制（LLC）层和 MAC 层。
- 2 层（L2）的"链接"往往不是一个简单的共享物理媒体，相反，"链接"可能把整个网络中 2 层的节点连接在一起。这种扩展后的链路层是经常会遇到的：如 GPRS 和 Wi - Fi 网络中的 ESS。数以百万计的人也使用点对点协议（PPP）和接入技术，如 DSL、PPP 连接的两端出现 2 层链接到更高层的情况，但是 PPP 连接需要穿越很长的距离和多个设备。
- 在网络中经常能发现两点之间的隧道：如在移动 IP 和处于安全考虑产生的 IPSec 隧道。它们可以被看作是一种扩展的链路层。

如果你没有意识到分层不是硬性规定，这些情况会混乱对层的理解。但现在有一个概念性的框架来指导我们。有时，层是什么可能依赖于语境。因此，当隧道的情况如图 10.3 所示时，一个从 A 到 B 的通信，C 与 D 之间的隧道是一跳，即 C 与 D 之间的一个直接链接。然而，C 与 D 之间的隧道实际上是由多跳中间设备（如路由器）构成的。它提供了到其他通信（如 A 与 B 之间）的传输服务（有些甚至可以说是传输层服务），而从 A 和 B 之间的通信的 IP 层或网络层角度来看，它类似于链路层。

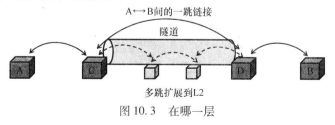

A←→B间的一跳链接

隧道

多跳扩展到L2

图 10.3 在哪一层

10.2.7 网络融合

不同背景下产生的各种通信系统，每个都有自己的需求、设计考虑和应用，并且都有各自独特的架构。在架构的设计中，可能融入网络架构的其他因素是技术知识状态，甚至是哲学倾向。这些网络有的是无线的，有的是有线的。它们可能对网络的带宽有不同要求，也可能对网络承载的流量类型有不同要求。有时，由于应用以及其他因素的变化，需要对网络架构和协议做出相应变更（详见10.3.6节IP到IPv6的发展）。例如，我们常见的电话网络、有线电视网络、蜂窝网络、互联网以及其他各种网络。再比如说接入网，它提供宽带互联网接入，那么这个列表又要有所增加（DSL、卫星、电缆、Wi-Fi、GPRS等）。

因此，目前的情况是存在多种不同的系统和网络，它们都是完整的个体，服务于各自的应用。然而在大多数情况下，它们之间不需要对话，想实现一体化还需要更多努力。因此，不同的系统或者网络被称为"孤岛"，一体化需要的是纵向整合（在各自的协议栈中）而非横向整合等。一个未来融合网络的愿景如图10.4所示。从图中我们可以看出，各种不同的接入网连接到相同的核心网，服务通过共同的核心网来提供。实现这一愿景的最大挑战就是共享相同核心网的技术。我们知道一些流量，比如声音，主要用的是电路交换，而数据主要使用分组交换。我们如何融合这些网络，尤其是在核心网？现在我们就开始讨论这些挑战。

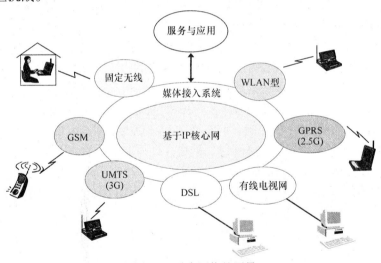

图10.4 融合网络的愿景

10.2.7.1 底层传输机制的融合

对于指定的比特率，因为电路需要进行设置，资源需要分配，所以流量相对恒定时，电路交换的效果最好。语音通信是在一个恒定的比特率下进行的（这也是相对来说的，当然在无声状态时，只需要发送很少的比特，但相对于其他通信，如网页浏览，语音通信的比特率大致恒定）。因此，电路交换比分组交换更适合语音业务。电路建立，资源预留，之后语音以恒定的比特率流量在电路中有效传输。

　　然而，分组交换更适用于大多数的数据业务。尽管需要为每一个数据包的包头提供一定开销，但对于大多数的数据业务来说，分组交换通信方式是一种较为有效的通信方式。这主要是因为大多数数据业务的比特率是可变的，这种情况下，电路交换会由于电路不能被有效利用而造成极大的浪费。

　　因此，电路交换适用于语音业务，分组交换适用于数据业务。在过去的50年里，尽管数据网络中的分组交换得到了飞速发展（特别是随着互联网的发展），电话网络仍然在很大程度上保持着电路交换网络原型。然而，形形色色的力量一直在推进网络融合，这些驱动力包括下列感受到的融合的好处：

　　● 相对于操作和维护两个并行的网络，我们只需要操作和维护一个网络。这样可以简化网络操作，更能节约成本，而且一个网络能得到更好的优化。

　　● 融合有助于计算机电话集成（Computer Telephony Integration，CTI），以提供新的便利和服务。

　　● 融合可以更好地统计网络中的流量复用情况。

10.3　IP 网

　　现在有很多关于 IP 网络的书籍，如 Comer 编写的[1]。在这里我们只做一个简要的概述，尤其是包括在后面章节的讨论中需要用到的背景材料。首先介绍 IP 的一些基本特点（见 10.3.1 节），之后转到它的传输协议（见 10.3.2 节），然后是像 DNS 和 DHCP 这样的基本协议（见 10.3.3 节）。接下来会探讨 IP 模式的相关问题（见 10.3.4 节）、IP 与低层的相互作用（见 10.3.5 节）以及 IPv6（见 10.3.6 节）。

10.3.1　IP 特点

　　作为基本层面，IP 网络由主机和路由器组成。主机是连接到 IP 网络的终端设备，而路由器是接收数据并保证数据向目的地传输的中间设备（通常具有多个接口）。因为 IP 采用分组交换技术，所以 IP 数据包都含有 IP 报头，以此允许中间路由器去知道如何处理它（见图 10.5）。例如，当一个 IP 数据包到达时［这个数据包没有被底层（如以太网层）过滤］，IP 路由器需要做的最基本的事情就是判断这个数据包是否是给它（路由器）的，如果不是，就需要决定把它转发到哪里（即它决定一个输出接口）。在 10.3.1.1 节中我们将讨论路由表如何进行转发决策。

10.3.1.1　转发与路由表

　　每一个 IP 功能设备都具有一个引擎（可能是软件、硬件或者软硬件结合）来决定如何处理传入的 IP 数据包，而传入的数据包可能来自：

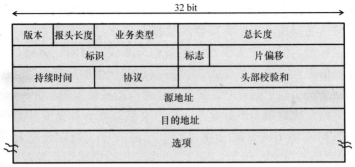

图 10.5　IP 报头

- 设备本身；
- 一些其他源通过设备的一个 IP 接口由外部传入。

我们需要更加关注引擎对每一个传入的 IP 数据包进行何种处理方式的基本因素。首先，引擎检测 IP 数据包中的目的 IP 地址是否与设备本身的 IP 地址匹配。如果匹配，那么数据包到达目的地，不需要再进行进一步传输。数据可以通过适当的高层处理器进行进一步处理。

其次，如果 IP 数据包中的目的 IP 地址与设备的 IP 地址不匹配，那么设备需要指出该如何处理这个数据。如果 IP 数据包不是来自设备本身而是通过设备 IP 接口有其他来源，则设备会丢弃这一数据包，除非 IP 转发功能是打开的。如果这个数据包是一个普通数据包，而不使用源路由，那么设备会通过查询 IP 路由表的方式来决定将数据包发送到哪里。下面是一个可以在家用 PC 上发现的典型路由表。

```
Network Destination          Netmask          Gateway          Interface     Metric
            0.0.0.0          0.0.0.0    192.168.1.254     192.168.1.64        20
           10.0.2.0    255.255.255.0         10.0.3.1         10.0.3.2        31
           10.0.3.0    255.255.255.0          On-link         10.0.3.2       286
           10.0.3.2  255.255.255.255          On-link         10.0.3.2       286
         10.0.3.255  255.255.255.255          On-link         10.0.3.2       286
          127.0.0.0        255.0.0.0          On-link        127.0.0.1       306
          127.0.0.1  255.255.255.255          On-link        127.0.0.1       306
    127.255.255.255  255.255.255.255          On-link        127.0.0.1       306
        192.168.1.0    255.255.255.0          On-link     192.168.1.64       276
       192.168.1.64  255.255.255.255          On-link     192.168.1.64       276
      192.168.1.255  255.255.255.255          On-link     192.168.1.64       276

          224.0.0.0        240.0.0.0          On-link        127.0.0.1       306
          224.0.0.0        240.0.0.0          On-link         10.0.3.2       286
          224.0.0.0        240.0.0.0          On-link     192.168.1.64       276
    255.255.255.255  255.255.255.255          On-link        127.0.0.1       306
    255.255.255.255  255.255.255.255          On-link         10.0.3.2       286
    255.255.255.255  255.255.255.255          On-link     192.168.1.64       276
```

需要注意的是，路径中的每一个路由器都可以独立决定到达它这里的数据包该传向何方，并没有预先设定好的特定路径，如果路由表出现变化或者某种负载均衡方案适当，那么下一个到达相同 IP 地址的数据包可能会从路由器的不同接口传送出去。

10.3.1.2　源路由

通常，IP 网络自由地为 IP 数据包提供一条到达指定目的地址的路径。有时，起始处可能希望存在更多的可控路径（例如，指定数据包通过某些特定的路由器）。IPv4 提供这种功能，我们称之为源路由。然而，源路由并不是统一实施的，所以就算是 IP 数据包中指定的路由也不是所有都可以恰当地处理源路由，因此，源路由通常不被使用。那么在什么情况下使用源路由呢？它往往被用于需要在到达最终目的地址前遍历源路由表中所有目的地址的情况下。因此，在查询转发列表时，路由器需要检查源路由列表中对下一元素的下一跳的情况，而非面向实际的最终目的地址。

10.3.2　传输协议

IP 只是一种"尽力而为"的协议，而 TCP 在不可靠的 IP 环境中提供了可靠的传输服务。TCP 是 IP 中主要的传输协议，表 10.1 中给出了它的特点。对于传输不需要用到 TCP 的服务，通用数据报协议（UDP）这个轻量级的传输协议可以用于替代 TCP。它只需要较少的处理并且可以是无状态的（这一点与 TCP 不同），因此它不必考虑序列号和重传问题。

表 10.1　TCP 和 UDP 的比较

特点	TCP	UDP
可靠性	ACK，再传输	NO
顺序	序列号	NO
保障延迟	NO	NO
抖动控制	NO	NO
完整性	校验和	校验和（可选）
效率	—	少过程，无状态

各种应用会向下给 TCP 或 UDP 层发送数据包。为了保持应用的分离，TCP 和 UDP 使用了端口的概念，例如，文件传输协议（File Transfer Protocol，FTP）被指定了 TCP 的端口 21 和端口 22，远程登录被指定了端口 23 等。当 TCP 处理传入的数据包时（在接收端），基于 TCP 报头中的端口号，它可以知道这是哪个应用传输的。一些常用的 TCP 端口如表 10.2 所示，一些常用的 UDP 端口如表 10.3 所示。值得注意的是，SIP 和移动 IP 消息通过 TCP 也可以完成发送，但 UDP 往往是更好的选择。

虽然 TCP 和 UDP 适用于大多数的 IP 网络业务，但也存在一些业务它们不能满足通信的要求。对于像语音和视频这样的实时流量，RTP 是一个更合适的传输协议（见10.3.2.1节），对IP中的SS7信令，SCTP是一个更合适的传输协议（见10.3.2.2节）。

表10.2　一些周知的与/或重要的TCP端口

端口号	协议	参考
20	FTP：File Transfer Protocol（文件传输协议）	
21	FTP（control）	
22	SSH：secure shell（安全壳）	
23	telnet（远程登录）	
25	SMTP：Simple Mail Transfer Protocol（简单邮件传输协议）	
50	IPSec ESP（封装安全负载）	15.3.1节
51	IPSec AH（认证报头）	15.3.1节
80	HTTP（超文本传输协议）	
110	POP3：Post Office Protocol 3（邮局协议3）	
443	SSL（安全套接层）协议	15.3节

表10.3　一些周知的与/或重要的UDP端口

端口号	协议	组播地址	参考
161	SNMP请求与响应		14.3节
162	SNMP traps		14.3.5节
可变的	RTP		10.3.2.1节
5060	SIP		11.2.2节
434	移动IP		12.1.1节
520	RIP：路由信息协议	224.0.0.9	

10.3.2.1　语音和视频传输：RTP

向IP语音和视频业务提供满意的QoS要面临的两大挑战都是关于延迟的，首先端到端的延迟必须小于400ms，其次延迟方差越小越好。延迟方差是分组到达目的地的时间波动，通常也被称为抖动，一般希望它尽可能小。不像其他类型的业务，语音与视频流量不需要重传偶尔丢失的数据包（部分是因为语音和视频编解码器可以容忍数据包偶尔丢失，也因为，播放一直在持续，当重传的数据包到达时，它已经不再有用了）。这与文件传输的要求大不相同。文件传输需要灵活的延迟限制以保证所有数据包都能到达最终目的地。

因此，传统的传输层协议，如TCP和UDP，都不适用于语音和视频业务。而实时传输协议（RTP）是为实时的语音和视频传输专门设计的。由于UDP已经存在，RTP 则是在 UDP 的基础上扩展了功能，所以 RTP 通常是和 UDP 一同使用。VoIP 数据包将会有一个由 RTP 添加的 RTP 报头，由此产生的 RTP 数据包将被传输到 UDP。

10.3.2.2　PSTN 信令传输：SCTP

在向全 IP 网络和网络融合的进程中，IP 网络中传输 SS7 信令（见 10.1.2.1 节）的需求自然而然产生了。显然 TCP、UDP 和 RTP 都不适用于这一环境，所以 IEFT 的 SIGTRAN 工作组基于这个目的开发了一种新的传输协议。流控制传输协议（Stream Control Transmission Protocol，SCTP）[5] 被设计出来作为在 IP 网络中传输 SS7 消息的传输协议。

正如在 RFC 4096[5] 中的描述，SCTP 提供了以下服务：
- 确认用户数据的无错误和无复制传输；
- 数据分段以符合发现路径最大传输单元的大小；
- 在多数据流中用户消息有序发送，有一个提供，单个用户消息到达顺序传递选项；
- 可选将多个用户消息绑定到单个 SCTP 包中；
- 通过关联的一个或两个终端多重宿主支持网络级容错等级。

10.3.3　相关协议和系统

一些协议和系统很基础，在 IP 网络中得到了广泛应用，这里对其做一个简要的介绍。

10.3.3.1　域名系统（DNS）

大多数 IP 网络在很大程度上依赖于 DNS 的各种名称翻译服务。例如，给定一个名称（如 www. google. com），DNS 服务器可以根据名字查询其 IP 地址。在某些情况下，像 www. google. com 这样的名称，可以返回多个 IP 地址，以便于均衡负载。因此，DNS 查询可能返回 IP 地址 74. 125. 224. 17，74. 125. 224. 19，74. 125. 224. 16，74. 125. 224. 18 以及 74. 125. 224. 20。对于给定的 IP 地址，反向查询可以返回一个名称。其他查询也是可能的，如查询 IPv6 地址。

10.3.3.2　动态主机配置协议（DHCP）

DHCP 是一种用于 IP 网络的可以自动配置设备连接到 IP 网络的协议。它允许设备从网络中的 DHCP 服务器中获取配置信息，如可使用的 IP 地址。DHCP 服务器功能可用一个路由器标出，除了 IP 地址，如网关 IP 路由器地址等其他信息也可以由 DHCP 服务器提供。

10.3.4　模式

IP 及其相关协议都具有一定的模式特征。定义角色（例如，客户端/服务器，管理/代理）就像人戴帽子一样，网络中的元素经常扮演多个角色。在某些情况下，一个给定的网络元素可以同时扮演多个角色（例如，SIP 服务器和 SIP 客户端）。然而，协议明确区分了不同的角色。

IP 模式的协议往往是基于文本的，轻量级的，并且专注于特定任务。完成复杂任务时需要多个协议进行合作（例如，通过 IP 传送语音，在网络层提供安全服务，管理网络）。这种类型的设计也被称为模块化，是一种基本并且有效的系统工程原理，它允许适当的模块被选取以完成特定的任务。例如，对 VoIP 来说，有 SIP 及相关协议处理会话控制，RTP/UDP 和相关协议来处理语音流量传输和语音编码器（不是 IETF 规定的），如 G. 729。对于网络层的安全服务，可使用 IPSec，传输用 TCP，加密算法如 3DES（不在 IETF 规定内）也能使用。对于网络管理，SNMP 及相关协议指定和支持适当的信息交换，UDP 用于 SNMP 消息传输。

在最后一段，数次用到"相关协议"语句是有原因的。SIP 使用 SDP 描述会话，RTP 需要和 RTCP 一同使用达到控制目的；IPSec 实际上是一组协议，其中一个重要组成部分是 IKE，其本身又可以分为 ISAKMP 和 Oakley；SNMP 采用以 ASN. 1 描述的 MIB 和来自 ISO 的对象命名方案。

10.3.5 低层交互

当在以太网中使用 IP 时，IP 和以太网都有各自的地址。现在考虑一个常见的情况，工作于以太网的 IP 网络需要获取局域网内其他设备的以太网地址。按照习惯，我们所指的以太网地址是 MAC 地址。

通常情况下，路由器提供了局域网中的主机代理服务，例如基于以太网的局域网。来自主机的大部分流量都还需要传输到局域网以外，因此还需要经过路由器。局域网中的路由器接口通常被设置为局域网中主机的默认路由。同样地，主机的大部分流量也是通过路由器从外部局域网传输进来的。当主机要发送一个数据包给路由器，它可能只有最后的目的 IP 地址，以及路由器的 IP 地址（或者手动输入作为一个静态路由），当把 IP 数据包放入在以太网中传输的以太帧中时，就需要目的 MAC 地址，即路由接口的 MAC 地址。但它只知道局域网路由器接口地址，如何找到 IP 地址对应的 MAC 地址呢？

地址解析协议（Address Resolution Protocol，ARP）是一种应用于 IP 网络的信令协议，它允许主机在已知路由 IP 地址的情况下查找路由器的 MAC 地址。一般来说，这不只是指主机找到路由器的 MAC 地址，也是指以太网中任意两个设备，源设备可以找到目标设备的 MAC 地址。假设目标设备的 IP 地址和 MAC 地址分别为 a. b. c. d 和 u. v. w. x. y. z，源设备广播"谁的 IP 地址是 a. b. c. d？"的查询信息，目标设备收到广播并回复（单播，因为只能从发送的 ARP 广播消息中获取源设备的 MAC 地址）"a. b. c. d 在 u. v. w. x. y. z"。

　　ARP 任何时候都是可用的。也存在 ARP 的多种变化，这使用频率不高，需要结合具体情况来使用。逆向和反向 ARP 是为了获取一个给出的 IP 地址，假定发送者已经知道 MAC 地址；代理 ARP 能代表目标设备响应 ARP 查询的另一个设备，它能够提供自身的 MAC 地址以及捕获要发送给目标设备的数据包。这可能出现代理 ARP 被滥用的情况，恶意节点通过发送它的 MAC 地址给受害节点来响应 ARP 查询，造成数据包发送给恶意节点的问题。这种滥用 ARP 是可能的，但不在我们的讨论范围内。相反，我们应该注意到代理 ARP 是有益的，例如，目标设备无法回应其 MAC 地址的 ARP 查询，或者目标设备还没有做好响应准备。在 12. 1. 1. 1 节中我们将看到代理 ARP 如何在移动 IP 中应用。

10. 3. 6　IPv6

　　最广泛部署的 IP 版本是 IPv4。IPv4（或简要说 IP）是在 20 世纪 70 年代被设计出来的，那个时候的互联网与现在的大不一样。那时，大部分用户都是大学或者实验室的研究员，网络需要提供的应用也只是文件传输和电子邮件等。IPv4 没有处理现今网络大规模流量的能力。一些流量类型提出了更高的服务质量要求、安全性要求和移动支持性要求。几十年前，一个 32 位的地址被认为足够用很多年，因此 IPv4 被设计限制为 32 位。谁也没有预见到互联网的飞速发展，几十年内，IPv4 的地址空间将被耗尽。总之，到了 20 世纪 90 年代，互联网协议的要求已经演变为一个与几十年前完全不同而且更加严格的设置。互联网急需一个新的基础协议。IPv6[2] 就是这个新的协议，它是互联网协议的加强版本，旨在更好地满足不断发展的互联网协议新要求。

10. 3. 6. 1　IPv6 地址

　　IPv6 的地址比 IPv4 长，因此，它常采用十六进制数字表示，可以使用只需要少量工作的速记法来书写长地址。在介绍速记法之前，先介绍下基本的 IPv6 地址。128 位地址被分为 8 组，每 16 位为一组，中间用分号分隔。每一组写 4 个十六进制数字。例如，可以得到 IPv6 地址 fe80：1234：0000：0000：abcd：00ff：e0f4：0001，速记规则如下：

　　● 在每一个 16 位组中，前面的 0 可以被省略。那么，示例地址可以写作：fe80：1234：0：0：abcd：ff：e0f4：1。

　　● 长零字符串可以用"::"代替，不过在地址中只可以出现一次。那么，示例地址可以写作：fe80：1234：：abcd：ff：e0f4：1。

　　IPv4 中，每个接口只有一个对应的 IP 地址，而在 IPv6 中，通常会有多个 IPv6 地址，造成这种现象的部分原因是不同的 IPv6 地址可能处于不同的范围内（这点会在接下来讨论）。

地址范围。IPv6引入的各种地址范围，使它比IPv4更加灵活（见图10.6）。地址范围有：

- 全局。就像IPv4的地址，这些地址是全局可路由并且是唯一的；
- 站点本地。站点本地地址是只能在一个站点或网站中路由的IPv6地址。因此，不同网络可以使用相同的站点本地地址而不发生冲突；
- 本地链路。这类地址只适用于本地链路，因此不会被路由转发出局域网。

在IPv6术语中，链路被定义为"节点中的通信设备或媒体能够在链路层实现通信，也就是链路层就处于IPv6下"[2]。

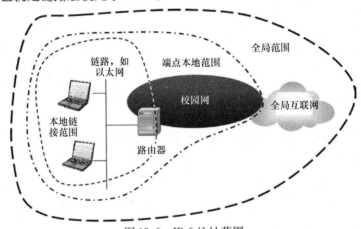

图10.6　IPv6地址范围

10.3.6.2　自动配置

IPv6的一个主要特点就是增强的自动配置能力。这些功能的设计减轻了管理员配置和维护网络的负担。地址自动配置可能是无状态的也可能是有状态的。在有状态自动配置中，服务器（如DHCPv6服务器）对客户端给出并保持追踪IPv6地址。在无状态自动配置中，IPv6节点无需任何帮助即可完成自身地址配置。无状态自动配置[7]分为两个阶段，首先，节点在链路上获取本地链路通信地址，接下来节点获取其他网络通信地址（如站点本地地址和全局地址）。

IPv6庞大的地址空间允许设计者出于方便或者其他利益做出一些选择来换取交换效率（与扩频这样大量带宽得不到有效利用的方式相比，它的目的不是得到最大的数据传输速率，而是为了获取干扰抑制方面的优势）。可以通过使用其"独特"（这里独特加引号是因为理论上MAC应该是独一无二的，但在实际应用中，一些设备的MAC地址是可变的，这就造成了重复）的MAC地址，经过处理，把结果作为它本地链路地址的64位接口标识符（它与一个64位固定位前缀串接起来形成一个本地链路地址）。

一旦发生一个自动配置的本地链路IP地址已经被链路上的另一个设备使用，

那么自动配置的本地链路地址就作为候选本地链路地址，这需要保证同一链路中的其他节点没有使用它。重复地址检测正是出于此目的。这是 IPv6 的邻居发现功能的一部分（见 10.3.6.3 节）。

本地链路地址自动配置完成后，主机需要找出链路中是否存在路由器。如果存在路由器，那么路由器需要向主机提供它们的路由信息，比如使用有状态自动配置还是无状态自动配置，以及主机可用于生成本地以及全局地址的前缀信息。一旦从路由信息中获取相关信息后，主机就可以通过自动配置本地以及全局地址来完成第二阶段。由于这些地址是由带有前缀的主机链路标识符的级联构成，它没有必要再次进行唯一性测试，因为唯一性测试已在第一阶段完成。本地地址使用相同的链路标识符。

对于有状态地址的自动配置，DHCPv6 已经被标准化为一种实施方案。在与 DHCPv6 服务沟通之前，依赖于主机的 DHCPv6 就已经有一个本地链路地址了。不像 IPv4 中的 DHCP 那样广播请求消息，DHCPv6 采用特殊的组播地址，即 DHCP 中继代理服务器地址，主机通过 UDP 发送请求消息，合适的 DHCPv6 服务器会返回一个 DHCPv6 响应。它为主机提供地址请求，以及其他配置信息，如 DNS 服务器的地址。对于一个节点来说，通过无状态自动配置获取地址以及通过连接 DHCPv6 获取 DNS 服务器的其他配置信息是合法的。在什么样的情况下使用无状态自动配置，又在什么样的情况下才使用有状态自动配置呢？当一个站点不关注主机使用的确切地址时，无状态自动配置是首选，而有状态自动配置用于需要更多控制的情况。由于不需要 DHCPv6 服务器，无状态自动配置方法在某些方面更为方便。随着网络规模的扩大，使用有状态自动配置方法进行地址管理控制将变得更有意义。

10.3.6.3　邻居发现

邻居发现[4]是对保障 IPv6 平稳运行具有重要作用的一组相关的功能。邻居发现是节点可以发现链路以及链路中邻居的信息，这里的邻居是指同一链路中的其他节点。邻居发现的实现依赖于以下几点：

- 路由器发现。主机可以采用路由器发现来找到链路上的路由器。
- 其他链路信息发现。链路前缀、链路 MTU 等信息可以通过路由器发现得到。
- 地址解析。IPv4 需要 ARP 来进行地址解析，而 IPv6 不需要 ARP，因为地址解析是邻居发现的一部分。
- 邻居不可达性发现。有时，一个本来可到达的邻居会在之后变得不可到达。邻居不可达性发现就是为了发现那些不再可到达的邻居。
- 重复地址检测。查看节点的候选地址是否已被其他节点使用。
- 自动配置。在节点的自动配置过程中，邻居发现数次被使用。

　　—自动配置一个全局地址，路由器发现是必要的，这样才能从路由器中获取链路信息。路由器也可以指定主机使用无状态自动配置或有状态自动配置。

　　—当节点已经被自动配置了一个 IPv6 地址时，还需要确定这个地址是否唯一（重复地址检测）。

　　路由器公告、路由器请求、邻居公告和邻居请求是邻居发现的关键组成部分。一簇邻居发现功能使用路由器公告和路由器请求，第二簇邻居发现功能采用邻居公告和邻居请求。

　　路由器公告为路由器发现、前缀发现（前缀一般被认为是在链路上的，可以被用于自动配置和下一跳的决策）以及参数发现（如 MTU 参数）提供所需要的信息。为了避免带宽浪费，路由公告每隔几分钟进行一次广播。主机会发送路由器请求（路由器公告请求）以加快路由器公告的接收。路由器发现和下一跳决策程序可以用作代替手动配置默认节点路由的方法。

　　邻居请求和邻居公告非常适用于地址解析、地址重复检测以及邻居不可达性检测。这些信息包含 IPv6 目的地址和 IPv6 目标地址。图 10.7 展示了邻居请求和邻居公告的 3 个用法，其中 d 表示目的地址，t 表示目标地址，m[x] 表示地址 x 的请求节点组播地址，一个单播地址 x 的请求节点组播地址就是 x 的后 24 位，前缀为 ff02：0：0：0：0：1：ff00::/104。这种方式比广播更有效，因为只有单播地址后 24 位相同的节点才能接收和处理组播数据包。

　　如图 10.7a 所示，地址解析通过设置目标地址字段到考虑的 IPv6 地址来执行，然后组播邻居公告给目标地址的被请求节点组播地址。目标节点然后通过单播邻居公告来返回链路层地址。如图 10.7b 所示，邻居不可达性检测类似于地址解析，除了它直接单播到目标地址。如果没有收到回复，则认为邻居不可到达。重复地址检测如图 10.7c 所示，它类似于地址解析，除了目标地址就是节

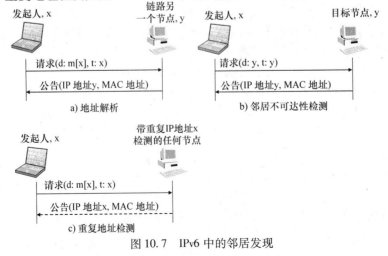

c) 重复地址检测

图 10.7　IPv6 中的邻居发现

点自身的候选节点的情况。这是对被请求节点组播地址的组播。收到回复并不是一个好的迹象，这说明该地址已经被另一个节点使用。

10.4 通信流量分析

每一个蜂窝需要多少个信道？如果每个蜂窝中都含有一定数量的信道，那么系统可以支持多少用户？当所有的信道都被占用而又有新的用户试图打电话时会发生什么？这些问题的答案存在于通信流量分析领域。

通常，共享昂贵的资源要比拥有足够的可用资源更具成本效益，这样它们可被任何需要的人使用。例如，相对于乘坐私人飞机或者拥有一套普通公寓，人们只需要支付很少的成本就可以乘坐商业航空公司的飞机或是拥有分时公寓。为了换取更少的付出，人们可能需要冒着共享资源在他们想使用的时候并不可用的风险，例如，商业航班的所有位置都被他人预定，或者分时公寓的所有者可能会在你需要的时候保留它。同样地，在电信领域，网络资源的成本也十分高昂，通常采用共享的方式而非专门分配。

10.4.1 旧电话网络起源

通信流量分析领域起源于旧的模拟电话系统。因此，基本的分析在蜂窝系统出现前就已经存在了，然而，它在蜂窝网络的设计中也十分有用。在本节中，首先解释在模拟电话系统的原始环境中的通信流量分析，包括 Erlang B 公式的意义和用法。之后，还讨论了如何将这种分析推广到蜂窝网络。

假设有一个从每个电话到中央交换局都有单独物理线路的模拟电话网络，可以允许区域内的所有电话同时使用。然而，这种方式使得每个电话都要配备昂贵的专用物理线路。物理线路聚合在电话和中央交换局之间的一个或多个点，通常在聚合点处，下游方向（向电话）的线要比上游（向中央交换局）多。例如，可能有 100 条线从下游接出，而只有 90 条从上游接出。当下游只有 90 条或者更少的线路处于工作状态时，它们可以以一对一的方式切换或者连接到适当的上游线路。只有在非常罕见的情况下这种模式会存在问题，如已经有 90 个电话了，这时又有新用户试图通过不同线路进行通话。这种情况下，上游线路没有资源给新的电话进行切换或连接，所以新的电话被屏蔽（即不能够完成）。

阻塞概率 P_b 表示一个新呼叫被阻塞的概率（因为所有资源都很忙而无法完成）。一般来说，电话网络是有计划的网络，所以只需要一个有限而且很小的 P_b 就能满足要求，而不需要花费高昂代价（都用专线）保证 $P_b = 0$。当然，P_b 也不能太大，这样会造成客户的不满。

估计 P_b 的值非常重要。工程师 Erlang 基于不同的情况推导出了几个关于 P_b 的公式。Erlang B 公式是其中最著名的，它可以表示为

$$P_b = \frac{(\lambda/\mu)^C/C!}{\sum_{k=0}^{C} (\lambda/\mu)^k/k!} \qquad (10.1)$$

该模型的假设如下：

- 存在 C 个"服务器"（实例中的上游线路）。
- 每一条上游线路都分为忙碌状态和可用状态。处于忙碌状态时，线路正在被一个用户使用，使用时间的长度是呈均值为 $1/\mu$ 的指数分布。这个分布独立于系统状态，只与用户的使用相关。使用时间和"服务速率"互成反比（通话时间越短，就能有越多的用户使用该线路）。因此，μ 表示服务速率。
- 还存在持续到达率 λ，到达时间呈指数分布且独立于系统状态。在本书的示例中，λ 表示新呼叫的到达率。
- 阻塞的通话会被清除，也就是说，它们会离开系统而且不自动补偿和重拨（类似于以太网的媒体接入）或者采用其他类似的计划。阻塞电话清除是一种很好的电话网络模型，所以 Erlang B 模型应用十分普遍。

注意：μ 和 λ 存在不对称，其中 λ 是整个系统的单一到达率，μ 是每条线路（每个服务器）的断开率。系统的断开率为 $k\mu$，其中 k 为处于忙碌状态的线路的数量（因此系统断开率为变量）。图 10.8 中左边并没有展示足够的线路，Erlang B 模型的设置以及一些假设显示在图的右侧。需要注意到达率 λ 是一个常数，所以更多的服务器正在被使用时，断开率会上升，每个服务器都有独立的断开率 μ。还需要注意的是阻塞通话会被清除而不是排队等候重试。

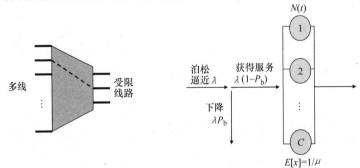

图 10.8 Erlang B 电信业务模型

10.4.2 排队理论前景

Erlang B 模型以及其他类似的模型都可以在排队理论的背景下得以表示，所以可以利用现有的多种包含排队理论的系统知识来加深我们的理解，并把相似的想法应用到像无线系统这样的相关环境中去。我们将在 10.4.2.1 节中讨论无线应用，下面首先来介绍一下排队理论的基础。

假设存在一个系统，它包含 m 个服务器且客户源源不断地进出系统。排队系统可以描绘顾客到达过程的种类、服务器的种类、服务器的数量以及系统的存储容量等。因此排队系统被描述为 $M/M/1$，$M/M/m/m$ 等：用 "/" 分离的 4 个值，这 4 个值分别表示：

1）到达过程［即到达时间分布（客户到达的时间间隔）］：M 表示指数分布，D 表示确定性的，G 表示一般性的，还有其他字母表示的其他过程（M 为最常见的）。

2）服务时间分布：与到达过程采用相同的表示。

3）服务器数量：它是一个正整数，字母 m 表示它是可变的，而对特定系统，它可以表示为一个确定的数值。

4）存储空间：系统在任意给定时间内可以容纳的顾客数量，是一个通常用 m 表示的正整数。

存储空间可以是无穷大，这种情况下第 4 个值可以省略。所以 $M/D/3$ 排队系统是一个到达时间呈指数分布、服务时间确定、系统包含 3 个服务器并且队列无限长的系统。其他排队系统，如队列客户总量有限的系统以及排队网络，不在本书讨论的范围内。

$M/M/1$ 通常是在排队系统研究过程中遇到的第一个排队系统，因为指数分布具有一些特性可以使分析比其他情况更容易处理。$M/M/1$ 队列的到达过程是一个泊松过程，到达时间是一个独立的呈恒定指数分布的随机变量。服务时间也是独立的呈恒定指数分布的随机变量。注意：$M/M/1$ 只有一个服务器，所以如果服务器正忙或者有用户达到，用户需要排队等待服务。密切相关的是具有 n 个服务器的 $M/M/n/n$ 队列（大于 $M/M/1$ 中的 1 个），系统可以同时容纳 n 个用户。因此不再尝试使用系统，很像在 Erlang B 模型中。因此，Erlang B 公式适用于 $M/M/n/n$ 队列。

10.4.2.1 无线应用

Erlang B 模型可以被抽象为一个更加普遍的形式，因此除了传统的电话网，还能够应用到更广泛的情况中去。它能够处理一些共享资源的可用性，而不是上游电话线路的可用性。在蜂窝系统中，共享资源就是信道（包括双向链路，如上行链路和下行链路）。如果一个蜂窝存在有限数量的信道可以支持通话，那么当可用信道都被占用时，新的呼叫将被阻塞。

在无线环境中我们能区分一种是由于信道缺乏造成的新呼叫失败的真阻塞，另一种阻塞是由于目标蜂窝中信道缺乏造成的切换失败，我们称这种新型的阻塞为掉线，掉线概率用 P_d 表示。由于现有的对话掉线了，所以通常掉线被认为是比阻塞更烦人的问题。因此，该方案以 P_b 为代价来降低 P_d（如提供一些信道仅用于切换而不用于新通话）（见图 10.9）。

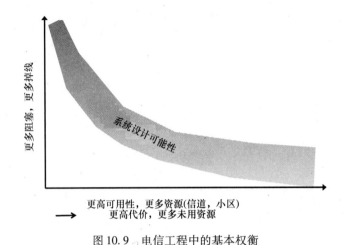

图 10.9 电信工程中的基本权衡

10.4.2.2 变化和选择假设

还可以设想很多其他变化。例如，我们可以用其他的分布方式的一个或两个参数代替指数分布的到达时间和服务时间。在传统的电话网络中，指数分布是一个合理的假设，而且人们已经发现一个电话持续时间的平均长度是 3min。但随着电话线路数据流量以及无线数据流量的增长，不同的分布可能会更加合适（也可能更难分析）。此外，即使是只有语音流量的蜂窝系统，目前也不清楚其切换流量更接近于哪种指数模型。

同时，常数 λ 的假设只有当用户数量趋于无穷大时才有效。而随着用户池的缩小，这个常数也会越来越小，因为我们希望更多的信道在被使用而新呼叫的到达率下降（仅有少量手机不是忙碌状态）。还有其他针对有限人群的模型。在 Erlang B 模型中，为了替代"阻塞呼叫清除"，会出现另一种变化，阻塞呼叫会在另一个特殊的队列等待可用信道。

其他的一些变化也可以被构造出来，但在很多情况下都无法获得准确的解析表达式，所以计算机模拟常被用来估计 P_b 和 P_d。

习题

10.1 分层效率高吗？当数据在各层传输时会有多个标题被加入到数据中去，多个层可能存在功能重复，那么为什么还要使用分层呢？

10.2 核心、分布和接入网络之间有什么差异？

10.3 下面是一个典型的 MS Window 计算机路由表。参阅路由表，指出 IP 分别为 210.78.150.130 和 210.78.150.133 时的输出接口（如 eth0，eth1）。

```
Kernel IP routing table
Destination      Gateway Genmask          Flags  MSS Window  irtt Iface
210.78.150.177 *        255.255.255.255 UH      0 0          0 eth2
210.78.150.179 *        255.255.255.255 UH      0 0          0 eth2
210.78.150.133 *        255.255.255.255 UH      0 0          0 eth2
210.78.150.141 *        255.255.255.255 UH      0 0          0 eth2
210.78.150.140 *        255.255.255.255 UH      0 0          0 eth2
210.78.150.128 *        255.255.255.128 U       0 0          0 eth0
192.168.3.0    *        255.255.255.0   U       0 0          0 eth3
192.168.2.0    *        255.255.255.0   U       0 0          0 eth2
192.168.1.0    *        255.255.255.0   U       0 0          0 eth1
loopback       *        255.0.0.0       U       0 0          0 lo
default 210.78.150.129  0.0.0.0         UG      0 0          0 eth0
```

10.4　IPv6 地址简写如下，请将该地址恢复正常写法。

fe80：4：3333：：a：15

10.5　计算 $M/M/m/m$ 队列的阻塞概率，其中 $\lambda/\mu = 20$，$C = 20$。当 $C = 10$ 以及 $C = 30$ 时，P_b 的值又将如何变化？

参 考 文 献

1. D. Comer. *Internetworking with TCP/IP, Vol. 1, Principles, Protocols, and Architecture,* 5th ed. Prentice Hall, Upper Saddle River, NJ, 2006.

2. S. Deering and R. Hinden. Internet protocol, version 6 (IPv6) specification. RFC 2460, Dec. 1998.

3. ITU-T. Signalling system no. 7 – ISDN user part functional description. ITU-T Recommendation Q.761, Dec. 1999.

4. T. Narten, E. Nordmark, W. Simpson, and H. Soliman. Neighbor discovery for IP version 6 (IPv6). RFC 4861, Sept. 2007.

5. R. Stewart. Stream control transmission protocol. RFC 4960, Sept. 2007.

6. A. S. Tanenbaum. *Computer Networks,* 4th ed. Prentice Hall, Upper Saddle River, NJ, 2003.

7. S. Thomson, T. Narten, and T. Jinmei. IPv6 stateless address autoconfiguration. RFC 4862, Sept. 2007.

第 11 章　GSM 和 IP：融合要素

这一章和下一章的背景是从两大出发点追踪最新的无线网络的发展。

- 老式电话网络，使用第一代通信系统的无线电话，例如 AMPS（高级移动电话系统）以及后来的第二代移动通信系统，例如 GSM。
- 数据网络世界，正变为 TCP/IP 网络的主导。

这两个出发点跨度有些大。举个例子，老式电话系统，AMPS 和 GSM 使用的是电路交换和相关协议，然而 TCP/IP 使用的是分组交换协议。我们将会看到演进到无线通信系统所增加和改变的地方，例如 GSM 的出现使通信网络的容量提升不仅仅支持移动语音服务，还增加了对数据服务的支持。GPRS 的增加就是其中一个例子。我们也会看到演进到 TCP/IP 网络所出现和增加的技术，这些技术使通信网络更好地支持语音通信、服务质量、移动性等，这些改变使数据网络可以提供更好的无线技术支持。这些趋势正逐渐引领网络融合成"全 IP"无线网络。最近的通信系统（例如 WiMAX）或许更是如此，LTE 可以看作是无线全 IP 网络的具体实例。

这一章我们一开始介绍第二代无线蜂窝网络，代表性的网络就是 GSM。我们在第 10 章介绍了 IP 网络，并在 10.2.7 节介绍了网络融合的概念。在本章的其余部分，我们将讨论一些在融合无线网络中需要的重要组成部分，其通过 IP 网络提供语音和数据支持。特别地，我们讨论了 IP 网是如何从它原有的形式发展到支持以下技术的：

- VoIP（11.2 节），语音变成了一种具有挑战性的通过 IP 网络传输的业务。
- QoS（11.3 节），一个融合无线网络携带了所有种类的业务，各种业务的需求需要不同的服务质量来支持。

在第 12 章我们将会讨论最近的网络融合技术方向的进展，并朝着"全 IP"无线网络发展。

11.1　GSM

11.1.1　基础概念

GSM 网络架构拓展了老式电话网络架构，使其支持无线和移动管理。这是个重大的举措。为了能提供适合的无线业务，网络寻找移动电话的能力（例如传递呼入电话、传入数据包、短信等)、网络注册及本地更新等技术都是至关重要的。在老式电话网络中，电话是固定的，因此到每个电话的路径都是一样的。而在无线网络中，移动电话可以不停地移动，因此这一特性大大提高了网络寻找电话来传递呼入电话的难度；全新的过程，诸如网络注册和本地更新，都是无线网络为了支持移动能力所必需的功能，而老式电话网络则没有必要。此外，移动电话不仅可以设计成在本地网络中畅通无阻，甚至在世界另一端的其他网络中也可以运行。这种概念叫作漫游。

　　漫游这个词有时被用作表示用户移动出本地网络到拜访地网络；有时也被用作表示用户在网络层次上的移动，甚至是在用户的本地网络内的移动。既然漫游这一词使用如此广泛，我们必须区分运营商内漫游和运营商间漫游。本书使用的漫游一词是狭义的，只表示运营商间漫游。这是为了和全球移动通信系统协会所定义的漫游保持一致[8]。

　　漫游是指手机用户自主地在移动到本地网络地理覆盖范围之外的网络时，使用和接收语音电话、发送和接收数据或者访问其他业务的能力，意为使用被访问网络。漫游在技术上需要移动管理、身份验证和计费技术的支持。在运营商之间建立漫游是基于（并且商业条款也包含其中）漫游协议的。如果被访问网络和本地网络在同一个国家内，这种漫游叫作国内漫游。如果被访问网络和本地网络不在一个国家，这种漫游叫作国际漫游（有时也叫作全球漫游）。如果被访问网络运行在与本地网络不同的技术标准下，叫作标准间漫游。

　　另一个老式电话网络和无线网络的区别是无线网络更多的精致和细微的身份概念。在老式电话网络中，电话线路和注册用户被认为是一样的，然而电话本身则是次要的，在这样一种情况下，当你的电话号码被拨打，网络只是关注于把打给你的电话传输到线路上，不关心电话是否被其他物理电话所替代并连到同一个线路上。在电话公司的印象中（尤其是它的收费系统），所有通过这条线路的电话都是从同一个注册用户处收费（根据电话公司的收费协议）。而在GSM网络，不会再有物理线路和注册用户相联系；取而代之，区别移动站（MS）、移动终端（MT）和用户身份模块（SIM）很重要。MS是由MT和SIM所组成的。正如老式电话系统的绑定是和线路相关的而不是电话本身，那么现在的GSM系统是和SIM卡绑定的而不是移动终端。每个激活的SIM卡都有一个唯一的国际移动用户识别码（IMSI）与之相对应；而每一个MT也有一个唯一的国际移动设备识别码（IMEI）与之相对应。所以与IMEI相比，IMSI更多地出现在人们眼中，被人们探讨。然而，某些场合，网络也希望能对所有MT保持记录，因此IMEI也引起了人们的注意，正如我们将在11.1.2节讨论的EIR。

　　鉴于无线网络所要面对的挑战是老式电话网络所没有的，新的网络协议便被制定出来以便于应对这些挑战。在制定这些支持各种需求的网络协议时，一些指导性的基础准则要包含：

- 要保持手机电池电量，延长充电间隔；
- 提高网络资源利用率。

11.1.2 网络元素

我们在这里要简单地介绍一些 GSM 网络（见图 11.1）的重要"成员"（例如，网络元素），然后再针对它们如何一起协作来完成各种基本过程举一些例子。

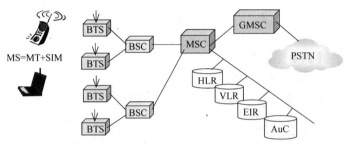

图 11.1 GSM 网络架构

基站收发系统。基站收发系统（BTS）也叫作基站。

基站控制器。基站控制器（BSC）控制着几个基站。几个 BSC 和几个 BTS 合在一起就组成了基站子系统（BSS）。

移动交换中心。移动交换中心（MSC）就相当于电话系统的交换机，但加强了对移动性的支持。作为电话系统的交换机，它使用的是 SS7 信令。

网关移动交换中心。网关移动交换中心（GMSC）是一个带有额外职责的移动交换中心，它是外部网访问移动运营商网络的入口。

移动站。移动站是一个带有用户身份模块（SIM）的移动终端。

归属位置寄存器。归属位置寄存器（HLR）是一个包含着网络用户的所有重要信息的数据库。这些信息包括：

- 注册相关信息，例如用户注册的服务信息。
- （部分）MS 的目前位置信息（我们会在 11.1.4 节详细讨论）。

通常，每个移动通信运营商都有一个 HLR（因此，这会导致数据库非常庞大，可以采用多种方式实现，例如，作为分布式数据库，但对于 GSM 过程而言，所有用户的信息都包含在这个 HLR 中），通常与 MSC 分开实现。（和下面描述的 VLR 做对比）。

拜访地位置寄存器。拜访地位置寄存器（VLR）是一个包含了目前网络中来访用户的所有相关数据的数据库。换句话说，它包含了所有来自其他网络的漫游用户的信息，因此，这些信息都是临时的。VLR 通常都会在一个 MSC 内部执行，但不是必需的。一个很常见的错觉是 VLR 只会在当有 MS 漫游到另一个运营商网络时使用○。实际上，就算 MS 在本地网络时，VLR 也会被使用。所以，不管 MS 是否漫游到其他网络或是本地网络，VLR 中都会有关于它的当前服务 MSC 信息。HLR 和 VLR 的一个关键的区别就是，HLR 处理的任务和信息不是相关用户的当前位置，只是通常包含了一个指针［以移动站漫游号码（Mobile Station Roaming Number，MSRN）形式体现，我们会在 11.1.4 节中看见］，指针包含了更多更详细的 MS 当前位置信息的 VLR。另一方面，VLR 包含了相关地理位置并临时存储了允许 MSC 提供移动性有关功能的信息。

设备识别寄存器。设备识别寄存器（EIR）是存储了入网设备的相关信息（即移动终端）的数据库。

AuC。认证中心（AuC）是安全相关过程。例如，它是用户密钥 K_i 存储的两个地方之一（另一个是 SIM 卡，详见 15.4.1 节）。

11.1.3 过程

在一个像 GSM 网这样复杂的系统中，需要许多过程来保证系统提供多样的服务和处理各种情况。我们这里只重点说一些最基础、最重要的过程。

11.1.3.1 去话呼叫

去话呼叫是一个由 GSM 网中的 MS 发起的，不管目的地是哪里（例如，到其他 GSM 电话，或者非 GSM 电话，或者固定电话），它都会尝试通话。信令流很简明，如图 11.2 所示。

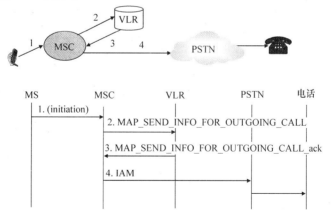

图 11.2　GSM 网络如何处理去话呼叫

○　这种误解可能是由于 VLR 名称中"访问者"一词以及广义上使用"漫游"一词的 VLR 常见解释造成的。说 VLR 用于漫游的 MS 是正确的，这里漫游在广义上是指漫游的，但如果说漫游是在另一个运营商的网络中漫游，那么说 VLR 是不正确的。——原书注

11.1.4　位置管理

移动站一旦开机，它都只会处于两种状态之一：

- 空闲模式；
- 专用模式。

专用模式对应着当移动站处于通信状态的时段，例如正在进行通话。当移动站处于这种模式时，专用的无线资源会分配给它来满足通信。另一方面，空闲模式是当移动站不处于通信状态的时候，但此时没有关机。

我们在 8.1.2 节时已经了解切换是如何实现的。切换只会在专用模式下使用。在这种模式下，网络需要知道（也确实知道）手机依附于哪个基站，当手机切换到其他基站时业务流也会迅速地转移。但是，手机就算是处于空闲模式，网络也需要知道它的位置，否则，网络如何把一个来话呼叫传递给手机呢？事实上，不管手机什么时候处于空闲模式，网络都会追踪手机的位置，这要靠位置管理过程来实现。

和切换不一样，位置管理不需要准确地追踪到手机的位置；而且，人们在使用手机打电话时可以忍受电话拨出过程的些许延迟。因此，只要网络大致地知道手机在哪里，那么不管何时有电话打进来，都可以很快地定位到手机（通过一个叫作寻呼的过程）。鉴于位置管理的这个特点，此过程被制定出来，通过如下方式节省手机电量和节约网络资源。

- 当处于空闲模式时，手机大多数时候在监听从附近基站传来的信号，但不连接到任何特定的基站并且会使用和通话时一样的方法在基站间切换（这会用完电池电量并且消耗网络资源）。
- 手机只会在位置区域这种大面积间移动时更新网络。每个位置区域包括多个基站的覆盖范围。因此网络只知道手机的位置区域尺度上的位置，而不是精度较小的基站尺度。这种损失精度（相比经常性的切换）的情况下所换来的，是手机节省的电池电量，和因没有精细追踪手机的位置而得到节约的网络资源。

所以，位置区域的使用有助于当手机处于空闲模式时节省网络资源和电池电量，但是这如何影响电话传递？当来电时，网络需要找出手机处于哪些蜂窝网络内。它通过一个被称作寻呼的过程完成。在这个过程中，所有位置区域内的基站将广播一个特殊的信号（寻呼信号）来找到手机。手机会通过其中一个基站回应，从而被发现。

到目前为止，我们一直在谈论"网络"，仿佛它是单一的实体（例如，像是"网络"保持追踪手机）。实际上，网络由不同网络元素配合实现多种网络功能。对于位置管理来说，手机的位置信息并非完全存储在一个网络元素中，而是分布式的。信息是如下分布的（见图 11.3）：

- MS 的本地网络 HLR 至少保存着当前的 MSC/VLR（不管它是在本地网络或者漫游网络），并且也可能保存着移动站漫游号码（MSRN），这就保证了 MSC/VLR 精确地将来电传递给移动站。

- 如果 MSC 和 VLR 不在同一地点，那么 HLR 可以搜寻恰当的 VLR，这个 VLR 会由 MSRN 来指引寻找正确的 MSC。

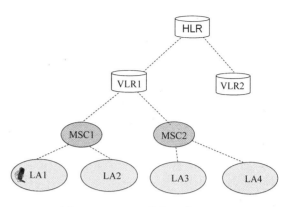

图 11.3　GSM 网络位置信息层次

- 目前正在为移动站提供服务的 MSC/VLR 会知道移动站现在的位置区域。

正如手机处于本地网络，分布式位置信息会作为 IMSI 附着过程的一部分第一时间被保存下来，如果有必要还会紧随其后增加一个位置更新。或者 MS 如果发现它处于一个新的、和它关机之前不一样的位置区域，它会直接执行一个位置更新（而不用执行 IMSI 附着）。接下来，不管在哪种情况下，处于空闲模式的手机的位置信息都会作为位置更新过程的一部分。

11.1.4.1　例子：位置区域更新

在图 11.4 中，展示了位置区域更新的信令流程。特别的，图中表示的情况是一个移动站通过不同的 MSC 从一个位置区域（LA）移动到另一个位置区域。

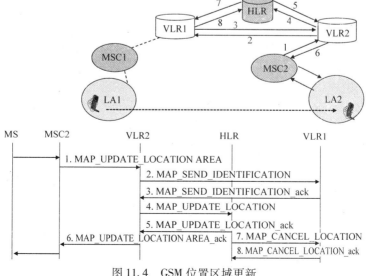

图 11.4　GSM 位置区域更新

因此，涉及两个 MSC，在图中标记 MSC1 和 MSC2。在这种典型的例子中，我们同样涉及两个不同的 VLR，以 VLR1 和 VLR2 来标记。过程从移动站进入 LA2 并通知 MSC2 它的进入开始。两个 VLR 之间的 MAP – SEND – IDENTIFICATION 参数指示和它的应答，在不需要通过空口且没有必要暴露 IMSI 的情况下（参见15.4.1.3 节关于 GSM 匿名的更多细节），允许 IMSI 转移进入内部网络。VLR2在获得了移动站的 IMSI 后，会和 HLR 交流以便于 HLR 更新它自己的记录，把指向 VLR1 的指针指向 VLR2。由于 MS 已经移动了，HLR 也会通知 VLR1 "删除" 它数据库中的移动站的位置信息。注意：不管 MS 是在它的本地网络还是另一个运营商的网络，这个流程都适用（前面已经提到过，MS 在本地网络时 VLR也会被使用到）。

11.1.4.2　例子：IMSI 附着和分离

当移动站关机后，为了保护网络和无线资源，定义了 IMSI 附着和 IMSI 分离功能。假设移动站处于空闲模式并且执行过一个或者多个位置区域更新过程；然后用户关闭了手机。在手机关机前，它会执行一个 IMSI 分离过程以便网络知道不要再浪费资源试图定位移动站（例如，如果有来话呼叫）。之后，如果移动站又在同样的位置区域开机了，它会执行一个 IMSI 附着过程来让 MSC/VLR 知道它又开机了。另外，如果移动站移动到了不同的位置区域后再开机，它就没必要执行 IMSI 附着过程，而是按照惯例在新位置区域执行位置区域更新。

IMSI 分离只是涉及从移动站发送一条消息到基站，不需要任何确认信息。无论如何，移动站关机后信息丢失的结果并不是那么严重。

IMSI 附着和位置区域更新很相似。一个成功的 IMSI 分离对 IMSI 附着来说不是必需的，而移动站也没有必要记录附着或者分离的状态，并且 IMSI 分离也可能会失败，不管什么原因。

11.1.4.3　例子：呼叫传送

呼叫传送也被称作移动被叫。同样地，呼叫发起也被称作移动主叫。假设有个移动站的来话呼叫，或许移动站在本地网络或者漫游到其他运营商网络。呼叫传送过程的第一步基于电话号码（MSISDN），并且从呼叫方到 MS 的本地网络的 MSC 网关之间一直建立一个部分电路。MSC 网关会向 HLR 询问获得的 MS的信息，例如它的位置。HLR 不知道 MS 此时在哪里，但它知道当前的 VLR，所以它会询问 VLR（它可能是本地网络的，也可能是其他运营商的）来获得MSRN，其对应于与 MS 当前位置相关的 MSC。HLR 使用 MSRN 回复 MSC 一个路由信息。

一旦获得了 MSRN，GMSC 就可以开始建立下一个和 MSC/VLR 有关的电路了。MSC/VLR 之后会检查它自己的有关 MS 的信息并且在适当的位置区域初始化寻呼过程。如果 MSC 和 VLR 不在同一区域，MSC 会给 VLR 传递发送参数指示信息来获取 MS 具体信息。VLR 会以寻呼信息的形式回复 MS 的位置区域和临时移动用户识别码（TMSI）。图 11.5 展示了信令流程。尽管图里展示了 MS 正处于其他运营商网络的漫游状态时，信令和 MS 在本地网络时是一样的，但是区别在于 MSC 和 VLR 会成为同一网络下的 GMSC。

11.2 VoIP

从电路交换语音信号到分组交换语音信号，电路交换语音信号的几个特点已经被放弃了，例如：

- 电路保证了带宽随时待用。
- 时间信息是隐式的。字节信息会按时到达。
- 信源和信宿是隐式的，一旦电路建立起来，信源和信宿就是固定的和已知的。

解决问题的方法一部分是制定一个新的更适合语音和视频及实时数据传输的协议，也就是说，实时传输协议［Real time Transport Protocol，RTP[6]］。我们在 10.3.2.1 节中讨论过 RTP。除了 RTP 提供的，另一部分的解决方法是缓冲等提供的。

此外，除了有关传输的问题，还有控制和控制信令的问题。控制信令协议是在传统的电路交换通信中使用的，来控制电路交换通信及建立与断开交换电路。在电路交换通信系统中，会话中的信息传输都在同一个电路中（即相同的路径）。然而，分组交换网络要更灵活一些，并且所有会话时的分组包不一定要

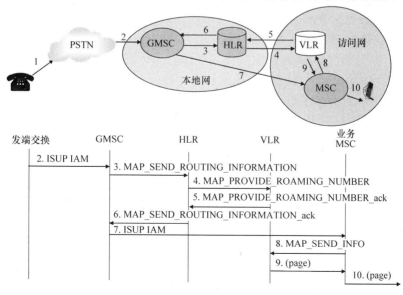

图 11.5 GSM 漫游呼叫传送

通过信源和信宿间的同一路径。因此，会话控制协议被设计出来控制分组交换网络，特别是 IP 网络，此协议可以适应这些网络的特点。例如，一旦确定被叫方并且主叫方和被叫方之间的信令初始化完成后，两方就会拥有自己的同级的 IP 地址，可以直接交换语音包而不需要通过和初始信令相同的路径。在 VoIP 中一个比较流行的控制信令的方法是会话初始化协议（SIP）（见 11.2.2 节）。

11.2.1 VoIP 解决方案的其他部分

无线链路通常是频带最稀缺的部分，特别是在两个通信节点中的端到端路径上（其余的端到端路径可能大部分是有线的）。因此，尤其是在无线链路上，尽可能地消除或者减少没有必要的消耗是一个好的系统设计的体现。无用开销的一个例子就是数据包头部开销（也通常简称头开销）。我们会在 12.1.2 节举例说明这个问题及解决办法。

11.2.2 会话控制：SIP

正如我们在第 10 章所见，通信系统中存在着数据传输和控制信令传输。在传统的电路交换语音通信系统中，控制信令优化了什么？当然是电路交换语音通信系统！这个信令系统叫作 7 号信令系统（SS7）。当我们发展到 VoIP，仍然可以使用 SS7 并且通过 IP 网承载 SS7 信令。不管怎样，使用 IP 类协议来进行会话控制还是有优点的，这些优点包括：

- 它可以优化分组会话，特别是基于 IP 的会话。
- 它可以轻松集成其他基于 IP 的协议，比如 HTTP。
- 纯文本标题很容易理解和调试。

这种为了如上目标设计的先头协议叫作会话初始化协议［SIP[5]］。它是由轻量级的"IP 类"协议中提取设计出来的（如，它不会试着处理所有的事，但会重用其他的 IP 来保证 QoS 和实时传输等）。因此，它只关注会话初始化和控制，并且做得很好。事实上，SIP 一直在不断地发展并且已经在加入新特性的同时保持自身的轻量级和避免臃肿上表现出了良好的灵活性。

SIP 是基于文本的并且是一种"IP 类"协议，和其他 IP 类协议有很多的相似性和一致性，例如 HTTP。作为 IP 类协议，SIP 更容易将电话和其他基于 IP 的业务进行集成。这种集成叫作计算机电话集成（CTI）。举个例子，商业网页上的超文本链接就会调用 SIP 功能（如，拨打一个消费者服务部门的电话）。这可以让消费者以更直接的方式接触到可以回答特定问题的服务代表。

毫无疑问，某些会话通过 SIP 建立的过程和 PSTN 信令建立的过程很相似（见表 11.1）。然而，整体的结构和 SIP 的设计有很大的不同；从一个基于文本的类 HTTP 的查询 - 问答协议到模块化的协议设计，它是具有 IP 类风格的协议。

表 11.1　电话会话控制：PSTN/SS7 与 VoIP/SIP 之间的比较

要求	PSTN/SS7	VoIP/SIP
电话 A 初始化会话：它需要通知另一方	电话 A "摘机"并且拨号码传递给 PSTN	电话 A 使用 SDP 会话描述发送 SIP INVITE 消息给电话 B
术语、条件和其他参数被协商制定	没有协商，由于没有编解码器选择	SDP 中的信息被协商编解码器等使用
电话 B 可能拒绝通话，或者就是不应答	电话 B 响了一段时间，没有摘机	电话 B 响了一段时间没有摘机，或者协商失败
电话 B 可能应答	电话 B 响了一段时间后摘机	电话 B 响了一段时间后摘机

VoIP 设备允许用户在一个基于 IP 的网络拨打和接收电话，如互联网，被称为软电话或 IP 电话。IP 电话，也可能被称为一个 SIP 电话。

11.2.2.1　会话描述协议

作为会话初始化的一部分，主叫方和被叫方需要协商会话参数。因此，需要一种语言来描述这些会话参数。会话描述协议（Session Description Protocol，SDP[3]）是被 SIP 使用的语言。尽管 SIP 和 SDP 都是协议，但它们是不同类型的协议。SDP 可以被认为是一个语言学的框架和描述会话的语法（包括各种参数，如要用的编码器，端点 IP 地址和端口号，等等），而 SIP 涉及信息和各种实体之间的信息流以完成某些功能（如，用 SIP 注册器注册，发起会话，终止会话）。SDP 不只用于 SIP，它也会被其他 IP 使用，和 SIP 一样，它也是用纯文本。

11.2.2.2　SIP 呼叫流例子

我们先设想一种场景：主叫方和被叫方知道彼此的 IP 地址或者 DNS 名，因此主叫方可以直接找到被叫方，而不用任何 SIP 服务器的支持。然后，设置会话是非常简单的。把主叫方和被叫方的设备分别用 A 和 B 表示。然后它开始由 A 直接发送 SIP INVITE 消息到 B。INVITE 消息的头部表明了它是一个 INVITE 消息，还包括了唯一的电话 ID，及主叫方和被叫方的 SIP 名字。SIP 名字是以 user@host 形式呈现的。消息的主体包含了主叫方希望用于此次会话的参数列表。会话参数包含主叫方希望使用的一系列编解码器。

B 会使用 SIP 200 OK 消息响应（响应码有不同的种类，每一个都使用自己的唯一的数字开始，与大多数人可能从我们的 Web 浏览体验中熟悉的 HTTP 服务器响应类似；举个例子，临时的、成功的、重定向响应码分别用 1，2，3 开始）。这 200 OK 消息是在用户已经被通知（通过铃声）并且回应了之后发出的。200 OK 消息的主体包括了被 A 在 A 的 INVITE 消息中提出的参数子集。这个子集表明了 B 选择的参数（如编解码器）并在 SDP 中详细说明。这样就完成了协商参数的提问和响应模型。这个 200 OK 消息是对 INVITE 消息的最终响应（相

比临时响应,如马上要讨论到的 180Ringing)。最终响应必须被确认。因此,A
发送了 SIP ACK 消息给 B 来完成会话初始化。就这样,会话初始化完成,然后
A 和 B 开始交换 RTP 分组数据。

要是人等了一会儿才使用 B 应答这个呼入电话呢? SIP 给 B 提供了一种方法
来让 A 知道它正在试着提醒用户接听。它在等待用户应答的时候可以发送
180Ringing 消息给 A,这 180Ringing 是临时消息组之一,它不必确认(如果它们
丢失了,那就让它们丢失吧),可以通过它们所用的数字序列来辨别(如,100
到 199)。

以上就是 VoIP 会话的开始阶段。至于
它是如何结束的,那就直到其中一方挂机
为止;挂机指令是一个发送给其他端的
BYE 消息。在图 11.6 描述的实例中,会话
是这么进行的:会话的发起者同样是想要
结束的人。也可以是另一端发送 BYE 消息。
在这两种情况中,BYE 消息的接收者会在
接收 BYE 消息后发送一个 200 OK 消息作为
应答,以表示对结束会话的合作性。注意:
不像 INVITE 和 200 OK 消息情况,在 BYE
消息和 200 OK 消息交换之后不需要 ACK 消
息。

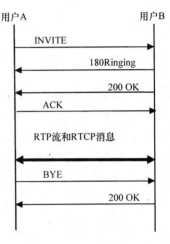

图 11.6　SIP 信令

下面是一个 SIP 头消息的例子。这是一
个从 daniel @ danielwireless. com 到 maeli @
tee. sg 的 INVITE 消息。

```
INVITE sip:maeli@tee.sg SIP/2.0
Via: SIP/2.0/UDP sip.danielwireless.com;branch=zlkjfdslkg89Ug3
Max-Forwards: 70
From: "Brother" <sip:daniel@danielwireless.com>;tag=mich
To: "Sister" <sip:maeli@tee.sg>;tag=schwester
Call-ID: hl3f432fklj3@sip.danielwireless.com
CSeq: 225 INVITE
Contact: <sip:daniel@danielwireless.com>
Subject: the Lord bless you and keep you
Content-Type: application/sdp
Content-Length: 142
```

11.2.2.3　增加可扩展性:SIP 代理和重定向服务器

尽管 SIP 可以简单地点对点作业,就如在 11.2.2.2 节所示,但是这种模型
扩展性不好。由于潜在的终端用户数量不断地增加,终端主机的 SIP 代理是否要
对所有(如 IP 地址)的可达信息进行追踪呢? 一般来说,主叫方不需要知道被

叫方的 IP 地址或者 DNS 名称，只需要知道被叫方的 SIP 地址/名字。即是这种形式：sip：daniel@ danielwireless. com。为了使 SIP 可扩展和不会过度加重 SIP 电话的负担，寻找被叫方的任务会被分配出去。一个或者多个 SIP 代理（也被称作代理服务器或者转发代理）或者重定向服务器会协助寻找被叫方。这些 SIP 服务器中至少有部分信息是关于如何到达其他不同的 SIP 终端的。主叫方和被叫方之间的路径上会有多个 SIP 服务器。当一个 SIP 的消息（如一个 INVITE）到达 SIP 代理时，SIP 代理会转发消息使其更接近目的地。图 11.7 所示为 SIP 代理是如何运作的。它和图 11.6 中展示的是一样的场景，只是多了我们在中间加入的 SIP 代理。

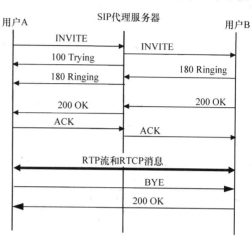

图 11.7　SIP 代理

　　另一方面，重定向服务器会在其接收到 SIP 消息后，发送回一个消息给接收 SIP 消息的节点，这对消息更接近其目的地有很大的帮助。因此，它重定向之前的节点更靠近目的地。当网页已经被转移时。大多数用过 Web 浏览器的人可能偶尔在一些网站中见过重定向响应。SIP 重定向和 HTTP 重定向很相似，它不是转发 SIP 消息，而是会通过提供重定向信息帮助前面的服务器或者 SIP 用户代理更接近目的地。图 11.8 展示了 SIP 重定向服务器的运作。SIP 代理服务和重定向服务可以在一个电话流程中混合使用，如图 11.9 所示。实际上，在任何给定的流程中，会有多个 SIP 代理服务器和/或多个 SIP 重定向服务器。

　　注意，图 11.7 中，SIP 代理只应用在了对话初始化时（INVITE 以及回应 200 OK 消息和 ACK），然后接下来的信令都可以直接在两个用户（A 和 B）之间端到端传递了，这是因为它们已经知道对方的 IP 地址了。因此，BYE 消息和它的 200 OK 回应以及 ACK 都是直接从 A 到 B。然而有时，一个或者更多 SIP 代理希望能跟进这个电话流程以便于所有的 SIP 消息通过它们传递。例如，在一个服务提供商环境（比如 IMS，我们会在 12.4 节看到）中，SIP 服务器可能需要跟进电话流程以便于合理提供各种服务（包括账单功能，如收集通话记录来准确计算话费账单）。SIP 服务器可以跟进电话流程的标准方法就是通过记录路由和路由报头。SIP 服务器通过将自己插入 INVITE 消息的记录路由报头里来跟进电话流程。A 和 B 的用户代理将会把所有这样的 SIP 服务器加入到转发路径中，通过把它们列为路由报头的子消息。注意图 11.7 是如何改进到图 11.10 的（并且注意 BYE 消息怎样通过代理服务器传递的）。

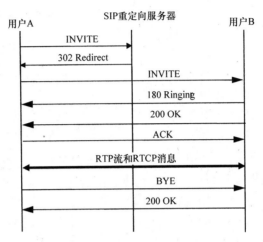

图 11.8　重定向服务器

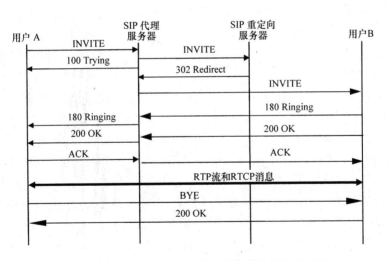

图 11.9　带有 SIP 代理和重定向服务器的基本 SIP 流

11.2.2.4　扩展 SIP

最初的 SIP 是有局限性的，它未经改进不能使用在人们所要求的或设想的各种各样的场景和框架中。然而，它已被证明又是足够灵活的，能够改进以适应各种需求。

关于原始的 SIP 是如何扩展以满足额外需求的一个很好的例子是，SIP 是如何被服务提供商包含容纳进来，例如无线服务提供商，且 SIP 在 IMS 其中占据着一个中心位置（见 12.4 节）。通常，在服务提供商环境中 SIP 的使用会加入一些额外的需求，这些需求是 SIP 爱好者或者发烧友在使用 SIP 时没有用到或者不需要用到的。这些增加的需求包括：

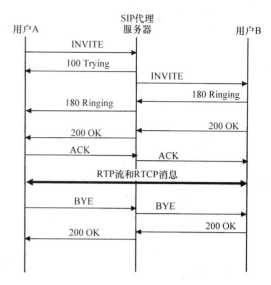

图 11.10　信令路径中保留 SIP 代理的记录路由的使用

● 所有的控制信令可能均需要通过一些特定的网络元素，这样可以保存必要的细节并做一下适当统计，允许提供商准确计算用户账单。

● 必须支持 QoS 和其他先决条件。在无线网络中，不能保证将提供必要的资源来支持所需的 SIP 会话。因此，有时必须允许来安排所需的资源，例如，在提醒被叫方之前。

● 最初的设想是临时响应（例如，180Ringing 消息）不需要是可靠的，因此它们也不需要被确认。然而，在服务提供商环境中，这些通常需要是可靠的。

在第一个需求中，我们已经讨论过使用记录路由和路由报头来使 SIP 服务器保持在信令路径中。QoS 相关的或其他先决条件可以通过扩展 SDP 来控制，允许它的某些参数指定为强制性的，必要的 QoS 被保留后，更新方法可以从一个用户代理发送到另一个。临时响应的可靠性[4]是指一个计划通过 SIP 扩展来为临时响应提供可靠性。基本上，引入一个新的确认消息 PRACK，由此，临时响应会重发直到接收到一个 PRACK 消息为止。

11.3　QoS

服务质量（QoS）是指网络提供给各种数据业务的通信服务质量。没有经过设计或运营的网络 QoS，即默认的 QoS 可能很差，特别是在业务负荷很重的时候。除了一般的业务中的 QoS，网络运营商希望提供不同的 QoS，对不同类型的业务不同处理。这是因为不同的业务有不同的 QoS 要求。表 11.2 显示了不同带宽类型的业务所需的不同类型的 QoS 要求，以 3GPP 标准分类。最严格的要求是会话（如，VoIP 或视频会议）。数据流设有低抖动，因为一个缓冲区可以用来弥补某些数量的抖动，然后可以流畅地播放数据流。然而，会话业务没有时间来缓存大量的数据流量。

表 11. 2　不同带宽类型的 QoS 要求

分类	恒定速率要求	低延迟要求	低抖动	低延迟优先
会话	是	是	是	
流媒体	是	是		
交互	—	—	—	是
后台	—	—	—	—

不同的方案被设计出来支持 QoS，同时也使 QoS 有了差别化。在探讨这些方案时一些项目是共同的，包括：

- 分类：按包分类，以便于对不同类不同处理。
- 标记：为包做标记（一般来说，在特定的区域设定特定的值）来区分它们的类别。
- （业务流）成形：改变业务流的所有特点来使其符合特定的协议（例如，某段时间的一定速率，但配置文件中可以包括规定最大速率及平均速率等规范）。
- （业务流）监控：和成形相似；有时，使用两个中的一个条件来参考包丢失的情况，使业务流符合配置文件的要求；使用另一个条件来参考包延迟而不是丢包的情况。最好检查任何特定环境下使用的定义。

像令牌桶和漏桶这样的术语有时会被使用，描述机制用来成形和管理。相比应用于无线自组网方式、分类、标记、成形等，可以系统地应用于 QoS 框架环境中，像区分服务和综合服务，我们会在 11. 3. 1 节介绍。一些 QoS 机制可以应用在这些环境中，我们会在 11. 3. 2 节中讨论。然后，在 11. 3. 3 节中我们将简要地讨论无线环境中的 QoS。

11. 3. 1　框架

有两个经典的来自 IETF 的互联网 QoS 框架：综合服务（IntServ）和差异化服务（DiffServ）。

综合服务（IntServ）。IntServ 的 QoS 框架[1]是两个早期框架之一。它试图在同一网络以一个综合的方式，为不同类型的非实时和实时业务流提供服务。它认识到，不同类型的业务流有不同的要求，所以服务差异化是必要的。IntServ 使用接入控制机制、速率控制机制和资源预留机制（特别地，我们会在 11. 3. 2. 1 节讨论 RSUP）。

起初，IntServ 没有明确定义支持哪种服务。随后，RFC 被编写使用 IntServ 模型可以支持多种类型的业务。这些 RFC 包括受控负载业务类和保障的 QoS 业务类，每个都有自己的 QoS 要求。

差异化服务（DiffServ）。IntServ 是有状态的和显式控制信令的，来为每个数据流预留适当的资源。这个模型并不能很好地缩放，所以另一个模型（Diff-Serv）被引进来了。DiffServ[2] 更无状态（因此路由器不必负担维持关于资源预留的状态信息）。用 DiffServ，显式控制信令不需要用于每个单独的流。相反，每个路由器执行 QoS 相关的功能，基于每跳行为（Per Hor Behavior，PHB）和行为聚合（Behavior Aggregate BA）的概念，而不是在 IntServ 情况下，基于需要预先安排的端到端流的解决方案。下面我们解释一下 BA 和 PHB 的含义。

不再是处理单个流（其中可能有成千上万），DiffServ 把包分成很多类，这些类被称为行为聚合（BA）的类。每一个数据包与其他所有数据包一样，在 BA 中采用同样的处理方式。这种解决方案被称为每跳行为（PHB）。不同的 BA 由 DSCP 值来区分（稍后定义）。一个 DiffServ 使用的互联网的区域可称为 DiffServ 域。互联网服务提供商（ISP），以及它们之间互连的核心网络，常常是 DiffServ 域。Diff-Serv 的巨大吸引力是，大多数的计算密集型 QoS 相关的活动（例如，分类，标记，成形）在 DiffServ 域的边缘路由器执行。在 DiffServ 域的内部路由器，数据包已经被分类，所以路由器只需要检查 DSCP 并应用相应的 PHB。

IETF 的 DiffServ 工作组已经重新定义了 IPv4 报头的服务类型（Type of Service，TOS）字节作为 DS 字段（对于 IPv6，数据类的字节映射到 DS 字段）。数据包被标记在 DS 字段的 DiffServ 代码点（DSCP）字段，它有 6 比特长。TOS 字节的其余部分未被使用。一个行为聚合（BA）的数据包具有相同的 DSCP 值（用于区分不同的 BA）。

标记数据包是一种用来减少路由器分类负担的方法。数据包的深度检查只在边缘路由器需要时执行，在那里对它们进行标记，内部路由器不需要执行深度检查，只适当地处理该数据包，因为它们只能观察标记。因此，内部路由器通常处理最重的负载，只做很少的支持 QoS DiffServ 的"工作"，能够更有效地处理数据包。额外的数据包处理（例如，流量策略和流量成形）可以在边缘处进行。在边缘，数据包根据相应的服务等级进行标记。DiffServ 保持转发路径尽量简单，并且尽量将复杂的部分推到网络边缘。

PHB 是在符合 DiffServ 的路由器上应用于 BA 的处理。边缘路由器对进入和离开 DiffServ 域的数据包进行分类和/或标记，而 PHB 是它们收到的解决方案。已经提出的两组 PHB 是确保转发（AF）和加速转发（EF）。AF 是服务提供商 DiffServ 域为从客户 DiffServ 域接收的 IP 分组，提供不同级别的转发保证的手段。AF 是一种具有 3 个成员，每个具有 4 个实例的 PHB 组，总共 12 个可能的解决方案。在每个 DiffServ 节点上，每个 AF 类被分配一些带宽和缓冲空间。同时，EF 配置节点，使得 BA 具有最小离开速率，与路由器上其他业务的强度无关。

连同在边缘路由器处对 BA 的适当处理，EF 可用于提供"优质"的服务。

DiffServ 域如图 11.11 所示。在一侧的节点 1 和 2 与另一侧的节点 3 和 4 之间有多个流。但是，在标记为 A 和 B 的 DiffServ 边缘路由器上，我们假设在这个例子中，这些多个流的数据包都标注成相同的（例如，EF）。然后，内部路由器可以与 QoS 相同的方式处理所有的数据包，不必处理复杂的标准。如图 11.11 所示，A 和 B 之间没有隧道。数据包仍在内部路由器中处理，比没有 DiffServ 更有效。

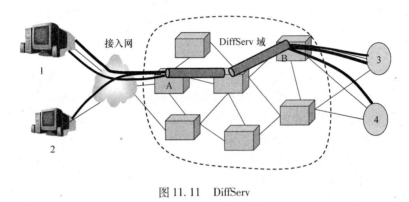

图 11.11　DiffServ

11.3.2　QoS 机制

可以在 IP 网络中部署多种不同的 QoS 机制。在这里，我们关注两方面：

- 在网络拥堵之前，控制网络资源的使用，这部分将在 11.3.2.1 节中讨论。
- 排队和优先级策略。这部分将在 11.3.2.2 节中讨论。

11.3.2.1　设计和计划充足的资源

在网络拥堵前控制使用网络资源的例子包括：接入控制和资源预留方案，如 RSVP。

接入控制。接入控制背后的想法是限制（数据包或流）接入到网络的速率，使数据量是可控的，这样网络拥塞的可能性不大。接入控制类似于道路交通网络，在高峰期，可以通过使用交替的红绿灯控制进入高速公路的车流量。各种不同的方案都属于接入控制。例如，在 DiffServ 域的边缘时，接入速率可以通过诸如令牌桶方法来控制。带宽代理概念也可以被认为是对接入控制有用的。更多详情可参考本章参考文献 [7]。

资源预留协议。资源预留协议（Resource Reservation Protocol，RSVP）用于在网络上保留资源。资源只从源到目的地只在单方向上（即，它是单向的）被保留，但是，在两个方向上实现资源预留也很容易，其中每个端点都可以发起自己的 RSVP 信令。在数据流的路径上，具有 RSVP 能力的路由器将在 RSVP 信令完成后预留适当的资源。这些预留需要定期更新。有趣的是，预留请求可在多个请求者之间共享，或者在一个请求者不同流量之间共享。接收者比发送者处在更好的位置，知道需要什么样的资源。因此，由接收者而不是发送者负责进行预留的请求。

资源预留是这样执行的：

* 资源节点发送路径消息到目的节点。此时，资源既没有请求也没有预留。
* 目的节点发回 RESV（预留请求）消息到资源节点，使用同一个路径，但反向发送。到了这时候资源预留才真正被请求了。当 RESV 遍历每一个支持 RSVP 的路由器时，资源才被预留。

从上面我们看出 RSVP 被设计出来是为了接收者而不是发送者预留请求。不管怎样，路径消息服务的目的有两个：

* 在每个中间路由器建立软状态信息（关于回传给发送者的路径）。
* 通知接收者关于将被发送的数据流的种类，使其可适当地决定是否资源预留。

RSVP 消息是特殊的传输层分组，如互联网控制消息协议（Internet Control Messege Protocol，ICMP）分组，这是处理器密集型的路由器。因此，使用 RSVP 并不能很好地扩展。RSVP 如图 11.12 所示。

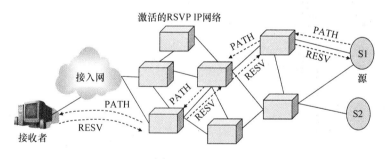

图 11.12　RSVP

11.3.2.2　排队和其他优先级方案

排队是 QoS 的一个基本工具。每个路由器都有一个或多个输入队列及一个或多个输出队列，路由器上有许多选项用于配置这些路由器的排队规则（见图 11.13）。通过排队规则，我们可以了解队列中的分组是如何被处理的，无论是一些晚到的分组可能比其他早到达的分组更早发出去（如果有的话，根据什么标准）；还是（在多个队列的情况下）一些队列是否优先于其他队列；等等。

FIFO（先入先出）排队。FIFO 排队是最简单的排队规则。所有分组都是平等对待没有偏好，早到的分组（earlier – arriving）比晚到的分组（later – arriving）早离开。FIFO 排队的优点包括：

- 它是最直接的实现方法。
- 对于轻负荷网络，排队方法只需要平滑间歇性的流量突发，FIFO 很适合并足以胜任这一点。

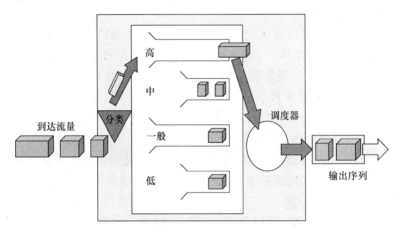

图 11.13　路由器排队框架

FIFO 排队的缺点包括：

- FIFO 没有给任何分组提供任何类型的优先级的机制。
- 对于重负荷网络，当队列已满，分组必须被丢弃时，FIFO 并不区分高和低优先级的流量，所以高优先级的数据流被丢弃的可能性比其他排队规则的大。

优先级排队（PQ）。路由器把高优先级的分组放入输出队列中低优先级分组的前面。PQ 的优点包括：

- 和 FIFO 排队不一样，分组可以被赋予优先级，因此高优先级的分组延迟较少。
- 优先级的数量和每组分组的间隔长度是灵活的。

PQ 的缺点包括：

- 如果优先级太多，系统的计算开销可能太高，并且可能影响分组的转发性能。
- 请注意，我们没有资格声明路由器一定会把高优先级的分组放置于输出队列中低优先级分组的前面输出。会发生这种情况，即使一些低优先级数据包已经等了很长一段时间，只要有较高优先级的分组，它首先被服务。因此，当高优先级的流量大时，低优先级的流量可能会等待很长时间和/或大部分被丢弃。

上面列出的第二个缺点通常被称为缓冲区饥饿。人们可以更好地为低优先级流量提供较低的服务水平而不是允许缓冲区饥饿发生。这是"公平排队"计划背后的理念之一。

公平排队（Fair Queuing，FQ）、WFQ 和 CBQ。不同业务流［我们可以认为流是网络中流动的具有某种关联的分组（例如，来自相同源到相同的目的地，同一类型的数据等）；这是模糊的，因为流可以通过多种方式来指定］可以向路由器呈现以不同速率进入分组。公平排队尝试在不同速率输入流之间平衡输出队列的流量。它使用每个流队列和队列之间交织进行平衡。其结果是，公平排队利于低流量业务流。这不一定是一件好事。

加权公平排队（Weighted Fair Queuing，WFQ）是对每个流队列进行加权的 FQ 的变形，不把它们等同于 FQ。加权可以基于 IP 的服务类型（TOS）字段，或者其他标准。由于 WFQ 仍是 FQ 的一个变形，和 FQ 一样，它避免了缓冲区饥饿，但在同一时间它优先选择较高优先级的流。

WFQ 的优点包括：

- 有分组的优先级而没有缓冲区饥饿。
- 任何不适当的数据流（例如，欺骗 TCP 会话）都会被阻止，以免过多消耗其他数据流的带宽。

WFQ 的缺点包括：

- 即使有分组级别的公平排队（即，来自每个流去往输出队列的分组数量是有限速的），在分组包非常大时也会存在流的问题（因此对于这样的流，比特速率可能高得多）。
- 数据流过多时，扩展性不好。

还有其他的变化［例如，基于类的排队（Class Based Queuing，CBQ）］，或其他名字的排队方案，但存在不同厂商和不同的人使用相同的名称表示不同的概念或不同的名称表达相同的概念的情况。所以，我们只列出了一些使用 CBQ 和低延迟排队等名称下的想法：

- 基本 WFQ 的一个定义是路由器自动将输入分组分成多个流（它产生成千上万数据流，可能会导致性能问题）；数据包被一些用户指定的标准分成若干类（有时称为策略）。这是显而易见的，为什么这样的方案称为 CBQ。
- 为了避免具有非常大分组的流可能以比其他流以更高的速率离开的情况，可以为每个流安装速率限制器。
- 可以用 PQ 和 CBQ 的混合方案（有时被称为低延迟排队），其中为延迟敏感的业务留出特殊的速率限制队列，如语音和视频，而 CBQ 用于其余的业务。特殊队列需要速率限制，以避免缓冲区缺乏。

11.3.3　无线 QoS

在无线系统中，无线链路经常是端到端路径中的 QoS 方面的关键部分。由于带宽可能在无线链路中被最严重地限制，并且将具有比该网络的有线部分更高的错误率，必须注意，特别是对于无线链路，提出了一个端到端 QoS 的解决方案。

我们已经在 8.3.2.1 节看到，802.11 的基本 MAC 信道接入协议如何包括一些粗糙的优先级。它通过对 DIFS、SIFS 等使用不同的值，并强制等待不同长度的时间。

11.3.3.1　IEEE 802.11e

基本的 802.11 MAC 采用的优先级方案是使用不同的帧间间隔，正如8.3.2.1 节所示。然而，它被限制为给予某些控制帧优先级。所有的数据帧具有相同的优先级，这在某些应用中是不能接受的，如在 WLAN 上的语音和/或视频。因此，IEEE 802.11e 为 WLAN（无线局域网）引入了 QoS 机制。它有新的协调功能，如增强分布式协调功能（Enhanced Distributed Coordination Function，EDCF）和混合协调功能（Hybrid Coordination Function，HCF），以支持 8 个流量类别。EDCF 被设计为建立在现有 DCF 机制之上的 DCF 的增强。因此，不支持802.11e 的 MS 可以和支持 802.11e 标准的 MS 共存。EDCF 有两个特点：

- 业务类别——依赖于帧间间隔。
- 业务类别——依赖于最小初始碰撞窗口的大小。

又引入了新的帧间间隔，即仲裁帧间间隔（Arbitration Interframe Space，AIFS），对不同的业务优先级是不同的。与在 DCF 中不同，在 EDCF 中，碰撞窗口的最小尺寸可以根据业务类别的不同而不同，以便有利于高优先级的业务。

HCF 类似于 PCF 的 QoS 增强版本。虽然它似乎可以完美地用于轮询控制，从而在 WLAN 中小心地控制业务和 QoS，但在 802.11 中没有规定轮询顺序。它可能由供应商来决定轮询策略。为什么 PCF 不能满足诸如语音对延迟敏感业务更严格的要求，还有其他一些原因：

- PCF 不需要知道每个基站希望得到的通信是什么种类的业务。
- PCF 不知道每个基站的排队长度，并且在 802.11 标准里，根据 QoS 优先级，数据业务不会被放在不同的队列中。
- 点协调器可以在一部分时间内控制媒体。
- 当一个基站被轮询，它有权发送尽可能大的分组，最大可达 2304B，这个限制适用于所有通过 802.11 MAC 层的分组。这可能会对其他基站造成太多的延迟。

HCF 试图利用 PCF（称为混合协调器）的轮询功能，同时解决了刚列出的问题。HCF 增强了 802.11MAC，以使周到的轮询有助于提供 QoS 优先级。一种新的 QoS 控制字段允许关于来自每个站的业务信息由站提供给混合协调器。还可以指定对响应每个轮询可以发送的分组大小的限制。此外，即使 DCF（不是 PCF）在使用中，混合协调器也可以发起 HCF 接入，这样可以以较少的时延定期地传输流或会话业务。

习题

11.1　为什么向移动站发送呼叫（GSM）或者分组（GPRS）比发起一个电话或者分组更难？

11.2　什么是 GSM 的位置区域？是一个或者多个小区？为什么它很实用？如果位置区域很大有什么优缺点？提示：考虑位置更新的频率和寻呼区域的大小。

11.3　SIP 代理和 SIP 重定向服务器的区别是什么？

11.4　SIP 服务器是如何确定它保持在信令路径的？

11.5　什么是缓冲区饥饿？如何避免？

参 考 文 献

1. R. Braden, D. Clark, and S. Shenker. Integrated services in the Internet architecture: an overview. RFC 1633, June 1994.

2. K. Nichols, V. Jacobson, and L. Zhang. A two-bit differentiated services architecture for the Internet. RFC 2638, July 1999.

3. J. Rosenberg and Schulzrinne H. An offer/answer model with the session description protocol (SDP). RFC 3264, June 2002.

4. J. Rosenberg and H. Schulzrinne. Reliability of provisional responses in the session initiation protocol (SIP). RFC 3262, June 2002.

5. J. Rosenberg, H. Schulzrinne, G. Camarillo, A. Johnston, J. Peterson, R. Sparks, M. Handley, and E. Schooler. SIP: Session initiation protocol. RFC 3261, June 2002.

6. H. Schulzrinne, S. Casner, R. Frederick, and V. Jacobsen. RTP: a transport protocol for real-time applications. RFC 3550, July 2003.

7. K. D. Wong. *Wireless Internet Telecommunications*. Artech House, Norwood, MA, 2005.

8. GSM World. GSM roaming. http://www.gsmworld.com/technology/roaming/, 2011. Retrieved Mar. 2, 2011.

第 12 章　全 IP 核心网

在本章中，我们继续讲述从第 11 章的无线网络和 IP 网络向全 IP 无线网络的融合。我们已经在第 11 章看到 IP 如何转型支持（使用 RTP 和 SIP 等技术）具有 QoS 控制的语音。在本章中，我们在 12.1 节介绍 IP 如何被改造来支持在无线网络中的其他方面，包括移动性支持和比有线网络更有限的带宽。然后，我们在 12.2 节讨论 GSM 如何演进，以增加对分组数据网络的支持，并增加了 GPRS。在 12.3 节，我们跟踪无线网络的发展，直到 LTE。一个重要的发展是在 UMTS/ LTE 中增加了 IP 多媒体子系统（IMS），所以我们在 12.4 节解释 IMS 的概念。最后，在 12.5 节中，我们简要了解其他网络（包括 UMTS 在内的其他发展轨迹，）如何朝着相同的方向发展，即 IP 网络融合。

12.1　IP 工作无线化

一个 IP 路由的美妙之处是分层寻址方案。它允许地址的聚合；也就是说，相邻的整块地址（包括非常大块的地址）可以通过一个单一的网络地址被引用。块中的地址共享相同的网络前缀，因此该共享网络前缀被用作单个网络地址来表示它们。这种聚合地址的能力有助于 IP 可扩展性，如下面的情况：如果没有地址聚合，路由表将随 IP 地址数量线性增长。即使默认路由的概念用于使大部分主机只需要拥有有限个路由表入口，仍然会出现数个核心路由器需要拥有数百万个地址的情况（而理论上，有 2^{32} 个），每个对应一个单独的 IP 地址。

使用地址聚合，互联网上核心路由器的路由表依然很大，但可管理。向整个范围的连续地址转发分组是通过匹配网络前缀（对所有网络前缀都是相同的）来完成的。例如，著名的网络前缀 18.0.0.0 属于麻省理工学院。虽然这是一个简洁的、可扩展的方案，但它倾向于将共享相同网络前缀的 IP 地址限制在同一地理区域。一般地，网络地址越具体，代表的地理区域越小。更具体地说，它不是关于地理位置而是关于网络拓扑中节点的位置。在 12.1.1 节，我们将看到分层寻址方案为处理移动性带来了挑战，我们还将看到移动 IP 方案如何应对这一挑战。

另一个 IP 工作无线化的挑战是无线链路上较高的无线宽带成本。因此，在有线网络中，IP 相关协议可以有相对较高的开销（例如，大量的报头信息），而不会引起无线网络中那么多的问题。在 12.1.2 节中，我们会看到在无线链路中需要采取报头压缩的方案，以减少分组包报头的大小。

12.1.1 移动 IP

当一个无线设备移动，并改变其到网络的连接点时，移动可以是在 LAN 内，也可以在 LAN 之间。在前者的情况下，我们有 2 层的移动性，就网络协议（例如，IP）来说，没有移动性。在后一种情况下，我们有 3 层移动性，并且分组的重新路由需要由网络层协议来处理。2 层移动性的一个例子是在 Wi – Fi 网络中接入点之间的移动，其中两个接入点是相同 ESS 的一部分。3 层移动性的一个例子是 Wi – Fi 网络中的两个接入点是两个不同的 ESS 之间的移动。

在 3 层移动性的情况下，终端应在新网络中使用相同或不同的 IP 地址？一些活动，例如大量的 Web 浏览活动，不要求在移动端保持相同的 IP 地址，因为它在不同网络间移动。然而，另一些活动，如文件传输，要求该移动端移动时保持相同的 IP 地址。如果移动端正在扮演着服务器的角色（例如，电子邮件服务器），它也可能需要在移动时保持其 IP 地址。我们可以把这种需求叫作不间断的通信需求。

然而，给定的 IP 地址与其在互联网拓扑中的特定位置相关联，移动端在移动时不能保持其 IP 地址。因此，引入了移动 IP 的概念来解决如下问题：

- 移动端想要在移动时保持 IP 地址不变，以实现不间断通信。
- 移动端访问其他网络时需要使用本地 IP，来实现有规律的互联网路由，并使分组包可以有效转发。

移动 IP[3]（见图 12.1）是 IETF 选择解决问题的方法。我们将很快更详细地讲解，但在更高层会发生什么呢？移动节点（MN），也称为移动主机（MH），具有一个不变的本地地址，允许它移动时不中断通信。本地地址是移动节点的归属网络的拓扑部分。移动端还获取一个访问网络的转交地址，这是被访问网络的本地 IP 地址。来自任何通信节点（CN）［也称为通信主机（CH）］的分组穿过互联网，并且（和平常一样）传送到本地网络。在本地网络中，本地代理截取该分组包，并将其转发到移动转交地址。在被访问网络中，外地代理接收转发的分组包并将其传送到漫游的移动端。

12.1.1.1 从本地代理到移动节点的分组传递

让我们重温 IP 分组包从通信节点（CN）到移动节点（MN）的旅程。分组包将使用正常的 IP 路由移动至 MN 的本地网络中，因为其目的地址是 MN 的本地地址，这是源自它本地网络的 IP 地址。无论 MN 在本地还是访问网络，这会一直发生。如果是在本地，它像往常一样接收数据包，这就不用说了。如果它正在访问另一个网络，对于它的本地代理（HA）而言，数据包将在其本地网络丢失。HA 为 MN 拦截了数据包；例如，如果本地网络是基于以太网的 LAN，HA 可以使用代理 ARP（见 10.3.5 节）来捕获对于 MN 有意义的数据包。

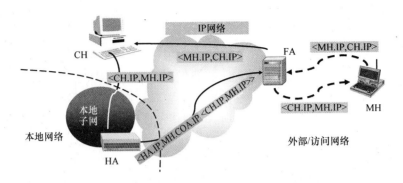

图 12.1　移动 IP

一旦 HA 截到了分组包，它是如何将它发送到访问网络中的 MN 的？HA 具有访问网络中 MN 的转交地址（在 12.1.1.2 节我们会发现它是如何获得该信息的）。它将数据包封装在一个新的分组数据包中。新的 IP 数据包将 HA 的 IP 地址作为源地址，转交地址作为目的地址，并且整个原始分组，包括原始报头，作为有效载荷部分打进新的分组。[这被称为 IP-in-IP 封装；很简单，但增加了至少 20B 的开销与新报头；减少额外开销是可能的（例如，可以将开销降到 8B 的最小的封装）。] 使用封装，HA 能够将分组从 MN 本地网络隧道传送到访问网络。尤其是，分组包到达 FA 后，因为转交地址是可路由到 FA 的地址。FA 然后解封装数据包，并将其转发至 MN。通常，FA 应是和 MN 在相同的 LAN 上，并且可以将分组包转发至 MN，而不需要 IP 转发。（否则，因为它是原始数据包，并不再被封装，数据包将会被一直转发回 MN 的本地网络！）

对于从 MN 到 CN 的分组包，可以直接从 MN 发送到 CN 而无需经过本地网络⊖。HA 和 FA 必须通过预处理，来为 MN 执行这些角色，而且设置发生在注册过程中，我们接下来进行讨论。

12.1.1.2　注册

为使移动 IP 工作，HA 需要从 MN 中监听有关其新的转交地址，并且 FA 也需要知道 MN 存在于访问网络中。这是由注册过程（见图 12.2）来完成的。在注册过程中，MN 首先要发现 FA 的存在。（它可能只是等待，直到它听到了 FA 定期广播的代理公告消息，也可能在其周期性调度之外通过激励 FA 发代理公告来减少等待；它可以通过发送代理请求消息做到这一点。）该代理公告消息包含 MN 可以用作其转交地址的 FA 的 IP 地址。

有了这些潜在的转交地址，MN 经由 FA 向 HA 发送一个注册消息。HA 也通

⊖ 如果被访问网络中使用一些防墙，这会产生一些问题（如防火墙不允许流量从源地址不属于被访问网络一部分的访问网络中流出）；有办法解决这些问题，及其他此类问题，但它们超出了本书范围。——原书注

过 FA 回复，并存储本地地址和转交地址的绑定，以在 MN 的下一个数据包到达其本地网络时使用。

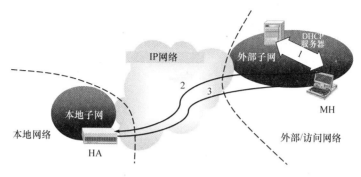

图 12.2　移动 IP 注册过程

你可能想知道怎样防止恶意节点发送一个虚假注册信息，通过使用 HA 作为不知情的同谋，因此将 MN 的所有业务流量从其本地网络转移到任意网络。这可以通过认证机制预防，通过在注册信息中强制增加移动本地验证扩展信息。

12.1.1.3　协同转交地址

外部代理的需求使移动 IP 更难以部署。以前，我们需要一个本地代理，并且需要移动节点能够发挥移动 IP 客户端的作用；随着外部代理的加入，我们还需要每一个潜在的访问网络都有一个外部代理！因此，我们设法避免使用外部代理，并寻求替代。

这种替代方案在协同转交地址（见图 12.3）概念中找到了答案。在该方案中，MN 成为它自己的 FA！它不再依赖访问网络中的 FA 广播代理公告，从中获得转交地址。然而，不需要转交的地址必须是 FA 的地址。它只需要是一可路由（通过常规 IP 路由）到 MN 所在的当前访问网络的地址。因此，MN 可以在一些其他协议（例如 DHCP、PPP）的帮助下，简单地在被访问网络中获得本地 IP 地址以其作为转交地址（这些是设备连接到网络时获取 IP 地址的标准方式，因此

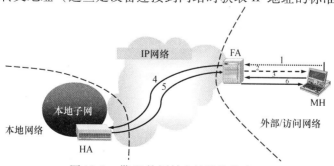

图 12.3　带 IP 协同转交地址的移动 IP

不需要专门为 MN 获得转交地址的新协议）。

　　一旦 MN 已在访问网络中获得本地 IP 地址，就可以通过它的本地代理（而不需要经过一个外部代理）发送移动 IP 注册消息来注册。之后，来自 HA 的分组将通过其协同转交地址直接路由到 MN。

　　协同转交地址并没有成为基本的移动 IP 规范，只在 IETF 文档草案中进行了描述。我们不得不要等待在移动 IPv6 中看到协同转交地址成为常态。

12.1.1.4　移动 IP 的问题

　　移动 IP 具有不需要 CN 知道移动 IP 的巨大好处。它正常地向 MN 发送分组。然而，这意味着到 MN 的分组在被隧道传送到访问网络之前，总是首先到达其本地网络。在某些情况下，这可能会导致非常低的效率。例如，假设 CN 和 MN 非常接近对方（从地理上说），甚至在同一个网络。进一步假设该本地网络非常遥远，也许在地球的另一边。从 CN 至 MN 的路径将遍历世界各地又返回到 MN 的本地网络。这种低效率通常被称为三角形路由，其中从 CN 到 HA 的路径和从 HA 到 MN 的路径形成三角形的两边，从 MN 到 CN 的路径形成三角形的第三条边。

　　对于无线链路来讲，带宽效率是至关重要的。因此封装开销是个烦人的问题，对于诸如 VoIP 这样的小型分组更是如此。

12.1.1.5　移动 IPv6

　　基于 IPv6 的移动 IP[4]（简称移动 IPv6，见图 12.4）是 IPv6 网络移动 IP 的增强版本。它继承了 IPv6 的新特性，比 IPv4 提供更好的移动性支持。它通过以下方法解决移动 IP 的各种问题：

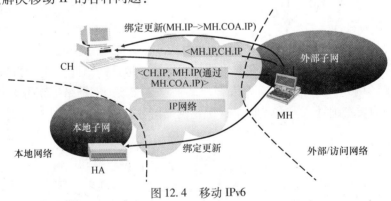

图 12.4　移动 IPv6

　　● FA 的使用。协同转交地址是移动 IPv6 的标准。FA 资源已经快用尽了。MN 在访问网络获得一个 IPv6 地址比获取一个 IPv4 地址要容易，所以实现协同转交地址没有障碍。

　　● 三角形路由。从 MN 直接发送至 CN 的绑定更新通知 CN 有关 MN 的转交地址，所以 CN 可以将分组直接发送给转交地址，而不必经过本地网络和 HA。在移动 IP 实现这一点的主要障碍是，这要求所有的 CN 能够理解绑定更新并相应地对其进行操作。这在移动 IP 中是不被接受的，因为它意味着每个已经存在的 TCP/IP 都需要升级。不过，对于移动 IPv6，我们有一个新的协议（IPv6），所以要求每一个 IPv6 节点从一开始就能够理解和处理这些绑定更新，这种强制性要求是合理的。

- 封装开销。移动 IPv6 利用 IPv6 的新路由报头扩展，而不是像移动 IP 一样通过封装来隧道化，以通过转交地址向 MN 有效地指定一种源路由类型（见 10.3.1.2 节）

尽管如此，移动 IPv6 并非没有其自身的问题。如在移动 IP 中，在移动时，MN 用其最新的转交地址更新它的 HA。这可以在移动 IP 和移动 IPv6 中安全地进行，因为可合理地假设 HA 和 MN 具有预先存在的安全关联调用。而对 MN 和 CN 做相同假设是不合理的，因为它可能适用于任何可能的 CN。因此，从 MN 到 CN 的绑定更新不如用 HA 注册安全。它使用并非万无一失的返回路由程序，但只能使攻击者更难通过发送伪造的绑定更新恶意重定向流量。

12.1.2　报头压缩

在分组交换网络中，例如基于 IP 的网络，每一层都增加了开销以报头的形式，（分组报头、帧报头等），也可能以分组/帧的末尾形式增加开销。报头包含网络协议正确操作所需的重要信息。然而，这些不是用户数据的附加比特，意味着通信媒体将必须传递比用户发送的更多的比特。在报头和报尾的这些附加比特，称为报头开销。开销比特与总比特的比率越高，数据传输越低效。我们可能会说"开销非常高"或"开销太大了"。我们更希望"减少开销"（即，以减小开销比特与总比特的比率），从而使传输更加高效。

减少开销的一种方法是压缩数据包/帧的报头部分。事实上，目前已经提出了用于压缩传输报头、IP 报头的各种方案，它们也确实减少了开销。但它们都没有被广泛使用，因为报头压缩/解压缩的工作是有代价的。所以我们只需要在收益会超过压缩和解压所需的努力的情况下使用报头压缩。在大多数有线网络中，许多类型的数据不值得用报头压缩。

然而，在通过 IP 传输语音时，在无线链路上，有一个情况使用报头压缩是值得的。为什么呢？因为它结合了两个目的来执行报头压缩，其中第二个特别引人注目。

- 语音分组必须很小。不然，会有太多的分组延迟附加到端到端延迟上。通常，语音编解码器产生编码 10ms、20ms、30ms 长的编码语音分组。然而，报头大小通常不依赖于分组大小。报头大小固定，和大数据包相比，分组小时，报头占整个分组的比例很高，因此，小分组的开销远远高于大分组包。

● 带宽是无线链路上极其珍贵的资源。高的报头开销对于无线链路来说太昂贵。

我们会在下面详细说明语音数据细小化（典型的，10 ~ 30ms 长）的必要性。然后，我们通过一个数值实例，以获得更好的感知为目的，来分析 VoIP 的分组报头开销。因此，如果没有报头压缩，报头开销太大，传输未压缩的分组时，会消耗太多的宝贵的无线带宽资源。

12.1.2.1 语音数据包必须细小化

分组延迟是指形成分组所需的时间。因此，如果一个语音分组是 100ms 长，第一位必须在最后一位到达前等待 100ms，之后该分组数据才准备好进行发送。这个 100ms 是除了排队延迟、传输延迟以及分组将在穿过发送者到接收者之间的端到端路径时面临的其他延迟之外的。

12.1.2.2 实例：数据包大小等

假设一个 VoIP 系统采用 G.729 编码。由于 G.729 是一个非常高效的编码器，只需要 8 kbit/s 语音编码，能求出 G.729 编码语音 20ms 内的字节数。现在加上 UDP、RTP 和 IP 报头的开销。报头在结果数据包中占据多少百分比呢？

8000bit/s 的结果等于（8000 × 20）/1000 = 160bit/20ms，也就是 20B。UDP、RTP 和 IP 报头分别至少是 12B、8B、20B（IP 报头在一些情况下可以更长，但不小于 20B）。60B 中的 40B，数据包的 66.6% 被报头占据了。

12.1.2.3 鲁棒的报头压缩

各种报头压缩方案可以与无线系统中的 VoIP 分组一起使用，但是，由于其在 UMTS 中的采用，我们在这里集中于鲁棒的报头压缩（ROHC[1]，见图 12.5），ROHC 是一个著名的报头压缩方案，由 IETF 于 2001 年提出，它试图挤

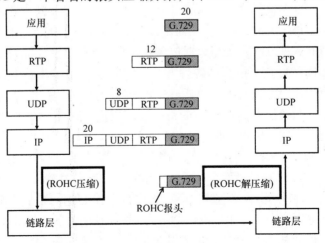

图 12.5 使用 ROHC 的好处

出大量的冗余信息。

尤其是，在特定源和特定目的地之间使用 VoIP 数据包（可使用 ROHC 功能）：

- 报头的某些字段在每个分组中都一样（例如，信源和目的地的 IP 地址）；
- 报头的某些字段在连续的数据包之间增长同样的时间值（例如，如果语音编码使用 10ms 分组，RTP 时间戳将在每个连续分组增加 10ms）。

因此，一些信息可以只在通话脉冲的开头发送一次——不必在每个分组中重复（或递增）。在 RFC 5795[6]中提供了一种更通用、但兼容的框架。

12.1.2.4　UMTS 中的 ROHC

ROHC 在版本 4 时进入 UMTS 标准。它是协议栈 PDCP 层强制性的部分。显然，具有 ROHC – 压缩报头的分组不能通过互联网路由，所以 ROHC 只能在无线链路上使用。

12.2　GPRS

GSM 针对语音流量而不是数据流量进行了优化。可以使用 GSM 来为数据业务服务，尽管数据速率很低，因为数据比特必须适合在 GSM 时隙的约束范围内。GSM 网络通过互连功能与外部分组数据网络（诸如互联网）连接。为了使 GSM 更友好为数据服务的第一步是允许时隙的聚集（即，可以同时向用户分配多于一个的时隙，从而允许更高的数据速率）。这是 GSM 网络中高速电路交换数据（High Speed Circuit Switched Data，HSCSD）的基础。顾名思义，它仍是一个电路交换的解决方案。在 GSM 网络中使用电路传递数据的问题包括：

- 数据爆裂。然而利用电路交换解决方案，将为数据服务分配时隙（无论是否如 HSCSD 聚合），并且用户需要为资源付费。换句话说，即使用户长时间浏览网页且在该期间内没有进行任何数据传输的情况下，计费表仍将一直运行，因此，用户的成本将非常高。
- 每次需要时都必须设置电路以便使用，这导致在数据连接之前的延迟，引起来自 DSL 的"永远在线"服务用户的烦恼等；或者，可以使电路"随时在线"，这使得无线资源利用率大大降低，同时花费太过昂贵而不实用。

通用分组无线业务（GPRS）是增加到 GSM 系统以解决这些问题的增强分组业务。该名称以"通用"开头，因为它最初的设计不是只为了携带任何一个分组数据网络（如 TCP/IP）中的分组。相反，它被设计成通用的分组无线业务，可以从多个分组数据网络传输数据包，包括 TCP/IP 但并不限于此。IP 和 X.25 是 GPRS 可以传输的数据包的原始示例。虽然，大多数 GPRS 的实现都集中在 IP 通信，但 GPRS 在无线接入和网络方面引入了创新。

在无线接入方面，GPRS 引入了如下特性：

● 时隙分用。在一帧中，有些时隙分配给语音，有些分配给 GPRS。这种安排不是固定的，可以根据时间来调整。

● 更高的数据速率。两个或者更多的时隙聚集允许系统用于从移动端传入和传出数据。

● 动态分配时隙。GPRS 的时隙可根据需要由多个设备共享。因此，当一个设备正在下载文件时，它可以使用更多的 GPRS 时隙，而另一个没有繁重任务的设备，可能只使用一个 GPRS 时隙。正如我们在 8.1.3 节中指出的那样，GPRS 无线资源的配置是基于无线块的单元，每个无线块在连续 4 个 GSM 帧中（每 8 个时段）包含相同的时隙。

除了为不同的移动端动态分配时隙之外，另一种方式是 GPRS 更有效地利用无线资源的方式是，通过维持与每个移动端（GPRS 的移动性管理状态，我们将在 12.2.2 节讨论）的通信活动的状态。因此，处于"准备就绪"（活动）状态的移动端比那些处于"待机"或"闲置"状态的终端，更能立即访问无线资源。

在网络方面，GPRS 引入了与电路交换架构并行的新的分组交换网络架构。因此，基站和基站控制器（BSC）在语音和 GPRS 之间共享，但是从 BSC 开始，语音业务往来于 MSC，而分组数据往来于 GPRS 支持节点（GSN），即：服务 GSN（SGSN）和网关 GSN（GGSN）。在图 12.6 中可以看出，有两个平行域，有时也被称为 CS（电路交换）域和 PS（分组交换）域。一些网络元素，例如 HLR 和 AuC，CS 和 PS 双方都要访问，以执行必要的管理功能。SGSN 类似于 CS 侧的 MSC / VLR。GGSN 类似于 CS 侧的 GMSC。它可以处理 PDP 上下文（参见 12.2.1 节），并作为用 GPRS 的移动设备的网关路由器。

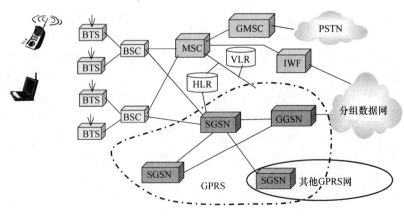

图 12.6　加入 GPRS 后 GSM 的网络架构

数据协议栈（存在用于控制业务的不同栈）如图 12.7 所示。考虑移动端的协议栈。无线链路控制（RLC）及以下都是基于 GSM 并为 GPRS 网络修改的，

TCP/IP 和以上的是标准的，分组数据会聚协议（PDCP）是允许 GPRS 通过公共 RLC 和 MAC 支持不同分组协议（除 TCP／IP 之外，还可以通过 PDCP 的一些其他协议）的薄层，ROHC 发生在 PDCP 中。另一个值得注意的有趣点是，在网络侧通过 RAN 使用 PDCP（空中传输）和 GPRS 隧道协议 – 用户平面（GTP – U），然后通过 SGSN 进入 GPRS 核心网络中，每个 IP 分组包在移动端和 GGSN 之间通过一跳 IP 传递。换句话说，GGSN 表现为用于移动端的本地路由器，具有 GTP – U 的 PDCP 组合以提供点对点链路（即，扩展的 2 层服务）（见 10.2.6 节）。还要注意在 SGSN 和 GGSN 之间的协议栈中如何有另一个 UDP 和 IP，这是因为在 SGSN 和 GGSN 之间存在一个内部 IP 网络。这是完全独立的，而且与通过 GPRS 传送的 IP 流量无关。因此，无论是在空中传输，还是在网络传输中，GPRS 均可提供比使用电路交换连接更有效的数据业务传输。

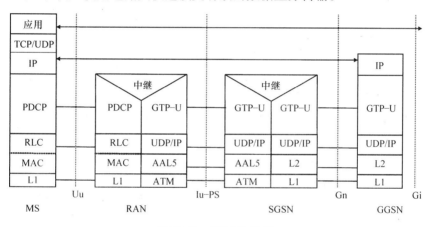

图 12.7　GPRS 协议栈

12.2.1　GPRS 附着和 PDP 上下文激活

为了使用 GPRS，网络和移动端必须支持它，并且用户必须与运营商之间有适当的定制和其他的业务合约。之后，当移动端开机后，它需要执行 GPRS 附着过程来开始使用 GPRS（移动端可以是打开的，但如果它尚未执行 GPRS 附着时，只能在线使用语音和文本消息）。GPRS 附着过程如图 12.8 所示，用于在移动端已经从先前的 SGSN（流程中标有 "旧 SGSN"）移动到一新 SGSN 覆盖区的情况。注意与图 11.4 的相似之处，以及 SGSN 行为如何与 MSC/VLR 组合相似，是对于 GPRS 中的 PS 业务，而不是 GSM 中的 CS 业务。

正如我们在介绍 GPRS 时提到的，GPRS 是一种通用分组无线业务，能够承载来自多个分组数据网络上的分组。因此，它需要为它们中的每一个准备不同的上下文，这种上下文被称为分组数据协议（PDP）上下文。事实上，即使对

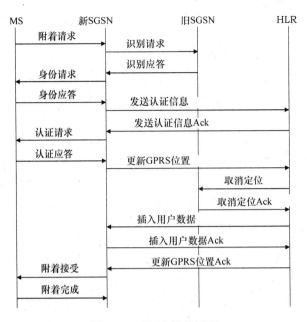

图 12.8　GPRS 附着过程

单独的 IP 也可以存在多个 PDP 上下文，每个都具有自己的 IP 地址及 QoS 配置文件等，使得 GPRS 能够灵活地处理 IP 流量的多个不同流（例如，具有更严格延迟要求的 VoIP 数据可以有一个 PDP 上下文，一个用于 VoIP 信令，一个用于后台文件传输）。为了创建和管理不同的 PDP 上下文，GPRS 需要在 GPRS 附着之后执行 PDP 上下文的激活过程，该过程如图 12.9 所示。该过程可以稍做修改，就可以适用于 IPv6[7]。

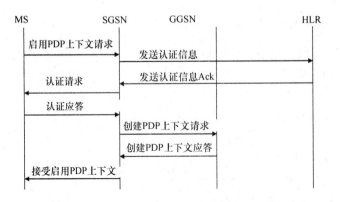

图 12.9　GPRS 的 PDP 上下文激活过程

12.2.2　GPRS 移动性管理状态

移动端的 GPRS 移动性管理状态如图 12.10 所示。左图是移动端的状态图，右图为移动端在网络中相应的状态图。与 GSM 的 CS 侧不同，移动端可以是空闲的或激活的（大致对应于 GPRS 的"空闲"和"就绪"状态），也存在一个中间状态，即"待机"状态。这使得平均访问时间可以更短，因为终端可以处在"待机"状态，准备好当有数据包进行通信时，随时可以快速切换到"就绪"状态。这会比从"空闲"到"就绪"更快。移动端会在时间一到就从"就绪"切换到"空闲"状态，但是一旦有协议数据单元（Protocol Data Unit，PDU）传输，它就可以返回到"就绪"状态。

当一个移动端在"就绪"状态时，网络基于逐个小区保持对移动端位置跟踪。当移动端处于"待机"状态时，在电路交换（CS）侧，有一个类似于位置区域（LA）的路由区域（RA）的概念，当移动端空闲时，RA 更新与 LA 更新方式相同。对于在"待机"状态时的 RA 更新情况，移动端不仅需要开机，也需要 GPRS 附着。

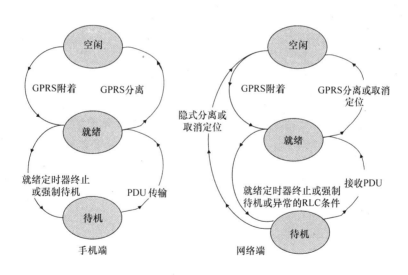

图 12.10　GPRS 移动性管理状态

12.3　从 GSM 到 UMTS 再到 IMS 的演进

图 12.11 显示了从由 GSM 演进到 UMTS 的时间表。我们会在接下来的小节，讨论并总结出从 GSM 演进到 UMTS 以及最近的 LTE 的一些变化的亮点。

12.3.1　第一代 UMTS：Release'99（R99）

进入 UMTS 的主要演变是在空中接口引入宽带 CDMA（WCDMA）。这是一个全新的空中接入技术，和基于 TDMA/FDMA 的 GSM 空中接口完全不同。由于后向兼容性的原因（如，使用多倍时钟频率来适用于双模 GSM/UMTS 手机的结构）而选一些参数。另外，对支持更高数据速率和更大范围的可变数据速率的系统进行了重大改变。

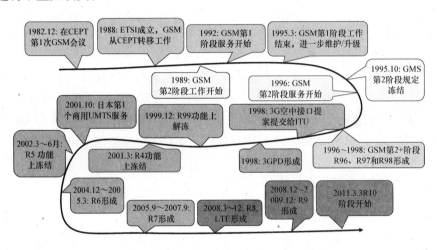

图 12.11　GSM 演进到 UMTS 的时间表

WCDMA 中引入了一些新的网元，这些网元可以映射到 GSM 中相应的网元，如表 12.1 所示。在此表中的 GSM 网络元素在 11.1.2 节进行了介绍。修改后的

表 12.1　GSM 网内名称与 UMTS 网的新名称的对应关系

GSM 名称	UMTS 名称	注释
BTS	Node B	通常是指基站
BSC	无线网络控制器（RNC）	
BSS	无线网络子系统（RNS）	不是网络元素，而是子系统
SGSN	3G - SGSN	或者就叫作 SGSN
GGSN	3G - GGSN	或者就叫作 GGSN
MSC	3G - MSC	或者就叫作 MSC
RAN	UMTS 地面 RAN	无线接入网络
MS	UE（用户设备）	
MT	ME（移动设备）	
SIM	USIM（UMTS 用户识别模块）	

结构如图 12.12 所示。注意在 BSC 之间不存在的 RNC 之间的新接口。这是为了支持软切换，因为 UE 可以在不同的 RNC 下通过多个节点 B 在同一时间进行通信。

Release'99 引入的其他特性包括：

（1）终端相关增强

➤ 增强型消息服务、多媒体消息服务、移动执行环境（1999）。

➤ AT 命令增强。

（2）服务。

➤ 多媒体消息。

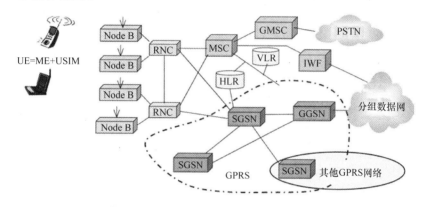

图 12.12　UMTS 网络架构（Release'99）

（3）核心网络

➤ CAMEL 阶段 2 和阶段 3。

➤ GPRS 增强。

移动增强逻辑的客户化应用（Customized Application for Mobile Enhanced Logic，CAMEL）是 GSM 网络的智能网（IN）概念（将会在 13.2.5 节讨论）的版本。

12.3.2　从 Release'99 到 Release 4

虽然 GPRS 几年后被提出来，直到 Release 4 出来，语音和数据通信仍是在蜂窝网络基础设施的不同部分进行处理。具体地讲，从 BSC，电路交换语音信号经由 MSC；而数据业务将经由 GPRS 的 SGSN。具有两个并行的网络（用于语音的电路交换网和用于数据的分组交换 GPRS 网络）是不理想的。因此，迈入"全 IP"网络的一个重要步骤是引入 Release 4。从 Release 4 起，电路交换和分组交换的流量共享公共传输网络：即，基于内部 IP 的网络。这种变化如图 12.13 所示，它展示了这种变化对网络架构影响的简化图。从图中我们注意，诸如 MSC 的电路交换网元，已经被分成 MSC 服务器和媒体网关（MGW）。RNC 和 MSC 之间的接口 Iu_ CS 现在被分成两个部分，一部分去 MSC 服务器，一部分到 MGW。MSC 服务器处理控制信令部分，而 MGW 处理从 CS 到 PS 的媒体格式转换，反之亦然。在另一侧，与 PSTN 的接口，类似地，我们分离了 GMSC 服务器和 MGW，并且 MGW 代替旧的 GMSC。但是，GMSC 服务器不直接与 PSTN 相连，尽管它发送和接收 SS7 ISUP 信令。这是因为 GMSC 服务器通过 IP 的 SCTP 接收和发送信号（见 10.3.2.2 节）。因此，GMSC 服务器和 PSTN 之间的信令必须经过信令网关（Signaling Gateway，SGW）来在 IP 侧的 SCTP/IP 传输和 PSTN 侧的 MTP3/ MTP2（SS7）之间转换。

从 Release '99 到 Release 4 的变化总结如下：

（1）无线接入

➤ UTRAN 传输的改变（用于 IP 传输）。

➤ 其他 RAN 改进（如，鲁棒性的报头压缩）（ROHC，RFC 3095，见 12.1.2.3 节）。

（2）终端

➤ SMS/EMS/MMS 的改进，更多的 AT 命令。

➤ MExE Release 4。

（3）网络和服务

➤ 引入无代码转换操作（Transcoder – Free Operation，TFO）。

➤ 引入虚拟本地环境（Virtual Home Enviroment，VHE）。

➤ 引入开放服务接入（Open Service Access，OSA）（见 13.2.6 节）

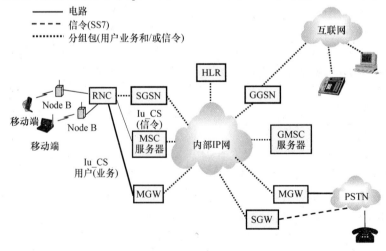

图 12.13　3GPP Release 4

12.3.3　从 Release 4 到 Release 5

Release 5（包括 IMS）的网络架构视图如图 12.14 所示。有关 IMS 的部分将在 12.4 节讨论，而涉及可应用于 IMS（SIP－AS、IM SSF AS 和 OSA SCS）的应用服务器的 3 种类型，将在 13.2.8 节中讨论。OSA 和 CAMEL 将在第 13 章讨论。从 Release 4 到 Release 5 的变化总结如下：

（1）无线接入

➤ RAN 节点到多核心网络节点的域内连接。

➤ HSDPA（见 9.3 节）被引入以更多地优化数据通信。

（2）终端

➤ MMS 的改进。

➤ MExE Release 5。

（3）网络和服务

➤ 基于 IP 的多媒体业务和 IP 多媒体子系统（IMS）的引入。

➤ 安全性增强，VHE、OSA 和 LCS。

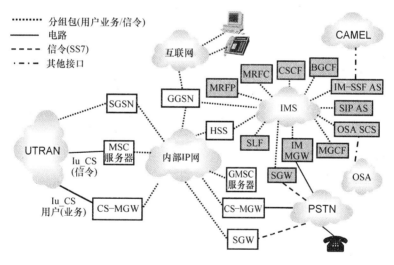

图 12.14　3GPP Release 5

为什么在 Release 5 中引入 IMS？如在 12.3.2 节中所解释的，迈向全 IP 的无线网络的一个重要步骤是用于语音和数据独立的内部输送网络要合并成一个公共的分组交换的内部网络，用来传输语音和数据。这一步骤从 Release 4 开始。然而，这只是与传输部分有关，没有信令。Release 4 仍然不提供用于支持例如数据网络的语音之类的服务的更高层框架，它关注在网络层的传输。当然，各种第三方应用开发商可以尝试用语音和其他服务的解决方案来弥补这一空白，这种解决方案只利用了无线网络的网络层服务。然而，这样的解决方案可能在质量上有所不同，特别是 QoS 方面。如果网络运营商只提供传输服务而不关心传输了什么，则其很难根据不同类型的业务来收费。此外，如果不同的应用程序是由不同的应用程序开发者独立地开发出来，可能也很难集成它们。

IMS 因此被作为网络子系统引入，来帮助创建具有如下特点的服务：

• 这将有助于提供一个通用的 QoS 架构，因此 QoS 可以更加一致，可以预期和公平地满足不同的应用需求。

• 它提供了一种框架，允许网络运营商在为不同的网络应用和业务收费时，拥有更多权限和更多灵活性。

• 它有助于整合来自不同源的不同服务。

我们将在 12.4 节继续讨论 IMS。

12.3.4 从 Release 5 到 Release 6

从 Release 5 到 Release 6 的变化总结如下：

（1）网络和服务

➢ 多媒体广播组播服务（MBMS，详见 13.2.4 节）。

➢ UMTS/WLAN 交互工作。

（2）无线接入

➢ 用于增强上行链路数据流量的 HSUPA

（3）IMS "阶段 2"

➢ IMS 消息。

➢ IMS 中核心网络与电路交换交互工作。

➢ IMS 计费。

12.3.5 从 Release 6 到 Release 7

从 Release 6 到 Release 7 的变化总结如下：

（1）网络和服务

➢ MBMS 增强。

➢ UMTS/WLAN 交互工作增强。

（2）无线接入

➢ MIMO。

➢ 64QAM 用于 HSDPA，16QAM 用于 HSUPA。

（3）IMS

➢ 多媒体会议。

12.3.6 从 Release 7 到 Release 8：LTE

随着技术的进步和需求的改变，2G 系统 GSM 演进到了 3G 系统 UMTS，随着技术的进步和需求的不断变化，3G 系统 UMTS 也需要演进为 4G 系统。对于 UMTS 的大幅度演进，3GPP 制定了两条平行的路线。一条路是 HSPA 的演进。诸如 MIMO，双小区 HSPA，和 HSPA + 的特征持续到增强 HSPA，同时保持与旧设备的向后兼容性。第二条路是长期演进（LTE）的路线。不像 HSPA 演进，LTE 被赋予更大的自由度，不是必须向后兼容的，但是选择了针对最新需求进行优化的技术和参数。例如，与 UMTS 不同，LTE 不需要支持电路交换业务，因此它可以为数据业务进行优化。

对于 LTE 中的一些缩略语可以在文献中看出，如系统架构演进（System Architecture Evolution，SAE）、演进分组核心（Evolved Packet Core，EPC）和演进分组系统（Evolved Packet System，EPS）。LTE 这段时间被用来代表整个系统，包括空中接口和网络。SAE 是在系统架构技术规范组（Technical Specification Group，TSG）的第二个工作组完成的工作的研究项目的名称（见图 17.2）。SAE 的工作是从补充 LTE 的空中接口开始的。SAE 产生了 EPS，它由演进的 UTRAN（E – UTRAN）和演进分组核心（EPC）组成。

对于早期的 3G 无线技术，曾出现过两个"阵营"，UMTS/ WCDMA 阵营和 CDMA2000 阵营。下一代 CDMA2000 的工作在超移动宽带（Ultra Mobile Broadband，UMB）项目上已经开始。然而，由于大多数运营商致力于 LTE，包括大型和重要的运营商，如曾经在 CDMA2000 阵营的 Verizon，UMB 的工作停止了。因此，希望在 3G 的空中接口实现而没有实现的融合，可能会在 LTE 中实现。然而，WiMAX 是同时出现的候选方案，所以是否确实将融合到一个主要空中接口技术仍有待观察。

12.3.7 LTE 的演进分组系统

在了解 LTE 的演进分组系统（EPS）的一些细节之前，让我们看一下图 12.15。该图展示了从纯电路交换的 GSM 到纯分组交换的 EPS 的广泛演进的高层方法。在 12.3.3 节已经看到，IMS 的引入并没有消除网络的电路交换部分（即使从 Release 4 以后，能够在与分组交换业务相同的内部 IP 网络上承载）。最后，当我们演进到 EPS，CS 侧的最后残余部分消失了。然而，UMTS 和 GSM 网络将在可预见的未来会一直存在，所以 EPS 仍需要与 CS 网络交互。此外，在有关早期 LTE 部署的语音处理的正确演进方式方面，标准组织、网络运营商和供应商之间有了分歧，因为 IMS 被认为在全分组交换 EPS 下支持语音服务还不够成熟。因此，如果 IMS 还没有准备好，有什么替代方案？这些后备选项主要分为两组：

- 对于现在拥有 UMTS 网络的运营商来说，语音呼叫可以"退回"到使用原来的电路交换网络。

- 分组选项上的电路交换业务，是通过分组承载语音电路交换业务的方法实现的。

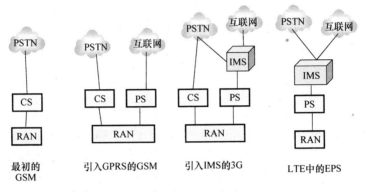

图 12.15　向 EPS 演进

在分组交换网络上传输电路交换业务的一个突出的解决方案被提出，叫作 LTE 语音通用解决方案，但它并没有 One Voice 解决方案支持性强，One Voice 基本是快速使 IMS 的子集成熟，以使语音最初可以由 IMS 子集进行处理，并适应演进成完整的 IMS 功能集。One Voice 已被 GSM 协会和 3GPP 选定，是本书编写时的流行选择。

现在暂时搁置语音的处理，让我们来看看 EPS 的一些主要特点。EPS 如何"扁平化"无线接入网络是众所周知的。不像在 UMTS 中有 RNC 和节点 B，RNC 被移除，RNC 的一些功能进入到演进的节点 B（eNode B）中，出现了更简单更平滑的演进 UTRAN（E－UTRAN）。无线接入网络的这种扁平化可以被认为是基站已经承担越来越多责任的继续。例如，在 HSPA，改变之一是将一些功能从 RNC 移到 Node B，允许 HARQ 和 2ms 间隔快速调度，使用多用户分集，这些都是 HSPA 的特点。对于 EPS，同样，更多的功能被移到 eNode B，包括在无线电链路控制的 ARQ、压缩和加密。切换测量的处理和决定也移到了 eNode B。RNC 的其他功能转到了移动性管理实体（MME）和服务网关（见图 12.16），这些实体是我们稍后要讨论的。eNode B 可以以网格方式连接到相邻的 eNode B 中。与之前的基于 CDMA 的 UMTS 不同，LTE 支持硬切换而不是软切换，因此相邻的 eNode B 之间的链路不支持软越区切换，但是，可促进更平滑的硬切换。

我们从 E－UTRAN 转移到演进分组核心（EPC）。服务网关可以被认为是演进的 SGSN（GPRS 的），并且相应地，PDN 网关（分组数据网络网关）可以被

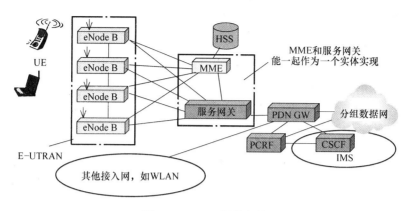

图 12.16　EPC 网络架构

认为是 GPRS 中 GGSN 的演进。所述 MME 支持移动端移动性的功能。这些功能包括安全程序（我们将在 15.4 节看到，无线和移动引入了一系列超越典型有线网络的安全挑战），和空闲移动设备的位置管理（见 11.1.4 节）。因此，MME 需要与 HSS 进行通信，如图 12.16 所示。EPS 很灵活，允许 MME 和服务网关在一个实体实现，如图所示。另一种选择是将服务网关和 PDN 网关在一个实体上实现（图中未表示）。

PDN 网关类似于 GPRS 的一个 GGSN，但它也支持从非 3GPP 接入网络（例如，无线网络，WiMAX，或其他接入网络）的接入。这些非 3GPP 与 EPS 的连接点是用于数据传输的 PDN 网关，以及用于 AAA 流程的 3GPP AAA 服务器（见 15.3.2 节）。PDN 网关一方面与 IMS 和外部分组网络相接，另一方面，还与策略和计费规则功能（Policy and Charging Rules Function，PCRF）相连。PCRF 涉及计费（用于计费目的）和 QoS 策略。

12.4　IP 多媒体子系统

我们在 12.3.2 节讨论过了 IMS 的动机。IMS 最初是在 UMTS 的 Release 5 中引入的。不过，该版本不完整，像计费支持之类的功能在后续版本中进行了补充。在标准文档中，有时可看见替代术语"IP 多媒体核心网子系统"（IM CN SS）。虽然这无疑是更具描述性的名称，因为它表明 IMS 是核心网的子系统，但它并不像 IMS 这个简单名字那样容易记住或流行。

你可以认为，IMS 属于本章或下一章。随着许多新的网元、概念和过程的加入，IMS 在网络架构方面发生了重大变化。然而，IMS 也弥补了以网络为中心的全 IP 无线网络和面向全 IP 网络的以服务为中心的方法之间的差距。它提供了建立服务的关键构件。事实上，用于服务管理的 IMS 框架最终可能超越无线网络，并在未来融合无线/有线网络中占据重要地位。

在本书中，我们将对 IMS 的讨论分成两部分。在本章中，我们讨论 IMS 的核心部分，允许它（结合适当的连接接入网络，诸如 GPRS）提供一个完整的 VoIP 解决方案，大致相当于在传统蜂窝系统上所提供的电路交换语音服务，但它基于以 IP 为中心的协议，如 SIP。SIP 服务器，也称为呼叫状态控制功能（Call State Control Function，CSCF），对 IMS 起着核心作用。然而，IMS 的设想是不止电路交换语音解决方案的替代，还要为无线系统中所有类型的服务提供一个平台。IMS 的这些方面将在第 13 章中与服务架构一起讨论。它们包括：

- 应用服务器；
- IMS 作为服务平台。

IMS 被设计不仅用于 UMTS 手机，而且还与通过其他接入网络的接入网络（诸如 Wi – Fi）设备一起使用。IMS 中接入网络的通用术语是 IP 连接接入网络（Connectivity Access Network，CAN）。对于这里大多数的讨论，除非另有说明，我们只专注于通过 UMTS/ GPRS 接入 IMS。在本节剩下内容，我们将讨论 IMS 网络功能（见 12.4.1 节）和 IMS 过程（见 12.4.2 节）。

12.4.1 网络功能

在本节中，我们介绍 IMS 的各种网络功能。在这个过程中，我们会提到注册术语几次。注册和其他过程将在 12.4.2 节讨论。网络功能如图 12.14 所示。

IMS 有两个数据库，本地用户服务器（Home Subscriber Server，HSS）和签约位置功能（Subscription Locator Function，SLF）。HSS 包含关于移动端的订阅信息。它类似于电路交换核心网络的 HLR。一个网络可以包含多个 HSS，例如，如果有许多用户，使得单一的 HSS 可能无法有效处理所有存储的记录和高效地响应查询。在网络包含多个 HSS 的情况下，对于每个特定用户的数据将不会被分散，而是只存储在一个 HSS 中。网络将如何知道哪个 HSS 存储哪个特定用户的数据？解决办法是签约位置功能（SLF），它包括指向包含每个 IMS 子用户数据 HSS 的记录。因此，可以在注册和会话建立期间由 I – CSCF（我们随后会解释）查询 HSS。如果网络包含多个 HSS，则需要 SLF。否则，所有的数据均可以在一个 HSS 中获得，就不需要 SLF。

呼叫状态控制功能（CSCF）是 IMS 架构的核心。这些是基于 SIP 的会话控制信令涉及的 SIP 服务器。CSCF 依靠 HSS（在某些情况下还需要 SLF）获得用户的签约信息等。CSCF 可以被进一步细分成 3 个角色：

- S – CSCF（服务 CSCF）。每个移动端在通过 IMS 发起和接收呼叫/会话时，有一个"主"CSCF 服务于移动端，执行各种会话控制功能，充当 SIP 登记的 IMS 注册，与 HSS 交互获取和使用签约数据，及其他功能。
- P – CSCF（代理 CSCF）。无论 MS 是在本地还是漫游，均需要 IMS 中的第一接触点，这个入口点总是 CSCF。作为入口点的作用，被称为 P – CSCF。

　　• I – CSCF（询问 CSCF）。该 CSCF 类似于电路交换核心网络中的 MSC 网关，在某种意义上说，它是从网络外部联系运营商网络的第一接触点。正因为如此，它在隐匿的运营商网络的内部网络拓扑中起到至关重要的作用（因为一切都通过这一个接触点，从外部路由器和设备只看到这个唯一的接触点）。

　　S – CSCF 类似于在电路交换核心网络中的服务 MSC，当移动端漫游时，服务 MSC 的角色在某种意义上大致将 S – CSCF 和 P – CSCF 分开。S – CSCF 总是相当于用户的本地网络中的 CSCF，即使它在另一个网络中漫游。作为 SIP 注册器，S – CSCF 维持用户的 SIP 地址和其当前位置之间的绑定（例如 IP 地址）。更多详细介绍，请参见 12.4.2.2 节。作为一个 SIP 服务器，S – CSCF 确保所有经由 IMS 终端的 SIP 信令经过。在这个位置上，S – CSCF 可以把 SIP 信令重定向到一个或多个应用服务器（AS）一直到目的地，提供灵活的服务创建的手段，我们将在 13.2.8 节详细阐述。S – CSCF 还通过确保用户只能通过它们已授权的能力来执行协议。此外，S – CSCF 还可以根据需要，提供转换服务（例如，电话号码和 SIP 地址之间的转换）。

　　对于 SIP 而言，P – CSCF 充当出站/入站 SIP 代理服务器。经由 MS 的所有请求都通过 P – CSCF。在 IMS 执行注册功能时，P – CSCF 被分配给 MS，并在该 MS 注册期间保持不变。P – CSCF 和 MS 之间是可以缓慢地传输大量 SIP 消息的空中接口，所以在 MS 与 P – CSCF（而不是其他地方）之间，SIP 消息是被压缩的。为了安全起见，P – CSCF 是用户进行认证的实体。当 MS 在本地时，P – CSCF 也在本地网络。当 MS 漫游时，P – CSCF 可以在也可以不在本地网络。在通过 GPRS 接入 IMS 的情况下，P – CSCF 位于与 GGSN 相同的网络（本地或者漫游网络）。因此，如果 MS 正在漫游并且 P – CSCF 在访问网络中，那么 P – CSCF、SGSN、GGSN 都在访问网络中。然而，如果 MS 正在漫游并且 P – CSCF 在本地网络中，那么 P – CSCF 和 GGSN 在本地网络中，但 SGSN 仍然在访问网络中。这种安排的缺点是，所有媒体都通过 GGSN 路由回归到本地网络（可能在世界的另一边），即使 MS 和对方彼此很接近，所以可能会产生不必要的延迟。在早期的部署中，GGSN 通常是在本地网络，因此，P – CSCF 也在本地网络。然而，对于近期和未来的部署，可能会有更多的 GGSN 在访问网络中的情况，在这种情况下，P – CSCF 也将被发现在那里。P – CSCF 也可以执行号码分析并潜在地修改所拨打的号码。

　　I – CSCF 作为运营商的 IMS 网络的第一接触点，被列入运营商网络域的 DNS 记录。因此，通过常规的 SIP 过程，I – CSCF 的地址将由 SIP 服务器在前一次的 SIP 跳中获得。它负责在注册期间给用户分配 S – CSCF。它通过查询 HSS 获得 S – CSCF 地址。在一个运营商网络有多个 HSS 的情况下，I – CSCF 需要查询签约用户定位功能（SLF；请参见 12.4.1.2 节）。

12.4.1.1　与 PSTN 交互

对于经由 PSTN 的呼叫，有一个控制着媒体网关（MGW）的媒体网关控制功能（MGCF）。除了控制 MGW，MGCF 另外两个主要的功能是：①在分组交换的 IMS 侧（SIP）和 PSTN（SS7 ISUP）之间转换；②I－CSCF 识别从 PSTN 的来电。I－CSCF 识别是指当有来自 PSTN 的呼入时，它首先遇到位于 IMS 网络的 MGCF，但 MGCF 的角色不是为被叫方确定适当的 S－CSCF 的任务。相反，它会识别出 I－CSCF 并发送一个合适的 INVITE 消息。然后 I－CSCF 接管，并找到正确的 S－CSCF。媒体网关控制的 MGCF 和 MGW 之间的信令协议是 H.248（一种 ITU 标准）。

VoIP 分组在 MGW 中被转换成 PSTN 格式，或者相反。MGW 还在 PSTN 侧执行承载控制和附加功能（如回声消除和会议桥接）。MGCF 和 MGW 之间的主要区别在于，MGCF 处理控制信令，而 MGW 处理用户的 VoIP/数据分组。

至于控制信令，实际上需要发生两层的转换：应用层和传输层。MGCF 处理应用层的转换［例如，SIP 和 SS7 ISUP（或 BICC）之间］。然而，它不处理传输层的转换，所以进入和离开 MGCF 的 SS7 ISUP 消息仍通过 IP 承载（使用 SCTP 作为传输协议）。在传输层和下层的信令转换发生在另一个网关，即信令网关（SGW）。SGW 是用于 PSTN 信令（SCTP/ IP）IP 传输和用于信令（MTP）的 PSTN 传输层之间的边界。然而，这些消息仍然是 ISUP 或 BICC，并且与 SIP 的边界在 MGCF。

在 IMS 用户和 PSTN 电话之间产生呼叫的情况下，分支网关控制功能（BGCF）控制到 PSTN 的"分支"的位置。这是必要的，因为从 IP 网络到 PSTN 的分支，存在多种可能性。通常，希望分支尽可能靠近电话的位置。如愿的话，只需要在 PSTN 端发起一个本地呼叫。正如当今的运营商彼此具有漫游协议来支持他们的客户在网络之间漫游一样，IMS 运营商还可以制定彼此的协议，以支持更靠近 PSTN 电话的分支（即使在他们自己的网络，在地理范围可能受到限制）。例如，如果目的地是在伦敦一个电话，主叫方是在新加坡订阅了 Singtel 服务的 IMS 用户，尽管 Singtel 的网络没有到达伦敦，比方说，它可能与沃达丰签有漫游协议，因此分支会发生在沃达丰在伦敦的 IMS 网络。

因此，当呼叫是从 IMS 呼出并分支到 PSTN，SIP 的 INVITE 消息被传递到 BGCF（在主叫方的本地 IMS 网络），之后 BGCF 转发 SIP 的 INVITE 消息到两个目的地之一：

- BGCF 转发 INVITE 消息到同网络的 MGCF，并且分支发生在同网络中。
- BGCF 转发 INVITE 消息到另一个 IMS 网络中的另一个 BGCF。目标 BGCF 通过类似的决策过程（相同的两个选项），而且任何一个均可将 INVITE 消息转发到同网络中的 MGCF 上，或者转发到另一个 IMS 网络中的另一个 BGCF 上。

这个过程会持续，直到 INVITE 到达其中一个 IMS 网络中的 MGCF 上。

12.4.1.2　其他功能

应用服务器（AS）用于提供各种 IM 消息应用和服务。我们将在 13.2.8 节进一步讨论。媒体资源功能（Media Resource Function，MRF）充当各种多媒体相关功能的资源。这些包括如下：

- 混合输入的媒体流。这在多方会议电话中是必要的。
- 充当着某些媒体流的源（例如，一定的多媒体公告）。
- 使用多种算法处理媒体流来支持多种不同的应用。例如，它可以应用算法来支持语音识别。

MRF 被划分成媒体资源功能控制器（MRFC）和媒体资源功能处理器（MR-FP）。MRFC 是一个 SIP UA，所以一个 S - CSCF 可能使用 SIP 联系 MRFC，然后 MRFC 使用 H.248 信令控制 MRFP 中的资源。MRF 始终位于本地网络中。

最初，IMS 原本只支持 IPv6，因为当 IMS 部署的时候 IPv6 应该足够成熟了，并被广泛部署，所以 IMS 不需要支持传统协议 IPv4，可直接到 IPv6。不巧的是，IPv6 部署持续缓慢，因此 IMS 既支持 IPv4 也支持 IPv6。因此，为了实现交互，存在两个网元，IMS 应用层网关（IMS - ALG）及转换网关（TrGW）。IMS - ALG 在 IPv4 和 IPv6 网络之间转换 SIP 和 SDP 消息（对于非常熟悉 SIP 的用户，IMS - ALG 充当一个 B2BUA）。例如，它需要重写 SIP 消息的 SDP 部分，把 IP 地址从 IPv4 改写到 IPv6，反之亦然。IMS - ALG 与用于传出业务的 S - CSCF 和用于来自其他网络（即，如果 IMS 网络是 IPv4，其他网络是 IPv6）的传入业务的 I - CSCF 相连接。TrGW 用于 RTP 业务在 IPv4 和 IPv6 之间进行转换。

12.4.2　过程

正如在电路交换域存在某些过程来实现各种网络功能，在 IMS 中也有这样的过程（即如：注册、呼叫传递、呼叫发起等过程）。在这里举例几个重要的过程。大部分（但不是全部）的过程消息是 SIP 消息。消息的细节，消息在每个节点中如何处理，以及其他细节，在本书讨论的范围之外，但可以在 IMS 的相关书籍中找到[2,5]。

12.4.2.1　连接

连接到 IMS（见图 12.17）有多个阶段。当从 UMTS 连接到 IMS 时，GPRS 用于到 IMS 的传输连接。因此，所需要的前两步是 GPRS 附着和 PDP 上下文激活，就如 GPRS。第三步是 CSCF 发现，第四步是 SIP 注册（将在 12.4.2.2 节详述）。

12.4.2.2　注册

在 IMS 注册之前，移动端首先要发现合适的 P – CSCF 的 IP 地址（有许多方法可以实现）。例如，如果它通过 GPRS 连接，那么当它激活 PDP 上下文时，不仅获得了可以使用的 IP 地址，而且还获得了 P – CSCF 的 IP 地址。另一种方式是通过 DHCP 获取 P – CSCF 的 IP 地址。

所以，移动端首先连接到 GPRS 或通过其他的 IP – CAN，然后定位 P – CSCF 并向其发送 SIP REGISTER 消息。P – CSCF 将其转发到移动端本地网络的 I – CSCF。I – CSCF 定位合适的 S – CSCF 并向它转发 REGISTER 消息。为了执行适当的安全过程，S – CSCF 将发送一个包含询问的 SIP 401 未授权响应，并且移动端需要发送包含对询问的正确回应的第二条 REGISTER 消息，以便注册成功。一个 SIP 200 OK 消息最终由 S – CSCF 发送到移动端以指示注册成功。

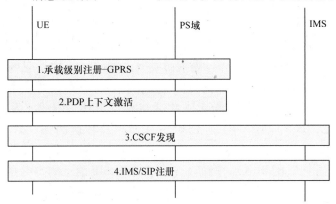

图 12.17　连接到 IMS 的多个阶段

IMS 注册信令如图 12.18 所示。箭头表示不同网元之间的消息方向，数字表示消息的顺序。由于有两个往返（SIP REGISTER 消息被发送两次，并且每次都是 S – CSCF 响应），我们可以使箭头数量加倍，并且每一个箭头都有一个单独的序号。相反，为了减少杂乱，图上只显示了一次往返，但第二次往返是相同的。例如，第一条消息（标有 "1"）是从移动端到 P – CSCF（第一次 REGISTER），第十一条消息同样从移动端到 P – CSCF（第二次注册）。第九条消息是从 I – CSCF 到 P – CSCF 的（返回到移动端的 401 未授权响应），同样，在第十九条消息也是从 I – CSCF 到 P – CSCF（返回到移动端的 200 OK 响应）。请注意；HSS 是由 I – CSCF 和 S – CSCF 共同联系的，因为它存储它们需要的数据，并且执行安全功能。该图涵盖了移动端处于其本地网络，或者它在访问网络中的情况。

12.4.2.3　呼叫 IMS 设备

我们设想一个情景，从 IMS 电话到另一 IMS 电话发起一个呼叫。在主叫方，有一个 P – CSCF，之后是本地网络的 S – CSCF。当 IMS 电话发送 SIP INVITE 消息时，总会通过这些 CSCF。然后主叫方的 S – CSCF 将会找到被叫方的本地网络

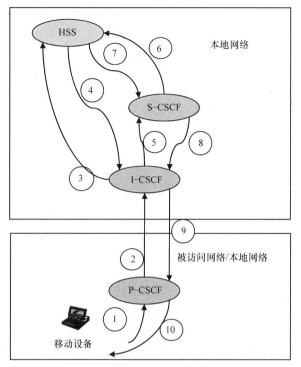

图 12.18　IMS 注册过程

的 I – CSCF（主叫方的 S – CSCF 不知道被叫方是在漫游还是在本地）。I – CSCF 将查询 HSS 以找到用于被叫方的正确的 S – CSCF。S – CSCF 将 INVITE 消息（或后续的 SIP 消息）转发到正确的 P – CSCF。信令会端到端地从主叫方到被叫方经过几个如下所示的往返。

- SIP INVITE 遍历所有图 12.19 所示的 CSCF。在被叫方的本地网络的 I – CSCF 使用 DIAMETER 查询它的 HSS。沿途每个 CSCF 都将发送一个临时 SIP 100Trying（尝试）消息到前一个 CSCF 。

- 被叫方将会返回 SIP 183 会话进程消息。涉及所有的 CSCF，但不再需要查询 HSS。

- 资源预留阶段从主叫方向被叫方发送临时确认（PRACK）开始。被叫方本地网络的 I – CSCF 可在这个时候退出，但所有其他的 CSCF 被保留在信令路径中，因为它们将插入一个指向它们自身的记录 – 路由头字段。

- PRACK 的响应是 200 OK 消息。

- 资源预留阶段通过另一个往返完成，用从主叫方到被叫方的一个 SIP UP-DATE 消息和一个 200 OK 响应。

呼叫过程如图 12.19 所示。为了避免混乱，只显示前进方向（从主叫方到被叫方），并不显示多次往返。在该图中，主叫方在左侧，被叫方在右侧。主叫方和被叫方都在漫游，但可以直观地看出它们在本地网络时发生的事情（只是没有访问网络，但仍然有一个 P – CSCF）。P – CSCF 位于访问网络中的情况示于两侧。除了与 HSS 交互的信令外，所有的信令都是 SIP 信令，这些交互使用 DI-AMETER（序列中的编号 4 和 5）协议。在该图中，P – CSCF 在访问网络中，但它也可以是在本地网络中。

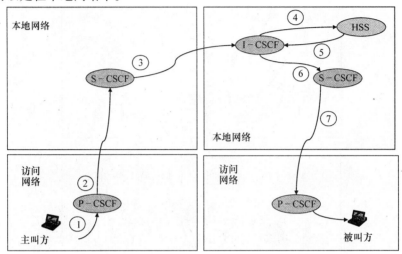

图 12.19　IMS 到 PSTN 呼叫流

12.4.2.4　呼叫 PSTN 电话

呼叫 PSTN 电话类似于呼叫 IMS 电话，所不同的是需要分支出口，所以不是从端到端保持 IMS，而是信令需要 IMS 分支到 PSTN。分支发生在主叫方的本地网络的 MGCF 处，或者在另一 IMS 网络，我们称之为终端网络。呼叫过程如图 12.20 所示。

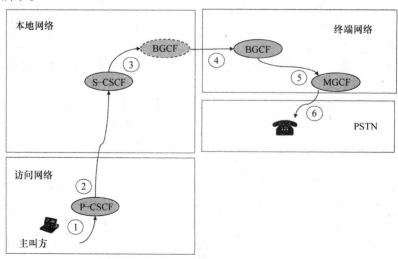

图 12.20　IMS 呼叫 PSTN

12.5 其他网络

这里我们简单地介绍 CDMA2000 的分组交换网络和 WiMAX 网络，可以和 GPRS 网络比较来看。

12.5.1 CDMA2000

在 CDMA2000 分组架构比 UMTS 网络架构更简单，很大程度上是因为其中没有 GPRS。简化的架构如图 12.21 所示。因为它没有 GPRS 网络或类似 GPRS 部分，所以它不具有与 UMTS 相同的支持通用分组无线业务的能力。然而，这在实践中不是一个很严重的问题，主要需求是 IP 网络的支持。几个结论总结如下：

- CDMA2000 的分组架构并不需要具有不同类型的 GSN（SGSN 和 GGSN）；相反，它具有单个分组数据服务节点（PDSN），它大致是 SGSN 和 GGSN 的组合。
- 没有 GPRS 网络的基础设施，CDMA2000 只有分组核心网（PCN）。PCN 只需要基本功能，如认证服务器、PDSN 和移动性管理，只需提供访问互联网的接口。对于移动性管理，不同于具有其自身的移动性协议和隧道协议的 GPRS，CDMA2000 利用了移动 IP，因为它终究是 IETF 开发的协议，并且工作得很好。
- 没有基于 GPRS 的空中接口，CDMA2000 需要一些附加功能，来通过空中接口控制分组业务，并且这些功能位于分组控制功能（PCF）中。PCF 可以在 BSC 内部实现，或者为多个 BSC 服务。它保持与分组数据会话相关联的无线资源的状态。根据需要，它也为 MS 缓存分组（例如，如果 MS 处于"休眠"状态，它就缓存分组直到 MS 再次"激活"）。

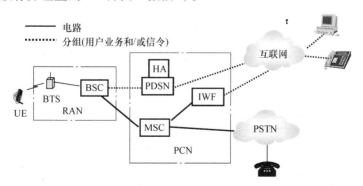

图 12.21　CDMA2000 网络⊖

___

⊖　原书图中 PDSN 为 PSDN，有误。——译者注

PDSN 的功能包括：

• 控制 MS 和自身 PPP 连接（同样，重用一个现有的协议，而不是开发一个新的，例如使用 GPRS 中的 GTP）。

• 充当路由器。

• 充当移动 IP FA。

在 CDMA2000 分组架构中提供"永远在线"的连接选项。这允许 MS 甚至当其不主动发送或接收数据时也可保留 IP 地址。这个选项的优点是，下一次 MS 想要发送或接收数据时，不需要获得新 IP 地址。这个选项的缺点是，只要 MS "永远在线"，MS 保留的 IP 地址就不能被重新分配。

12.5.2　WiMAX

IEEE 802.16 标准仅规定了 WiMAX 系统的物理层和 MAC 层。网络层及以上各层部分由 WiMAX 论坛网络工作组指定。该架构如图 12.22 所示。它广泛重用 IETF 协议，并允许在网络实现中有很大的灵活性。网络被分为

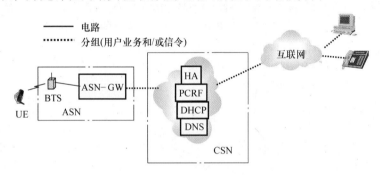

图 12.22　WiMAX 网络

• 一个接入服务网络（Access Service Network，ASN）；

• 一个连接服务网络（Connectivity Service Network，CSN）。

其中 ASN 类似于 GSM 的基站子系统（BSS）或 UMTS 的无线网络子系统（RNS）。CSN 类似于 GSM 的网络子系统（NSS）。ASN 可以实现为一个集成的网元或分割成一个基站（BS）和 ASN 网关。

我们已经看到（见 9.4.3 节），在接入侧，WiMAX 系统支持硬切换和可能的软切换。为了在网络中重路由以支持移动性，使用了移动 IP。其中本部代理在 CSN 中，外部代理在 ASN 中（ASN 网关，如果分成 BS 和 ASN 网关）。对于在相同 ASN 网关下的基站之间的移动，被认为是 ASN 内的移动性（或微移动）。因此，就 IP 层而言，这样的移动性是 2 层的移动性，因此不涉及移动 IP。然而，对于 ASN 之间的移动，使用移动 IP，从 HA 转发到适当的 FA。

如同传统蜂窝系统，空闲模式和寻呼包含在 WiMAX 中以优化移动端的功率消耗，同时平衡网络需要提醒移动端而要做的寻呼次数。当移动端空闲时，它在几个基站覆盖区域大小的位置区域之间交叉时执行位置更新。在网络中，寻呼控制器处理寻呼控制，它可以位于 BS 或 ASN 网关中。空闲移动端的信息存储在位置寄存器中。

习题

12.1　假设移动端 B 拥有本地地址 186.15.25.31，本地网络前缀是 186.15.25.0，网络掩码是 255.255.255.0。它移动到了网络前缀是 27.0.0.0 的国际网络，网络掩码是 255.0.0.0。B 监听到一个国际网络代理公告，通过它 B 获得一个转交地址 27.242.2.9，其可以路由到国际代理。用正确的答案填空：

B 需要一个本地网络的本地代理。它被分配了一个本地代理 D，IP 地址为 186.15.25.45。B 发送移动 IP——消息到本地代理。出于安全考虑，移动端本地——扩展也包含在消息中。之后，通信节点 C（地址 179.23.21.11），试着发送数据包到 MH。C 将会发送数据包到——（填写 IP 地址）。D 将会拦截到数据包。之后它在数据包中加入新的 IP 报头，形式如源地址——（填写 IP 地址）和目的地址——（填写 IP 地址）。到达国际代理后，数据包会是未密封的（意味着，报头会发生什么状况？——）并发送给 B。

12.2　GPRS 的 3 个移动性管理状态是什么？

12.3　UMTS 的哪个版本见到了介绍：（a）IMS；（b）HSDPA；（c）HSUPA；（d）LTE？

12.4　和以前的接入网络方式——如 GSM 的 RAN 和 UMTS 的 UTRAN——相比，LTE 接入网络（E-UTRAN）以何种方式平坦化？

12.5　假设一个 VoIP 系统采用 G.711 编码。G.711 不是我们前面看到的 G.729 效率这么高的编码器，它需要 64kbit/s 速率的语音编码。假设语音分成 20ms 的传输块。找到 20ms 周期内 G.711 编码的声音的字节数。现在添加 UDP、RTP 和 IP 报头的开销。所得到的数据包报头占用的百分比是多少？如果每段是 10ms？

参　考　文　献

1. C. Bormann, C. Burmeister, M. Degermark, H. Fukushima, H. Hannu, L.-E. Jonsson, R. Hakenberg, T. Koren, K. Le, Z. Liu, A. Martensson, A. Miyazaki, K. Svanbro, T. Wiebke, T. Yoshimura, and H. Zheng. Robust Header Compression (ROHC): framework and four profiles: RTP, UDP, ESP, and uncompressed. RFC 3095, July 2001.

2. G. Camarillo and M.-A. García-Martín. *The 3G IP Multimedia Subsystem (IMS): Merging the Internet and the Cellular Worlds*, 3rd ed. Wiley, Hoboken, NJ, 2008.

3. C. Perkins, editor. IP mobility support for IPv4. RFC 3344, Aug. 2002.

4. D. Johnson, C. Perkins, and J. Arkko. Mobility support in IPv6. RFC 3775, June 2004.

5. M. Poikselkä and G. Mayer. *The IMS: IP Multimedia Concepts and Services*. 3rd ed. Wiley, Hoboken, NJ, 2009.

6. K. Sandlund, G. Pelletier, and L.-E. Jonsson. The Robust header compression (ROHC) framework. RFC 5795, Mar. 2010.

7. K. D. Wong. *Wireless Internet Telecommunications*. Artech House, Norwood, MA, 2005.

第13章 服务架构、可选架构与展望

在本章，首先察看移动无线网络服务（见13.1节）和服务架构（13.2节）。然后，在13.3节和13.4节，介绍了一些可替代的网络架构，如移动 Ad Hoc 网络、网状网络、传感器网络和车载网络。在许多应用情况下，这些可能被连接到，或最终会连接到有线网络基础设施；然而，在这些网络节点之间的通信也可能穿越多个无线链路来从信源到达目的地。此外，网络中两个节点之间重要的通信也可能不需要任何有线链路。另一方面，在传统无线系统中，典型地只有最后一跳或最后一个链路是无线的，并且有线基础设施是网络架构的一个基本部分，这种网络架构通常是两点之间的通信路径。

13.1 服务

在第二代蜂窝系统的初期，服务和服务架构是比较简单的。主要服务是语音通信，其他服务包括传真和短信。即使当时有不同于电信服务的承载服务概念。例如，在 GSM 中，电信服务是一个终端到终端的服务，其中包括终端的应用程序，包括展示给用户的信息格式和表达。另一方面，承载服务是 GSM 内部服务，仅是承载，或是从一个节点到另一个节点传输数据。在这里，我们用特殊方式使用信息和数据词语。数据是未格式化的比特，而在信息的情况下，构成比特是结构化的，以一个有意义的方式排列。

由于运营商一直不断发展其网络，以提供越来越多的数据服务支持（增加 GPRS，数据优化接入技术，如 HSPA 和 EV – DO，向全 IP 网络演进，等等，我们在前面的章节中已经看到），空间已经为越来越多的各种新的服务和应用扩展，以充分利用这些发展优势。在本节中，我们介绍相关服务的各种概念，并讨论选择的服务。服务既可以从服务的用户角度出发，还可以从如何建立/构造服务的角度来讨论。在本节中，我们更注重前者。这里我们将讨论一些具体服务的架构，但本节的讨论将更加针对具体的个别服务，而在13.2节讨论框架、整体结构以及相关的重大主题。

近年来，应用（俗称"app"）爆炸已引起了客户使用无线网络的方式的巨大变化，它不断向服务供应商施压来升级其网络。其中一个挑战是，目前还不清楚他们如何赚到足够的钱支付这些投资。同时，单元平均收益（Average Revenue Per Unit，ARPU）正在下降。尽管访问速度在提高，想要用户为这些改进消费更多是很困难的。然而，服务是无线系统中面向客户最多的方面，所以提供广泛服务和应用，并且工作良好对客户的满意和保持很重要。第二个挑战是，人们在如何使用他们的无线设备上已经发生重大转变。曾经被认为是主要的移动电话正越来越多地准确地被描述为移动设备，或者智能手机，这些正越来越多地被用于小型便携式计算机上。鉴于语音是过去的主要业务，语音日益成为人们使用移动设备的许多服务和应用之一。当然，这也取决于应用市场和统计数字。例如，无线产业的这种转变在不同的国家有不同的速度。

因此，本书中，服务和服务架构的讨论也不是一成不变的，大部分主流方向和话题的讨论也在变化。随着无线设备和计算机的融合，各种计算和网络发展的趋势，诸如社交网络、云计算、虚拟化等，可能很快将显著地影响无线世界的应用和服务。新的发展可以说是难以预料的。例如，应用商店的快速崛起（俗称"app stores"），许多业内观察家没有预料到。不过，话说回来服务架构的话题是怎么如此不固定，并迅速改变，我们现在尽量介绍下基础知识，然后在13.2 节描述无线服务架构的演变；我们避免推测太多的未来发展，因为它超出了本书的范围。

一些关于服务的观察如下：

- 众所周知，很难预测什么服务会在市场里成功开展。
- 对于受欢迎的、成功的和/或良好收入的发生器。许多当今世界上最流行和成功的服务/应用程序都是基于短信服务/应用。

服务和应用之间有什么不同？一般来说，服务和应用这两个词有时可以互相转换。然而，也可以规定一些不同：

- 相比于应用这个概念，服务这个词的概念要更广泛，更全面一些。例如，用网络层中的标准观点，每层使用较低层提供的服务同时为高一层提供服务。
- 我们可以把应用看作更高级别的包含一种或多种潜在服务的实体。因此，应用可能使用一个存在表示服务（见13.1.1.2 节）通过各种手段算出一个用户的是朋友的能达性，例如一键通话（见13.1.1.4 节），语音呼叫，视频呼叫和语音留言；然后它以一种可选的格式提供给用户信息。可能提供给用户的是根据朋友位置过滤结果的选项，这里应利用合适的定位服务（见13.1.1.5 节）来获得所需信息。
- 应用层位于大多通信协议栈的顶部。服务可能是一种承载服务（仅关注传输层及以下层），或者一个电信服务（与多层有关），也包括存在表示和应用层。对比起来，应用更多的是集中在应用层上。
- 通常情况下，一个电信服务是以通信为中心（例如，语音通信服务），而我们看到越来越多的手机应用与通信相关很少（如果存在的话）。

13.1.1 服务例子

13.1.1.1 语音

自第一代蜂窝系统起，语音服务就已经出现。在无线系统服务的思想中，我们可以类比购物商场中店铺的概念。可用性和普及性都反映在各个门店的规模和知名度上。第一代蜂窝系统就像有一个代表语音的大店铺商场。到了第二代蜂窝系统，语音已经成为商场的"租户"，其他更小的店铺已经出现，像短信服务，有的已非常成功。到了第三代及以后，语音占据了商场的一个受人尊敬的位置，也许是商场的一角，但也有许多其他商店争夺消费者的注意力。

传统上，语音一直由电路交换网络来处理，但我们已经在过去的几章看到走向"全 IP"网络的概念领导了一切，包括语音服务，通过融合分组交换网络来迈向目标。

13.1.1.2　存在表示

在基本层次上，存在表示是关于用户的在线状态（包括相关的状态，如繁忙）和通信能力的信息（仅仅语音而已，或语音和视频等）。存在表示很容易扩展到包括其他与状态相关的项目，如位置和情绪。观察者是被告知有关特定用户的状态信息的另一种用户。存在表示服务可以用作其他服务的一个服务引擎，诸如消息传送。在 13.2.1 节我们将介绍存在表示如何在 SIP 中执行。

13.1.1.3　消息

通过消息传送，我们的意思不只是文本消息也可以是多媒体消息。文本消息传送也被称为短消息服务（SMS），它一直是非常成功的服务，特别是在亚洲。多媒体消息传送，也被称为多媒体消息服务（MMS），包含 SMS 的概念，而且允许的不只是文本，也包括在消息中发送的其他形式媒体。

相比电子邮件，人们对消息有不同的期望，所以消息通常不像邮件一样存储在服务器上。它有更多的"实时"的期望，所以它通常可以被处理为"会话"（如语音），如果延迟过长，用户将会恼火。这就是为什么它也被称为即时消息。消息的顺利发送和接收与存在表示服务有很大关系。

13.1.1.4　蜂窝式一键通话

1940 年对讲机已经出现。蜂窝式一键通话（Push – to – talk over Cellular，PoC）是模仿对讲机通信服务的外观和感觉的服务。特别是：

● 用户按动并保持一个按钮，就能够开始与一个或多个参与者聊天，不像在传统的蜂窝网络，需要拨出一个电话号码来通话。用户按下按钮之后不久，该设备指示（例如，通过蜂鸣声）它已准备好，并且用户可以交谈，直到他或她释放按钮。

● 它是半双工服务，同一时间只能有一个使用者说话。

PoC 和对讲机之间的显著不同是，对讲机被限制在对方的无线电范围内，而 PoC 没有类似的限制。PoC 是服务器（例如，运营商的网络中）的典型用法，因此在通信各方可以在不同的城市。PoC 和对讲机之间的第二个区别是，该组的听众是"自然地"无线电范围（那些目前正在传送对讲机的范围内）定义的，可能是信道（频率、编码等）。对于 PoC 来说，有很多种选择，如：

- 一对一：两个用户之间。
- 移动自组网或者预分组：一组用户，要么是一个短暂的分组（即可以在 PoC 会话之前通过联系人列表选择用户）要么是更长久的分组（如徒步伙伴，列表中的用户可被存储在他们的移动设备中）。在启动 PoC 会话后，邀请将被发送到组成员。
- 会话组：用户可以根据需求加入群组，不需要邀请。

13.1.1.5　定位服务

不像如前所述的其他服务，定位服务是指这么一种类别的服务：利用用户位置信息并给它附加价值。用户的位置信息可以是粗糙的，如用户在某一特定的位置区域（这是所有网络通过正常的信令知道的用户位置，如果移动设备是空闲的并正在移动，只是当它越过位置区域边界时才进行位置更新）。用户位置也可能是更精细的：例如，在一个移动装置 300m 内，以满足 FCC 的 E - 911 要求（这个想法是，如果一个移动电话用户拨打紧急电话号码，如 911，移动运营商的网络应该能够提供这种更精细的位置信息来满足公共安全的需要）。

定位服务的一个例子是"朋友寻找器"应用/服务，用户可被告知所有他或她的朋友的位置。由于可能出现的隐私问题（很多人可能不希望自己的位置提供给普通人，甚至朋友），这样的服务是经常有"选择加入"的功能，因此在系统为 B 提供 A 的位置信息之前，A 必须允许 B 被告知 A 的位置。例如，这对家长希望跟踪自己孩子的位置很有用。

定位服务的另一个例子是"个人助理"应用/服务，用户可通过其找到最近的比萨店，最近的公共图书馆，最近的加油站，等等，并且它可以与地图服务或导航服务（这有助于用户去往所需位置）或呼叫服务集成在一起（例如，它可以为用户拨打最近的比萨店的电话）。

13.1.1.6　多媒体广播或者组播

传统的通信服务模式中的蜂窝系统是单播，点对点（例如，经典的在两个人之间的语音服务）。然而，如移动电视的服务，使用不同模式：多媒体广播，或至少组播。正如我们在 10.2.4 节看到的，要使用组播的最佳情境之一是如果有多个接收端来接收多媒体数据，从目标到源至少有部分重叠路径。

在 13.2.4 节，我们将简要地描述在 UMTS 中 MBMS 架构如何为多媒体提供广播或者组播服务，并将会作为一个无线网络如何提供服务的例子。

13.2　服务架构

什么是服务架构？服务如何实施和交付给客户？过去，有许多种系统，每个都有自己的网络架构、网络协议栈和提供服务的独特方式。这样的做法导致出现了不同的"孤岛"，这在很多方面都是低效的（如成本、灵活性、创新等），因此出现了融合（见10.2.7节）。

现今，特别是在过去的十年里，工业界考虑服务的架构已经趋向一个模块化的、分层化的方法。网络理论的分层模型在考虑和分析服务方面很有帮助。我们已经看到了承载服务是如何建立在电信服务上。关于服务目前的想法是，它们应该从服务引擎构建。更高层次的服务引擎是由较低级别的服务引擎构建的。这允许不同组成模块（服务引擎）的再使用，而不需要每创建一个新的服务就"再造一个轮子"。

本节被分成两部分。首先，在13.2.1节~13.2.4节，给出了一定服务引擎，如MBMS如何建立的例子。其次，在13.2.5节~13.2.8节，从整体观察服务架构模型大图（例如，IN，OSA），并了解这个行业如何从成立之初（当提供的服务很少时，就用交换机中的硬件实现）进化到近期的模型。在这些小节中，我们也阐述了使用服务引擎构建服务的分层方法好处。

13.2.1　例子：存在

在SIP中，用于支持存在的模型是：存在信息是由一个称为存在代理的服务器进行处理。各种存在用户代理（Presence User Agent，PUA）程序将使用SIP PUBLISH方法把用户状态通知到存在代理。在另一侧，各种观察者使用SIP SUBSCRIBE告知存在代理他们所希望知道的存在信息。然后存在服务器使用SIP NOTIFY推送存在信息到这些观察者手中。

13.2.2　例子：消息传送

即时消息传送可以通过SIP以两种方式来实现。一种是SIP扩展，即MES-SAGE方法，可用于从一个用户发送消息到另一个用户，而不需要启动会话。另一种方式是基于会话的（即，SIP INVITE用于建立会话）。不同于语音、视频和其他这样的媒体，即时消息不使用RTP来传输，但使用消息会话中继协议（Message Session Relay Protocol，MSRP，见RFC 4975[2]）。

13.2.3　例子：定位服务

一种类型的位置信息可以通过用户所在的蜂窝小区来获得（基于最新的基站ID），或者至少通过他们所在的位置区域（基于移动设备开机但空闲时的位置更新过程）。为了获得用户位置更精细的信息，必须进行额外的测量和执行附加的计算。其基本思路是，完成某种形式的三角测量（例如，测量3个或更多个周围基站）。例如，可以进行到达时差或到达角度偏差的测量。在"指纹法"技术中，测量模式（如，信号强度），可以预先观察并用来推断该移动设备是处于或接近一个特定的位置[11]。如果有的话，也可使用全球定位系统（GPS）。然而，不能总是使用全球定位系统：例如，当设备在建筑物内，或当某物挡住了GPS 卫星的路径。因此，诸如辅助 GPS 之类的混合技术就被开发出来了，利用GPS，但不完全依赖它。

13.2.4　例子：MBMS

多媒体广播组播服务（MBMS）是一种提供多媒体广播及组播服务的 UMTS 解决方案，作为服务引擎用于更高层的服务，例如移动电视。它是在 UMTS 的 Release 6 中引入的，并依赖于一个新的网络元素：广播组播服务中心（BM - SC）。将蜂窝小区分成数个 MBMS 区域，其中每一个都典型地覆盖多个小区（但也可以是一个小区）。BM - SC 将基于以下准则确定哪个 MBMS 区域接受任何特定的广播或组播多媒体：

● 对于广播。如果它是在 MBMS 广播区域中，MBMS 区域将接收广播并在MBMS 区域中的每个小区内使用点对多点的无线资源发送它。

● 对于组播。BM - SC 跟踪组播组的成员，如播组中的一个或多个成员在MBMS 区域中则确定每个 MBMS 区域是否接收组播信息，不像广播，在该 MBMS 区域的每一个小区使用一个点对多点的无线资源来发送该广播，在组播的情况下，每个小区可以单独地使用任何点对点（如果只有一个成员，或者仅仅一小部分组播成员在小区内）或点对多点服务（如果有更多组播组的成员在小区内）。

13.2.5　智能网络的兴起

起初，交换机在电话网络纯粹作为开关；也就是说，它们将输入电路连接到输出电路，并适当切换呼入业务。当人们想到了新的服务，如免费电话通话，实现这些服务的最简单的方法是得到相关的交换机。例如，在免费电话呼叫的情况下，如果交换机识别特定号码（或者只是前缀，如 800）为免费电话号码，它随后将特殊处理该呼叫。因此，交换机就需要更换来增加新的功能（为新的服务加入的服务逻辑）。渐渐地，越来越多的功能被添加到交换机（见图13.1）。这种方法的一些不足之处是：

● 每一个新功能意味着交换机硬件的改变，所以这是不方便的和不切实际的快速添加新功能的方法，每当电信公司想要实现这些，意味着要经过很长的周期才能完成。

● 由于功能是在交换机的硬件中实现的，因此所有的实现必须由交换机供应商完成。

● 除了基本的转换，交换机现在已经实现许多功能，与之而来的是愈加繁重的负担和速度变慢等问题。

　　一种趋势是开始把服务逻辑转移到交换机之外，使交换机可以集中和有效地进行交换工作，而服务逻辑将卸载到服务控制点（Service Control Point，SCP）〔或服务控制功能（Service Control Fanction，SCF）〕，在其中可以实施各种服务（如免费呼叫）。现在，电信运营商可以更加迅速地实现新功能，而无需依靠交换机厂商这样做，或者升级他们的交换机。把这些特征分离出交换机的这个想法被称为智能网（IN）。由贝尔中心在美国实施的转变被称为先进的智能网络（AIN）。IN 可以被描述为一个服务架构，其中服务层（使用"智能"）被从交换层分离出来，交换层仍留在交换机中。特定的检测点定义在交换机的呼叫处理流程中，如果满足特定条件，其中处理可以直接被引导到一个适当的 SCP。例如，除了 SCP 之外，也有专用资源功能（Specialized Resource Function，SRF）或智能外设，可以回放语音消息。

　　一个在 IN 实现的早期服务是：把免费电话号码翻译成一个有规律的电话号码来完成免费呼叫，但后来，更复杂的服务，如预付费电话的处理，也使用 IN 实现。IN 概念的 GSM 实施被称为定制应用，用于移动增强逻辑（CAMEL[6]）。

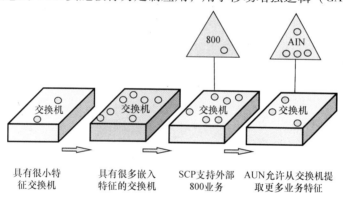

图 13.1　服务架构进化

13.2.6　开放服务接入

　　在蜂窝系统的初期，移动运营商控制整个系统，包括所有的服务。把运营商的网络开放给第三方以创建和提供服务有许多优点。

　　● 复杂的服务差不多就像台式机经常使用的应用。它们需要越来越多的软件专业知识来编写，软件公司可能在此比移动运营商有更多的经验。

　　● 蜂窝运营商预测哪些服务将在客户间变得流行是较困难的。与其通过他们自己试图实现数量有限的服务和应用（有限数量的，因为开发人员人数有限），倒不如开放第三方权限更有意义：

➤ 第三方软件提供商可以共同提供大量的不同服务。

➤ 运营商可以获得任何成功的服务利润的百分比。他们通过提供第三方用于创建和提供服务的平台来实现这两点。

● 当大量第三方提供商出现时，竞争和创新也就会不断出现。

这种模式最适合运营商（和用户），如果有大量的第三方愿意并渴望创造，并为特定平台提供服务。因此，OSA（开放服务接入）的另一个基本概念是，网络能力被抽象并通过相对简单的应用程序编程接口（API）提交给第三方提供商。考虑一个替代方案，智能网（IN）的模型。IN 模型与电信网络紧密地联系在一起，所以第三方需要熟悉呼叫处理的各种状态，SS7 是如何工作的，等等，并且需要通过 IN 来创建服务。另一方面，通过 OSA，网络能力被抽象在一个较高层，不需要第三方深入了解电信网络知识就能开发服务和应用。因此，OSA 采用抽象的优势。这种想法有时被描述为一个服务媒体网关的概念。通过 OSA 的 API 提供的网络功能的例子是：

1）呼叫控制（包括多媒体呼叫和会议呼叫）；

2）用户互动；

3）移动性；

4）终端能力；

5）数据会话控制；

6）消息传送（一般的和多媒体消息）；

7）连接性管理；

8）账户管理；

9）缴费；

10）存在和可用性管理。

如图 13.2 所示为 OSA 架构。在该图的顶部，应用驻留在应用服务器中。由于这些是在网络外部的第三方应用，OSA 需要提供一种方法来认证这些应用和授权它们访问网络。与此同时，OSA 需要为这些第三方应用提供一种方法去发现它为这些应用提供的服务能力，它使这些应用可行。这些事项是 OSA 框架的一部分，在该图的左侧。该框架管理 OSA 网络和应用程序之间的信任和安全，并提供发现功能。

图中框架的右侧，我们看到了许多服务能力服务器。这些应用和实际服务器与提供能力的网络功能之间有服务媒体网关。应用通过 OSA 的 API 访问服务能力服务器。服务能力服务器与提供能力的实际服务器（图的底部）和网络功能之间的接口没有标准化，并且也不一定是标准化的，因为这些是内部网络，可以不同的方式来实现。

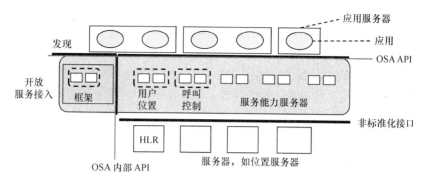

图 13.2　OSA 架构

13.2.7　开放移动联盟

开放移动联盟（Open Mobile Alliance，OMA[1]）是有志于推广使用移动数据服务行业玩家的论坛。它通过指定的移动服务引擎促进移动数据服务发展。OMA 尝试一个平衡性的行为是指定有足够的细节的移动服务引擎来支持互操作性，而不是令人窒息的创新和差异化服务（即，它会尝试给运营商、软件开发商和其他方空间，从而差异化他们的竞争对手的产品，同时符合规范）。

为了保持相关性，并减少对其规范化可能的阻力，它有目的地吸收来自不同的利益相关者群体的成员。因此，OMA 包括下列几类成员：

- 移动运营商；
- 移动设备供应商和网络设备提供商；
- 移动设备软件开发商和数据提供商；
- IT 公司。

相比较而言，可以说 OSA 是以运营商为中心的，这导致来自其他方面的利益相关者的阻力。此外，在不同的运营商网络间有差异地部署 OSA 可能会减少交互性操作，使得一个运营商的网络编写的应用程序可能需要重写以用于其他运营商的网络。另一方面，OMA 从一开始就强调交互性操作，可以跨设备、地域、服务提供商、运营商和网络。

OMA 明智地沿袭了一些指导性原则，来满足他的不同合作伙伴的利益：

- OMA 规范是技术中立的（即，既不偏向也不排除任何特定的设备、平台、操作系统、编程语言等）。
- OMA 规范是网络技术中立的（即，既不偏袒也不排除任何网络，如 GSM、CDMA、无线网络、WiMAX 等）。
- OMA 允许重复使用现有标准，其中提供了特定问题的现有的解决办法，这些问题 OMA 也在试图解决（而非只是为了创造一个新的解决方案而创造一个解决方案），这就是提供适合需求的解决办法来解决 OMA 的问题。

如果没有这样的原则，很可能某个成员会对某些决定不满意，也许会脱离组织，变成竞争对手，这不是 OMA 希望的。

OMA 规范与 IMS 兼容。正如 3GPP 和 3GPP2 参考与 IP 相关的 IETF 协议一样，OMA 规范也参考了 IETF 文档。OMA 提出了需求，并且需求被带入到 3GPP 和 IETF，所以方案能被发展（包括对现有协议的修改）。

13.2.8 服务和 IMS

我们已经在 12.4 节看到基本 IMS 网络架构并且了解了 IMS 如何用来提供基本的多媒体会话控制（例如，用于 VoIP）。然而，这只是一小部分人们为什么如此对 IMS 很感兴趣，并被引入大肆宣传的原因。IMS 的主要创新方面可以说是在于它是如何设计的，用于提供各种创新的新服务平台，而不仅仅是语音。在基本的 SIP 会话建立、维护和关闭方面，为了扩展 IMS 在 CSCF 提供之外的能力，我们需要关注一下应用服务器（AS）。

一个典型的 IMS 部署有多个 AS。IMS 定义了 AS 和 CSCF 之间的接口：特别是 S - CSCF 和 I - CSCF。SIP 用于 AS 和 CSCF 之间。AS 还可以支持其他协议，如 HTTP，所以 IMS 用户可以使用浏览器连接到它，并轻松地配置服务。

IMS 中有 3 种 AS 类型：

● SIP AS。这是主要的一类，是 IMS 的"原生"AS。如果由 SIP AS 支持的业务依靠 HSS 中的信息，SIP AS 可以使用 DIAMETER 消息与 HSS 交互。SIP AS 还有一个选项用于在第三方网络定位，但这种情况下，就无法和 HSS 交流。

● OSA SCS。这类允许 IMS 能够使用 OSA。然而，类似于 SIP AS，OSA SCS 使用 SIP 与 S - CSCF 进行通信，所以与 AS 类型之间的差异对于 S - CSCF 是透明的。

● IP 多媒体业务交换功能 AS（IM - SSF AS）。这产生了基于 CAMEL 服务的范围，从广泛部署在现有的 GSM 网络，到 IMS 世界。IM - SSF AS 与 CAMEL 的接口通过 GSM SCF，使用不属于 IMS 的 CAMEL 相关协议。

我们关注 SIP AS。它是如何提供服务的？它可以扮演许多角色，其中包括用户代理（可以是主叫方或被叫方）以及各种 SIP 服务器角色。作为一个用户代理，一个 AS 可以在特定的时间呼叫一个 IMS 手机（如提供闹钟呼叫服务，或者备忘提醒服务）在一定条件下，当 S - CSCF 将一个 INVITE 消息转发到 AS 时，其他服务也可能被提供。AS 可能在之后充当在两个端点之间的路径上的 SIP 服务器中的一个，可能通过 Record - Route 的方法把自己插入到路径中。在什么条件下 S - CSCF 可能将消息转发到 AS？这些被指定的方式是通过滤波器指定，我们将在 13.2.8.1 节讨论。

13.2.8.1　滤波器

各种滤波器均可以在 IMS 用户的服务文档中指定。每个被分配一个优先级，所以滤波器按照优先顺序处理。决定一个 SIP 消息是否应该被转发到一个特定的 AS 的方法是通过使用触发点。每一个触发点是一组服务点触发器。例如，如果 INVITE 消息被发送出去，并且它是从一个特定的用户发来的，这个触发点可能包含两个服务点触发器，一个用于 INVITE 消息，另一个用于特定用户信源。

13.3　移动 Ad Hoc 网

不同于传统的无线网络，其中有线基础设施是网络的重要组成部分，移动 Ad Hoc 网（Mobile Ad Hoc Network，MANET）包括一组在它们之间进行通信的独立节点，而不需要有线基础设施（见图 13.3）。名称中的 Ad Hoc 强调的是，在 MANET 中的节点没有传统网络基础设施（典型的有线和相对固定的）的辅助支持它们的通信。此外，很多节点本身一起形成网络基础设施，但没有预先计划。相反，它们需要弄清楚在自组织方式下无线网络的拓扑结构。节点被期望于除了主机之外还扮演着路由的角色，这意味着它们要转发它们接收到的数据包给相应的其他节点。因此，有时会说，在 MANET 中，"每一个节点都是一个路由器，"不像一个传统的基于 IP 的网络，其中大部分的终端设备只是主机，没有做任何的转发之用。mobile 一词强调一个事实，即允许节点四处移动。其结果是，在 MANET 的拓扑的预期是经常发生变化的。MANET 的应用领域是军事网络、灾难恢复场景（其中固定的基础设施可能已损坏或不可用）、车载网络、传感器网络等（我们将在 13.4 节讨论其中的一些，包括车载网络和传感器网络）。由于 MANET 的自组织特殊性质，以及不断变化的拓扑结构，MANET 的 R&D 主要领域是在路由协议。与传统网络不同，在 MANET 中只是找到一个从源到目的地的路径就成为一大挑战。

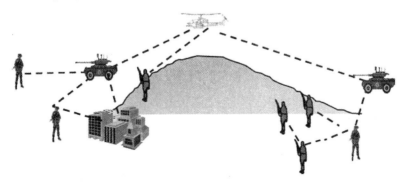

图 13.3　移动 Ad Hoc 网

为此，已经提出了许多针对 MANET 的路由协议，其中大部分由特定的方式来应对不断变化的拓扑结构。挑战的产生是因为 MANET 的自组织特性和移动特性，导致经常变化的拓扑结构。此外，还有许多的制约。例如，路由协议应该是节能的，特别是因为节点经常使用电池来运行。此外，路由协议不应消耗太多的带宽，与带宽受限的无线链路一样。自组织路由协议的基本分类是在主动式和被动式协议之间（见图 13.4）。主动式路由协议是一个在任何时候都试图保持最新的路由表的协议（因此它希望可以检测网络拓扑的变化并相应更新路由表）。被动式路由协议，又称为 on - demand，只会在需要时发现到目的地的路径。因此，它不"浪费"开销交换拓扑信息来维护最新的路由表（和主动式协议一样），但它需要更长的时间来发送数据包到目的地，因为它需要在需要时发现到目的地的路径。除了主动式协议和被动式协议，还有结合了两种特点的混合协议。混合自组织路由协议可能在近距离的节点上具有主动性，在稍远的节点上是被动的。区域路由协议（Zone Routing Protocol，ZRP[4]）是这种协议的一个例子。还有一些假定节点具有 GPS 功能的路由协议，所以这种基于位置的路由是可能的。

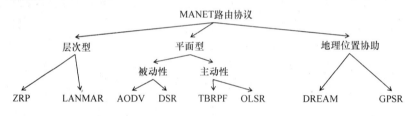

图 13.4　移动 Ad Hoc 网的分类

如果需要与 MANET 以外的节点通信，怎么办？当然，如果需要与 MANET 以外的节点通信，这个节点可以连接回有线设备；但是对于在 MANET 中两个节点之间的通信，该路径通常在 MANET 内，在一个或多个无线链路上。除了 MANET 的路由协议，R&D 是否有其他用于 MANET 激活的区域？是的，如安全性问题，相比传统的无线网络，MANET 更加具有挑战性。例如，在传统的无线网络中，人们可以认为网络设备某种程度上是值得信赖的，但 MANET 中，不能信赖这一点。

其中较成熟的移动自组织路由协议是已经由 IETF 批准的实验 RFC 的 4 个。按照 RFC 数字的顺序，其中包括自组织按需矢量（Ad - Hoc On - Demand Vector，AODV[8]）协议、优化链路状态路由（Optimized Link State Routing，OLSR[3]）协议、基于反向路径转发拓扑传播（Topology Dissemination Based on Reverse - Path Forwarding，TBRPF[7]）协议以及动态信源路由（Dynamic Source Routing，DSR[5]）协议。

13.3.1 例子：AODV

AODV 协议是目前领先的自组织路由协议之一。在 AODV 协议的 RFC 准备时代，AODV 协议的创始者或开发者是 Charles Perkins、Elizabeth Royer、Samir Das，他们分别来自诺基亚、UCSB 和辛辛那提大学。

13.3.1.1 协议概述

AODV 协议是一种被动式协议。它按需寻找路由（假设信源还没有到目的地的路由表），通过基于泛洪式路由请求的路由发现的过程。它还利用目的地序列号和路由寿命，要尽量避免使用陈旧的路线。目的地序列号也使 AODV 协议避免路由环路。

AODV 协议的主要特点（但不只是 AODV 协议的特点）包括：

- 目的地序列号被用作如何更新路由的指示器。序列号越大，路由越新，越值得信任。因此，序列号松散地对应一个时间尺度。每个节点负责维护它的目的地序列号（即，目的地节点路由最新目的地序列号）。路线中的其他节点到特定节点的路由将会拥有目的地序列号小于或等于由节点本身保持的最新的目的地序列号。如果一个节点获得多个到相同目的地的路由线路，则必须选择具有最大的目的地序列号的那个路由。

- 传统的路由表被用于路由（不是通过整个逐跳路径到达目的地，不像其他的一些协议，如 DSR）。因此，只需要存储较少的路由信息（每个目的地），在路由路径很长时，数据包报头也不需要很长。

- AODV 协议对于网络拓扑结构变化的响应很快。

13.3.1.2 协议运行

AODV 协议的基本运行如下：当一个节点希望发送一个数据包到另一节点时，它会检查路由表中是否有到它的目的地的有效途径（有效和无效的路由的概念将在适当的时候进行说明）。如果有，它会使用这条路由路径。否则，它将执行路由发现。路由发现的基本机制是网络泛洪，其中，信源节点广播路由请求（RREQ）消息。只有在有限的距离（无线电范围）内的节点可以听到广播，但是节点接收它后会转播，如果目的地是在该组的节点内，那么最终 RREQ 可通过这种类型的泛洪机制来传播到目的地。

我们在图 13.5 中展示了一个例子。图中的节点编号仅仅是为了说明目的（在 AODV 协议中，节点实际上是由它们的 IP 地址反映的）。源节点（节点 11），试图寻找到一个路由到目的地节点 46。在路由发现的第一个步是将广播路由请求（RREQ）消息。该 RREQ 包含源和目的地地址以及路由请求 ID（RREQ ID）。RREQ ID 与源地址一起，唯一标识着特定请求（另一个节点可以使用在其路由发现的 RREQ ID，尽管 RREQ ID 没有全球同步，但随后的源地址会是不同的）。当目标（节点 46）接收到一个或多个带有相同的源地址和 RREQ ID 的 RREQ 时，它会知道它们是复制品。与其他一些协议不同（如 DSR 协议），它们会产生多个回复，AODV 协议只回复收到的第一个 RREQ。

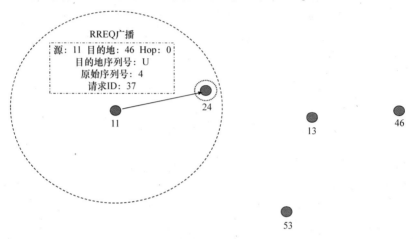

图 13.5　AODV 路由发现，RREQ 传播，第一部分

　　此外，RREQ 包含跳数信息，它从 0 开始，随 RREQ 传播通过每个节点前进而激增。在 RREQ 中也携带有到节点 46 的目的地序列号，节点 11 同样具有代表原始节点（节点 11）的原始序列号。节点 46 的目的地序列号是节点 11 在路由发现接收节点 46 之前的最大序号。但是，有时该序列号是未知的，因为这是对特定目的地的第一次路由发现，我们在图 13.5 中用"U"表示。由于我们对中间节点解释的处理，目的地序列号和原始序列号如何使用将变得更加清楚。

　　节点 24 接收来自节点 11 的 RREQ，接下来第一件事是创建或更新路由信息到节点 11。它在数据包中使用原始序列号，作为在其路由列表中新的（或更新的）路由信息。接着，节点 24 确保它没有从来自节点 11 用相同 RREQ ID 接收到的 RREQ，（例如，通过另一条路径；这是很有可能的，因为除了通过信源广播，RREQ 也正在通过其他的节点重播）。否则，将无声地丢弃该数据包（这样可确保每个节点只转播一次这样的数据包，从而避免无限循环转播）。然后它增加跳数并重播该数据包，如图 13.6 所示。接着，节点 13 接收来自节点 24 的 RREQ，并且有一样的处理过程，所不同的是它第一步先创建或更新到节点 24 的路由信息，然后在转播数据包之前创建或更新到节点 11 的路由信息（见图 13.7）。

　　RREQ 的接收者将生成一个路由答复（RREP），如果它是目的地，或者如果它是具有到目的地的有效路由的中间节点，其前提是目的地序列号（中间节点具有的路由）大于或等于包含在 RREQ 中的目的地序列号。在这个例子中，我们假设中间节点不具有这样的路由信息，所以在最后 RREQ 到达了节点 46（见图 13.7）。

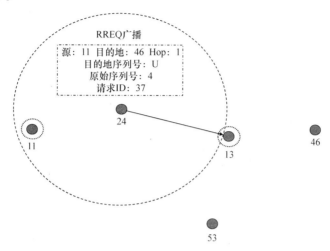

图 13.6　AODV 路由发现，RREQ 传播，第二部分

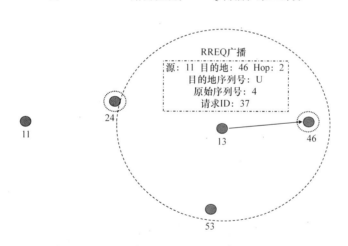

图 13.7　AODV 路由发现，RREQ 传播，第三部分

　　节点 46 是目的地，并会生成一个 RREP 发送回节点 11（见图 13.8）。由于在接收 RREQ 时它已向节点 11 添加了反向路由作为处理的一部分，因此它能够通过单播路由 RREP 回到节点 11 而不是广播。假设节点 46 自身的序列号是 9。由于在 RREQ 的目的地序列号为 "U"（未知），节点 46 必须将其自身的序列号 9 插入到 RREP。填充 RREP 生命周期字段是目的地节点的职责。生命周期的单位是 ms，所以对于我们的例子来说，我们给它 10 小时的生命周期。它填充的跳数为 0。在返回路径上的每个节点均将递增跳数，使当节点 11 接收到信息时路

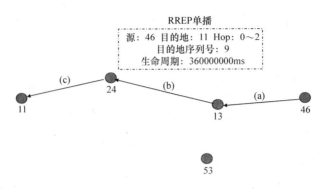

图 13.8　AODV 路由发现，RREQ 传播⊖

由跳数变成了 2。

13.3.1.3　AODV 协议的其他特点

AODV 协议的另一个特点是无理由的 RREP。这对于一个中间节点知道如何路由到目的地的情况下，当它接收 RREQ 后它会产生 RREP，并将其发送回源节点。在接收到 RREP 后，源节点知道如何路由到目的地。然而，由于中间节点已发送回一个 RREP 代替转播的 RREQ，目的地可能不会发现如何路由到源节点（在其他情况下，当 RREQ 真正到达目的地时，它可以使用路由反转特性在生成 RREP 前增加一个路由到源节点）。AODV 协议的解决方案是执行到目的地的无偿 RREP（从已将 RREP 发送到源的中间节点），因此它也会得知路由信息。

当节点重新启动时，存在一个问题，在有些情况下，路由环路就在重启后形成了，因为节点失去了所有的路由信息，包括它的序列号。因此，DELETE_PERIOD 特点被引进，这样重启节点在响应路由消息之前，必须等待 DELETE_PERIOD。这是为了确保所有以它为下一跳的路由节点，在它重新积极参与到 AODV 信令中之前，会终止路由。

AODV 协议还建议每个节点主动将当地播出的"Hello"消息给它的邻节点，如果节点是主动路由的一部分。这帮助与主动邻居节点保持本地连续性。其他的方法包括：①利用层 2 通知（例如，发送 RTS 后没有收到 CTS 可能是丢失连接的指示）；②接收到来自邻居节点的任何数据包（不管是不是"Hello"消息）；③单播一个 RREQ 到邻居节点，将邻居节点作为目的地。

13.4　网状网、传感器网络和车载网络

备选方案中的每种无线网络范例更多的不是需求和定义很多的明确定义集，而是从可以描绘出的典型特征中得到一簇相关想法。因此，它们每一个都可描

⊖　原书生命周期为 360000，有误。——译者注

述为新兴的概念族，并随研究和发展进步持续演进，并学到了各种技术和业务经验。

网状网、传感器网络和车载网络都在 MANET 的前期工作方面有一些根源，但都已发展并吸取了其他研究领域的经验，它们彼此都和 MANET 有相当的不同，保证了它们自己在 R&D 上的权利，它们也拥有了独立的概念群使工业界和学术界对其很感兴趣。

13.4.1 网状网

网状网可以认为是移动 Ad Hoc 网络几乎没有或根本没有移流动性的一个极端的情况。移动 Ad Hoc 网和网状网中最重要的共同特征是由节点构成的多跳无线网络，如图 13.9 所示。典型情况下，超越了节点的固定性质，网状网作为固定网络基础设施的一个固定无线延伸；因此，鉴于单一的接入点或基站提供有限的覆盖范围，网状网能够覆盖很大区域，如城市区域。

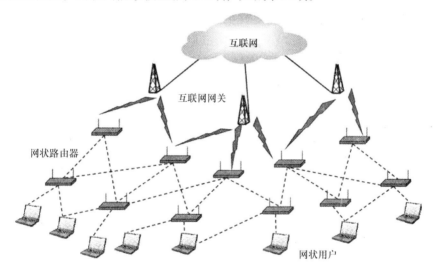

图 13.9　网状网

在最近几年，网状网在特种类型的应用上已获得突出成果，并在一个区域（例如城市或城镇）内使用多跳无线接入提供的网络连接。典型地，这种网状网包括大多数的以下特征：

● 拓扑结构是树形，其中树的基础部分连接到有线网络，典型的是互联网。连接到有线网络的点有时被称为互联网网关（IGW）。

● 终端用户是树的叶子（有时叫作网状用户），在其中有网状路由器。

● 有多个丰富的路径通过网状网，所以如果有一个或更多的网状路由器失败，连接性不会丢失。

- 通常，点对点的无线链路是基于 IEEE 802.11 网络协议。

网状网可以是基于社区的或全管理方式。基于社区的网状网是由网状路由器和 IGW 组成，由不同的组织或个人管理和经营。他们一起，以社区形式工作来提供一个以社区为基础的网状网。另一方面，全管理的网状网是一种被一个组织拥有并运营的网络。如果网状网是介于以社区为基础和全管理两者之间的（例如，它是由几个组织运营的），它可以被定义为半管理网络。网状路由器可能相对比较小，以家庭无线路由器大小顺序，除了它们需要被制造得更健壮，以抵御室外条件，而且（天线的增益可能）更高。图 13.10 显示了一个网状路由器安装在不显眼的灯柱上。

图 13.10   网状路由器被安置在路灯上（两个角度）

在 MANET 中，节点的移动性和不断变化的拓扑结构是一个主要的挑战，在网状网中的拓扑结构是相对静止的和网状路由器通常也是静止的。由于节点靠电池供电，所以 MANET 的电池功耗非常关键，而这对网状网是一个小问题。而其他的问题对网状网都更加重要。节点更多是固定的，但更耐用和可靠，以及当一个或多个网状节点或链路损坏时数据包将重新选路，这都是重要的。对附近的无线链路之间的干扰的管理是一个严峻的挑战。这可能涉及两个阶段：部署和运行。各种选择均可能对系统容量、稳定性和可靠性有显著影响，包括以下几种选择：

- IGW 的放置；

- IGW 的负载平衡算法;
- 网状路由器的放置;
- 网状路由器间的 802.11 信道分配;
- 信道切换同步。

为 MANET 设计的 MAC 协议和路由协议可能对网状网不是最优的,所以新的 MAC 协议和路由协议已经提出了要应用于网状网。尤其是在以社区为基础的网状网,自有网状路由器可能是一个严重的问题。一个自有网状路由器可能有意利用更多的资源(如带宽),而不是公平平分,其目是为其客户提供更好的服务。在某些部署方案中,检测和纠正这种行为的方法是至关重要的。

13.4.2 传感器网络

无线传感器网络已被确定为将改变世界的 10 项新兴技术之一[10]。无线传感器网络领域已经在最近几年爆发。在过去 20 年里,虽然人们大部分注意力都集中在计算机和手机的网络上(通过互联网等),但最近的预测表明,未来的网络将是以小型化和嵌入式设备(见图 13.11)为主。传感器的网络化正在成为小型设备和嵌入式设备领域的一个越来越重要的部分。有人估计,在未来几年内,相比于数十亿手机和计算机,将有上万亿网络化的小型嵌入式设备出现!

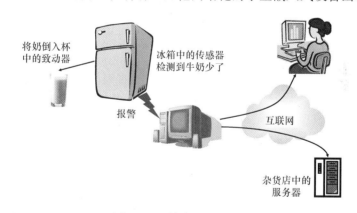

将奶倒入杯中的致动器
冰箱中的传感器检测到牛奶少了
报警
互联网
杂货店中的服务器

图 13.11 传感器网的应用

基于对未来增长方向的预测,在过去的十年里,研究人员一直在深度研究无线传感器网络(见图 13.12)。研究活跃在许多领域,包括调制方案、低功耗硬件设计、适合的节能的 MAC 协议、路由协议(功率有效,以数据为中心的,也许是基于寻址的属性和位置感知)、数据聚合、新颖的数据传播算法和应用层的查询与传播协议。数据聚合必须在中间节点上聚集来自多个传感器收集的数据,以便在网络中传输的数据量可以减小。

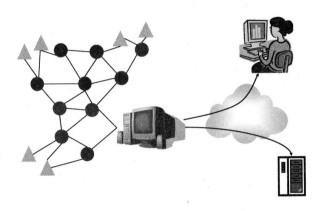

图 13.12　传感器网络

虽然传感器网络可能表现的只是 MANET 的一种形式，但各种不同之处已经确定，使传感器网络用自己的权利拥有自己的领域。相比于更一般的 MANET，传感器网络的特性包括：

- 节点数量可能要大几个数量级。
- 传感器网络可能部署得更密集。
- 传感器个体可能没有全球识别码。
- 传感器网络可能主要是广播，而不是单播数据。
- 传感器趋向于有限的功耗、计算能力、存储能力等。
- 传感器个体相比于 MANET 中的传统节点有更高的出错率。

据预计，每个传感器都是一个低成本的能力有限的专用设备，并且相比于传统的 MANET 节点可能会更频繁地出错。然而，传感器可以被更密集地部署，带来更多冗余，因此，典型的部署能够容忍损失一定比例的传感器。因为传感器节点是低成本的专用设备，它们不是如典型的 MANET 节点一样是通用机器。例如，它们可能没有像 IP 地址这样的全球识别码，并且它们甚至可能不会实现TCP/IP。

13.4.3　车载网络

车辆间通信（Inter Vehicular Communication，IVC[12]，也被称为车对车通信（V2V）或车辆 Ad Hoc 网络，VANET；见图 13.13）领域已在最近几年蓄势待发。许多新出现的通信应用是车辆特有的。这些应用包括安全应用，将使驾驶更加安全；使用移动商务和路边信息服务，可以智能地告诉驾驶员车辆附近的拥堵情况、商业信息和服务以及其他类型的本地相关的新闻。现有的娱乐形式可能渗透到汽车领域，新的娱乐形式可能出现，它全部由车辆间通信功能支持。这些新兴的服务不能很好地适用于如今汽车领域有限的通信选项的支持。

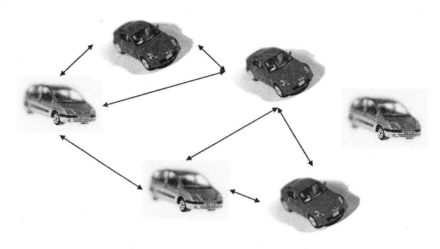

图 13.13　车载网络

恰逢其时，车辆间通信的重要性日益增加且已经被各国政府、企业和学术界认识到。IVC 是公认的各个国家智能交通系统（Intelligent Transport System, ITS）计划中的重要组成部分。因此，政府已经分配了用于 IVC 的频谱和类似应用［例如，DSRC（Dedicated Short – Range Communication，专用短程通信）的各种概念，如 WAVE（Wireless Access in Vihicle Enviroment，车辆环境中的无线接入）］。在欧洲，政府和企业合作资助了大型 IVC 合作伙伴或项目，如 CAMP（Crash Avoidance Metrics Partnership，避撞度量合作伙伴）、ADASE2（Advanced Driver Assistance System，先进驾驶员辅助系统）、车轮网络、航船网络和 Car-talk2000。关于 IVC 的学术会议和研讨会越来越受欢迎（例如，VANET？Auto-net，V2VCOM）。

习题

13.1　什么是服务引擎？

13.2　用户会话代理用什么 SIP 消息来通知存在代理有关用户的状态？观察者如何签约接收这样的信息，并且存在代理将如何通知观察者？

13.3　什么应用服务器和 IMS 一起工作？

13.4　把以下移动 Ad Hoc 路由协议分成主动式、被动式和混合式三类：ZRP，OLSR，AODV。

13.5　网状网与 MANET 有何相似？又有何不同？

参 考 文 献

1. M. Brenner and M. Unmehopa. *The Open Mobile Alliance: Delivering Service Enablers for Next-Generation Applications*. Wiley, Hoboken, NJ, 2008.

2. B. Campbell, R. Mahy, and C. Jennings. The message session relay protocol (MSRP). RFC 4975, Sept. 2007.

3. T. Clausen and P. Jacquet. Optimized link state routing protocol (OLSR). RFC 3626, Oct. 2003.

4. Z. J. Haas, M. R. Pearlman, and P. Samar. The zone routing protocol (ZRP) for ad hoc networks. work-in-progress draft-ietf-manet-zone-zrp-04.txt, July 2002.

5. D. Johnson, Y. Hu, and D. Maltz. The dynamic source routing protocol (DSR) for mobile ad hoc networks for IPv4. RFC 4728, Feb. 2007.

6. R. Noldus. *CAMEL: Intelligent Networks for the GSM, GPRS and UMTS Network*. Wiley, Hoboken, NJ, 2006.

7. R. Ogier, F. Templin, and M. Lewis. Topology dissemination based on reverse-path forwarding (TBRPF). RFC 3684, Feb. 2004.

8. C. Perkins, E. Belding-Royer, and S. Das. Ad hoc on-demand distance vector (AODV) routing. RFC 3561, July 2003.

9. C. E. Perkins. *Ad Hoc Networking*. Addison-Wesley, Reading, MA, 2001.

10. *Technology Review*. 10 emerging technologies that will change the world. http://www.technologyreview.com/Infotech/13060/, Feb. 2003. Retrieved Mar. 2011.

11. K. D. Wong. Geo-location in urban area using signal strength repeatability. *IEEE Communications Letters*, 5(10):411–413, Oct. 2001.

12. K. D. Wong, W. Chen, K. Tepe, and M. Gerla. Inter-vehicular communications. *IEEE Communications*, Special Issue, Oct. 2006.

第五篇 杂 论

第 14 章 网 络 管 理

在本章中，我们将在 14.1 节介绍网络管理。然后在 14.2 节，我们介绍一些工业中最知名的网络管理框架/模型。本章其余部分的重点则是网络管理的一个非常重要协议，即 SNMP。

14.1 需求和概念

当听到网络管理时，首先出现在我们脑海里的是什么？有人可能会说，是关于网络维护，保持其"加好油"和平稳运行，替换那些坏掉的路由器，升级设备以应对由于客户数量的增加而导致的日益增加的业务负荷，等等。另一个人可能会指出，即使抛开维护工作，网络的正常运营本身就需要管理。此人可能会指出，服务供应商拥有网络运营中心（Network Operation Center，NOC），运营商将在那里监控网络。如果警报到达 NOC，或许表明某处网络中的链路发生了故障，严重堵塞，或别的情况，运营商可能会派遣服务人员采取适当的行动处理以上问题。其他操作方面可能包括处理故障单等。然而，其他人可能会说，当他想起网络管理，他想到的是处理新用户。必须有将其信息提供给订阅和账单数据库的系统的、有序的过程，并开通和激活各种他们已订阅的功能。这些活动可以被描述为配置。第四人可能会指出，配置、运营和维护必须建立在良好的管理基础上。当这个人想起网络管理，他想到的是库存控制、客户服务报告等。从某种意义上说，所有这 4 个人的观点都是正确的，合并在一起，如运营、管理、维护和配置（OAM&P），它们是一种流行的网络管理模型（见 14.2节），根据名称可以确定它的范围。在 14.2 节描述一些模型之前，我们在这里先考虑几个一般问题。

网络管理包括哪些内容？难道仅仅是管理网络（即路由器、交换机、电缆等）？那么个人计算机、服务器和其他主机呢，它们包括在内么？网络运营商将需要什么样的计费系统和其他类似系统？人为因素、经营决策、政策等其他因素呢？在一个层面上，"网络管理"可泛指所有这些事情。但是，它也可以在更窄的意义上使用：例如，指的是网络层和网络范围管理的问题，而不是服务层的问题。"网络管理"用在这些不同的环境中，所以读者需要了解其环境，明白当有人谈到网络管理时，代表着什么意思。

为什么网络管理是重要的？只是从一个供应商那里购买设备，让供应商来帮助安装它，然后只是"让它运行"，不可以么？网络是一个复杂的系统。复杂的系统就需要管理，即使它们大部分时间都在平稳运行。让我们类比一下汽车，这是另一种复杂的系统。大多数时候，汽车如预期一样运行。然而，汽车需要进行适当操作，以最大限度地提高其利用率。大量的硬制动更快地磨损制动片，滥用汽车驾驶速度（超过百英里每小时），急转弯，甚至可能会导致它翻倒或撞车。除了适当的和谨慎操作，适当的精心维护，包括对轮胎压力进行定期检查，检查油位并根据时间表更换机油等，都对汽车管理有帮助。操作和维护需要通过仔细记录来保存和管理备份。因此，对于一个系统（如汽车），运营、管理和维护都需要，正如一个网络。此外，运营商网络需要为对客户提供的业务开通服务。如在汽车中，如果汽车被用作出租车，则驾驶员需要一个计量仪表和其他项，以提供服务给客户。

14.2 网络管理模型

各种团体已经做了多种尝试去规定和分类"网络管理"包含的事情范围，以下是这些尝试的缩写，并大致按照时间顺序排序：

- OAM&P：运营、管理、维护和开通服务；
- FCAPS：故障管理、配置管理、计费管理、性能管理和安全管理；
- TMN：电信管理网；
- TOM：电信运营图；
- eTOM：增强 TOM；包括财政、人力资源等。

OAM&P 来自传统电话领域。有时，它被简单地写成 OAM 或 OAMPT，其中"T"代表"故障排除"。运营是保持网络运行良好，管理是计账和总务，维护是修理和升级，开通服务是增加新的服务。起初，故障管理、配置管理、计费管理、性能管理和安全管理（FCAPS）模型来自 20 世纪 80 年代的 OSI。随后，在 20 世纪 90 年代，ITU－T 在其网络管理工作方面吸收了 FCAPS。故障管理包括网络监控、故障诊断和原因分析。故障标签也属于故障管理。配置管理包括设备、服务、审计、备份的配置和网络崩溃后的网络配置恢复。计费管理包括跟踪使用及相应的计费。呼叫详细记录（CDRS）是计费管理的重要部分。欺诈检测也属于计费管理。性能管理涉及监控吞吐量、时延以及随时间监视的各种质量指标。安全管理包括使网络更加健壮来应对黑客，它还包括入侵检测和列出某些地址的黑名单。

在其 ITU–T 实体中，FCAPS 是一个更大的模型（TMN 模型）的一部分。TMN 把网络管理分为 4 个层次：

- 商务管理；
- 服务管理；
- 网络管理；
- 元素管理。

TMN 不只是功能分类的框架，它还为不同厂商的设备之间的互操作提供了一个框架，通过接口点的规范，使用通用管理信息协议（Common Management Information Protocol，CMIP）。CMIP 是基于 IP 网络的网络管理器和代理之间的通信协议，大致类似于 SNMP。CMIP 有比 SNMP 更多的功能，比 SNMP 更复杂。然而，如在 VoIP 的会话控制的情境下，相对简单的 SIP 是非常流行的，可特点丰富并不一定是成功的途径。TMN 通常用于电路交换网络（例如，ISDN 或 GSM）或虚拟电路交换网络（例如，ATM）的管理。

最近，出现了电信运营图（TOM）[5]。TOM 来自电信管理论坛（Telecommunication Management Forum，TMF），TMF 是电信行业论坛。TOM 开始于 TMN 模型，它定义了过程以及每层过程之间的信息流，不同层之间的信息流过程也包括在内。有人会说，TOM 是替代 TMN 的产物，但事实并非完全正确。TMN 更侧重于网络管理，而 TOM 有更广阔的视野。作为一种电信服务提供商业务的蓝图，TOM 还包括其他的功能和流程，这很少被认为是属于网络管理的。TOM 帮助供应商自动化和简化过程。

目前 TOM 已经演进成了增强 TOM（eTOM），eTOM 进一步扩展了 TOM 的范围。对于那些来自 IT 领域的熟悉 ITIL 的人，TOM/eTOM 可以被认为是类似的行业最佳实践同类集。而 ITIL 是 IT 的实践，TOM/eTOM 是电信网络的实践。如图 14.1 所示的 eTOM 的框架。正像图 14.1 中所示，良好的客户服务需要良好的运营，以及良好的战略、基础设施和产品。战略、基础设施和产品都比运营更注重长期性。例如，资源开发属于战略、基础设施和产品，而资源运营属于运营。同样，市场营销和产品供应链属于战略、基础设施和产品，而客户关系管理和供应商/运营下的合作伙伴关系管理属于运营。运营另一个角度是 4 个阶段的生命周期：从运营支持和准备就绪，到实现和保障，然后是计费和收入管理。所有这些都将被执行以及运营做好。4 项中，实现、保障以及计费和收入管理是面对客户的，而运营支持和准备就绪实时性较小，更多是出现在幕后。作为一个群

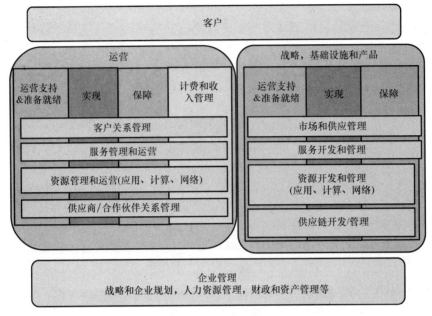

图 14.1　eTOM

体，实现、保障以及计费和收入管理有时会以缩写 FAB 提出。基本所有的这些都是企业管理方面，包括战略和企业规划、人力资源管理等。

这些不同的思考网络管理的框架帮助我们组织和分类网络管理中的范围和功能。然而，在任何实现的网络管理系统中，通信协议必须被选择。这些可能是私有的，或者也可以是开放的协议，如 CMIP 或 SNMP。

14.3　SNMP

SNMP（简单网络管理协议）来自 IETF（见 17.2.4 节），它意味着仅用于基于 IP 的网络。不像 CMIP，这是比较简单的，因而被广泛地实施在大多数 IP 的设备。到目前为止有几个 SNMP 的版本。最古老的，但仍然是部署最广泛的，是 SNMPv1[1]。增强版本中添加了 SNMPv2 和 SNMPv3，其中有些是有意义的（如 SNMPv3 版本的安全性增强）。由于 SNMPv1 仍然被广泛部署，我们将在这里立足于 SNMPv1 进行描述，适当的地方会引入 SNMPv2 和 SNMPv3 的变化。

SNMP 网络架构很简单：管理者和代理。这些是特定的角色，没有专用设备；例如，每个带有 IP 的设备均能够扮演 SNMP 代理的角色是很正常的（虽然，它可能不会是默认打开的，例如，Windows 的 SNMP 代理是默认情况下没有打开的 Windows 组件，但可以很容易地通过 "add/remove windows components" 指令添加）。网络中有可能只有少数管理者（或者甚至只有一个），而每一个设备，基于 SNMP 的网络管理的一部分，都会是一个代理。

SNMP 使用 UDP 作为传输协议。特别是，UDP 端口 161 用于发送和接收请求。UDP 端口 162 用于困境处理。一切要管理的事物均被分解成对象。对象的实例包括系统名称、路由表、网络接口的 MAC 地址，并依此类推。对象与计算机系统的真实模块之间的联系，以及关于对象的其他细节，我们会在 14.3.2 节中讨论。每个对象被指定在适当的管理信息库（Management Information Base，MIB）。一个 MIB 可以被认为是一组变量（对象），每个都具有其特定的数据类型。一个 MIB 指定的管理对象 SNMP 管理器视图如图 14.2 所示。管理者通过查询代理了解对象，并且有时，使用我们下面介绍的消息给对象设定值。

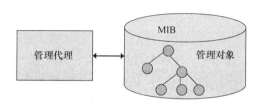

图 14.2　SNMP 管理对象

14.3.1　消息

在 SNMP 中只有 5 种消息（在版本 1 中；而在版本 2 和 3 中又增加了一些消息）。SNMP 确实是个很简单的协议，但 5 种消息提供了一个宽的能力范围。这些消息是：

1）get – request：从管理者到代理，获取某些特定信息的查询（它指定它希望获得信息的对象 ID；我们将在 14.3.2 节讨论对象）。

2）get – next – request：从管理者到代理，如 get – request，但指定了对象后把结果返回给对象，所以可以用来单步通过 MIB，我们将在后面解释。

3）get – response：从代理到管理者，这是一个回复消息，用来响应 get – request 或 get – next – request。

4）set – request：从管理者到代理，设置（写入）一个数值的命令。

5）trap：从代理到管理者，异步发送（即，不是响应 get – request 或者get – next – request 消息）。

get – request 消息指定一个或多个变量。当 SNMP 代理接收到请求时，它发送回一个 get – response 消息。在这个消息中，代理拥有的每个变量都有一个匹配的名称，名称和值在 get – response 消息中被返回。

get – next – request 消息允许遍历列表（如，路由列表）。让我们与 get – request 消息对比一下。发送 get - request 消息是用来请求一个或者多个对象：也就是说，对象的 ID 在请求中是指定的。而 get - next - request 消息也指定对象 ID，但请求是针对 MIB 中的下一个对象的，消息中给出对象 ID 的下一个对象（MIB 的结构顺序已经被定义好了）。因此，管理者可以一直使用 get - next - request 和代理进行信息交换，并且每次都会得到返回的 get - response 消息；它会从 get - response 消息中得到对象 ID 并把它放入下一个 get - next - request 消息中。这样，管理者就可以遍历整个 MIB，或者一部分，而不需要指定它需要的对象 ID。

set - request 消息允许管理者设置一个或者多个特定的变量。get - response 消息也在回应 set - request 消息中设置。当严重情况发生时，trap 消息允许代理通知管理者。

例子：管理者可能被设置轮询一组路由器，用于获取每个路由器的登录信息。也许，这项操作一小时一次，然后存储在一个中央位置，以此作为组织策略的一部分来保持追踪所有路由器登录者的统计信息。SNMP get - request 消息可以被发送来执行轮询，并且每个路由器将发送 SNMP get - response 消息作为响应。同时，每个路由器可以设置为只要检测到任何接口或连接链路失败就发送一个 trap 消息给管理者。这种 trap 消息可以被设置为使用管理软件发出蜂鸣声、闪烁等提醒，中断人员操作，这样以便于采取快速的行动（管理者如何处理接收到的 trap 消息，当然，不属于 SNMP 范围，而是与有效的网络管理策略相关）。如果网络管理政策允许（稍后我们会看到为什么这往往是不允许的），管理者可以通过发送相应的 SNMP set - request 消息，远程更改设置，如某些路由器接口的 IP 地址。

当网络管理员发送一个 get - request 消息到网络设备代理时，假定：
- 网络设备用 SNMP（即，它运行一个 SNMP 代理）。
- 管理者和代理用相同版本的 SNMP。
- 管理者和代理对于被管理对象（变量，见 14.3.2 节）有相同的理解，便于管理者询问或者设置。

关于第一个问题，最现代化的计算机和网络设备使用 SNMP（我们称它们为具有 SNMP 功能的设备，或简称 SNMP 设备）。但是，一些较旧的设备可能不是 SNMP 设备。一个 SNMP 的 poxy 可以充当一个或多个非 SNMP 使用设备的 SNMP 代理（见 14.3.7.1 节）。

关于第二个问题，SNMP 的版本在 SNMP 报头总是被指定的。关于第三个问题，管理者和代理通过使用管理信息库（MIB）对变量有相同的理解[7]。我们将在 14.3.2 节详述对象的本质，将在 14.3.2.1 节详述对象命名。关于 MIB 更详细的内容在 14.3.3 节提供。

14.3.1.1 在 SNMPv2 和 SNMPv3 中的补充消息

SNMPv2 和 SNMPv3 除了 SNMPv1 中的 5 个消息以外，增加了 4 个消息。新增消息是：

1）get – bulk：从管理者到代理，一个改进的方法用来通过一个消息询问多个被管理对象。

2）inform：从代理到管理者，类似 trap，但更可靠，因为管理者会回复 inform 消息。

3）notification：从代理到管理者，类似 trap，有时被称作 SNMPv2 版本的 trap。

4）report：从管理者到管理者，它是异步的，像一个 trap，可以用于管理者到管理者的交流。

我们说 get – bulk 消息是一个改进的通过一个消息询问多个对象的方法，因为原来的 get – request 消息消息也可以用于一个消息询问多个对象。例如，通过 get – request 消息，如果返回给所有 MIB 对象的消息太大，以至于代理无法一次发送，代理会返回一个错误消息。而使用 get – bulk 消息，代理会一次发送一部分响应，其他部分过一会儿再发送。

正如 get – bulk 消息是一次对 get – request 消息功能的改进，notification 消息则是 trap 消息的改进。SNMPv1 的一个问题是，trap 消息相比于 get – request 消息和 set – request 消息有不同的格式。Notification 消息是一个具有 get – request 消息和 set – request 消息相同格式的 trap 消息。

Inform 消息增加了收到确认 trap 消息的能力。以前，在 SNMPv1 版本中，trap 消息是不被回复的，所以代理不知道管理者是否收到了它发送的 trap 消息。

14.3.2 被管理对象

SNMP 下的被管理对象是表示或与被管理实体的物理对象（如接口）或其他属性相关的变量。这些属性的例子包括路由表、系统名称等。无论它们是物理对象或属性，我们都可以认为它们是 "real resources"。我们在概念上在一个管理平面和一个真实资源平面之间产生分歧，如图 14.3 所示，而在 MIB 中被管理对象对应于真实资源。

作为变量，被管理对象有名字（命名原则在 14.3.2.1 节讨论），并且它们也有类型变量，有些是只读的，其他的是可读写的。命名和关联数据类型在 RFC 1155（管理信息结构版本 1，SMIv1）[6] 和 RFC 2578（管理信息结构版本 2，SMIv2）中指定。SMIv2 包含了增强的 SNMPv1，并且 SNMPv2 和 SNMPv3 利用了这些增强功能的优势。重要的是要记住，SMI 和 SNMP 的版本是两个不同的东

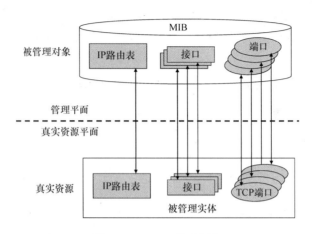

图 14.3　SNMP 管理概念

西。用于特定的 MIB 的 SMI 的版本（在 14.3.3 节可获得更多关于 MIB 信息）可以在指定 MIB 的 RFC 中找到。

这些数据类型包括 INTEGER、OCTET STRING、Counter、OBJECT IDENTIFIER、SEQUENCE、SEQUENCE OF、IP 地址等；Counter 像一个拥有特定用途的 INTEGER（例如，每当一个代理重新启动，它均应该被复位为 0）。OBJECT IDENTIFIER 是指我们下面叙述的名称。SEQUENCE 是零或多个其他数据类型的列表。SEQUENCE OF 类似于相似对象的数组。

SMI 还规定了每种数据类型的具体编码，以避免歧义［源自 ISO 和 ITU 的简要语法注释 1（ASN.1）的语法和编码规则］。ASN.1 是一种抽象格式，用于以一种与机器无关且精确的方式表示、编码与解码数据，从而避免了模棱两可的情况；ASN.1 具有比 SNMP 或网络管理更广泛的适用性，SMI 仅使用 ASN.1 的一个子集。特别是，ASN.1 的“基本编码规则”是要应用于对象的传输。这会消除歧义，如高位优先对低位优先的字节编码。

14.3.2.1　命名

SNMP 中被管理对象的名称也被称为对象标识符。在 MIB 中，对象标识符被布置在倒置的树结构中，称为树形的管理信息结构（Structure of Management Information，SMI）。这样的 SMI 树部分的一个例子是，显示了 MIB 的一部分，称为 MIB‑II，如图 14.4 所示。在网络管理的大部分情况下，根节点的路径从 iso. org. dod. internet 开始，其数值为 1.3.6.1；因此，与 SNMP 有联系的对象都有以 1.3.6.1 开头的对象 ID。常见于网络管理的两个分支：iso. org. dod. internet. management（1.3.6.1.2）和 iso. org. dod. internet. private（1.3.6.1.4）。由 MIB 中 IETF 规定公共对象以 1.3.6.1.2 开头，而由私人公司来规定的私有对象以 1.3.6.1.4 开头。如果设备供应商提供了指定的私人对象，那么这些私人供应商特定对象由设备供应商支持，但是网络管理者还需要理解他们来利用他们（在一般情况下，网络管理软件可来自提供商而不是供应商）。除了 1.3.6.1.2 和 1.3.6.1.4，iso. org. dod. internet. snmpV2（1.3.6.1.6）有时可以看作用于支持 SMIv2 中的新增数据类型的对象，意味着适用于 SNMPv2。

为什么是 1.3.6.1？互联网活动委员会（Internet Activties Board，IAB）为什么决定给自己的对象标识符分配 1.3.6.1？它可以决定创建自己的树，从而不需要在使用 SNMP 的每个对象标识符前附加前缀 1.3.6.1。然而，它决定将其树附加到来自 ISO 和 CCITT 的更高级别的树，也许是为了更好地融入全球统一的命名方案。也许这与相关组织和谐相处的好公民有关。有趣的是，RFC 1155 规定："本备忘录假设 DoD 将分配一个节点到互联网社区和一个节点到互联网活动委员会，如下：…也就是说，OBJECT IDENTIFIER 的互联网子树前缀是：1.3.6.1"，所以，有了这个假定分配和在 RFC 1155 中的陈述，前缀 1.3.6.1 在互联网社区的网络管理中开始了它无处不在的角色。

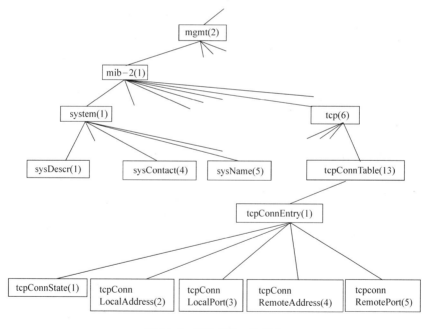

图 14.4　MIB MIB – II 部分

14.3.3　MIB

如何才能在 SNMP 管理器和代理之间有对管理对象的共同理解？一个可能的解决方案是有一个很大的文件，规定了整个组已知的管理对象。这个集合将是非常大的，因为这将不仅包括基本信息（例如系统的名称），也将必须包括不常见的变量。给出设备选取角色的范围很大，而事实上，大多数设备不会扮演太多角色，我们将有一个情况，列表是非常大的，但只有一小部分适用于大多数设备。此外，只要有新的角色，或改变现有的角色，大文件就必须更新。

在 SNMP 中采纳的一种替代的解决方案是拥有不同的较小的文档，其中每个文档仅规定管理对象全集的子集。最自然的分组是基于角色的。因此，存在一个规定 DNS 服务器对象组的文档，一个设备用于实现鲁棒性的报头压缩，一个设备支持移动 IP 设备，等等。此外，每个设备仅需要关注与它们扮演的角色相关的被管理对象，而不是许多其他可能的角色。而且，当指定一个新角色时，一个新的文档可以专门为该角色创建，并且其他角色的现有文档不必进行修改。

它类似于一个可能在生活中扮演多重角色的女人的描述，所以我们可能会把她与作为公司的管理者的角色特点联系起来（例如，例如薪水属性），另一个集合是她作为母亲的角色（例如，她的孩子数量及他们的姓名和年龄的属性），以及她作为星期日学校教师角色属性的另一个集合（例如，日期和课程名称属性）。另一名女子可能有一个非常不同的角色；例如，她可能是一名大学生（大学年级，专业，等）或当地快餐店的兼职工作人员（工作小时，每小时报酬等）。他们每个人，都有适当的属性可以关联，这些均基于角色和与每个角色属性的集合。

另一个使用 SNMP 方法的原因是，它可以更容易地分割管理的对象到多个视图，其中不同的管理代理被分配多个视图以管理在设备中的被管理对象的不同子集。这个概念示于图 14.5。

对于 SNMP 和网络管理的新人可能会惊讶地得知，前 5000 个 RFC，其中的 318 个包含 MIB（超过所有 RFC 的 6% 以上）。

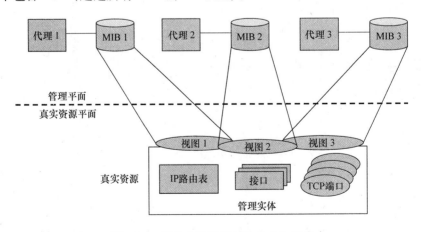

图 14.5　设备中被管理对象的多个视图

14.3.3.1 实现多个 MIB

一个管理信息库（MIB）是管理信息（对象）的集合，代表托管对象的整个树的子树（有些纯粹主义者可能会说，对象的整个集合是 MIB，所有通常被称为子树 MIB 的实际上是"MIB 模块"，但我们在这里不做如此区别）。由于每个 MIB 涵盖完整树的一个子集，SNMP 设备通常实现多个 MIB。通过引用实现 MIB 的机器，我们意思是至少准备对该 MIB 中指定的对象进行查询（它可以或不可以允许管理者写入值）。

在 SMI 树中的对象被安排成这样相关的对象，通常以与/或形式在一起，倾向于以树的形式聚集在一起，并在同一 MIB 中定义。如刚才说明的那样，一个给定的机器将通常实现所有可用的 MIB 变量的一小部分。然而，所有的 SNMP 设备将实现 MIB-2，这是一个包含基本对象的基本 MIB，如系统名称和网络接口数量。

14.3.3.2 例子：一瞥 MIB-2

MIB-2 的一部分（RFC 1213[4]）在下面重新出现。特别的，它是接口组（MIB-2 2）的前一半。注意，正如所有的 MIB 一样，它是基于文本的，所以就算是没有对 ASN.1 和 SMI 的理解，我们也可以猜测它大部分内容的意思。例如，注释前面是以"-"开始的；每个"ACCESS"对象只能读取、读写或者不能访问；等等。这里有对每个对象的文本描述（在"DESCRIPTION"下），并且每个对象要求都以它自己在 SMI 树中的父类结尾。例如，对象 ifNumber 是接口的子类，拥有数字 1（所以 1 被附加到接口对象 ID 上，来获取 ifNumber 对象 ID）。同样注意到列表是如何规定的。ifTable 被描述为一个 SEQUENCE OF IfEntry。然后，每个 IfEntry 被描述为包括 ifIndex、ifDescr 等的序列。

```
-- the Interfaces group

        -- Implementation of the Interfaces group is mandatory for
        -- all systems.

        ifNumber OBJECT-TYPE
            SYNTAX  INTEGER
            ACCESS  read-only
            STATUS  mandatory
            DESCRIPTION
                    "The number of network interfaces (regardless of
                    their current state) present on this system."
            ::= { interfaces 1 }


        -- the Interfaces table

        -- The Interfaces table contains information on the entity's
        -- interfaces.  Each interface is thought of as being
        -- attached to a 'subnetwork'.  Note that this term should
        -- not be confused with 'subnet' which refers to an
```

```
-- addressing partitioning scheme used in the Internet suite
-- of protocols.

ifTable OBJECT-TYPE
    SYNTAX   SEQUENCE OF IfEntry
    ACCESS   not-accessible
    STATUS   mandatory
    DESCRIPTION
            "A list of interface entries.  The number of
            entries is given by the value of ifNumber."
    ::= { interfaces 2 }

ifEntry OBJECT-TYPE
    SYNTAX   IfEntry
    ACCESS   not-accessible
    STATUS   mandatory
    DESCRIPTION
            "An interface entry containing objects at the
            subnetwork layer and below for a particular
            interface."
    INDEX    { ifIndex }
    ::= { ifTable 1 }

IfEntry ::=
    SEQUENCE {
        ifIndex
            INTEGER,
        ifDescr
            DisplayString,
        ifType
            INTEGER,
        ifMtu
            INTEGER,
        ifSpeed
            Gauge,
        ifPhysAddress
            PhysAddress,
        ifAdminStatus
            INTEGER,
        ifOperStatus
            INTEGER,
        ifLastChange
            TimeTicks,
        ifInOctets
            Counter,
        ifInUcastPkts
            Counter,
        ifInNUcastPkts
            Counter,
        ifInDiscards
            Counter,
        ifInErrors
            Counter,
```

```
        ifInUnknownProtos
            Counter,
        ifOutOctets
            Counter,
        ifOutUcastPkts
            Counter,
        ifOutNUcastPkts
            Counter,
        ifOutDiscards
            Counter,
        ifOutErrors
            Counter,
        ifOutQLen
            Gauge,
        ifSpecific
            OBJECT IDENTIFIER
    }

ifIndex OBJECT-TYPE
    SYNTAX   INTEGER
    ACCESS   read-only
    STATUS   mandatory
    DESCRIPTION
            "A unique value for each interface.  Its value
            ranges between 1 and the value of ifNumber.  The
            value for each interface must remain constant at
            least from one re-initialization of the entity's
            network management system to the next re-
            initialization."
    ::= { ifEntry 1 }

ifDescr OBJECT-TYPE
    SYNTAX   DisplayString (SIZE (0..255))
    ACCESS   read-only
    STATUS   mandatory
    DESCRIPTION
            "A textual string containing information about the
            interface.  This string should include the name of
            the manufacturer, the product name and the version
            of the hardware interface."
    ::= { ifEntry 2 }

ifType OBJECT-TYPE
    SYNTAX   INTEGER {
            other(1),            -- none of the following
            regular1822(2),
            hdh1822(3),
            ddn-x25(4),
            rfc877-x25(5),
            ethernet-csmacd(6),
            iso88023-csmacd(7),
            iso88024-tokenBus(8),
            iso88025-tokenRing(9),
```

```
            iso88026-man(10),
            starLan(11),
            proteon-10Mbit(12),
            proteon-80Mbit(13),
            hyperchannel(14),
            fddi(15),
            lapb(16),
            sdlc(17),
            ds1(18),            -- T-1
            e1(19),             -- european equiv. of T-1
            basicISDN(20),
            primaryISDN(21),    -- proprietary serial
            propPointToPointSerial(22),
            ppp(23),
            softwareLoopback(24),
            eon(25),            -- CLNP over IP [11]
            ethernet-3Mbit(26),
            nsip(27),           -- XNS over IP
            slip(28),           -- generic SLIP
            ultra(29),          -- ULTRA technologies
            ds3(30),            -- T-3
            sip(31),            -- SMDS
            frame-relay(32)
        }
    ACCESS  read-only
    STATUS  mandatory
    DESCRIPTION
        "The type of interface, distinguished according to
        the physical/link protocol(s) immediately 'below'
        the network layer in the protocol stack."
    ::= { ifEntry 3 }

ifMtu OBJECT-TYPE
    SYNTAX  INTEGER
    ACCESS  read-only
    STATUS  mandatory
    DESCRIPTION
        "The size of the largest datagram which can be
        sent/received on the interface, specified in
        octets.  For interfaces that are used for
        transmitting network datagrams, this is the size
        of the largest network datagram that can be sent
        on the interface."
    ::= { ifEntry 4 }

ifSpeed OBJECT-TYPE
    SYNTAX  Gauge
    ACCESS  read-only
    STATUS  mandatory
    DESCRIPTION
        "An estimate of the interface's current bandwidth
        in bits per second.  For interfaces which do not
        vary in bandwidth or for those where no accurate
```

```
          estimation can be made, this object should contain
          the nominal bandwidth."
   ::= { ifEntry 5 }

ifPhysAddress OBJECT-TYPE
     SYNTAX   PhysAddress
     ACCESS   read-only
     STATUS   mandatory
     DESCRIPTION
          "The interface's address at the protocol layer
          immediately 'below' the network layer in the
          protocol stack.  For interfaces which do not have
          such an address (e.g., a serial line), this object
          should contain an octet string of zero length."
   ::= { ifEntry 6 }

ifAdminStatus OBJECT-TYPE
     SYNTAX   INTEGER {
               up(1),      -- ready to pass packets
               down(2),
               testing(3)  -- in some test mode
          }
     ACCESS   read-write
     STATUS   mandatory
     DESCRIPTION
          "The desired state of the interface.  The
          testing(3) state indicates that no operational
          packets can be passed."
   ::= { ifEntry 7 }

ifOperStatus OBJECT-TYPE
     SYNTAX   INTEGER {
               up(1),      -- ready to pass packets
               down(2),
               testing(3)  -- in some test mode
          }
     ACCESS   read-only
     STATUS   mandatory
     DESCRIPTION
         "The current operational state of the interface.
         The testing(3) state indicates that no operational
         packets can be passed."
   ::= { ifEntry 8 }

ifLastChange OBJECT-TYPE
     SYNTAX   TimeTicks
     ACCESS   read-only
     STATUS   mandatory
     DESCRIPTION
          "The value of sysUpTime at the time the interface
          entered its current operational state.  If the
          current state was entered prior to the last re-
          initialization of the local network management
```

```
      subsystem, then this object contains a zero
      value."
::= { ifEntry 9 }
```

14.3.4　安全

在 SNMPv1 中基本不存在安全性支持。SNMPv1 不支持保密性——所有信息都是透明化传输。它只支持认证，只是一个非常脆弱的基于"团体"的明文密码方案。

14.3.5　Trap

在 SNMP 中，管理者向代理查询各种对象的信息，并且如果允许，管理者还可以赋值给设备选择的对象。无论是查询或赋值，这些都是管理者发起的行动。然而，对于一些不寻常的事发生的情况下，它们是不适当的，如果代理可以让管理者知道，这将是一件好事。当然，管理者可以通过更多的简单查询来减少这些事件发生到被发现的时间。这显然是非常低效的，如果代理可以在事件发生时拥有可以建立与管理者联系的能力，将是更合理的。SNMP trap 允许代理这样做。

SNMP trap 有时被描述为异步的，这意味着它不必等待由管理者发起的通信。它允许代理在任何时间将消息发送到管理者。管理者监听 UDP 端口 162 的 SNMP trap 消息（不像 SNMP 请求和响应，它们发送到端口 161 上的代理和管理者）。

在 SNMPv1（RFC 1157）中定义了 6 个通用 trap，表示可以以一些预期概率出现在许多网络中的 6 个事件：①冷启动、②热启动、③链路失效、④链路连通、⑤认证失败、⑥egpNeighborLoss，这些被编号为 0、1、2、3、4 和 5。无论冷启动和热启动都表明代理已重新启动。所不同的是冷启动意味着重新引导，其中所有的 SNMP 计数器和其他的值被复位，而热启动没有值被复位。链路失效和链路连通表明，当链路发生故障或连通时，和一个变量有关，此变量指向接口链表来指示哪一个链路失效或者连通。认证失败表示 SNMP 认证失败（尝试访问设备失效时使用错误区字符串）。当 EGP 邻居失效时使用 egpNeighbor-loss。对于所有其他的 trap，不止一种类型，均编号为 6，被称为企业专用。

像其他 SNMP 对象，trap 在 MIB 中指定。虽然在 SMI 中没有讨论，但 trap 可以使用 TRAP - TYPE 宏（如 RFC 1215 中讨论）在 SMIv1 MIB 中指定。和使用 NOTIFICATION - TYPE 宏，在 SMIv2 MIB 中指定。

例子。在 RFC1697（RDBMS MIB）中，我们定义了如下的 trap：

```
rdbmsOutOfSpace NOTIFICATION-TYPE
    OBJECTS        { rdbmsSrvInfoDiskOutOfSpaces }
STATUS          current
DESCRIPTION
      "An rdbmsOutOfSpace trap signifies that one of the database
      servers managed by this agent has been unable to allocate
      space for one of the databases managed by this agent.  Care
```

```
     should be taken to avoid flooding the network with these
     traps."
::= { rdbmsTraps 2 }
```

我们可以扫描 RFC 1697 来查找更多有关 rdbmsSrvInfoDiskOutOfSpaces 的信息。我们找到了如下的东西：

```
rdbmsSrvInfoDiskOutOfSpaces OBJECT-TYPE
     SYNTAX                Counter32
     MAX-ACCESS            read-only
     STATUS                current
     DESCRIPTION
         "The total number of times the server has been unable to
         obtain disk space that it wanted, since server startup. This
         would be inspected by an agent on receipt of an
         rdbmsOutOfSpace trap."
     ::= { rdbmsSrvInfoEntry 9 }
```

顺便说一下，为什么要用 SMIv2 的 NOTIFICATION – TYPE 宏规定 rdbmsOut OfSpace trap？我们可以在 MIB 定义开始时看到：

```
IMPORTS
     MODULE-IDENTITY, OBJECT-TYPE, NOTIFICATION-TYPE,
     Counter32, Gauge32, Integer32
         FROM SNMPv2-SMI
     DisplayString, DateAndTime, AutonomousType
         FROM SNMPv2-TC
     applIndex, applGroup
         FROM APPLICATION-MIB
     mib-2
         FROM RFC1213-MIB;
```

我们看到 NOTIFICATION – TYPE 是从 SNMPv2 – SMI 中引进的。

14.3.6 远程监控

刚涉入网络管理和 SNMP 的人员可能想知道讨论到现在，有什么事是我们一直没有说到的。很明显，我们只是已经为设备（计算机、路由器、交换机、服务器等）的管理奠定了基础，但对于网络（如 LAN）的管理，我们怎样才能获得 LAN 的统计数据（例如，数据包计数）？SNMP 的答案是远程监控（RMON）。

有两个版本的 RMON 可供选择。RMONv1 用于获得一个局域网或广域网的数据包级的统计信息。RMONv2 增加了网络和应用层面的统计数据。RMONv1 和 RMONv2 分别在 RFC 2819[9] 和 2021[8] 中规定。到底为什么 RMONv1 会拥有比 RMONv2 更大的 RFC 编号？这是因为 RMONv1 最初在 RFC 1271（1991 年）中规定，然后 RFC 1271 被 RFC 1757（1995 年）淘汰了；RFC 1757 又在 2000 年被 RFC 2819 取代，但在此期间，RMONv2（RFC2021）已问世于 1997 年。RFC2021 并不需要被另一个 RFC 取代，因为它适用于 SMIv2，而 RFC 1757 被 RFC2819 取代，所以 RMONv1 可以更新用于 SMIv2。

在 RMONv1 中规定了 10 组对象：

1）rmon：全部 RMONv1 组，包括下面 9 组。

2）statistics：以太网接口统计数据量。

3）history：statistics 组的历史数据。

4）alarm：为任何感兴趣的 RMONv1 对象规定轮询间隔或门限值。

5）hosts：网络中每个主机的特定主机流量统计。

6）hostTopN。

7）matrix。

8）filter：用于匹配或者过滤数据包，匹配的数据包会被截获，它们也会引起要产生的事件，这个组指定滤波器。

9）capture：如果它们匹配滤波器组中的一个滤波器，则指定需要被截获的某数据包。

10）event：RMONv1 中事件的定义。

不同于一般的 MIB，在 RMON MIB 中，这些对象不是以简单的对应方式来对应机器中的真实资源（通常情况下，如图 14.3 所示）。相反，对象具有特殊的含义，所以 SNMP 管理者可以通过设置适当的对象值（其中远程监控应执行来自 SNMP 管理者的命令，以监测适当的数据，并收集相应统计数据）来监测，之后管理者可以读出监测值。

14.3.7 其他问题

14.3.7.1 SNMP 代理

大多数的计算和通信设备，尤其是 SNMPv1 的，都安装了 SNMP 客户端。然而，一个网络管理者有时会发现没有安装 SNMP 的设备。在这种情况下，SNMP 代理可以用于允许该非 SNMP 装置与基于 SNMP 的网络管理者进行通信。除了利用 SNMP 之外，该 SNMP 代理还可利用必要的方法获取非 SNMP 设备的信息。

14.3.8 建议活动

Net-snmp 是一个流行的运行于多平台的命令行 snmp 管理者，包括 Windows。如果你有时间，感觉工作空闲比较多，可以在线学习一下 net-snmp 的例子。

习题

14.1 您的网络中的两个路由器之间的链路突然失效。这个结果的各种警报被发送到网络管理软件并在网络运行中心显示。你试图探寻链路故障的根本原因。此活动属于 FCAPS 模型的哪个部分？换成 OAM&P（或 OAMPT）模型呢？

14.2　假设您的网络使用 SNMP 进行网络管理相关的信息通信，或者说在习题 14.1 至少两台路由器是您的网络下基于 SNMP 的网络管理部分的一部分。当一个或两个路由器被发现有链路问题时，什么 SNMP 消息可能已被发送？

14.3　您完成习题 14.1 的链路故障分析之后，发现链接硬件在物理上 OK，但它还是失效了，因为在这两个路由器中的一个配置已经损坏/修改，也许是外界恶意修改。所以，你现在要恢复配置并设置入侵检测方案，来日后检测外界对配置的修改。FCAPS 的哪些部分参与其中呢？OAM&P 的呢？

14.4　作为习题 14.3 中入侵检测的一部分，你希望监测网络业务数据。如何使用 SNMP 做到？

14.5　参考 14.3.3.2 节中 MIB - 2 的介绍。接口链表的名称和 OID 是什么？对于一个点对点通信协议接口，ifType 是多少？

参 考 文 献

1. J. Case, M. Fedor, M. Schoffstall, and J. Davin. A simple network management protocol (SNMP). RFC 1157, May 1990.

2. D. Mauro and K. Schmidt. *Essential SNMP*. O'Reilly, Sebastopol, CA, 2005.

3. K. McCloghrie, D. Perkins, and J. Schoenwaelder. Structure of management information version 2 (SMIv2). RFC 2578, Apr. 1999.

4. K. McCloghrie and M. Rose. Management information base for network management of TCP/IP-based internets: MIB-II. RFC 1213, Mar. 1991.

5. K. Misra. *OSS for Telecom Networks*. Springer-Verlag, New York, 2010.

6. M. Rose and K. McCloghrie. Structure and identification of management information for TCP/IP-based internets. RFC 1155, May 1990.

7. M. Rose and K. McCloghrie. Concise MIB definitions. RFC 1212, Mar. 1991.

8. S. Waldbusser. Remote network monitoring management information base version 2 using smiv2. RFC 2021, Jan. 1997.

9. S. Waldbusser. Remote network monitoring management information base. RFC 2819, May 2000.

第15章 安 全

这一章我们从基本概念开始讨论（见15.1节），包括网络安全的简要模型及攻击和防御的简要模型。然后，我们简要介绍一下密码学（见15.2节），因为密码学提供了网络安全协议的构建模块（我们将在15.3节讨论），重点放在IPSec。我们用无线安全检测（15.4节）结束本章，尤其专注于蜂窝网络和Wi－Fi的安全性。

15.1 基本概念

安全是一个很大的领域，其包括系统、网络和物理安全。物理安全，我们的意思是保护电缆、网络和计算设备，以防止"轻松进入"的攻击，并在安全区、抽头电缆等处使用控制台。我们在将16.3.3节简要讨论物理安全。当使用系统安全时，我们可以包括一切（包括网络和物理安全），但它常常被用来指诸如路由器和服务器的运行安全。因此，系统的安全是关于防御恶意代码的［其目的是破坏机器（如病毒、木马、黑客）的正常运行］。系统的安全也是防止由机器提供未经授权的访问服务（如，密码破解）。网络安全或通信安全，我们的意思是保护网络通信，防止信息被篡改和窃听。在本章中，我们专注于网络安全——特别是无线通信的安全性，而是，我们不在这里过多讨论物理或系统安全，而是，我们专注于如无线链路的数据流和密码嗅探攻击。

参照如图15.1所示的简要模型。双方，Alice 和 Bob（简称 A 和 B），想要通信，但沟通渠道是不安全的（例如，有点像公共互联网）。通常情况下，为了防止各种安全攻击，A 将在消息通过不安全的媒体发送给 B 之前使用转换功能 T_1。B 在接收消息时应用转换功能 T_2。（注：我们没说，T_2 是 T_1 的逆变换，因为它可能不是这样的。）在进行 T_1 转换前，消息被称为明文，被转换之后，它被称为密码文本或者密文。

图 15.1　网络安全简要模型

如果 T_1 和 T_2 完全被第三方知道，并且所述第三方还有权访问不安全的通信媒体，且可以从 A 传递到 B 的路径上读取任何消息。事实上，如果第三方完整知晓 T_2 转换，它可以接收任何 B 接收的消息。因此，为了通信安全，T_1 和 T_2 的转换必须完全保密么？事实上，T_1 和 T_2 通常被设计为一个算法和密钥，如图 15.2 所示。让我们把算法叫作 T_1' 和 T_2'，把应用于算法 T_1' 和 T_2' 的密钥叫作 k_1 和 k_2。在这种情况下，T_1' 是某种防止第三方窃听的加密方法，而 T_2' 是解密方法，我们可以期望，密钥 k_1 和 k_2 应该是相同的。事实上，数百年的历史中，已被使用的各种方案中，并一直使用 $k_1 = k_2$。然而在 20 世纪 60 年代，有些令人惊讶的一类新的加密和解密方案出现，其中，k_1 和 k_2 是不同的。这两个密钥不必是不同的；通常，它们中的一个可以被公开，所以只有一个密钥需要是秘密的。这些是非对称方案，也被称为公共密钥方案（将在 15.2.2 节中进一步讨论），而当 $k_1 = k_2$ 时，叫作对称方案，也称为共享密钥方案（将在 15.2.1 节中进一步讨论）。

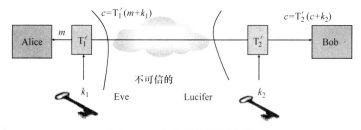

图 15.2 有密钥的简要模型

到目前为止，我们一直专注于打造一个系统，保护 A 和 B 之间的通信的私密性或保密性。然而，A 是如何知道这个 B 是它想知道的 B，反之亦然？他们彼此如何知道，它们在与期望的对方沟通？这就是认证的用武之地。拥有正确的密钥是一种间接的认证方式（黑客没有正确的密钥，不能够实施正确的转换得到原始信息）进行认证。也有直接的方式对另一方进行认证（如，质疑和响应），可能涉及特殊消息交换。有时候，转换和密钥都参与，我们的简要模型也可以涵盖认证协议。

我们现在讨论一些主要攻击和防御的类型。应当注意的是，有时不同人使用同样词语时，有不同的意义。例如，有些人用认证既指我们（和其他）所说的授权认证，也指对我们（和其他）所说的数据完整性。

15.1.1 攻击

某些攻击可以用来引发其他攻击。因此，我们可以说，重置攻击、中间人攻击、流量分析等，都是攻击工具，或一些类似的术语；然而，有时不能区分那么清楚（例如，拒绝服务攻击可能本身就是一个黑客为了"取乐"而进行的一种终结），或者它可以方便某些其他攻击（例如，为了使伪装更成功，如果该黑客伪装该设备处于忙碌状态，无法抵御拒绝服务攻击，这将无法检测到伪装，并提醒其他设备）。所以我们只需要称呼它们为攻击，牢记一些攻击有时会（或经常）被用作其他一些攻击的一部分。

攻击者有时也被称为流氓网络元素（例如，一个流氓基站、流氓路由器）。一个人类攻击者可称为黑客或破坏者，虽然黑客这个词不一定有负面的含义（还是存在有道德黑客概念）。而恶意黑客试图做坏事，也可能触犯法律，有道德的黑客利用他或她的安全攻击的知识，帮助企业维护自己的网络和系统。这可能会以创新性的方式来完成；例如，有道德黑客可能尝试闯入系统，目的是发现和展示漏洞（这个过程被称为渗透测试）。有时候，"好"的黑客被称为"白帽"黑客，而"坏"的黑客被称为"黑帽"黑客。

一种典型的攻击是窃听。正如我们在本章前面讨论的简要模型中，当攻击者试图破坏通信双方的保密性，比方说 A 和 B 之间，就会使用窃听，通过窃听他们之间的在不安全媒体中发生的交流内容。由于攻击者仅接收到密文，攻击者面临的挑战是能够恢复出某种程度上的明文。

另一个经典的攻击是伪装。当攻击者伪装成他/她/它等另外的人时，伪装出现。例如，攻击者可能自称是 A 并发送消息到 B。有很多原因，使攻击者想伪装成另一个实体。例如，它想窃听一个较大的方案的一特定对话的一部分。这类攻击计划，叫作中间人攻击类型。在这些方案中，攻击者入侵 A 和 B 之间，常常伪装成 B 与 A 联系，或伪装成 A 与 B 联系。IP 地址伪装也称为 IP 地址欺骗，MAC 地址伪装被称为 MAC 地址欺骗，等等。然而，伪装不限于 IP 地址、MAC 地址或其他地址，也可以是身份的任何概念。例如，流氓基站可以伪装成一个合法的基站。

消息篡改则是另一种经典攻击。因此，"现在发送求助！"消息可能会被篡改成"现在不需要帮助"。

在服务拒绝中，与其把注意力集中在单个消息拒绝服务上（是否窃听、修改信息或冒充），还不如把重点放到扰乱服务上。服务可以是很多种，例如，电子邮件服务器服务或接入路由器服务。

攻击者可能希望发现或者追踪个人或者设备的地址信息，或者知晓现在正在呼叫中的某人或者设备。这是一种隐私入侵和匿名入侵。

流量分析与以某种方式追踪地址或总使用某设备的方法相似或者有关，但不是着眼于人或设备的身份，它着重于分析发去/传来的人或设备的流量。因此，它可以用来检测流量的动态和模式。它本身可以是一个终端（例如，发现一个人经常访问某些网站）或可用于协助一些其他的攻击（例如，发现某人访问某些在线银行网站，这就是试图伪装成某人来接入这些网站的第一步）。

拒绝服务包括两种否定形式。目的地可能否认它收到了消息或者信源可能否认它发送了消息。

15.1.2 防御

我们使用保护或者防御这种可以互换的词语。我们这里的防御计划也叫作安全服务。

为了防止窃听，发送者需要将明文转换（加密）成只适用于接收者解码的密文（解密）。然后，即使黑客能够检索到在不安全的媒体中发送的密文，其也无法发现原始消息的明文。通过不安全的媒体以明文格式发送邮件，未加保护，也被描述为以明文形式发送，被认为是不好的做法，因为有被窃听的风险。

为了防止伪装，发送者需要进行认证。我们可以设想不同种类或水平的认证，这取决于我们所说的发送者。例如，一个移动设备发送的消息可能不会授权另一端检测。然而，有时候，它不是装置而是需要被认证的人类用户。因此，更具体地说，通用术语是认证或源认证，但人类可以使用更精确的术语，例如用户认证、装置认证等，这是必要的。认证服务可以使用的加密算法，如消息认证码（Message Authentication Code，MAC）和加密哈希码（见15.2.4节）。认证服务是数字签名方案的一个组成部分。

认证有许多变化。例如，不关注整个移动设备，而是只关注认证的网络，该访问网络可能只需要某一个特定用户（移动通信服务）接入网络，因为它是一个与服务合同相关联的订阅、计费和支付。人类用户可以把他或她的订阅转移到另一移动设备上。网络不关心用户在使用哪台移动设备，但它要在用户访问网络时进行识别和认证（无论他们使用什么移动设备）。

要防止信息篡改，方案可以是在接收器端提供两个输出来执行某种算法。两个输出中的一个提供高可信度的数据完整性（即，该消息未被修改）。另一个输出，如与第一个输出相互矛盾，表明该消息已被修改。为了确保接收的数据的完整性，这样的方案通常被称为数据完整性方案。它们还经常与认证方案混为一谈，因为许多相同的计划，同时提供认证和数据完整性服务。

防御位置和使用情况跟踪，有时也被称为匿名（大概为"保护匿名"的简称）。可以在GSM系统中发现一个很好的例子（见15.4.1节）。流量防御分析在很大程度上与防御窃听位置和使用情况跟踪重叠。防御窃听，被称为不可拒绝，是由数字签名提供的服务中的一个。

15.2 密码学

我们区别一下加密协议和加密算法之间的区别。我们使用加密算法来指代数学算法（基于模指数运算等），它们是加密协议的组成块。我们使用的加密协议指利用一个或多个加密算法来实现某些安全目标的通信/网络协议。我们使用网络安全协议与加密协议同义，并在15.3节进一步讨论这些协议；我们将在

15.2.4 节简要介绍加密算法。在讨论加密算法之前,我们讨论对称与非对称方案及密钥分配的概念。

15.2.1 对称方案

对称加密方案也被称作共享秘密方案或者私人密钥方案,因为发送端和接收端都需要拥有相同的密钥来加密和解密,并且密钥需要私有(见图 15.3)。

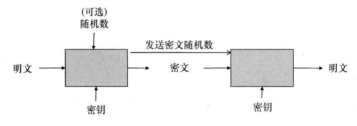

图 15.3 私有密钥密码学的基本应用

15.2.2 非对称方案

非对称加密方案也被称为公共密钥方案,因为发送端和接收端使用不同的密钥。一个密钥是公钥,另一个是私钥(见图 15.4)。最有名的非对称方案可能是 RSA 方案,以它的创造者,Rivest、Shamir 和 Adleman 的名字命名。和对称方案不一样,提出一个健壮的非对称方案是很难的,密码学研究组织会不断尝试来破解方案或者寻找弱点。

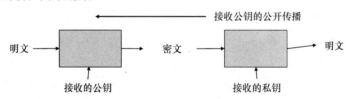

图 15.4 公共密钥密码学的基本应用

非对称方案的一个缺点是,对于任何给定大小的密钥来说,它们比对称方案的计算更密集。至少,这是目前已知的非对称方案的缺点。由于这种缺点,常见的做法是使用对称方案,其中最初的几条共享秘密消息使用非对称加密技术保护。因此,计算更密集的非对称方案帮助对称方案的密钥分配,随后的通信使用对称方案。

15.2.3 密钥分配

对称方案需要一种方法使相同的密钥呈现在发送者和接收者两端。这是很容易做到的,例如,当发送者和接收者在某处相遇并对密钥达成一致。然而,在仅有一方（不管是发送者或接收者）有密钥的情况下，它均需要以某种方式安全告知另一方密钥。这可能是一个具有挑战性的问题。

那些涉入密码学的新手可能会惊讶，因为即使是公共密钥也有分配的问题。这么想可能会有帮助，对称方案中对于密钥的通信需要保密、认证和数据完整。对于非对称方案，公钥的通信不要求保密性（因为它是一个公共密钥），但它仍需要认证和数据完整。我们要确保它是正确的公钥，而不是来自于伪装成另一方的攻击者的虚假密钥。

15.2.4 算法

加密算法分成多种类型，包括：

- 加密技术，也称为加密。这些算法可能是新手一听到密码学这个词的时候首先想到的。加密算法的例子包括共享密钥算法，如 DES、3DES、AES、IDEA、CAST、Blowfish 和公共密钥算法，如 RSA 和 ElGamal。
- 计算消息认证码（Message Authentication Code，MAC）。这是密码学的消息校验码。
- 计算加密哈希码。由于 MAC 涉及密钥（共享密钥方案的共享密钥或者私钥方案的公共和私有密钥），加密哈希码是一种具有良好的加密性能的哈希函数。例如，由于哈希函数将产生通常很小的输出。（而且通常是显著小于）消息，我们不能避免其他消息的输出具有相同的哈希函数；然而，给定的消息和该消息的加密哈希码，用相同加密哈希码要破解出明文消息一定很困难［然而，对于任意的哈希函数（不一定是加密哈希码），可能很容易就找到这样的消息］。
- 密钥生成。许多安全协议使用共享密钥。有时要求产生"实时"需要的共享密钥。一个天真的方法，是 A 生成一个密钥并将其发送给 B，但是这涉及通过无线网络发送，这是安全风险的关键所在。Diffie Hellman 算法是一个密钥生成算法，它提供一种方式，使 A 和 B 两者能够计算出相同的密钥，而不通过不安全的网络发送。它们只需要一些预先达成一致的全局参数，基于实际通过不安全的网络发送的信息，想要通过窃听来计算生成相同的密钥是不可能的。

这些算法是建立在其他加密算法基础上的，或者在更基本的构建模块上，有时称为加密基元（例如，模幂运算）。加密基元和大部分加密算法（除了一些它们如何在安全协议中使用的知识）超出了本书的范围，所以我们没有进一步讨论。

15.2.4.1 更多 MAC 和加密哈希值

消息认证码（MAC）是一个消息的加密校验。它要求发送者和接收者共享一个密钥。该 MAC 通常比原始消息本身短，所以可以与原始消息一起发送作为可接受的开销。类似普通的校验，MAC 允许接收端发现该消息是否已被篡改。

具体地，如果在接收端中计算的 MAC 与发送消息的 MAC 不匹配，则接收端知道它已被篡改。然而，不同于普通的校验，攻击者需要密钥来篡改该消息。否则，攻击者可以篡改消息，但不能创建一个合适的匹配 MAC（这需要知道密钥）。接收端可以计算接收到消息的 MAC。如果匹配附加的 MAC，极有可能消息没有被篡改（否则，我们知道该消息已被篡改）。因此，可以提供数据的完整性。

只有发送端和接收端有密钥。因此，如果接收端计算得到相同的 MAC，它对来自发件人的消息就非常端有信心（攻击者不可能附加正确的 MAC）。因此，这也提供了消息认证。MAC 同时提供数据完整性和认证服务。一个 MAC 的例子是基于 DES 的数据认证算法。

加密哈希函数类似于 MAC（一般比原始消息短），除了发送者和接收者不需要共享密钥。哈希函数仅是消息的一个函数。哈希函数产生消息的哈希值，这也被称为消息摘要。不同于常规哈希函数，选择加密哈希函数，使计算给定消息的哈希值比较容易，而使找到产生同一哈希值的两条说明很难。当一个消息被改变，则改变了消息的哈希值，将不再匹配附加到消息的哈希值。因此，该变化可以被检测并提供数据的完整性。然而，因为密钥中没有用于计算哈希值，发送消息的哈希部分通常需要被加密。因此，当与加密/解密合并，哈希函数可以提供数据完整性和消息认证功能。哈希函数的例子包括 MD4、MD5 和 SHA−1。是否有这样的可能，修改加密哈希算法来使它带有密钥并成为 MAC？有的，这样的加密哈希函数也被称为 HMAC[4]。

15.3 网络安全协议

网络安全协议使用各种加密算法作为基本模块。网络安全协议可在协议栈的不同层来实现，如图 15.5 所示。例如，对于安全网页或安全电子邮件，传送层协议，如安全套接层（Secure Socket Layer，SSL）和传输层安全性（Transport Layer Security，TLS）可以用来提供安全服务。在一般情况下，在更高的层执行安全协议的优点是使其更容易、更有选择性地保护各种特定的数据，而在较低

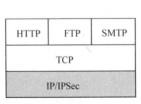

a) 网络层

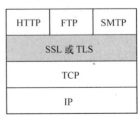

b) 传输层

图 15.5　在不同层提供安全

层执行安全协议（例如，IP 层，链路层）具有适用更广泛的优点，对于所有数据的更多种类的保护会从更高层传下来。在 IP 网络中，一个流行的网络安全协议套件提供的保护在 IP 层，这个套件被称为 IPSec。

15.3.1 IPSec

IPSec 或 IP 安全是一个 IETF 定义的 IP 网络安全协议套件，在网络层提供安全服务。因为它是在网络层，可以被用来保护特定的一对信源和目的地 IP 地址之间的所有通信，而不是仅仅在传输层或会话层安全的情况下，保护特定的应用层环境的指定应用的特定流量，或者只保护特定会话的特定流量（例如，特定的 SSL 或 TLS 会话）。IPSec 也可以应用在更小范围的数据上，不只是在信源和目的地的地址对之间的全面覆盖（或一组源地址和一组目的地地址之间）。IPSec 最初被设计为 IPv6 的一部分，但它又被加装到 IPv4。

IPSec 的设计是灵活的，以适应不同的加密协议和两个 IPSec 对等方之间受保护通信的不同附加参数（我们将在 15.3.1.2 节阐述）。此外，从 A 到 B 的协议和附加参数不必和从 B 到 A 的一样，协议和参数的不同组合可以用于不同的（且多个）对等 IPSec 上。事实上，即使对于从相同信源到相同目的地的 IP 数据包，协议和参数的不同组合也可以基于源/目的地端口应用，等等。为了便于这种类型的灵活性，IPSec 的设计具有以下特点：

- 存在一种协议来协商会话参数。
- 在两个对等 IPSec 之间有安全关联（SA）的概念，SA 是参数的集合。每个执行 IPSec 的机器都有一个安全关联数据库（Security Association Database，SAD），其中保存着当前的 SA。
- 不同的 IP 数据组根据在安全策略数据库（Security Policy Database，SPD）的入口映射到特定的 SA。

正如建立一个 IP 语音会话的情况下，在这里我们需要协商会话参数，并且 SIP 替我们做到了这一点（见 11.2.2 节），在 IPSec 中我们需要一个协议来协商安全会话参数。互联网密钥交换（Internet Key Exchange，IKE）扮演这个角色。正如其名称所示，由 IKE 建立的参数正是用于当 IPSce 激活时各种加密功能使用的密钥。我们将在 15.3.1.1 节进一步讨论 IKE。

每个安全关联（SA）都有个独特的如下参数的组合（如，你不会发现两个不同的 SA 有相同的所有 3 个参数）：

- 安全参数索引（Security Parameter Index，SPI）：只有本地意义的标识符。
- 安全协议标识符：认证报头（Authentication Header，AH）或者封装安全有效负荷（Encapsulating Security Payload，ESP）（将在 15.3.1.2 节讨论）。
- 目的地 IP 地址。

除了这 3 个独特的参数，每个 SA 也会与其他参数关联，包括：

- 序列号。
- AH 信息：算法、密钥、生存周期等。
- ESP 信息：算法、密钥、生存周期等。
- SA 生存周期。
- 模式：隧道或传输（将在 15.3.1.3 节讨论）

15.3.1.1　IKE

有了 IPSec，密钥管理可以是手动的或自动的。如果是手动的，密钥将由系统管理员或与 IPSec 不关联的软件配置。如果是自动的，IPSec 使用互联网密钥交换（IKE）来管理密钥。IKE 由两部分组成，互联网安全关联和密钥管理协议（Internet Security Association and Key Management Protocol，ISAKMP）和 Oakley。

Oakley 是执行实际的加密算法来生成和交换密钥的一部分。它基于 Diffie - Hellman 算法（已在 15.2.4 节介绍），它可以让双方产生共享私钥，而不通过不安全的网络发送密钥。然而，基本的 Diffie Hellman 算法易受几个攻击。因此，例如 Oakley 被设计成通过认证 Diffie Hellman 交换，以防止中间人攻击，以此来改进 Diffie Hellman。

同时，ISAKMP 为密钥管理提供了一个更大的框架。使用 ISAKMP，双方可以建立、协商、修改和删除安全关联。

15.3.1.2　IPSec 选项

IPSec 是非常灵活的。它允许会话参数协商（ISAKMP 的一部分）使用多种选项，它也允许使用多种选项来保护用户的数据流量。正如我们所讨论的，在安全关联数据库中选择的具体组合一起分组形成安全关联数据库的 SA，并通过在安全策略数据库入口匹配具体的 IP 数据。

一些主要的选项是：

- 安全协议（如 AH 或者 ESP）。
- 模式（如传输模式或者隧道模式）。
- 使用密码协议（如 DES、AES 等）。

我们这里比较 AH 和 ESP，把传输和隧道模式的比较推迟到 15.3.1.4 节讨论。

认证报头（AH）是一组包括控制信息（例如，安全参数索引和序列号）和认证数据的字段。认证数据取决于所用的特定加密协议（前面已经介绍过，是 SA 的一部分，因此发送方和目的地知道正在使用的加密协议）。

您可能已经注意到，在对 AH 的讨论中，我们讨论了如何提供认证和数据完整性服务，但没有说它如何对数据进行加密以防止窃听。因此，用户数据是明文发送的么？是的！我们不能靠 AH 提供机密性，需要求助 ESP。除了使用 AH，其他主要选择是封装安全有效负荷（ESP），其中机密性和认证都被提供。像 AH，ESP 还增加了一组字段，但不像 AH，它还对有效负荷加密。ESP 认证数据在执行加密后被计算。在 15.3.1.5 节中，我们将看到数据包的哪些部分被加密，哪些部分进行了认证。

在数据包中相对于其他数据包报头的 AH 或者 ESP 字段的地址，恰好数据包那些部分被保护，取决于：

- 它是用于 IPv4 还是 IPv6。
- 它是用于隧道模式还是传输模式。

因此，我们首先需要讨论隧道和传输模式（这是我们在 15.3.1.4 节要做的），然后在 15.3.1.5 节我们重温 ESP 字段的 AH 放置在哪儿和数据包哪些部分被认证或加密的问题。

15.3.1.3 IPSec VPN

虚拟专用网络（Virtual Private Network，VPN）是一种针对真正专用网络想要具有专用网络特点而不想付出高代价的具有成本效益的解决方案。我们这么说是什么意思？想象一下有多个地方的组织。假设它在世界各地均有办事处（见图 15.6）。该组织在所有的那些地点都有本地安全网络，并想以安全的方式连接网络。如何才能做到这一点？一种方式是通过安装一个专用网络：租用线路互连所有这些位置。这是昂贵的，因为连接致力于组织使用，而不是与其他人共享。此外，当一个组织有许多位置并且所有位置均需要彼此连接时，它们之间的专用线路的数量以位置数量的二次方趋势增加。如果使用公共网络（如互联网），位置之间的连接可以便宜很多，但是这样的网络与其他用户共享，而且不是安全的。

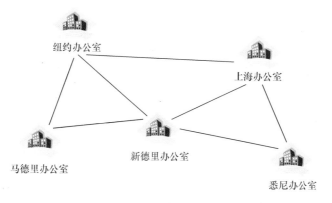

图 15.6 地理分布站点之间的专用网络连接

标准解决方案是通过公共网络部署 VPN，诸如互联网（见图 15.7）。这具有与公共网络其他用户资源共享的成本效益。然而，不是要通过公共网络传送无保护方式的组织的数据，数据首先被保护，然后通过公共网络发送。例如，它可以在悉尼网络的边缘网关加密，然后抵达纽约时在网络边缘网关解密。由于加密，该数据在公共网络传输时，一些数据的隐私被授权可以在两个网关之间的通信中使用。因为它不是实际的专用网络，被称为虚拟专用网络。另一种使用 VPN 的常见的情况是用于远程访问（例如，远程办公的员工，希望安全地连接到公司网络）。

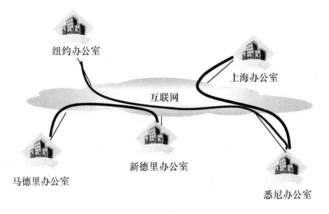

图 15.7　地理分布站点之间的 VPN 通信

有许多方法来创建虚拟专用网。不同之处在于其协议栈中的 VPN 实现（例如，MPLS 和 SSL）。其他方面的差异在于区分服务提供商和客户之间的各种可能性。至于在这本书中关心的，只是一种类型的 VPN，其中 IPSec 用来提供虚拟私密性。这样的 VPN 被称为 IPSec VPN。

IPSec VPN：4 种常见情景。在连接多个组织的位置的情况下，在每个网络的边缘通常都有网关，并且 IPSec 应用于这些网关。因此，IP 数据在源网络可能进行未受保护的从信源到网关的传输，然后以加密和传输这种方式横跨不安全的公共网络到目标网络的网关，然后从该网关到目的地进行不受保护的传输。这是一个非常受欢迎的使用 IPSec 的方法，由于有多个网络组织通常希望，过不安全的公共网络（如互联网）保护其数据流。这种情况在图 15.8 所示的顶部展示。A 和 B 是终端用户，并且 IPSec 保护应用于网关路由器/防火墙 C 和 D。至于 "IPSec 隧道" 中的 "隧道" 的意义，我们很快会在 15.3.1.4 节讨论。

第二种常见的情况是远程工作人员的情景，当员工在异地工作（例如，从家里），并希望连接到企业网络。IPSec 被用于保护在远程工作人员和公司网关路由器/防火墙之间的通过不安全网络传输的数据。示于图 15.8 底部，这种情况通常被称为远程访问。远程工作人员 A 连接到公司网络中的 B 机，IPSec 保护存在于 A 和网关路由器/防火墙之间。

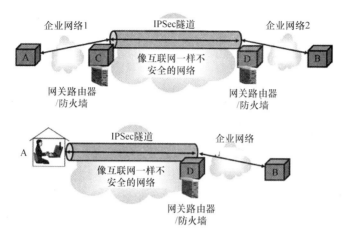

图 15.8 使用隧道模式的 IPSec VPN 情景

第三种常见的情况是两个主机（或路由器，或 IP 网络上的任何其他机器）要保护它们之间的数据流量，正如如图 15.9 顶部所示，以使 A 和 B 之间进行通信。至于何谓 "IPSec 传输" 中的 "传输"，我们很快会在 15.3.1.4 节讨论。

第四常见的情形类似于远程办公/远程接入，不同的是，在这种情况下，远程工作人员可能是一个 IT 支持人员，其目的地是网关路由器/防火墙，而不是在公司网络内的一些其他机器。这种情形示于图 15.9 的底部，是远程办公人员 A 和网关路由器/防火墙之间的通信。

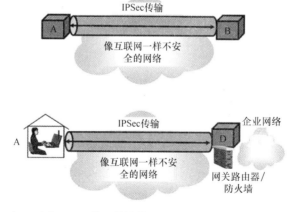

图 15.9 使用传输模式的 IPSec VPN 情景

15.3.1.4 传输模式和隧道模式

有两种 IPSec 使用模式：

- 隧道模式。在这种模式下，原来的 IP 数据包使用新 IP 报头封装在一个新 IP 报头中。新 IP 报头的信源和目的地地址分别是隧道的源和目的地。这具有允许整个原始数据加密的优点，而不仅仅是有效负荷（加密报头是不可被中间路由器使用的，但是当在隧道模式时，中间路由器只需要使用新的外部 IP 报头）。

 • 传输模式。在这种模式下，没有创建隧道。一级保护用于较高层，不像在隧道模式下原始 IP 报头也可受到保护。因此，传输模式保护的重点是 IP 数据的有效负荷。

隧道模式具有隐藏原始 IP 报头（因为它可以加密整个原始数据包，包括原始报头）的优点，但需要额外的开销。因此，它通常是用在需要隐藏原始 IP 报头的情况下。例如，隧道模式通常用于 15.3.1.3 节中讨论的前两种场景，如图 15.8 所示。然而，传输模式通常用于在 15.3.1.3 节中讨论的后两个场景，如图 15.9 所示。在这两种情况下，隐藏原始 IP 报头没有任何意义，因为源地址和目的地址无论如何都将在新的 IP 报头中看到！与此相反，在有网关的情况下，只需要暴露网关的 IP 地址，并且隧道模式的好处是显而易见的。

15.3.1.5   AH 和 ESP 报头的位置

已经介绍了 AH 和 ESP 以及隧道和传输模式，我们现在可以看到使用 AH 和 ESP 与隧道和运输模式的 4 种组合。图 15.10 展示了使用 IPSec 来进行不同范围内不同模式的认证和加密。易变字段是指如"生存周期"等，在正常的路由操作中每跳都在变化，所以不应该包括在 AH 的 MAC 计算中。出于 MAC 计算的目的，这些字段被设置为零。在 ESP 的情况下，ESP 报头不能被加密，因为它包

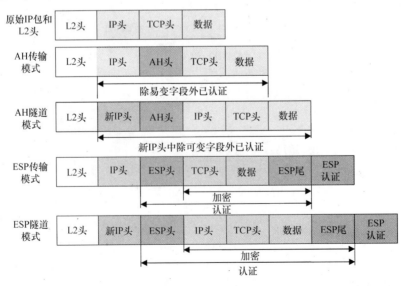

图 15.10   IPSec 模式

含了参数，如安全性参数索引（SPI），需要用于解密的有效负荷。末尾字段的"ESP认证"包含数据包中其余部分加密后被计算出的认证数据，所以它也不能被加密。

15.3.2 接入控制和 AAA

移动设备漫游到外地网络。我们已经看到这种漫游在 GSM 网中如何处理。获取服务过程的一部分是，移动设备需要得到认证。需要注意的是访问网络（其中移动装置正在漫游）将只允许选定外来移动设备访问其网络。他们只有满足下列条件才被允许访问：

- 与移动设备的本地网络有漫游协议。
- 移动设备得到适当的认证。认证只能由它本地网络进行，但可以协助访问外地网络（见 15.4.1 节）。
- 移动设备的服务订阅允许使用漫游服务（即，该设备/用户被授权在访问网络上使用漫游服务）。
- 使用数据可以被收集并且用户可以被适当计费。

现在，IP 类网络中，还需要这些么？或者，我们可以姑且认为任何网络都应该允许移动设备访问？在实践中，移动设备可移动到那些与其本地网络管理域不同的一部分网络管理区域。通常，移动节点不能自由地连接到外地网络，更别提在网络上执行移动 IP 注册或处理其他事。一个移动 IP 的创造者，Charles Perkins，认为[5]移动 IP 的设计者最初假定数据连接对访问者是友好提供的，就像是任何组织都会给访问者免费提供笔记本电脑充电服务一样。然而，随着互联网和 IP 网络的成熟，这种假设的效力越来越低。连接权限相比于电力使用权可以看作更像图书馆的借阅权限。这些都不是随随便便提供给访问者的。这里有更好的理由。像图书，网络资源是很有价值的商品。不像是给笔记本电脑充电不会给组织的电力带来明显的减少，一个高数据速率的移动设备可以显著消耗可用带宽的一小部分。因此，我们推断，即使在 IP 类网络，也需要满足上面所介绍的要求。如何满足？通过自组织方案，或通过更统一的框架，如 AAA。

我们先讨论 AAA，然后简单介绍一些自组织替代方法。

15.3.2.1 AAA

如前面讨论的（见 8.3 节），像 GSM 网这种蜂窝系统比用于无线接入到基于 IP 网络的 IP 类系统规定更完善。例如，GSM 不仅仅规定了无线物理层和链路层的协议，还规定了各种网络层和更高层的协议，包括用于处理移动性、网络安全性、更高层服务授权和处理使用细节的框架。另一方面，在 IP 类系统中，IEEE 802.11 或 802.16 可用于物理层和链路层，其他功能由其他 IP 类协议提供。例如，移动 IP 可用于处理移动性，而 DHCP 用于自动配置，IPSec 用于各种安全服务，等等。凡涉及对网络范围的认证、授权和计费（网络资源和服务的使用的适当记录）相关的功能，IP 类解决方案是与（AAA）概念分组结合在一起的。

AAA 指的是 IETF 定义的框架，用于管理网络资源，控制对资源的访问，并对它们的使用进行收费，从而有助于预防和/或检测未授权的使用（并且还可以适当收取资源使用费）。而认证是关于用户身份（即，用户是谁？），授权是允许用户可以做什么，哪些资源用户可以访问。计费是关于资源使用的系统记录。允许适当的计费，同时也可以提供账目和数据的追踪用来从其他事情中发现欺诈。AAA 协议包括 RADIUS[6] 和 DIAMETER[2]，以及专有的协议，如 TACACS + 。

接入路由器可能只允许接入 AAA 服务而不允许接入其他网络服务。与 AAA 服务器交换数据后，接入路由器适当地"打开"网络服务相关集合的接入。外地网络中的 AAA 服务器需要与本地网络中的 AAA 服务器通信。这是因为，外地网络的 AAA 服务器可能没有关于 MH 的信息，而本地网络服务器应该有这样的信息。典型的情况，是两个网络的运营商已同意允许对方的网络用户访问彼此的拟定的服务集合。这个服务集合可以很小（例如，通过尽最大努力服务实现基本 IP 连接），或者它可以包括其他的服务，例如路由器优先排队服务。在任何情况下，外地网络中的 AAA 服务器与本地网络中的 AAA 服务器要进行通信时，本地网络中的 AAA 服务器均可以认证该 MH 确实是本地网络的用户之一。此外，由于用户可能对所有的服务并不具有相同的授权，所以服务器可以授权 MH 适当的服务集合。最后，通过执行记账，可以监控网络使用情况，适当地对用户计费，等等。

15.3.2.2　自组织（Ad Hoc）方案

某些情况下基于 AAA 的更完善的框架可能是没有必要的。例如，咖啡馆或餐厅企业可以选择把他们的网络（使他们的网络与互联网联通）提供给顾客。为了确保只有客户才有权访问该网络，他们提供一个 WEP（Wired Equivalent Privauy，有线等效保密，见 15.4.2 节）密码给客户，或者写在卡上发给客户。非客户，即使是在其 AP 的范围内，也将无法访问他们的网络（当然，这个时候我们忽略 WEP 安全性的致命弱点，我们并不是说这是一个好的或万无一失的方法来认证客户和授权他们访问网络，但它可以用于许多类似的情况）。在这种情况下，认证和授权是简单地通过 WEP 密码来完成的。

接入控制协议可应用在链路层和网络层。链路层接入控制方案的一个例子是使用 WEP，其中用户必须知道 WEP 密钥才能够建立无线链路。另一个例子是 WLAN 的授权方案，如果 MH 在数据库中有一个 MAC 地址，则允许与 AP 建立链路层连接性。有了这些方案，对未授权的网络外来者，链路层的访问被拒绝，所以 MH 将无法发送任何 IP 数据包，更不用说移动 IP 注册消息。

另一方面，网络层接入控制方案的例子，是允许无线链路建立，但在网络端，无线链路之后设置一个接入路由，来控制更进一步地访问网络资源。

15.4 无线安全

有线通信的安全性是一个相当困难的问题，其中已经有很多的挑战需要处理。当我们转向无线通信时，安全性变得更具挑战性。无线环境是一种在物理层的广播媒体，不像有线媒体，信号被约束在导线内流动。首先，即使有定向天线，无线信号仍然可以在相对大的区域内接收。其次，除了固定无线系统，移动性也带来了额外的挑战，因为用户一直四处运动，有规律地连接和重连接网络。因此，它们必须进行明确的定期认证。与此相反，对于传统的有线电话系统，如果从某个物理线路接收到信号，则它被认定属于该电话线路，和相应订阅，而无需明确的认证。

显然这使得认证有更严峻的挑战，它同时也引入了额外的安全服务的，必要性，诸如匿名。用户通常并不希望他或她自己被其他人知道正在使用他们的移动设备。无线媒体的广播特性使得难以隐藏用户的身份（IMSI），尤其是加密出现之前。

15.4.1 蜂窝系统

这里，我们使用 GSM 作为一个例子来说明蜂窝系统中的认证、保密性和匿名性如何受到保护。其他的蜂窝系统使用类似的方法。

15.4.1.1 GSM 认证

GSM 认证核心是对称的（共享秘密）多样性的（见图 15.11）简单挑战/响应方案。在认证过程中，网络（在下一段落，我们将更具体地知道涉及网络中的什么元素）使用随机数来激励移动设备（更具体地，是设备内的 SIM 卡），然

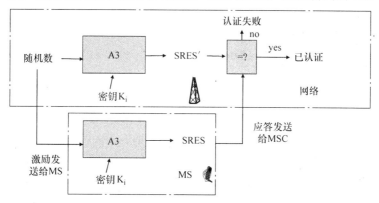

图 15.11　GSM 安全（简化版）

后设备使用签名响应（SRES）来回复。SRES 是随机数和密钥的加密函数。加密函数被称为 A3，并且密钥只应该由 SIM 卡和用户本地网络的认证中心知晓。因此，如果移动设备可以计算出和网络一样的 SRES，并正确地将其返回到网络中，移动设备就得到认证了。

SRES 中涉及的激励/响应方案需要确定 GSM 特定的要求，因此导致它正在按它既定的方式（见图 15.12）实施。这些要求包括：

• 密钥不允许摆脱用户本地网络的认证中心（AuC）。因此，SRES 必须在 AuC 中计算，即使在用户漫游的情况下。

• 当该用户正在漫游，正在服务的 MSC 或 SGSN 负责处理认证（发送激励，并且检查从移动端返回的 SRES），分别对应电路交换和 GPRS 服务。

• 不必要的延迟应尽量避免，如移动设备漫游时，对于从本地网络 AuC 发送随机数和 SRES 到所访外地网络的延迟应避免。

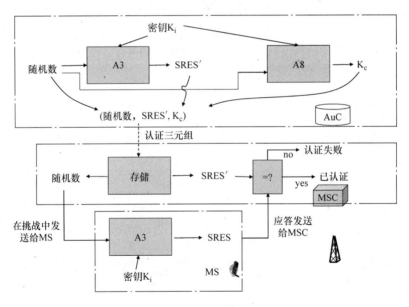

图 15.12　GSM 安全

被实施在 GSM 中满足这些要求的解决方案是 SRES 的计算都在本地网络 AuC 中执行，和要求的一样，但为了避免不必要的延迟，这些计算并未按要求进行。取而代之的是，多个 SRES 计算（每一个都有不同的随机数）是预先计算的。然后它们与相应的随机数被一起发送，来为外地网络中的 MSC 或者 SGSN 服务，随时待用。预先计算是可能的，因为 A3 只和密钥与随机数有关，和时间没有关系。事实上，多个 SRES（与相应的随机数）是按批次发送的，并且它们没有以任何特定的顺序来使用。唯一的要求是，所使用的每个随机数应与它的相应的 SRES 相匹配。

随机数和 SRES 总是与另一条信息 K_c 一起发送。它们共同组成一个认证三元组。K_c 是用于用户数据空中加密的加密密钥。它是由另一种算法计算（A8）的，该算法以相同的随机数以及加密密钥作为输入，输入到 A3 来计算 SRES。因此，一个给定的随机数对应于一个特定的 SRES 和特定的 K_c，它们一起被称为一个认证三元组。通常情况下，3 ~ 5 个认证三元组将在同一时间[3] 从本地网络发送到 VLR，并且这些可以一个接一个地使用，而无需每次需要时都要从本地网络中获得新的三元组。由于认证三元组可以以任何顺序使用（没有特定的顺序），所以 VLR 中可以随机地从它拥有的三元组中进行选择，给移动设备下一步使用。

注意，挑战是通过空中以明文发送随机数到移动设备，这产生了重放攻击的问题。然而，由于它每次都是一个不同的随机数，流氓基站不能简单地重新发送一个较早的随机数。但流氓基站只需要简单地发送任何随机数，移动设备就会计算出 SRES 并回复！移动设备如何知道基站发送的激励是合法的还是非法的？事实上，这是 GSM 设计上的严重缺陷。网络可以认证移动设备，但移动设备无法认证网络。这就是所谓的单向认证。

15.4.1.2　GSM 保密性

类似 SRES，K_c 只能由两个拥有密钥的实体计算：AuC 和移动设备。然而，当移动设备知道使用哪个随机数来计算 K_c 时，它只能用于认证之后。因此，加密只能在认证完成后进行。

在 GSM 中的加密是一个密钥算法。两个 A5 算法被用于为每一帧产生新的密钥，S1 和 S2。帧号和 K_c 被用作 A5 算法的输入。因此，S1 和 S2 将逐帧变化，而且，只有移动设备与网络能产生 S1 和 S2。从基站到移动设备的流量是由 S1 使用异或（XOR）加密的。S2 被以相同的方式用于从移动设备到基站之间的流量。

15.4.1.3　GSM 匿名

因为加密只在认证完成之后进行，一些重要的信令消息就会在未加密时发送（认证完成之前）。例如 IMSI 信息将被包括在这样的消息中。因此，他人通过监听这样的消息就可以发现用户的位置。可以做什么来使用户保持匿名？在 GSM 中，解决办法是使用临时移动用户识别码（TMSI）。就像一个人可以用别名或化名，或作者可能用笔名来隐藏自己的真实姓名，该 TMSI 用来隐藏 IMSI。

因此，大部分时间，无线媒体中只能监听到 TMSI。即使移动设备在移动中，信令流程旨在内部帮助 IMSI 通过，而不是在空中。例如，在 11.1.4.1 节中讨论的位置区域更新过程中，MAP_ SEND_ IDENTIFICATION 请求是从新的 VLR 到先前的 VLR，并且该请求的响应，允许 IMSI 在网络内部传递于 VLR 之间，不需要把 IMSI 暴露在空中。

15.4.1.4　GSM 安全小结

我们下面总结一下 GSM 认证的内在缺陷：

- 认证是单向的。网络可以认证移动设备，但反向则不行。流氓基站则有机可乘。
- 加密也只是空中加密。如果从 BTS 到 BSC 之间的链路也是无线的，则消息有可能以明文形式发送。
- 数据完整性没有得到保护。

另外，GSM 实施上的缺陷是：

- 加密可能没有被执行。
- 可能使用弱加密算法。

15.4.1.5　UMTS

UMTS 安全也被称为认证和密钥协商（Authentication and Key Agreement，AKA）。在 GSM 中，认证是基于对称密码的，其中密钥仅存储在 USIM 和 AuC 中（作为 HSS 的一部分）。GSM 的匿名是通过使用 TMSI 来保护用户的。

在某些方面，UMTS 安全增强了 GSM 安全，特别是解决了一些我们上面指出的弱点问题。作为改善的一部分，它用认证五元组取代 GSM 的认证三元组（5 个值，而不是 3 个）。具体来说，它增加了：

- 一个认证令牌（AUTN）允许移动设备对基站进行认证，从而支持双向认证。
- 一个完整密钥来提供完整性保护（主要是对信令流量）。

不像 GSM，其三元组可以以任何顺序使用，UMTS 的五元组必须有顺序地使用。在一些书籍和网页中，UMTS 的五元组被称为认证五元组，但根据 3GPP 标准，它们应该被称为五元组。

UMTS 中的加密更健壮，使用 128 位密钥，而不是 GSM 中的 64 位密钥。此外，加密是在移动设备和 RNC 之间进行，从而消除了 GSM 中存在的 BTS 和 BSC 之间的未加密的空中通信。

15.4.2　802.11WLAN

802.11 最初创建时，就认识到无线环境的安全性天生就比人们习惯的有线 LAN 环境要差。所以，决定将一些安全措施加入到 802.11，以使新的无线 LAN 将被带至媲美有线 LAN 的水平，尤其涉及隐私方面。因此，有线等效保密（WEP）产生了。

WEP 使用 64 位密钥，其中的前 16 位被称为初始化向量（IV）。同时，消息的完整性检查向量（ICV）被计算并添加到该消息中。消息和 ICV 组合到一起然后由密钥进行简单的异或（XOR）处理。结果为密文，然后它和 IV 组合到一起发送到空中。这个过程示于图 15.13。

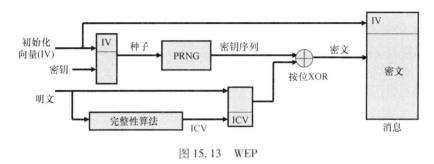

图 15.13 WEP

很多人都认识到了 WEP 的弱点，以及如何破解它（例如，通过一定的硬算方法）。破解软件也可以免费获得，可以为任何人使用。几个小时甚至几分钟内就可以破解，这取决于多种因素，例如软件运行的硬件环境。细节是本书范围之外，但我们要了解一些 WEP 的问题和弱点：

- 64 位密钥按当今标准看来很短了。
- 短密钥通过使用固定 IV 的习惯用法来作为密钥的 IV 部分，使得密钥更脆弱，从而给密钥留下的有效部分只有 40 位。不要求使用动态 IV 可以说是 802.11 规范的一个重要问题。
- 没有制定密钥管理机制和分配方法，所以密钥通常是手动输入并且长时间使用而不更改。

典型地，一个接入点（AP）将与一个特定的密钥匹配，并因此通过该 AP 的接入网络的所有移动设备都将共享相同的密钥。显然，这增加了使密钥落入黑客手中的风险，比 GSM 认证更严重。例如，GSM 中仅在 SIM 和 AuC 中有密钥并且从未与任何其他实体共享。如果网络只允许一套固定的移动设备访问就已经是够糟糕的了。然而，在许多应用场景中，希望允许外来的移动设备（以前不知道此网络）访问网络。WEP 本身的目的不是要处理这个问题。我们不久就会描述一个解决方案，IEEE 802.1X，其中包含了很多近期的 Wi－Fi 安全性版本。

IEEE 802.11 的认证可以是开放系统认证（这意味着不需要认证，系统/网络就开放给所有用户），或共享密钥认证。共享密钥认证协议有几个弱点。由于它使用 WEP，也就把 WEP 的弱点共享给了 802.11 加密。像 GSM 认证，它也是一个单向认证协议，也使得它容易受到流氓基站的影响。

正当 IEEE 和其他人致力于找出更安全的解决办法来替代 WEP 时，各种 Ad Hoc 解决方案出现了，包括如下：

● 隐藏 SSID。接入点不必广播它们的 SSID，所以移动设备扫描 AP 时需要知道 SSID 来接收来自 AP 的响应。这使得 SSID 成为密码的一种形式，提供了弱密码保护。

● MAC 地址过滤。AP 可以被编程只允许与拥有接入控制列表中 MAC 地址的设备来回流传输。

● 浏览器劫持。此类的解决方案关注控制接入，通过允许任何移动设备访问该 AP，但随后重定向任何 HTTP 请求到接入控制器。浏览器劫持这个名字来自于 Web 浏览器如何接管接入控制器，而不是用户想要浏览的页面；因此，浏览器被"劫持"。

如图 15.14 所示，使用浏览器劫持，接入控制可以响应用户的认证消息，包括密码，来决定是否允许接入。然后这里有两种可能：

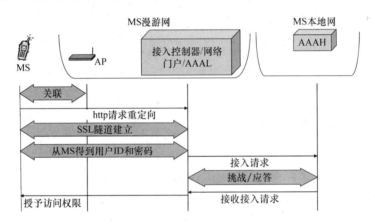

图 15.14　浏览器劫持

● 接入控制器可以自行决定是否授予访问权限，这是根据收到的密码决定的（并且无需图右侧所示的后端部分）。这曾经是在诸如酒店等地方流行的，客人可以使用密码登录网络一段时间，现在仍然可以在这些地方看到。

● 接入控制器可能会与"AAA 本地"（AAAL）服务器处于同一位置，然后推到远程"AAA 本地"（AAAH）服务器来做认证判决，使用如 RADIUS 这样的协议与 AAAH 进行通信。这种模型可能在这种情况下应用，移动设备已与 WLAN 的运营商有了认购关系，并且他或她的运营商和漫游网络有业务安排，以允许其用户使用漫游网络。

这些都是权宜的解决方案，不能提供强大的安全性保障。同时，IEEE 正在制定的 802.11i 以解决原来的 802.11 的安全问题，Wi-Fi 联盟提出了 Wi-Fi 保护接入（Wi-Fi Protected Auess，WPA），作为临时的解决方案，其中包括当时的 802.11i 的半成品草案。后来，WPA2 出现，其中包括全套 802.11i 中的增强功能。我们将在 15.4.2.1 节讨论 WPA，然后在 15.4.2.2 节讨论 WPA2 和 802.11i。

15.4.2.1 WPA

WPA 见证了临时密钥完整性协议（Temporal Key Integrity Protocol，TKIP）的引进。TKIP 在安全性上不如高级加密标准（AES）（与 WPA2 和 IEEE 802.11i 一起介绍），但并不像 AES 那样需要复杂的计算。因此，它是一个比 AES 更向后兼容的解决方案，因为它可以在一些较老的不能处理 AES 的 Wi-Fi 无线硬件上运行。

使用 TKIP 的加密处理过程如图 15.15 所示。正如图中所示，这是一个 WEP 子系统，尽管有一些附加组件。首先，WPA 引入了一对 256 位长的主密钥（比 40 位的简单 WEP 好得多）。此外，主密钥没有在加密中直接使用，但用于导出成对临时密钥，每个 128 位长。然后这些临时密钥被混合（如图 15.15 的阶段 1 和阶段 2 密钥混合），所以每个数据包对 WEP 子块中的 RC4 使用不同的 104 位的密钥。在图中，从 IEEE 802.11-2007 标准（并入 802.11i）开始，使用以下缩写词，也就是我们现在定义的：SA 和 DA 代表源地址和目的地址，TA 为发射机地址，TK 是临时密钥，TSC 是 TKIP 序列计数器，TTAK 是一个混合传输地址和密钥的 TKIP。消息完整性代码（MIC）的加入被称为 Michael，也可以在图中看到。这提供了数据完整性而不会大大增加复杂性，因为 Michael 是专为低计算复杂度设计的。

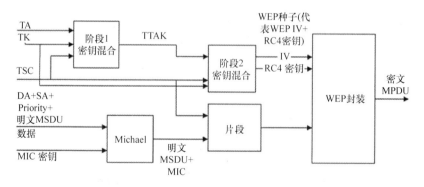

图 15.15　用 TKIP 加密（来自 IEEE 802.11-2007[7]；© IEEE 2007，经许可使用）

成对主密钥从哪里来的呢？这里，WPA 允许有两种不同的可能性，是基于无线 LAN 的两个主要使用场景。对于家庭用户来说，成对主密钥可以是一个预共享密钥，就像前面说的 WEP 密钥。这种方式牺牲了安全提供了方便（家庭用户只需在其无线 AP 和所有他们希望连入家庭无线网络使用的设备中输入相同的密钥即可）。对于企业用户来说，可能需要更安全的认证和密钥分配方案。WPA

使用 IEEE 802.1X 正是出于这个目的。

802.1X 是基于三方模型的借鉴于 IETF 的"LAN 网络的 EAP（EAPOL）"模型。

- 客户端是尝试获得接入网络的实体（如，它是在 802.1X 情况下的移动设备）。
- 认证端是客户端联系的获取网络接入权的实体。认证端也在接入允许之前防止客户端的数据流入网络。
- 认证服务器是认证协议的另一端（至少，它是认证移动设备的一方；在某些情况下，存在相互认证，因此，移动设备也需要对认证服务器进行认证）。

可扩展认证协议。可扩展认证协议（EAP）是在请求者、认证端和认证服务器的三方模式应用的情况下进行认证的框架。EAP 本身不指定如何执行认证，但允许在实际认证中，使用不同的 EAP 方法。这是符合在 EAP 名字中的"可扩展"的意义——它是可扩展的，允许使用多种认证方法。但是，为什么对如 EAP 这样的协议如此费心，为什么不只是单独指定 EAP 方法？EAP 是有用的因为对于认证方法有些不具体的公共元素，但也需要：例如，客户端和认证服务器之间的协商，甚至是使用的认证方法。对于无线环境，EAP 相关方法的要求在 RFC 4017[8] 已经指定。通常，RADIUS 用于认证服务器，在这种情况下，适用 RFC 3579[1]。在这种情况下，客户端和认证端通信使用 EAP 消息交流，认证端和认证服务器使用 RADIUS 消息沟通，然后一个逻辑对话直接取代了客户端和认证服务器的交流，通过使用特定的、客户端和认证服务器协商好的 EAP 方法。

EAP 方法包括：

- EAP – TLS：TLS 支持传输层安全。
- EAP – TTLS：TTLS 支持隧道 TLS。
- PEAP – TLS：PEAP，支持保护 EAP。
- EAP – SIM：使用 GSM 认证的 EAP。
- EAP – AKA：使用 UMTS 认证的 EAP。

Wi – Fi 联盟指定了一系列 EAP 方法用于 Wi – Fi 产品中（见 17.2.6.1 节）。

15.4.2.2 WPA2 和 IEEE 802.11i

从 WPA 到 WPA2/802.11i 的主要更新是从 TKIP 技术改为高级加密标准（AES）的转变。AES 是用于与 CBC – MAC 协议（CCMP）的对立面，其中 CBC – MAC 标准表示密码块链消息认证码。AES/CCM 的使用示于图 15.16，其中 AAD 是"附加认证数据"，TK 是"临时密钥"，PN 是"数据包数量"。

15.4.3 移动 IP 安全性

移动 IP 支持认证。一个关键的问题是：HA 如何知道，它收到的来自外地

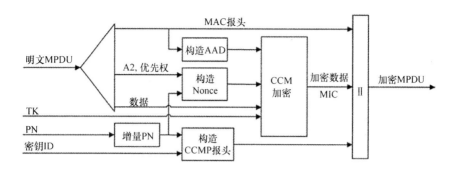

图 15.16　AES/CCM 加密（来自 IEEE802.11 – 2007[7]；© IEEE 2007，经许可使用）

网络的注册信息是真正它所服务的移动节点之一？移动 IP 注册消息可以被认证，是非常重要的；否则，任何第三方均可以发送假的（但有效）注册消息给 HA，这将导致一个移动节点（由 HA，作为一个不知情的第三方同谋）通过隧道传输到世界上的任何转交地址上。相反地，同样很重要的是，从 HA 发回的注册回复消息也要进行认证。否则，第三方（攻击者）能够拦截并删除注册消息，导致 HA 不能接受它。然后这个攻击者可以谎称是 HA 继续发送假的（但有效）注册的答复，声称 HA 已更新它对于 MH 与最新的 COA 的绑定。没有认证（发送注册回复时，来自 HA 的），移动节点不能告诉我们是否发生了这种情况。此外，不管认证方案是什么，都必须用来保护可能的重放攻击。

因此，在移动 IP 中，注册消息和注册回复消息都必须强制认证。为这两个消息，定义了移动 – 本地认证扩展（各种扩展均可以被附加到移动 IP 消息中，其中有一些是强制性的，像移动 – 本地认证扩展，而另一些是可选的）。移动 – 本地认证扩展包含一个 4 个字节的安全参数索引（SPI）。连同移动节点的本地 IP 地址和 SPI 唯一地标识移动 – 本地安全关联。用于这个认证的默认认证算法是 HMAC – MD5[4]。

两个可选的认证扩展，移动 – 外地认证扩展和外地 – 本地认证扩展，可提供额外的安全性。这些也可以附加到移动 IP 注册消息和答复中。它们分别允许移动节点和 FA 相互认证，或 FA 和 HA 相互认证。一个协同定位的转交地址没有 FA 被使用的情况是无意义的。移动 – 本地和移动 – 外地认证扩展由移动节点加入，外地 – 本地认证扩展由 FA 加入（由于它在从移动节点到它的 HA 的路径中，可以在消息路过 FA 时加入扩展信息）。

至于其他的服务，诸如保密性和数据完整性，这些大致可以由其他 IP 处理，并且不必是一个如移动 IP 特定服务的单独规定。

习题

15.1 在公共密钥加密技术中，如果 A 想要发送加密消息到 B，A 应该使用哪个密钥来加密，B 应该使用哪个密钥来解密？

15.2 哪种 IPSec 模式增加了更多的报头开销，隧道模式或传输模式？为什么尽管增加了额外的报头开销，这种模式还是有用的？对于穿过 IPSec 隧道的数据包，信源和目的地址是什么？

15.3 IPSec 密钥管理是如何进行的？

15.4 在 GSM 安全中，为什么每次网络想认证一个移动设备时均要使用新的认证三元组？如果网络试图重复使用以前用过的认证三元组会怎样？

15.5 GSM 认证是单向还是双向的？加密/解密是端到端的么？匿名是如何被保护的？

15.6 802.11i 提供了什么 WEP 没有的安全服务？

参 考 文 献

1. B. Aboba and P. Calhoun. RADIUS (remote authentication dial in user service) support for extensible authentication protocol (EAP). RFC 3579, Sept. 2003.

2. P. Calhoun, J. Loughney, E. Guttman, G. Zorn, and J. Arkko. Diameter base protocol. RFC 3588, Sept. 2003.

3. V. Garg and J. Wilkes. *Principles and Applications of GSM*. Prentice Hall, Upper Saddle River, NJ, 1999.

4. H. Krawczyk, M. Bellare, and R. Canetti. HMAC: keyed-hashing for message authentication. RFC 2104, Feb. 1997.

5. C. Perkins. Mobile IP joins forces with AAA. *IEEE Personal Communications*, pp. 59–61, Aug. 2000.

6. C. Rigney, S. Willens, A. Rubens, and W. Simpson. Remote authentication dial in user service (RADIUS). RFC 2865, June 2000.

7. IEEE Computer Society. IEEE standard for information technology—telecommunications and information exchange between systems—local and metropolitan area networks—specific requirements: 11. Wireless LAN medium access control (MAC) and physical layer (PHY) specifications. IEEE 802.11-2007 (revision of 802.11-1999), June 2007. Sponsored by the LAN/MAN Standards Committee.

8. D. Stanley, J. Walker, and B. Aboba. Extensible authentication protocol (EAP) method requirements for wireless LANs. RFC 4017, Mar. 2005.

第16章　基　础　设　施

　　基础设施是指在现实世界中，对电信网络的运营需要的配套设备和设施，包括建筑和建筑维护、机柜和其他室内通信设备的结构，以及通信塔（在其上可以安装通信设备）。

　　无线网络基础设施的有线网络部分非常类似于有线网络的基础设施。在蜂窝网络的情况下，移动交换中心（MSC）被收纳在移动电话交换局（MTSO），它类似于电话总机。回想一下，MSC 基本上是加入了移动性支持的电话网络交换机。因此，除了在中心局（用于端接本地环路或用户线路）见到的主配线架和中心局相关基础设施在移动电话交换局中见不到外，移动电话交换局和中心局是很相似的。

　　然而，无线网络基础设施的无线网络部分，在某种程度上更有趣，因为它带来了不同的挑战。基站需要分布在无线网络的总覆盖范围内，并且该天线需要被安装在高于地面的位置［例如，地面以上 20 ~80m（根据特定基站所需的覆盖区域，附近的地形条件及在该地区的用户密度等)］。天线通常安装在通信塔上，其需要足够坚固以支撑所安装设备的重量和承受外在因素（风、雨、阳光等），但没有考虑潜在的飞机因素的风险。我们在 16.1 节讨论通信塔。

　　基站所面临的另一组挑战和电力有关，包括功耗的平均值和峰值以及备用电源是否充足。此外，电力保护尤其严格，因为通信塔很容易吸引雷电。有关电力供应和电力保障问题将在 16.2 节讨论。

　　通常情况下，在通信塔的底座，可以发现一个受保护的小屋或者柜子（有时称为基站柜），里面装着通信设备（在标准的 19in[⊖] 机架内）、电源和备用电源、温度控制和监控系统。基站柜需要能够承受的环境条件，如阳光，雨，灰尘和冷凝，我们在 16.3.2 节（温度控制等）和 16.3.3 节（物理安全和防火）讨论这些问题的某些方面。通信设备在机柜内需要用 RF 电缆连接到天线，我们将在 16.3.1 节简要讨论这些。

16.1　通信塔

　　我们在这里更多地使用通称通信塔，而不是基站，因为"基站"是一个更具功能性的词语。通信塔可以位于基站和它的天线所在的位置。通信塔可容纳

　　⊖　1in = 0.0254m。

多个基站。它也可以安装有其他各种通信设备和天线。它们可能在不同的高度。一种流行的安排是使基站天线（如在 4.3.4 节中讨论的面板天线）和高度定向天线（例如抛物面反射器）等高，用于基站和基站控制中心之间的点对点微波链路传输（可能通过一个或多个中继器）。在图 16.1 中可以看到这方面的例子。在该图中，基站天线被安装朝向塔架的顶部，并且点对点高度的定向微波天线被安装在更远处。

　　更高的塔用于更大的覆盖区域（小区大小），但用于覆盖较小区域的更低的塔可能在人口稠密地区比较有用。除了较大的覆盖区域（当天线置于更高处），较高的塔还允许多个不同的设备和天线被放置在相同的塔上。它们有更多的空间。

　　关于塔有各种各样的设计。它们必须支撑所有可能安装在其上的设备重量，并且它们需要在可能的大范围环境条件下做到这点，包括：

图 16.1　单极天线塔

• 来自水（雨等）、灰尘和盐雾（即在一个潮湿、含盐的环境中）的侵蚀和腐蚀，特别是当塔附近有大面积的盐水域（如大海）时。

• 机械应力，例如雨、风、雪和冰。例如，冰块可以为塔增加相当大的重量。风力负载在某些地区可能是显著的因素。

● 来自太阳的不均匀照射，也有可能导致塔弯曲，可能改变天线方向，等等。

ANSI/EIA/TIA 222 - G "钢天线塔标准结构和天线支持结构"给出了塔的最低装载和设计标准。在 20 世纪 50 年代前，塔经常使用木材。然而，木材会腐烂，所以到了 50 年代，塔开始使用混凝土。混凝土比钢便宜，比钢塔更结实。然而，混凝土塔不那么容易安装天线，并且混凝土比钢更重，导致需要更为强大的和成本更高的地基。当今，塔通常是用钢材建造的，但有时它们也是用铝或混凝土。当近有几种类型的塔：

● 单极天线塔；

● 格架塔；

● 牵拉管状塔、牵拉格架塔、牵拉单极天线塔。

单极无线塔设计很简单，包括堆叠圆柱形管段，随着我们靠近塔顶其直径会变小。单极天线塔没有足够的强度来建造得太高，约为 200ft⊖的最大高度。更高的塔，如果建成单极天线塔，会太沉重，以致无法抵御强风，而格架塔和牵拉塔则不会。单极天线塔一般建在城市和郊区，塔不需要太高，因为蜂窝小区面积比农村地区的小区面积要更小。此外，在这些区域土地很昂贵，单极天线塔结构紧凑，不占用很大的空间。

如果需要比单极天线塔坚固和更强的塔，比如，将塔升高 200ft，格架塔是一个流行的选择。一个格架塔建成一个三面（或有时四面）格形结构（如，一种带有大范围交叉梁的钢或者其他材料的结构，常伴随着规则的几何图案）。巴黎的埃菲尔铁塔可以说是世界上最有名的格架塔。不过，通信格架塔，并不像埃菲尔铁塔那么精致，但有更多的功能和直观的设计。格架塔的例子如图 16.2 所示。

牵拉格架塔就像是一个格构

图 16.2 格架塔

⊖ 1ft = 0.3048m。

式塔架增加了额外的支撑钢缆（也被称为牵拉钢缆或缆绳，并且通常由坚固的材料制成，如钢）。牵拉格架塔也被称为桅杆格架塔。牵拉单极天线塔也是可能的。由于增加了钢缆，牵拉单极天线塔甚至可以比格架塔更高。通常情况下，300ft 以上的塔就会是牵拉塔。牵拉塔的缺点是它们需要大片土地，来包含所有牵拉钢缆的地基。由于地面和每个钢缆之间的角度可能是 45°～60°，所以土地规划所需的半径与塔的高度在一个数量级。

它们可以在农村地区中被找到，或出现在高速公路旁等。在这些地区，人口密度低，所以小区面积需要更大。此外，这些地区的土地很便宜。这样的牵拉塔的例子如图 16.3 所示。由于该塔是非常高的，只显示中间的部分。从塔顶以一定角度向下淡淡的线是钢缆。

16.1.1　保护飞机

有一种危险，即低空飞行的飞机可能与塔相撞。为了减少这种情况发生的可能性，塔上方一定高度（例如在美国，200ft 或 61m）必须被涂成红色和白色交替分割的样子。图 16.1（右侧）和图 16.2 中所示的塔就是例子，塔被涂成了红白相间。

图 16.3　牵拉塔（部分也叫牵拉式桅杆塔）

仔细看一下图 16.1 右边的单极天线塔，顶部有红灯。美国联邦航空管理局（FAA）授权提供的合适的照明系统是必需的，特别是对于很高的塔。其中一个例子是双照明系统，在夜间用红色的灯光和在白天和黄昏用高或中等强度白光闪烁的灯光。在美国像 FAA 这样的机构（以及其他国家的类似机构）为建设高度到了航空高度的建筑物制订了规范。在美国，FCC 强制规定了塔的问题。特别是，有一系列表格，包括 7460 个表格，高度超过 200ft 的塔或者机场附近的塔都需要相关工作人员填写，并提交给美国联邦航空管理局。美国联邦航空管理局非常重视法律的严肃性，若不遵守则有巨额罚款。例如：

- 任何灯光损坏（不管出于什么原因，其中包括停电）都必须在发生 30min 内报告给美国联邦航空管理局，然后美国联邦航空管理局将发出通知，警示飞行员。

● 即使在建造塔的过程中，也必须在每个中间阶段暂时设立适当的照明，以使塔的最高部分可以轻松被飞行员看见。

16.1.2 其他注意事项

有一些与无线通信建塔定位有关的注意事项：例如，作为无线运营商计划的一部分，为了有足够的无线容量来覆盖城市或者高速公路或其他服务区，为了填补覆盖区之间的空隙，等等。包含在这些因素中的将是，如人口密度，也有地形因素。例如，人们会不希望将塔建在一个山谷的地方，其附近有丘陵或山，会阻碍塔和山坡上或山另一边的设备之间的通信。风负载可能在风力变化的区域需要考虑。多径环境也可能是一个考虑因素，所以相比于多径效应严重的地方，多径效应小的地方更可能会被选中。

但是，也有其他不直接涉及无线通信的因素（例如，地点离机场多近，离供电厂多近等）。土壤测试非常重要，确定现场土壤的强度是否足以支持建筑结构，是否符合电气接地标准。例如，有人可能会避免选择沼泽、岩石或沙地。也会有法律和经济方面的考虑，比如土地的购买或租赁，以及是否有影响运营通信设备的分区规划。有时候，分区规划，或者与邻居培养良好关系的需求，或者审美因素，都可能导致运营商，或者甚至要求它，来使塔某种程度隐藏起来或者与环境融合到一起。

在塔必须稍微隐藏或与环境融合的情况下，在 16.1.2.1 节我们将展示一下可以做什么的例子。到目前为止，我们一直在讨论固定的永久塔的位置。有时，可能更需要非永久塔，如 16.1.2.2 节所讨论的那样。最后，我们将在 16.1.2.3 节，根据特定地点的允许条件和其他因素来展示一些建设性的替代想法。

16.1.2.1 隐形塔

伪装成在环境中自然物体的隐形塔是非常常见的，如树木。伪装成树的塔可能被涂上棕色，用顶部附近的假绿叶掩饰自己。我们也看到了（见图 4.21 和图 4.22）天线如何产生同样的伪装，使它们融入环境。一个非常创造性地设计的隐形塔，伪装成教堂旁边的十字架，如图 16.4 所示。

16.1.2.2 便携塔

也有一些情况，需要建造一些临时的设施以满足客户的需求。例如，当现在在体育场有一个体育项目，这里的人数可能比较多，比平均数多得多。现有的固定基础设施（基站等）常常不能提供足够的容量来服务于该区域内临时显著增加的手机。一种解决方案是引入临时设施，如临时塔，在其上可以安装通信设备，以满足（至少部分地）该区域临时增加的服务需求。图 16.5 和图 16.6 展示了这种便携塔。塔挂在拖车上，因此它可以被拖到所需要的地方，并停在

图 16.4　伪装成十字架的隐形塔（Steel in the Air 公司提供）

那里（见图 16.5）。然后伸缩塔可以扩展（通常，它可能达到约 100ft）。这个特殊的模型具有外伸装置（即，向所有方向伸出的支脚），以提供平衡和稳定，如图 16.6 所示。

图 16.5　一个拖车上的便携塔（Aluma Tower 公司提供）

16.1.2.3　创新性的替代产物

有时，与其寻找建造孤立的蜂窝信号塔，倒不如寻找方法把天线安装在屋顶上更小的结构上（例如，二层商业建筑的屋顶）。例如，在图 16.7 中，我们可以看到一个基站显然是"生长"在二层商业建筑的顶部，一层是个汽车修理店。

图 16.6   用支撑支架建立起来的便携塔（Aluma Tower 公司提供）

图 16.7   屋顶基站

图 16.8 展示了天线的特写和它们在屋顶建立的矮小的类单极天线塔结构。图 16.9 也可以见到。

图 16.8　屋顶基站天线特写

图 16.9　另一个屋顶基站（在咖啡店和书店上方）

16.2 电力供应和保护

16.2.1 电力消耗

峰值功耗是从电力供应到设施的最高消耗。这通常发生在正午时分。应当正确估计和提供峰值功耗，以使得电力供应充足。为了规划备用电源所需的数量，以保证塔中设备在电力发生故障的情况下正常运行，平均耗电量更为有用。备用电源通常由可充电电池组提供（见 16.2.1.1 节）。然而，替代能源设备，例如太阳能板、风力涡轮机、水力发电机和柴油发电机组，也是可以的，每个都有其优点和缺点。

一个塔在一天中的能量消耗的变化如图 16.10 所示。它是对来自于阿拉斯加[3]的基站进行的测量。图 16.10 显示了超过一个星期的功耗。从图中可以看出峰值与平均功率消耗（实际上图中展示的是电流，但由于电压是固定的，所以功率可以计算得知）。图 16.11 为"放大"后得到某一天的变化，表示更详细的单日功率消耗的变化。最后，图 16.12 展示了技术变化的时候功耗模式可以如何改变。而 TDMA 和 AMPS 是塔在早期情况下使用的系统，图 16.12 描绘了几年后同一个塔增加一个 CDMA 系统后的功耗变化。

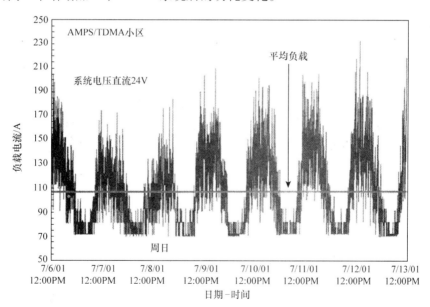

图 16.10　基站中超过一个星期的功率消耗

（来自本章参考文献［3］；已得到 John Wiley & Sons 公司的许可使用）

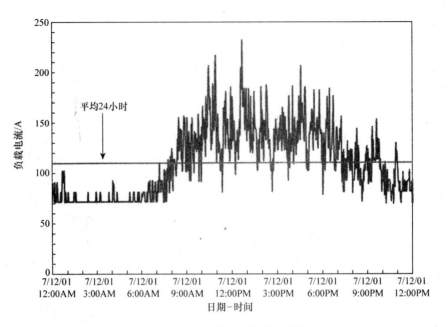

图 16.11　基站中一天的功率消耗

（来自本章参考文献［3］；已得到 John Wiley & Sons 公司的许可使用）

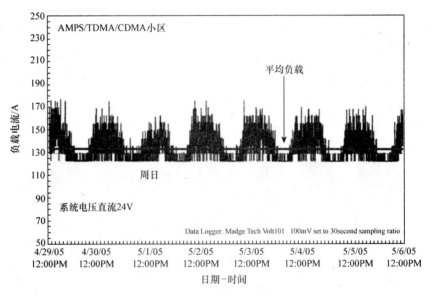

图 16.12　同一基站几年后的功率消耗（来自本章参考文献［3］；

已得到 John Wiley & Sons 公司的许可使用）

　　塔中的通信设备一般是使用直流电（例如，如图中所示，直流 24V 或直流 48V）。因此，通过电力供给的交流电必须转换成适合此设备的 24V 直流电（然而，一些其他的电气系统的设施，如灯、加热器和空气调节器，可以使用交流电，所以也需要一些交流电）。另外，直流 – 直流转换器通常需要把电压降到适合通信设备的电压等级。

16.2.1.1　电池组和电池安全

电池的预期使用寿命和能量存储容量对温度的条件很敏感。必须小心处理的安全问题是电池放置环境的空气中的氢的浓度。铅酸电池在充电时释放氢和氧，特别是当有过大的充电电流或者室内温度过高时。由于氢是可燃的，这可能会导致（并在很多情况下都会导致）爆炸和火灾，能摧毁塔及其设备。经验法则是，氢在空气中的浓度不应超过4%；然而，最好的做法通常是将其限制在2%或甚至1%以下。例如，在氢的浓度水平到达1%时发出警报，并在2%时立即采取纠正措施。IEEE 450标准提供了维护、测试和通风铅酸蓄电池更换等固定应用的推荐做法。

16.2.2　电力保护

电气电路和设备中的雷击或其他电流浪涌原因可能导致通信设备遭受重大损坏（例如，在基站）。在本节中，我们主要讨论雷击，描述它的特征，然后讨论保护方法，但我们还讨论了更一般的电气保护方法，例如，浪涌保护器（Surge Protective Device，SPD）来抵抗雷击或者其他方式产生的电涌。

雷击保护可以分两个方面[2]：

- 分流和屏蔽（在16.2.2.3节和16.2.2.4节讨论）；
- 浪涌保护（在16.2.2.5节讨论）。

16.2.2.1　闪电特性和它的影响

闪电是一种电荷过量（通常为负，但有时为正）并从云排放到地的现象。闪电有4种类型[2]：

- 下行负极性闪电；
- 上行负极性闪电；
- 下行正极性闪电；
- 上行正极性闪电。

负极性闪电和正极性闪电之间的差异取决于过量电荷为负或正。大多数闪电是下行排放类型的，其中一般的认知是90%的闪电是负极性的，10%是正极性的。可能会让第一次接触这个话题的读者感到新颖的是，上行闪电是可能的。然而，这可能在某些情况下发生，通常被认为是在有高大的建筑，100m或者更高。

我们现在考虑最常见的下行负极性闪电，引入先导和反冲回程的概念。雷击通常由一个下行先导和上行反冲回程组成，可能还跟着相对较低程度的持续电流。下行先导创建一个从云端到地面的导电路径，并把负电荷放在这条路径上。反冲回程随后沿着相同的路径，但是从地面到云端。在其与地面或其他接地物体获得足够近的距离时，上行先导也可以在响应下行先导中被观察到。有时，我们也会引入攻击距离的概念。攻击距离是下行先导离地面或者接地物体的临界距离，它们足够接近时，发生电介质击穿，并且发起一个或多个上行连接先导。图16.13说明了其中的一些概念。

因为它们的形状，如通信塔的高大结构，可以吸引闪电。这可以从这样结构的尖端附近的电场增强的角度来解释；也就是说，电荷有种趋向于尖端的趋势，这导致了结构的尖端会聚集更高强度的电场（见16.2.2.2节）。

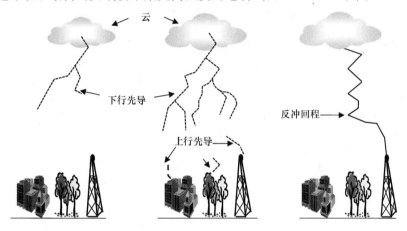

图 16.13　闪电，下行和上行先导方面

接地电位上升（也被称为地电位升高）是一个短暂的现象，对于在通信塔附近的工人或其他人很危险。在遭到雷击的情况下，一个非常大的电流从遭受雷击的部位流入地面。即使具有相对低的电阻，从雷击点到"远处地面"（任何远离雷击点的地方，所以它可以是一个恒定参考点）的电位（电压）的升高也是非常可观的，根据公式 $V = RI$，有非常大的电流。相关的跨步电压升高的概念是指在这种情况下，若人接触到雷击部分甚至是附近地面，那么两腿之间的电压（例如，两条腿彼此一"步"分开）会非常高，这样会有一个危险的（甚至是致命的）电流穿过人的一条腿到另一条腿。

16.2.2.2　高夹结构吸引雷电的原因知识

我们回到2.2.2.2节的例子，让我们假设 $r_1 < r_2$。我们关注总电荷、表面电荷和围绕两个球体的电场的比较。从式（2.28），我们得到

$$\frac{Q_1}{Q_2} = \frac{r_1}{r_2} \qquad (16.1)$$

所以，总电荷的比率和它们的半径比率相等，小球体拥有小的总电荷。至于表

面电荷密度，从式（2.29）我们可得

$$\frac{\rho_{s,1}}{\rho_{s,2}} = \frac{r_2}{r_1} \qquad (16.2)$$

因此

$$\frac{E_{\perp,1}}{E_{\perp,2}} = \frac{r_2}{r_1} \qquad (16.3)$$

因此，如果我们看一下高物体的尖端，纤细的结构就像一个非常小的球体，一个相对平坦、低弧度表面像一个非常大的球体，我们看到的表面电荷密度在纤细结构的前端可能会高得多，并在它附近的电场 E 也会比在相对平坦的表面高得多。

16.2.2.3 通过分流和屏蔽防雷：避雷针

避雷针的目的是拦截下行闪电先导。因此，它们形成我们此前提到的"分流和屏蔽"方面的一部分防雷功能。分流和屏蔽的其他组成是下行导体和接地端子，在16.2.2.4节讨论。一个常见的替代避雷针的方法是利用地线覆盖结构的顶部。如同避雷针，目的是拦截闪电先导。下行导体和接地端子在所有的情况中都需要。

避雷针也被称为富兰克林针，以它的发明者本杰明·富兰克林命名。然而，有时术语避雷针更一般地用于代表任何方向的针，而"富兰克林针"专门用于指垂直取向的针。其他用于指代避雷针的词语是"空中端子"和"闪电导体"。

我们如何决定在哪儿放置避雷针，并且它们之间间隔多远？一个流行的方法是滚球法。

滚球法可用于找出物体结构（建筑物、塔、一组对象的组合等）中受雷击高风险的部分和低风险部分。我们的想法是，下行先导的前端可以假设为球体的中心，它的半径是雷击距离。我们很快可以得到半径值或雷击距离，但首先，我们将讨论为什么滚球法在其名称中包含"滚球"。想象在结构体上滚动一个虚构的球，使得我们总是在与该结构的一部分接触，但没有任何结构体的部分"穿透"球体。然后球体的表面上会在某些点接触结构体，并且这些将是高风险区域（直观地，因为如果一个下行先导到达球体的中心，该区域将被击中）。相反，因为我们不允许结构体任何部分在球体滚动时"穿透"球体，所以结构体的某些区域在滚动时不会接触到。这些区域可以认为可相对免受雷击。滚球法示于图16.14。图16.15展示了滚球法被应用到一个通信设备上，包括设施的各种结构。

应该给虚构球设置多大的半径？半径越小，被保护的区域就越小。因此，如果较大半径仍然占大多数雷击区域，需要使用较大的半径。一个经验法则是，我们可以通过使用20m甚至更大的半径占据高达99%的雷击区域，或60m的半

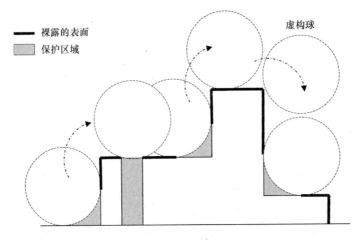

图 16.14　一个简单形状的滚球法应用

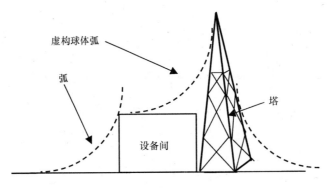

图 16.15　滚球法应用于通信设备

径占据高达 $84\%^{[2]}$ 的雷击区域。

　　滚球法也可以用来决定在哪里放置避雷针，因为它可以用来预测高风险区域和低风险区域如何变化，如图 16.16 所示。在实践中，它通常被用来决定在何处放置避雷针。

　　避雷针的变化。传统上，避雷针是简单的结构；基本上，它们是长的、尖锐的棒。然而，更奇特的结构已经被提出作为替代方案，基于在电荷聚集之前就消散电荷的想法，使得上行先导形成和闪电发生的概率降低。我们的目的是使下行先导随后将在其他地方找到替代目标或在雷击完成之前消散。图 16.17 显示了两个替代传统避雷针的电荷消散终端的例子。

16.2.2.4　通过分流和屏蔽的雷击保护：下行导体和接地

　　下行导体是将电流从避雷针引导向地面的导体。它们很容易被忽视，但是

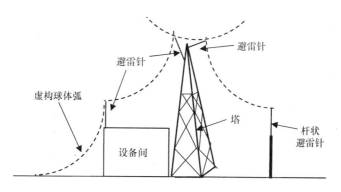

图 16.16　一些被避雷针保护的通信设备

图 16.17　传统避雷针的变化（Alltec 公司提供）

应当指出的是，下行导体的特定布置（典型地，更对称布置）更受喜欢。这是因为下行导体可以携带很大的随时间变化的电流，而下行导体的不对称布置可导致结构内的电子设备的感应电压很危险。因此，下行导体最好在格架塔的所有支撑腿中布置而不是只有一个或者两个腿。当然，进一步保护电子设备仍然是需要的，它可以与浪涌保护装置（见 16.2.2.5 节）一起提供。应注意，下行导体（和避雷针）的材料应具有足够低的电阻，并且可以防止由于雷击产生的大电流产生的热量而熔化。应尽量避免下行导体回路出现；在一般情况下，应该有多个下行导体对称配置，而且应采取避雷针和接地系统之间的最短路径。

　　按经验来看[2]，下行导体 5m 之内的大金属物体均应连接到导体上，以避免"旁边闪光放电"。此外，接地系统是为了引导雷电电流流入大地，同时尽量减少地上结构的电势。通常，接地棒的 2～3m 部分被埋到地下。接地系统应该很好地连接到下行导体上，而下行导体应很好地连接到避雷针上。对于这样的绑定，以及其他从避雷针到地面之间路径上部件的其他接合，可以使用各类专用焊接设备和系统，其中的一个例子如图 16.18 所示。通常，越低的接地电阻就越好。土壤类型可以产生接地电阻的差异。为了最大限度地减少从一点到另一点的电势差，最好不使用分离的接地棒，而是连到一起的接地棒，也可以使用埋在塔下的金属网。

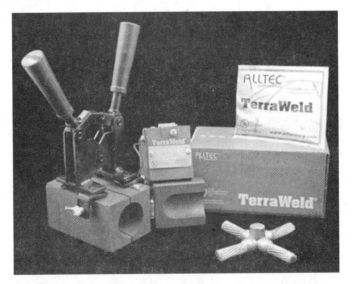

图 16.18　连接导体用到的电焊装置（Alltec 公司提供）

16.2.2.5　浪涌保护器（SPD）

SPD 也称为浪涌放电器。它们用来防止危险的电涌可能会严重损坏甚至摧毁电气设备。因此，它们通常具有非线性电压－电流特性，如图 16.19 所示，并且可与装置或电路并联起到保护作用。由于增加的电压作用在 SPD 和它保护的设备/电路两端，通过 SPD 的电流上升得要比它保护的设备/电路的电流更迅速。这就是希望得到的效果：最小化设备/电路电流的增加。另一方面，在正常条件下，SPD 将分担

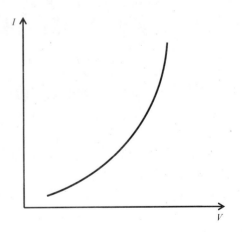

图 16.19　SPD 的非线性电压－电流特性图

非常小的电流，因而浪费非常少的功率。相反，如果我们安装一个电阻器而不是 SPD，在有电涌时电阻越小电流越大，但在平常这个电阻会不必要地分掉很

大部分的电功率。

SPD 的建立要符合规范，如在美国要符合美国国家电气规范（National Electrical Code，NEC），在欧洲要符合低电压管理（Low Voltage Directive，LVD），在日本要符合电气用品和材料安全法（Electrical Appliance and Material Safety Law，DENAN）。

16.3 附加话题

在本节中，我们简要地讨论 RF 电缆（如用于把 RF 设备连接到塔上天线的馈电和跨接电缆）、楼宇自动化和控制系统以及物理安全。

16.3.1 RF 电缆

射频同轴电缆有时可分为柔性电缆和半刚性电缆[1]。柔性电缆通常是编织同轴电缆，但也有一些不同。对于编织同轴电缆，我们指的是使用一个编织外导体的同轴电缆。如图 16.20 所示，柔性同轴电缆包括一个被电介质围绕的中心导体。在电介质的外侧是外导体。编织结构是它灵活性的一个关键原因。外壳提供保护，防止环境因素影响。有时，部分用于营销目的，超柔缆的用语用于一些在市场上更灵活的电缆。传统上，半刚性电缆可以被称为硬线电缆，有一个坚固的外导体。有时，外导体是波纹铜，这使得它更容易弯曲，但和编织铜线比仍不够灵活。

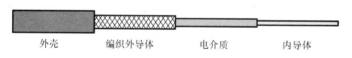

外壳　　　编织外导体　　　电介质　　　内导体

图 16.20　带有编织外导体的柔性同轴电缆

正如在 4.4.2 节提到的，典型的天线（多个）和 RF 发射器/接收器装置之间有一个馈电电缆。这个主馈电电缆通常会用跨接电缆连接在两侧（即，去/来连接天线的电缆，和去/来连接 RF 设备的电缆）。跨接电缆通常比馈线电缆更柔软，具有更小的弯曲半径，而且也更易受损。因此，人们希望，馈线电缆通常是半刚性电缆，跨接电缆通常是柔性电缆。不过，也有例外。人们可以在市场不仅发现柔性跨接电缆，还有半刚性跨接电缆，作为低损耗柔性电缆替代进入市场，这些有时甚至被用于作为馈电电缆。

到发射塔外的电缆也需要能够承受各种因素（例如，防水，阻燃等）的影响，电缆有时按 RG 号（例如，RG6，RG58，RG213 等）设计。RG，表示"Radio Guide"，是指同轴电缆的老式军用分类，现在虽过时了，但仍然在普遍使用。电缆也可通过一个代表电缆直径的数字设计。

16.3.2 楼宇自动化和控制系统

楼宇自动化和控制系统（Building Automation and Control System，BACS）由如下系统组成：

- 供暖、通风和空调（Heating，Ventilating and Air Conditioning，HVAC）；
- 能源管理；
- 火灾预警；
- 物理安全。

更复杂的 BACS 可能用到中央控制和分布式传感器。

16.3.2.1 HVAC

一个典型的 HVAC 系统是由 HVAC 控制器控制的。HVAC 需要决定是要循环热空气还是冷空气，并且以什么速度循环。一个 HVAC 控制器需要考虑到气压、气流速度和风扇速度这些变量来做决定。正如在 16.2.1.1 节中提到的那样，良好的温度控制和通风在电池的安装场所比较重要，以避免减少存储容量或预期使用寿命，甚至避免由于氢的含量过高引起的火灾。除了温度控制，HVAC 系统还需要控制湿度水平，以避免冷凝损坏电子设备。

16.3.3 物理安全

在第 15 章，我们区分了物理安全、系统安全和网络安全。

对譬如蜂窝通信塔这类的通信设备的物理安全威胁有两大类。它们是：

- 来自人类蓄意的特定威胁，带着各种恶意目的来寻求突破设施的安全性（如设备、电缆被盗等）；人们还可以想象某些人因为其他目的想要摧毁或损坏设备（即不一定是经济利益），如纵火威胁。
- 来自森林火灾、洪水等的"无意识的"威胁。

围栏、门锁、警示牌等，可以帮助保护设施的物理安全。因为通常不会有人工的警卫，所以可安装电子报警系统。应定期检查围栏、门锁和电子报警系统，这取决于运营商决策。

火灾预警系统的典型组成是传感器、喷洒装置、灯（闪光灯）和报警器。目标是三重预警：

- 检测；
- 抑制；
- 通知。

检测是指检测火苗。传感器用于检测。传感器可检测到烟或热或两者的组合。传感器可能会有多个灵敏度级别。相比不敏感的传感器，更敏感的传感器可能提供更多的假警报，但可能比不敏感的传感器能更快地检测到真正的火苗。

抑制是指抑制火苗。喷洒装置是一种用于抑制火焰的工具。当检测到足够的烟雾和热，喷头就被激活，把水洒在周围。在有诸如电信设备等电子设备的房间，惰性气体往往是更好的防治火灾的选择，因为水会损坏设备。通知是指通知工作人员或监测系统发生火灾了。灯光和报警器是用于警示人员的装置。

习题

16.1 按照典型高度递减的顺序给下列塔排序：格架塔、牵拉式桅杆塔、单极天线塔。

16.2 基站的平均负载电流约为 135 A，如图 16.12 所示。假设系统电压如图所示，系统的平均功耗是多少？常规电源被切断后，需要存储多少能量才可供应基站 1 天的正常运行？

16.3 在滚球法中，如果我们有希望保护的某些区域，这些区域应是滚动球接触的还是不接触的？使用更大的球（大半径）将提供更多的还是更少的可靠性？

16.4 考虑一个 SPD，其电流电压关系由 $I = 10^{-9}V^4$ 提供，并与基站设备并行安装，24V 直流运行。SPD 正常条件下的电流分流是多少？正常情况下消散的功耗是多少？在雷击期间，整个 SPD 和基站设备的电压上升到 5000 V，SPD 的电流分流是多少？

16.5 "柔性"RF 电缆的优点和缺点是什么？

16.6 在电信设备中，为什么惰性气体是比水更好的用于灭火的物质？

参 考 文 献

1. T. S. Laverghetta. *Microwaves and Wireless Simplified*, 2nd ed. Artech House, Norwood, MA, 2005.

2. V. Rakov and M. Uman. *Lightning: Physics and Effects*. Cambridge University Press, New York, 2003.

3. W. Reeve. *DC Power System Design for Telecommunications*. Wiley, Hoboken, NJ, 2006.

4. B. Smith. *Communication Structures*. Thomas Telford, 2006.

第 17 章　协议、标准、政策及法规

　　我们生活在这样一个世界里，许多企业和机构提供了种类繁多的商品和服务。某个公司所提供的商品和服务可能依赖于另一个公司提供的商品和服务。因此，这些公司之间需要达成协议来互惠互利。

　　我们生活在这样一个世界里，技术可以有很多种方法拼装成系统，用来做一些有用的东西。用一种标准的方法把这些技术结合在一起会产生各种好处，如规模经济，如不同厂商的设备之间的交互性，如不同系统间的通信漫游能力，等等。标准是能做到这一点的很好的方式。尽管规模经济和交互性已经发展，但对于技术如何部署的问题还是有很大选择空间。因此，需要做出选择，并且政策已出现，以指导决策上的问题，例如在网络中提供的安全等级，以及用户如何为各种服务付费。

　　我们还生活在这样一个世界里，与"社会契约"密切相关，政府可以为了公共利益，计划、命令、执行某些选择和政策。法规是由政府机构强制规定的规则（例如，非授权频段的使用）。

　　协议、标准、政策、法规，是体系结构的一部分用来指导并确定如何使用技术。缩写 ASPR（协议，标准，政策，法规），已用于美国的一些政府文件中。在本章中，我们按照缩写 ASPR 的顺序，在 17.1 节讨论协议，在 17.2 节讨论标准，在 17.3 节讨论政策，在 17.4 节讨论法规。

17.1　协议

　　协议是一套定义双方或多方之间预期的、共同接受的条款。协议与合同非常相似，并且这两个术语有时可以互换使用，尤其是在美语中。但是，从法律角度看，合同有时更狭义地指符合特定规则的协议。

　　电信协议的例子包括：
- 运营商和设备供应商之间的协议（如，设备质量）；
- 运营商之间关于共享网络的协议；
- 运营商和用户之间服务等级的协议（也叫作服务等级协议）；
- 网络运营商之间关于对对方用户提供漫游服务的协议。

17.1.1　服务等级协议

　　运营商之间或运营商和用户之间的服务等级协议（Service Level Agreement，

SLA），规定了一定的服务等级，通常使用可量化的方法。例如，它可能规定：

- 上行时间的百分比，并且它可能甚至精确指定上行时间和下行时间意味着什么。
- 最小带宽、最大延迟等，可能会用一些更精确的词语［如，在一段特定时间内的最小平均带宽、最大平均延迟（而不是峰值延迟）］。

伴随着协议的是不能满足既定的性能或可用性标准可能带来惩罚。

17.1.1.1 对等和中转

大多数互联网服务供应商（ISP）如果不依赖于其他互联网服务供应商的协助则无法为他们的客户提供全球通信。那么，通常情况下，较大的 ISP 可以给较小的 ISP 提供中转服务，即较小的 ISP 的数据包能够通过较大的 ISP 的网络以中转的方式到达目的地。获得中转服务的 ISP 通常为这种服务付费。在这样的情况下，两个规模相似的 ISP 之间的用户有大量的数据通信，这两个互联网服务供应商往往会存在相互对等的关系，凭借着他们建立的直接联系，并用它来互相转发它们之间的数据（而不是为中转服务支付费用）。

17.1.2 漫游协议

没有运营商能覆盖全球的每一个区域。相反，运营商彼此配合，来允许一个运营商的用户在其不在本地网络覆盖的范围时使用其他运营商提供的服务。这大大增加了用户的服务合同的价值，人们愿意为漫游服务付出更多。漫游涉及的技术方面，在前面的章节讨论过，而商业方面，这是在漫游协议规定的。关于漫游的一些政策相关技术问题的指导可以在如 "GPRS 漫游指导"[1]这种文件中找到，文件由 GSM 协会提供。

17.2 标准

标准允许不同厂商的设备彼此合作，不同的网络进行交互操作。此外，它们提供了一种质量和可靠性的基本保证。它们还提供了人们特别关注的多个厂商可以专注做事而无需担心侵犯别人的专利技术，而同时还能享受刚才所描述的好处。其结果是，一个特定解决领域（例如，无线局域网）系统的标准化可导致该领域的爆炸性的市场增长。802.11 协议之前，在无线局域网领域曾有过专有系统，但这些都分别由单独的公司提供，其产品没有交互。客户购买任何上述产品均必须承受不知道产品在不同环境下如何表现的不确定性。IEEE 创造了无线局域网标准后，即 802.11 标准，市场很快爆发并快速增长。

标准在无线领域特别有用，全球标准更是如此。这使得它便于用户全球漫游时仍然可以享受服务。每个国家都拥有自己的手机系统并且相互不兼容，是不方便用户使用的，因为他们不能使用一个电话从一个国家漫游到另一个国家。

这种情况不仅是一个假想的场景，而且出现在了现实生活中，即在欧洲的第一代蜂窝系统就是如此。在欧洲有多个不兼容的第一代蜂窝系统，这给用户造成了很大的不便，也不符合 GSM 创建时建立的泛欧标准这个重要目标，至少没能使欧洲多国之间漫游变得很容易。

必须指出的是，参与标准组织是自愿的，使用标准也是自愿的。然而，标准（交互性等）的好处是，厂商往往试图遵守，而且他们也可能寻求证明其产品符合应用标准的证明。

关于无线通信的标准组织的例子包括：

- 欧洲电信标准协会（ETSI）。ETSI 最出名的是创建了 GSM 标准。
- 国际电信联盟（ITU）。ITU 是个关注全球的联合国组织。
- 国际标准化组织（ISO）。ISO 最出名的是其关于网络的七层协议栈标准。
- 电气与电子工程师协会（IEEE）。IEEE 最出名的是创建了著名的网络标准，如以太网（IEEE 802.3）、Wi-Fi（IEEE 802.11）和 WiMAX（IEEE 802.16）。
- 互联网工程任务组（IETF）。IETF 创建了互联网的标准。

有些读者可能会问，3GPP 和 3GPP2 是否应该包括在列表中。严格来说，3GPP 和 3GPP2 本身并不是标准组织，而是与现有的标准组织根据协议合作的保护工作组，用来建立全球 3G 无线系统。

现在我们详细讨论一下 IEEE 等特定的组织。在讨论的过程中，也会看到这些组织的一般规范流程。修改、修订和其他改动，及处理知识产权部分，分别在 17.2.6 节和 17.2.7 节讨论。

17.2.1 IEEE

IEEE 是一个针对电气工程师和电气工程实践的非营利性的组织。IEEE 可以说是全世界规模最大的为科技进步做贡献的专业组织。许多电气工程及相关领域最受尊敬的学术期刊都是由 IEEE 出版的。

标准的开发是由 IEEE 的 IEEE 标准协会（IEEE-SA）完成的。IEEE-SA 按照公认的 ANSI 原则——公平、公正、公开。它是 ITU-R 公认的标准主体。在 IEEE-SA，标准的起草是由提案组完成的。每个提案组均和一个或多个 IEEE 的技术协会（诸如 IEEE 通信学会）有关。可能最有名的提案组是 IEEE 802 LAN/MAN 标准委员会（LMSC），自 1980 年以来它一直在 IEEE 计算机学会名下，有一个监督工作的 802 执行委员会。

新标准的建立始于项目授权申请（Project Authorization Request，PAR）。PAR 还需要应对各种变化（见 17.2.6 节）。IEEE 802 可以建立一个研究课题考虑可能的标准化，如果结果是肯定的，就起草一个 PAR。802 执行委员会根据，广泛的市场潜力，与其他 802 标准的兼容性，802 内的不同标识，技术可行性和经济可行性等准则决定是否批准。

新项目可能会被分配到现有工作组，或可能会为它创建一个新的工作组。工作组由投票做出决定，需要 75% 赞成。通常创建的任务小组负责完成具体的任务，并提出草案。然后对草案进行表决。有趣的是，每当有反对票时，对于具体的变化必须提供评论，以使该文件得到投票者的认可。这迫使批评具有建设性。因此有可能出现若干轮投票，随后做出了一系列变化。经过表决通过了 IEEE 802，根据审查委员会，还有第二轮 IEEE - SA 级别的投票。一旦标准文件获得批准，经过专业编辑后，通常在两个月内公布。

17.2.2 例子：标准发展——IEEE 802.16

IEEE 802.16 工作组的成立是为了完成宽带无线接入协议，该项目由 NIST 的（Roger Marks）发起。1998 年 8 月，Marks 在 IEEE 射频和无线电会议期间举行了第一次 45 人出席的会议。这个小组起草了关于 10 ~ 66GHz 的宽带无线接入的 PAR。它在 1999 年 3 月得到 IEEE 802 执行委员会的批准，并创建了 802.16 工作组。

最初，工作组关注 10 ~ 66GHz 之间的视距（LOS）链路，并且它为这种应用创建了无线 MAN - SC。然后，在 2000 年 3 月，一个 10GHz 以下的 NLOS 链路的 PAR 被批准，而这最终产生了 802.16a 标准（在技术上，是 802.16 的增补；参见 17.2.6 节关于增补和变化的讨论）。虽然有一些人赞成建立一个新的 MAC 802.16a 标准，但最终认可的方案是使用一个共同的 MAC，而且是一个复杂的，应对所有情况的。同样的，对授权和未授权应用是否需要分开的物理层进行了辩论，但最终这些情况并没有分开。同时，原始 802.16 完成于 2001 年，是使用 TDMA/TDM 的单载波系统，有一个空中接口称为无线 MAN - SC（其中 SC 表示"单载波"）。在 802.16 - 2004 和随后的 802.16e - 2005 标准中，保留了单载波选项，其呈现为修改后的形式，与无线 MAN - SCa 一样。然而，其已添加了多载波选项，包括 OFDM/TDMA 和 OFDMA 方案。当时 802.16 的最新版本是 802.16 - 2009，由于缺少利益，其中的无线 MAN - SCa 已被放弃。

为了对交互性有益，并限制可管理选项的数量，WiMAX 论坛定义了系统框架，这是 802.16 的选项的组合。虽然这些系统配置文件是 802.16 的子集，但这对运营商和设备供应商遵守 WiMAX 论坛配置文件的要求有好处，有利于交互性，并由 WiMAX 论坛完成了 WiMAX 认证。

17.2.3 ITU

如其网页[3]所述，ITU"是联合国信息与通信技术问题领头组织，是各国政府和私营部门开发网络和服务的全球焦点。近 145 年来，ITU 协调了全球共同使用无线电频谱，在卫星轨道分配问题上促进了国际合作，努力改善发展中国家的电信基础设施，建立了全球标准来促进通信系统的广泛无缝互连并解决了我们时代的全球性挑战，如减缓气候变化和加强网络安全。"

17.2.3.1　例子：IMT - 2000 研究

20 世纪 90 年代末，国家或地区的 2G 网络标准协会已经发展起来，但人们希望当世界迎来第三代移动标准时，可以有个支持全球漫游的全局系统，可以在世界各地使用。因此，很自然，就是 ITU 带头研究名为 IMT - 2000 的 3G 无线系统。IMT - 2000 的动机是：

* 多媒体应用的增长需要更多的带宽。据预计，未来的系统能够支持多媒体应用，包括图像和声音的传输。这些应用都需要比必要的电话质量的语音传输更高的数据速率。

* 有竞争的替代有线终端接入是值得的。有线终端接入提供更高的数据速率，更高质量和更灵活的服务，以及比原来的第二代蜂窝系统更低的成本。无线终端接入面临的挑战是提供可媲美的数据速率和有竞争力的服务质量价格（即不收取太多的移动性费用）。

* 预计需求很高，现有系统提供服务不充分。这是世界上增长最快的市场之一，新系统需要满足不断增长的需求。

* 不同的网络、环境之间平滑的互连等是值得的。当时有不同的无线传输技术，并且使用在不同的网络中。单独的应用已经演变成不同的和独立的应用，如寻呼，无绳电话和蜂窝系统没有互连的应用。这些服务的整合方便的将是消费者。

* 不同的系统和无线接入技术的融合是可取的。如果提供类似服务的相互竞争的标准减少，服务则可以变得更有效率和有更高的成本效益。此外，这将缓解全球漫游等项目的供应。

* 全球漫游是值得的。全球漫游允许用户在世界上的任何地方（而不是仅仅在用户的本地位置）都可以无线接入（较好地满足了大多数的用户期望的功能）。先前，全球漫游是不可能的。在世界不同地区有着运行在不同频率下的不同的系统。

这些动机驱动了下面的需求[5]：

* 高速率的无线接入。要满足对无线服务需求的增长，就需要更多的带宽，就需要更高速率的无线接入能力。一个有趣的问题是，无线接入的那部分将始终需要高速率的通信。高速率的无线接入在室内和低速环境中尤其重要，以使无线比有线更有竞争力。

* 灵活服务要求的多速率无线接入（质量、对称性和延迟）。为了满足各种不同的多媒体应用的不同的带宽、服务质量、链路的对称性和可容忍延迟的需求，灵活性是必不可少的。这也有助于集成不同的服务（例如，语音和数据）到单个设备中。提供有价值的高质量射频链路服务好的解决方案是必须的，以

使无线成为有线有竞争力的替代产品。

- 小、轻、便携的移动终端。这个要求的主要动机是能成为有线的有竞争力替代产品。形状小、重量轻、更方便的移动终端的实用性将刺激已经很高需求的增长，这将是允许其规模经济的因素之一。规模经济将使无线更具竞争力。

- 不同的无线环境中的无线接口之间的最大化共性。这是另一个推动规模经济，降低成本的同时提供更多的整合服务，并且互连更流畅的因素。它也将是不同的系统和无线接入技术融合的一个重要步骤。

- 全球标准。这将允许全球漫游。

任何移动系统的主要组成部分都是 RTT（Radio Transmission Technology，无线电传输技术）。ITU – R 在 1997 年 4 月 8/LCCE/47 通知函[4]，要求提交候选 RTT 的建议书。对建议书的要求中，特定所需功能需要以规定的"对象和要求模板"形式。对于陆地接入，承载能力要求分为 3 种基本类型，对应于 3 个不同的无线传播环境（环境分别是室内，室外到室内和行人，车载）。这些环境在建议书 ITU – R M. 1034 – 1[6]中有如下描述：

- 室内环境具有有限的传输范围，典型地少于 100m。LOS 路径的障碍物导致显著的阴影衰落损耗。典型 RMS 延迟扩展是从几十到几百纳秒。最大多普勒频移通常小于 10Hz。

- 室外到室内和行人环境有一个比室外环境更大的范围，但受限于建筑物衰减。分别典型的是，10 ~ 18dB 的路径损耗和 8 ~ 10dB 的建筑物和汽车的穿透损耗。延迟扩展和多普勒频移类似于室内环境。

- 车载环境室外（地面）环境的最大传输范围是从城市的 100m 的微小区到农村的 35km 的宏小区。路径损耗可以由 Okumura – Hata 模型进行建模（见 5.2.3 节）[2]。延迟扩展范围为农村地区的 1μs 到城市地区的 2μs，如果考虑从远山或远处的建筑物的反射，延迟扩展还可以更高。最大多普勒频移范围从行人用户的 10Hz 到高速车载的用户的大约 1kHz（大约 500km/h）。

针对各环境差异的总结如表 17.1 所示。

表 17.1　IMT – 2000 不同射频传播环境分类要求（ITU – R 规定）

特点	室内	室外到室内和行人	机动车辆
最大范围	100m 以下	室内与车辆之间	100m ~ 35km
RMS 延迟扩展	0.01 ~ 0.5μs	少于 1μs	1 ~ 2μs（如果包括远处的反射，会更多）
多普勒频移	少于 10Hz	大致少于 10Hz	10Hz ~ 1kHz

由于环境的差异，它们每个最低的承载要求也不同。最低承载要求如表 17.2 所示。数据流量分为 4 类：

- A 类：定向连接，延迟限制；

- B 类：定向连接，延迟限制，比特速率可变；
- C 类：定向连接，延迟不限制；
- D 类：无连接，延迟不限制。

表 17.2   IMT - 2000 不同射频传播环境下的最低承载要求（ITU - R 规定）

测试环境	室内	室外到室内和行人	车辆
语音	32kbit/s，BER ≤ 10^{-3}，50% 信道活动性	32kbit/s，BER ≤ 10^{-3}，50% 信道活动性	32kbit/s，BER ≤ 10^{-3}，50% 信道活动性
电路交换数据	2Mbit/s，BER ≤ 10^{-6}，100% 信道活动性	384kbit/s，BER ≤ 10^{-6}，100% 信道活动性	144kbit/s，BER ≤ 10^{-6}，100% 信道活动性
分组交换数据	2Mbit/s，BER ≤ 10^{-6}，指数级别的数据包，泊松到达率	384kbit/s，BER ≤ 10^{-6}，指数级别的数据包，泊松到达率	144kbit/s，BER ≤ 10^{-6}，指数级别的数据包，泊松到达率

所有四类数据均需要 RTT 的支持。其他的承载要求包括：

- 非对称传输功能；
- 多媒体功能；
- 比特速率可变功能。

结果。事情并没有以 ITU 计划的方式发展。由于各种政治和商业上的原因，其中的各个组织都无法融合到统一的 3G 系统。因此，组织合并到两个相互竞争的系统：UMTS/WCDMA 和 CDMA2000。3G 合作伙伴计划（3GPP，见 17.2.5 节）被用来创建 UMTS/WCDMA 标准，并紧接着，CDMA2000 支持者为建立 CD-MA2000 标准创建了 3GPP2。

17.2.4   IETF

互联网工程任务组（IETF）是为互联网创建和维护标准文档的组织。标准文档被称为征求意见文档（RFC）。

工作举例：查找最新版本的移动 IP 基本规范。我们有 RFC 2002 的移动 IP 的副本，但不知道这是否是最新的移动 IP 的 RFC。我们去 http：//www. faqs. org/rfcs/rfc - obsolete. html 并搜索"RFC 2002"，我们发现它已经被 RFC 3220 取代了，我们搜索"RFC 3220"，发现它已经被 RFC 3344 替代了，我们没有发现任何 RFC 替代 RFC 3344，因此 RFC 3344 就是最新的。

17.2.5   3GPP

3GPP 不是一个标准组织，但是标准组织的下属工作组。在 3GPP 创建的标准，然后被带回构成 3GPP 的各个具体标准组织，并被这些组织采纳作为标准。

3GPP 的规范流程示于图 17.1。

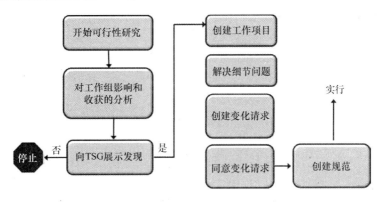

图 17.1 3GPP 规范流程

3GPP 的结构示于图 17.2。一个项目协调小组负责协调技术规范小组（TSG）的工作。每个 TSG 下设若干工作组（WG）。

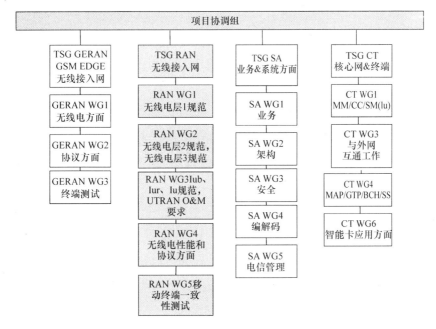

图 17.2 3GPP 结构

17.2.6 修订、增补、校正和变化

技术保持先进性，而标准文档某种意义上是在一个特定时间写的静态实体。由于编辑上的错误（语法、句法，等），或者技术本身、或者引入了附加项目或

基本标准功能，文档需要做出改变。

不同类型的改变有不同的名字，用来区分它们。包括：

- 修订：对现有标准的更新或者完全替代。
- 增补：对现有标准增加新内容。
- 校正/勘误：现有材料的技术校正。
- 变化：现有材料的编辑变化。

最大的变化来自于修订。因此，修订往往不会那么频繁；例如，IEEE 802.11 在 1997 年进行第一次修订，随后的修订是 802.11 - 1999 和 802.11 - 2007。在这期间，出现了很多增补和校正。要进行变化，通常需要某种类型的变更控制流程［例如，在 IEEE 中，必须提交项目授权申请（PAR）］。

17.2.6.1　例子：IEEE 802.11

IEEE 802.11 最初发表于 1997 年，这是自 1991 年以来 6 年的工作成果。1999 年进行了一次修订（对 1997 年标准大部分有了微小变化），然后 802.11 - 1999 版标准一直作为基准版本标准用了多年，直到如 802.11i 各种重要的增补出现。最后，在 2007 年，IEEE 发布了一个新的修订版，802.11 - 2007[7]，其加入了很多增补内容到基本标准中。特别是，下面的增补加入了基线而现在又被考虑放弃：

- IEEE Std 802.11a - 1999（增补 1）
- IEEE Std 802.11b - 1999（增补 2）
- IEEE Std 802.11b - 1999/校正 1 - 2001
- IEEE Std 802.11d - 2001（增补 3）
- IEEE Std 802.11g - 2003（增补 4）
- IEEE Std 802.11h - 2003（增补 5）
- IEEE Std 802.11i - 2004（增补 6）
- IEEE Std 802.11j - 2004（增补 7）
- IEEE Std 802.11e - 2005（增补 8）

802.11a 和 802.11b 都是在 1999 年出现的，但对 802.11a 技术设备由于使用不同的频带（5GHz）不与早期的 AP 兼容，而 802.11b 与基本的 802.11 使用相同的频带（2.4GHz）。此外，802.11a 技术设备最初比 802.11b 技术设备更加昂贵。因此，802.11b 一直占有着 WLAN 市场，并且只在 2003 年 802.11g 标准出现后，被 802.11g 替代。802.11g 其实和 802.11a 非常相似，只不过它工作在 2.4 GHz 频段，从而向后兼容 802.11 和 802.11b。

Wi - Fi 联盟。Wi - Fi 联盟的出现是为了补充和完善 IEEE 的 802.11 标准，它是参与有关基于 802.11 的产品测试和交互性问题的行业协会。它是一个非营利性的国际组织。Wi - Fi 联盟创建了 WPA 和 WPA2（见 15.4.2.1 节和

15.4.2.2 节）。虽然这些不是标准的一部分，但 Wi－Fi 联盟对供应商通过其 Wi－Fi 认证程序方面确实有很强的影响力。由于供应商产品要被 Wi－Fi 认证，所以它们必须满足 Wi－Fi 联盟的标准。通过 Wi－Fi 认证测试的产品才被允许带有 Wi－Fi 标志。例如，从 2006 年之前，加入 WPA2 成了强制的 Wi－Fi 认证标准。Wi－Fi 联盟还在其认证程序中包含了 EAP 方法列表。不是每个 EAP 方法都是列表的一部分。

17.2.7 知识产权

有时，企业或者其他组织可能拥有的知识产权（如专利）直接关系到他们或者别人产生对某标准的贡献。现有的专利或者申请中的专利会使一项技术取消其包含在标准中的资格么？不一定。典型的做法是：

- 知识产权所有者会展示他的一些知识产权是如何与某些标准贡献有关的。
- 知识产权所有者同意其专利技术以合理的价格给其他组织使用。

就是这样！标准组织通常没有能力，也不会去监管这样的事件，关于专利的纠纷一般会在标准组织外处理。

17.2.7.1 例子：802.11

下面是知识产权的典型陈述，来自 IEEE 802.11－2007[7]：

请注意：本标准的实施可能需要使用涉及专利权益范畴的事物。本标准的发布，不对其中涉及的任何专利权益的存在或合法有效性持有任何见解。IEEE 不负责对可能需要申请使用授权的专利进行确认，亦不负责对受关注的专利权益的法律效力或其涉及范围进行质询。专利持有人签署声明，它会以无偿或合理价格的条件授权许可给那些拥有权利的机构，并一视同仁，以合理的条款和条件约束所有需要获得专利的应用。IEEE 不负责任何关于专利持有者提供的许可协议中的合理价格和/或条款以及条件的解释。进一步的信息可从 IEEE 标准部得到。

17.3 政策

政策是指导原则或者计划，其可能会影响决定或者行动。例子包括：

- 关于如何处理来自消费者或者潜在消费者请求消息的政策；
- 关于如何处理供应商或者潜在供应商销售技巧的政策；
- 关于环境友好的政策；
- 关于处理紧急事件的政策。

"行业最佳"的做法可能会被认为是政策。这些可能包括员工政策和网络运营中心的运行政策，为安排维护和检查各种基础设施的政策，等等。

仔细想想 Wi－Fi 网络的部署，运营商需要做出许多决定，都是由政策指导的。例如：

- 允许哪些人使用网络？
- 认证和其他安全事件将会如何处理？如第 15 章讨论的，需要做出许多选择。
- 网络接入需要使用哪种网络结构？每个 ESS 中要有多少个接入点？分布式系统需要使用什么技术？
- IP 地址如何被分配？它们多久需要更新一次？这些和其他的选择与 DH-CP 设置政策有关。
- 每个接入点要使用哪些信道？如何选择信道来最小化它们之间与来自未授权同一频段用户的干扰？

例如，为了帮助运营商为 GPRS 漫游做出决定，GSM 协会出版了 GSM 指南[1]。这些指南不具约束力。它描述了处理 GPRS 漫游的两种主要方式：SGSN 和 GGSN 都在访问网络，或者 SGSN 在访问网络而 GGSN 在本地网络。两种情况下的要求和建议都在指南中提供，包括如何处理 DNS 和 IP 地址分配等。例如，它建议在静态地址配置上使用动态 IP 地址配置，即使标准对于动态和静态方法都支持。这也使建议命名为：例如，"网络标识符"，这符合 3GPP 规范，但是更具体。所有的建议都是不具约束力的，但可以认为是"行业最佳"的做法。

17.4 法规

法规是由政府机构设置的规则。它们是强制性的。如果不遵守规定，包括许可证吊销，政府机构可以处以罚款或其他处罚。在许多情况下，政府机构可能不会很激进地去检查违规行为，但如果有来自对手或者其他机构的举报那就可能会积极检查。我们将在 17.4.1 节看到法规是如何对无线系统的部署和运营有重要影响的一个例子。监管机构的例子包括美国联邦通信委员会（FCC）和马来西亚通信及多媒体委员会（MCMC）。

通常，监管流程很慢，这是由于：

- 很难预测新技术的影响；
- 执法人员可能不理解新技术，但因为法规的法律性质，执法人员需要发挥核心作用；
- 检查和平衡是必需的，需要考虑多方观点；
- 一旦法规被建立了，就很难改变。

在 17.4.2 节，我们给了一个超宽带的例子，表明了这些问题，正如我们看到的它是如何让 FCC 花费了数年来深思熟虑制定规则。

由于监管程序的性质，当一个监管机构正在处理一个问题（例如，如何应对超宽带或网络中立性等）时，经常能听到不同的企业和私营部门组织利益的声音。

17.4.1　授权频带和免授权频带

在任何无线系统的设计中的一个基本的选择是其设计的工作频带。大多数频带都通过授权控制。因此，为了在这些频带中进行通信系统运营，运营商需要（通过法规）有许可证。但是也有一些指定的免授权的频带，任何人都可以在这些频段运营无线系统。免授权频带，虽然不是授权的，仍然需要法规，因此仍然存在使用规则，例如，最大的发射限值。事实上，免授权频带的规则往往比授权频带还要严格。例如，要指定每赫兹的低 EIRP 值，以方便在许多用户之间共享免授权频带。

使用授权频带的利益包括：

• 由其他人运营的其他无线系统不允许在频带内传送，因此来自其他无线系统的干扰在授权频带上将大大减少。

• 因为其他的无线系统不允许在同一个地方使用相同频带，因为绝大多数的干扰是系统内的，而不是系统间的，所以干扰环境是可预测和容易管理的。运营商不必担心，如免授权系统那样，干扰水平可能在使用高峰时期显著上升，严重影响通信性能。

使用免授权频带的利益包括：

• 可以免除频带使用许可证的费用，这通常收费很高。

• 部署可以更快完成，这是由于不需要许可证。

其他电子设备可能会无意中在不同的频率辐射能量怎么办？监管机构有时也有关于这种无意辐射的规则。例如，美国的 FCC 的 15 部分（更准确地说，联邦法规，标题 47，15 部分）规定了无意辐射的发射限值。17.4.2 节的例子是关于 UWB 的，展示了一种情况，一些人希望 FCC 推出授权和免授权系统以外的"第三种选择"。这也说明了监管过程是如何进行的。

17.4.2　例子：超宽带的法规制定过程

在关注法规之前，我们首先简要介绍一下超宽带（UWB）和其独特的功能概念。UWB 是指带有扩频技术特点的一系列非常宽的频谱。当一般的扩展频谱使用很宽的带宽，而 UWB 使用更为极端的带宽，如图 17.3 所示。有些人会补充说，UWB 的另一个重要特点是大分数带宽，而经验规则是

$$\frac{B}{f_c} > 0.25 \tag{17.1}$$

式中，B 是带宽；f_c 是信号中心频率，不像其他扩频系统，其分数带宽可能规定为 0.01。

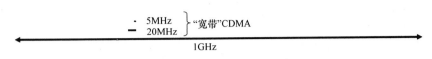

图 17.3　UWB 系统的超宽带宽

产生这样信号的方式有很多，但 FCC 研究如何调节 UWB 问题最初的动力是脉冲调制的多样性。特别是，这些系统中使用的非常窄的激励（因此有时称为冲击），近似于纳秒级宽（因此在频域对应 GHz 带宽）进行通信，通过伪随机地调制这些脉冲的位置。因此，这样窄的脉冲序列，间隔均匀，将不传送任何信息，但通过伪噪声序列调制产生随机的扩展频谱，加上通过数据位对脉冲位置进行调制，使得信息可以被传送。

用于脉冲相位调制的 UWB 系统的 UWB 发射机，可能看起来像我们在图 17.4 所示的。这里，PPM 表示脉冲相位调制，以及数据和 PN 序列结合来调制脉冲的相位。这个发射机的一个显著特征是，脉冲通过天线直接发射，而不需要上变频。因此，不像大多数使用正弦载波的无线通信信号，这里不存在载波频率！

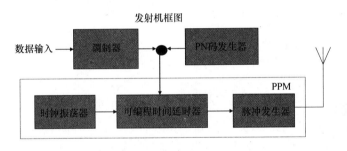

图 17.4　UWB 发射机

相应的接收机示于图 17.5。和发射机一样，接收机有一个射频简化的没有下变频的 "RF" 部分。也可以说，该信号发送和接收都是作为基带信号。有人可能会想知道精确时间和同步的要求，但这种类型的系统的支持者声称，各种技术的进步（精密计时，宽带天线等）都会使它成为可行的。

不同的声明都展示了这种系统的好处，如：

- 便宜并且低功耗，因为在发射机和接收机中都不需要 RF 过程；
- 体积小、随处可放置；
- 对其他系统的干扰微乎其微，因为信号功率在如此大的宽带上占用很少；
- 抗干扰性很优异，归功于高处理增益（例如，相比于 IS－95 CDMA 系统大致高 30dB）；
- 适用穿透性材料（对雷达或特定通信应用非常有好处）。

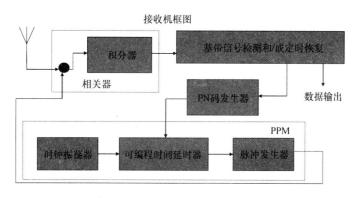

图 17.5　UWB 接收机

然而，UWB 系统未包含在现有 FCC 法规中，未进行法规修改时不得擅自运营。因此，UWB 的支持者们把他们的关注提交到了 FCC，要求修改法规，使UWB 可以合法使用。

监管过程始于 FCC 在 1998 年 9 月发布的调查通知书（NOI）的建议方案（NPRM）。NOI 在 1998 年 12 月 7 日请求评论，并在 1999 年 1 月 4 日回复这些评论。所有意见的评论和答复在 FCC 网站上均公开。美国联邦通信委员会询问了这样的问题：

- 功率和干扰是否足够低，来使 UWB 射频可以工作在低于 5 GHz 的所有频段，而不扰乱频谱现有的用户？

- 在某些受限频带，只有"杂波发射"是被允许的。杂波发射是偶然性的意外辐射。由于避免这些受限频带对 UWB 系统是困难的，FCC 规则是否应该被改变，例如，不只是杂波发射被允许，这非常小的 UWB 辐射呢？

当时现行的杂波发射规则是 FCC 第 15 部分规定的。NOI 从两个方面引起很多问题的反应，从组织，个人专家，等等。UWB 的支持者争辩，当规则被改写时，还不知道有 UWB，因此 UWB 系统在不经意间就被禁止了。他们还认为，对杂波发射的规则已经过时，因为没有那么多故意干扰，但存在潜在干扰。有许多免授权的第 15 部分规定的设备是合法的，因为它们的辐射量是假的，而UWB 可能会有少得多的潜在干扰，但不能在第 15 部分规定的环境下使用，因为它们是有意辐射的。

然而，变革的反对者包括强大的组织，如美国 GPS 工业委员会、美国联邦航空局、电视广播公司以及消费电子产品制造商协会（CEMA）。他们的讨论包括以下内容：

- UWB 系统在当时仍然没有被很好地理解，并且在没有任何进一步研究时不适合过早地做出改变。

- 某些设备,如 GPS 或者飞机导航设备,太过敏感以至于不能容忍一丁点干扰。

- 即使单个 UWB 设备可能不会引起问题(对于一些怀疑论者永远有一个大大的"如果"),这样的设备增加后的影响会是什么样?谁可以预测它们的聚集影响可能是什么样?

审议过程后,FCC 一直相当谨慎并在 1999 年 7 月授予来自三家公司的 UWB 系统有限制条件的豁免:Time – Domain,US. Radar 和 Zircon。注意:规则并没有改变,但授予这些公司豁免权,使他们可以出售 UWB 系统而不用遵守规则,但具体的豁免权应符合具体条件。此外,这些系统的分布是在控制下的,所以所有的销售记录必须保存,等等。给予豁免被普遍解读为一个信号:FCC 很感兴趣,并愿意在受控的情况下给它一个尝试,但还没有准备承认(改变规则将是难以逆转的承诺)。

2000 年 5 月,联邦通信委员会终于发出自己的 NPRM,他们试探性地提出了一些规则,其中的亮点是:

- UWB 主动辐射将受到第 15 部分规范的发射限值的限制(这以前一直只是针对无意辐射)。

- 2GHz 以下将会有附加限制,包括如 GPS 频带的缺口,以便任何与 GPS 频带有交叉的传输都需要在该频带加一个尖锐滤波器。此外,2 GHz 以下,排放限值将比第 15 部分规范的限制小 12dB。

同时,FCC 提出了更多的意见请求。

随后在 2002 年 2 月,FCC 发布了第一份报告和指令。这使得室内 UWB 通信系统工作在 3.1 ~ 10.6 GHz 频带,以对等网络的方式工作,并受第 15 部分的排放限制约束。虽然室内 UWB 系统在 3.1 ~ 10.6GHz 频带匹配第 15 部分的排放限制是有局限的,但在其他频率更严重。在 GPS 的 0.96 ~ 1.61GHz 之间有个尖锐的缺口:例如,巨大的 –75dB/MHz。

不久之后的 2003 年 2 月,FCC 发布了第二份报告和指令,并没有重大改变。

习题

17.1 互联网服务提供商之间的对等安排/协定与传输之间的区别是什么?

17.2 观察表 17.1。如果 3G 系统运营在 2GHz 频带左右,对应 10Hz ~1kHz 的多普勒频移(以 m/s 计算或者 km/h)速度的范围是多少?对于车辆环境来说这个范围合理么?

17.3 描述一些授权频带和免授权频带的支持和反对意见。

17.4 如果新的材料(如,一个新的物理层选择)要被加入到现有的标准中,你觉得会在哪里见到?修订,增补,或校正?

17.5 在法规和标准之间,哪个是强制的,哪个是自愿的?

参 考 文 献

1. GSM Association. GPRS roaming guidelines. GSMA PRD IR.33, July 2009.

2. M. Hata. Empirical formula for propagation loss in land mobile radio services. *IEEE Transactions on Vehicular Technology*, VT-29(3):317–325, Aug. 1980.

3. ITU. About ITU. http://www.itu.int/net/about/index.aspx, 2011. Retrieved Mar. 11, 2011.

4. ITU-R. Circular letter 8/LCCE/47: Request for submission of candidate radio transmission technologies (RTTs) for IMT-2000/FPLMTS radio interface. Circular letter, Apr. 1997.

5. ITU-R. Principles and approaches on evolution to IMT-2000/FPLMTS. *Handbook on Land Mobile including Wireless Access*, 2, 1997.

6. ITU-R. Recommendation ITU-R M.1034-1: Requirements for the radio interface(s) for future public land mobile telecommunication systems (FPLMTS), 1997.

7. IEEE Computer Society. IEEE standard for information technology—telecommunications and information exchange between systems—local and metropolitan area networks—specific requirements: part 11. Wireless LAN medium access control (MAC) and physical layer (PHY) specifications. IEEE 802.11-2007 (revision of 802.11-1999), June 2007. Sponsored by the LAN/MAN Standards Committee.

附 录

附录 A 习题答案

第 1 章

1.1 $\cos 2\pi f_0 nt = (e^{j2\pi f_0 nt} + e^{-j2\pi f_0 nt})/2$ 和 $\sin 2\pi f_0 nt = (e^{j2\pi f_0 nt} - e^{-j2\pi f_0 nt})/2j$。因此，展开余弦和正弦函数及结合项，我们等效替代复指数的系数，令 $c_0 = a_0$，得

$$c_n = \begin{cases} \dfrac{1}{2}(a_n - jb_n), & n > 0 \\[2mm] \dfrac{1}{2}(a_n + jb_n), & n < 0 \end{cases}$$

1.2 非常类似于随机二进制自相关函数波形。

$$R_{xx}(\tau) = \sigma^2 \Lambda(\tau/T_s)$$

1.3 $R_{yy}(\tau) = E\{x(t)\cos 2\pi ft \times x(t+\tau)\cos 2\pi f(t+\tau)\}$。由正弦函数与 $x(t)$ 独立，可以重新结合项整理公式，写出

$$E\{x(t)x(t+\tau)\} \times E\{\cos 2\pi ft \cos 2\pi f(t+\tau)\}$$

然后得到结果。

1.4 根据式（1.97）简单地对 $R_{yy}(t)$ 做傅里叶变换，并根据表 1.2 中的"调制"属性，$S_y(f)$ 是 $S_x(f)$ 根据载波频率频移/变换而来。

1.5 让 $y(t)$ 作匹配滤波的输出，那么 $y(T)$ 是匹配滤波后的采样处理输出。得到

$$y(t) = r(t) * s(T-t) = \int_0^t r(\tau)s[T-(t-\tau)]d\tau$$

因此，

$$y(T) = \int_0^T r(\tau)s(\tau)d\tau$$

这正是相关接收器。

第 2 章

2.1 圆柱形：$r = \sqrt{x^2+y^2}$，$\phi = \arctan y/x$，$z = z$。

球形：$r = \sqrt{x^2+y^2+z^2}$，$\theta = \arctan(\sqrt{x^2+y^2}/z)$，$\phi = \arctan y/x$。

2.2 在圆柱形中：$x = r\cos\phi$，$y = r\sin\phi$，$z = z$。在球形中：$x = R\sin\theta\cos\phi$，$y = R\sin\theta\sin\phi$，$z = R\cos\phi$。

2.3　波是沿着 $\boldsymbol{u}_z$ 方向传播的。由于空气的固有阻抗是 377Ω，$H_0 = 1\text{mA/m}$。因此，坡印廷向量是 $\boldsymbol{u}_z 337\mu\text{W/m}^2$。P 处单位面积平均功率流是 $337/2 = 188.5\mu\text{W/m}^2$。

2.4　$1 \leqslant S \leqslant \infty$。所以 $-1 \leqslant |\Gamma| \leqslant 1$。SWR 是 $S = 3/1 = 3$。$\Gamma = (3-1)/(3+1) = 1/2$。

第 3 章

3.1　应用 Friis 公式，我们有

$$F = 10^{L/10} + \frac{10^{F_{i+1}/10} - 1}{10^{-L/10}} = 10^{L/10}(1 + 10^{F_{i+1}/10} - 1)$$

$$= 10^{L/10} 10^{F_{i+1}/10}$$

转变为分贝，就得到结果

3.2　$2.32 = 3.6\text{dB}$。

3.3（b）　由子系统提供的噪声功率输入参考。因为我们乘以带宽 B，这是一个噪声功率而不是噪声谱密度。由噪声系数的定义和推导，本底噪声来自子系统的噪声贡献和输入参考。它指的 IM3 产物，输入参考等于本底噪声。这是因为本底噪声是输入参考。

3.4　-84dBm 的和 59.33dB；对新的噪声系数使用级联公式，则灵敏度提高到 -88.96dBm。

3.5　我们将 $f_{\text{LO}} = f_{\text{RF}} + f_{\text{IF}}$ 替换到式（3.54）中，我们得到

$$f_{\text{other},2} = f_{\text{RF}} + \frac{1}{2} f_{\text{IF}}$$

这里为 1/2IF 激励，$f_{\text{RF}} = 758.1\text{MHz}$，因此 $f_{1/2-\text{IF}_{\text{spur}}} = 793.6\text{MHz}$。

第 4 章

4.1　对一个半波长偶极子，$d_{\text{boundary}} = \lambda/2 = L$。对于一个四分之一波长偶极子，$d_{\text{boundary}} = \lambda/8 = L/2$。

4.2　47977。

4.3　$\lambda = 1.5\text{m}$，因此 $0.95 \times 1.5/2 = 0.7125\text{m}$。

4.4　从分子分离出因子 $e^{jN\psi/2}$ 和从分母分离出 $e^{j\psi/2}$ 因子。如果原始对称，阵列元素将分布在 $z = -(N-1)d/2$ 到 $z = (N-1)d/2$。阵列因子将是 $e^{-\frac{j(N-1)\psi}{2}}(1 + e^{j\psi} + e^{j2\psi} + \cdots + e^{j(N-1)\psi})$ 或者 $\sin(N\psi/2)/\sin(\psi/2)$。

4.5　它只有一个有源元件，不像典型的天线阵列。

第 5 章

5.1　由公式 $|h| > \sqrt{\dfrac{\lambda d_1 d_2}{d_1 + d_2}}$，其中 λ、d_1、d_2 的单位都是 m。

则 $F = c/\lambda \times 10^{-9}$，所以 $\lambda = c/F \times 10^{-9}$。

每个与 d_1、d_2 相乘并用 1000 单位转换和使用 $c = 3 \times 10^8$ 及 $\sqrt{300} \approx 17.3$，由此可以得到结果。

5.2　$\bar{\tau} = \dfrac{0 + 1 \times (0.1) + 2 \times (0.1) + 4 \times (0.01)}{1 + 0.1 + 0.1 + 0.01} = 0.281 \mu s$；

$\overline{\tau^2} = \dfrac{0 + 1 \times (0.1) + 2^2 \times (0.1) + 4^2 \times (0.01)}{1 + 0.1 + 0.1 + 0.01} = 0.55 \mu s^2$，

则 $\sigma = \sqrt{0.55 - 0.281^2} = 0.686 \mu s$ 和 $B_c = \dfrac{1}{2\pi 0.686 \times 10^{-6}} = 232 kHz$，

在 GSM 系统（270.833kHz 信令速率）中，$B_c < 1/T_s$，所以它是中等频率选择性衰落，需要均衡器。

5.3　这是肯定的，因为 Hata 模型给出了损耗而非接收功率。当 $h_{BS} = 1$ 时，路径损耗为 4.49。当路径损耗为 4 时，有 $44.9 - 6.55\log(h_{BS}) = 40$，所以 $h_{BS} = 5.6$。

5.4　$\lambda = 1/3 m$，所以 $f_m = 30 Hz$。

平均衰落时间为 $\bar{\tau} = \dfrac{e^{0.5^2} - 1}{(0.5) \times (30)\sqrt{2\pi}} = 7.55 ms$；

电平通过率为 $N_R = \sqrt{2\pi}(30) \times (0.5) e^{0.5^2/2} = 42.6$

5.5　$P(x \leqslant X) = \displaystyle\int_0^X f_{Rayleigh}(x)\mathrm{d}x = 1 - e^{-X^2/2p}$

我们知道这是用于信号包络。对于给定 p，γ_i 通过 $\overline{\gamma_j} = x^2/(2N)$ 与 x 相关，x^2 表示包络功率，是信号功率的两倍，N 是 SNR 中的比例因子。由于 x 一直非负，且函数 x^2 是单调的，我们可以继续写出

$$P\left(\frac{x^2}{2N} \leqslant \frac{X^2}{2N}\right) = 1 - e^{-X^2/2p}$$

此时 $\Gamma = \bar{\gamma} = p/N$ 是平均信噪比，此外用 $X^2/2N$ 区别式（5.49）中的 γ_0，则有

$$P(\gamma_j \leqslant \gamma_0) = P\left(\frac{x^2}{2N} \leqslant \frac{X^2}{2N}\right) = 1 - e^{(-X^2/2N)(N/p)} = 1 - e^{\gamma_0/\Gamma}$$

5.6　$5 + 7 + 10 = 22 dB$。

第 6 章

6.1　对任意整数 n 有 $e^{-j2\pi n} = 1$，所以

$$X(e^{j2\pi(F+1)}) = \sum_{n=-\infty}^{\infty} e^{-j2\pi n} x[n] e^{-j2\pi Fn} = X(e^{j2\pi F})$$

6.2　距离 D 可以通过在图 A.1 的三角形上应用余弦定理得到。图中标记为

C 的线段长度为距离 D。我们能发现六边形中心到每条边的距离均为 $\sqrt{3}/2R$。用中心到边距离的 $2i$ 和 $2j$ 表示 A 和 B。那么 A 和 B 的长度分别为 $\sqrt{3}iR$ 和 $\sqrt{3}jR$，应用余弦定律得到

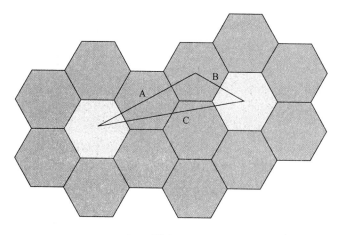

图 A.1

$$D^2 = 3i^2R^2 + 3j^2R^2 - 3ijR^2\cos 120° = 3R^2N_s$$

6.3　$1/T_s = 20 \times 10^6$，$N = 64$，所以 $\Delta f = 1/NT_s = 1/T'_s = 312500 = 312.5\text{kHz}$；抽样间隔 $T_s = 1/(20 \times 10^6) = 50\text{ns}$，所以符号周期 $T'_s = 64 \times T_s = 3.2\mu s$，加入 $0.8\mu s$ 的保护间隔符号周期变为 $4.0\mu s$。

6.4　$\Delta f = 110\text{Hz}$，$N\Delta f = 1.76\text{kHz} = 1/T_s$，所以 $T = 568.2\mu s$，$NT = 9.091\text{ms}$；$15 \times 110 \times 2\text{bit/s} = 3.3\text{kbit/s}$，高于链路 11，$T'_s$ 偏小（9.091ms），链路 11 的 T'_s 为 13.33ms 或 22ms。所以载波间隔相同的情况下，OFDM 在 T'_s 较小的情况下具有更高的数据速率。

6.5　$\Delta f = 2.25\text{kbit/s}/(2 \times 15) = 75\text{Hz}$，$N\Delta f = 1.2\text{kHz} = 1/T_s$，所以 $T_s = 833\mu s$，$T'_s = NT = 13.3\text{ms}$。所以 OFDM 可以使频谱更紧凑。

第 7 章

7.1　有间隙的 Aloha。

7.2　多路复用是一对多，而多路接入是多对一。一般来说，多路接入难度更大。

7.3　见 7.3.1 节。

7.4　通过辛格顿（Singleton）界，$d_{\min} \leqslant 1 + n - k = 125$，所以能检测的最大差错数量为 $\lfloor 125/2 \rfloor = 62$，能纠错的最大差错数量为 $\lfloor 124/2 \rfloor = 62$。

7.5　0，1.0986 和 -1.0986.

$$\ln\left(\frac{P\ (k=0)}{P\ (k=1)}\right) = \ln\left(\frac{P\ (k=1)}{P\ (k=0)}\right)^{-1} = -\ln\left(\frac{P\ (k=1)}{P\ (k=0)}\right)$$

所以，当 $p=1/2$ 时奇对称。

第 8 章

8.1 信令速率为 270.833kHz，所以在一个 $0.577\mu s$ 的时隙中有 $270833 \times 0.000577 \approx 156.27$ symbol/bit。实际上等同于 $156.27 = 148 + 8.27$，一段 8.25bit 的保护间隔其持续时间为 $8.25 \times 1/270833 \approx 0.0000304$ s，大于大部分情况下的平均均方根时延扩展，尽管如此，定时提前机制仍要使用。

8.2 我们从 260 bit 开始，456 bit 结束。平均速率为 $260/456 \approx 0.57$。GSM 解决方案更好，因为对于更重要的比特它有更多的保护。

8.3 码率为 1.2288MHz，所以码片周期为 $0.8138\mu s$，所以 64 码片的周期约为 $52\mu s$。这大于甚至大都市环境下方均根时延扩展（最坏情况下为 $25\mu s$ 左右）。

8.4 $1/800Hz = 1.25ms$。

8.5 不可以，它是独立的。

第 9 章

9.1（B） 3×3，因为容量随 m 和 n 的最小值呈线性增长。

9.2 $1/2 \times 0.4 + 1/4 \times 0.3 + 1/6 \times 0.2 + 1/8 \times 0.1 \approx 0.3208$。

9.3 因为功率控制需求的不对称，HSDPA 的某些特点不能使用在 HSUPA。详见 9.3.2 节。

9.4 列出如下：

DL PUSC：56，8 个导频子载波和 48 个数据子载波；

UL PUSC：72，24 个导频子载波和 48 个数据子载波；

Band AMC：216，24 个导频子载波和 192 个数据子载波。

9.5 如果 $N = M$，那么子载波映射是一致映射，DFT 和 IFFT 会彼此抵消，然而，一般情况下都有 $N < M$。

第 10 章

10.1 是的，因为分层带来了阶数和结构，及模块化和简单化，有了额外开销会使效率变低，但在很多情况下它是值得的。在某些情况下，我们可能会希望对系统进行跨层优化或者特殊应用，或者对专属应用简化其协议栈，比如传感器网络。不过，分层通常是值得使用的。

10.2 见 10.2.2 节。

10.3 如果 IP 地址是 210.78.150.130，它对应地址（210.78.150.128，255.255.255.128），所以它会从接口 eth0 输出。如果 IP 地址为 210.78.150.133，则会从接口 eth2 输出。注意：它也匹配（210.78.150.128，

255.255.255.128），但是（210.78.150.133，255.255.255.255）是一个更详细的匹配。

10.4　fe80：0004：3333：0000：0000：0000：000a：0015。

10.5　$P_b = 0.159$。当 $C = 30$ 时降为 0.008，当 $C = 10$ 时它上升为 0.538。

第 11 章

11.1　当移动站开始应用时，它会与网络连接初始化，因此网络不需要定位它，而对于呼叫传递，网络需要定位移动设备。

11.2　见 11.1.4 节。

11.3　一个 SIP 代理将 SIP 消息转发，而 SIP 重定向服务器返回重定向消息。

11.4　它可以把自己插入 INVITE 消息的 Record - Route 报头中。

11.5　缓冲区饥饿有优先级排队的问题，其中如果高优先级的流量过高，低优先级队列则得不到服务。避免缓冲饥饿的一种方法是使用公平排队。

第 12 章

12.1　注册；认证；186..15.25.31；186.15.25.45；27.242.2.9；报头会被移除。

12.2　空闲，就绪和待机。

12.3　（a）Release 5；（b）Release 5；（c）Release 6；（d）Release 8。

12.4　从 LTE 开始，不再有 BSC/RNC（其存在于 GSM/UMTS）。基站需要具备更多的功能，通过集成几个网络元素在核心网。

12.5　每 20ms 有 $64000 \times 20/1000 = 1280$bit，也就是 160B。UDP、RTP 和 IP 报头在一起最少 40B。这就占了数据包报头的 20%。如果数据段每 10ms 一个，这就是 G.711 语音的 80B，所以报头额外开销成了 30%。

第 13 章

13.1　它是其他服务或者服务引擎可以构成的基本模块。

13.2　SIP PUBLISH 通知当前代理关于用户的状态，SIP SUBSCRIBE 给观察者签名来接收这个消息，并且 SIP NOTIFY 使当前代理把信息推送给观察者。

13.3　"Native" SIP AS，OSA 业务功能服务器（IMS 与 OSA 一起使用），IM - SSF AS（IMS 与 CAMEL 一起使用）。

13.4　AODV 是再激活，OLSR 是预激活，ZRP 是分层的。

13.5　多跳无线路由是一种相似性；小路由器是另一种。MANET 节点趋向于更加移动化；网状网络趋向于建立一个更永久的基础设施。

第 14 章

14.1　FCAPS 的故障管理；"T" 对应 OAMPT 中的故障排查，否则，对应 OAM&P 中的 "O"。

14.2 陷井（Trap）或者通知。

14.3 配置管理和安全管理。OAM&P 中的"O"。

14.4 可能会用到 RMON。

14.5 它是 ifTable，OID 是 1.3.6.1.2.1.2.2；ppp – 23。

第 15 章

15.1 B 的公共密钥和 B 的私人密钥。

15.2 隧道模式；对于隐藏真正源地址和目的地址的原始 IP 数据包报头有用；对于 IPSec 隧道中的数据，源地址和目的地址是隧道的终点。

15.3 使用 ISAKMP 和 Oakley。

15.4 为了防止重播攻击。攻击者可以窃听前面的挑战和应答，并且如果三元组被重复使用，攻击者可以在接下来重播应答并进行认证。

15.5 单向（BS 认证 MS）；不，只是在 BS 和 MS 之间；通过使用 TMSI。

15.6 消息/数据完整性，双向认证，远程网络的点对点安全认证（使用 EAP），等等。

第 16 章

16.1 牵拉桅杆，格架塔，单极天线塔。

16.2 平均功率消耗是 $135 \times 24 = 3240\text{W}$。存储能源需要 $24 \times 3240 = 77.76\text{kW} \cdot \text{h}$。

16.3 它们不应该接触。球体越大则越不可靠。如果使用更小的球体，某区域也可以被保护起来，那么保护的估测则更可靠。

16.4 正常条件的电流分流是 0.332mA；功率消耗是 $IV = 7.96\text{mW}$。当雷击出现，电流分流提高到 625kA。这就把大部分电流从基站设备转移走了。

16.5 相比于刚性 RF 电缆，柔性 RF 电缆可以被经常弯曲和缠绕，并也可以有更大的角度。因此，它们适合做跨接电缆。然而，它们比刚性电缆更容易损坏。

16.6 水会对设备造成更多损坏。

第 17 章

17.1 中转 ISP 给其他 ISP 提供服务，所以通常有一种财务上约定，中转 ISP 由另一家 ISP 是其他 ISP 支付费用。对等往往是互惠互利，所以常常是无偿的约定，除非流量的比例开始变得太不平衡。

17.2 1.5~150m/s（5.5~550km/h）。这是合理的。

17.3 见 17.4.1 节。

17.4 典型的增补，并且它可以加入一个修订版，但有时它也可能直接进入最新的版本。

17.5 法律规则是强制的，由政府机构执行，而标准是自愿的。

附录 B　一些公式和恒等式

这里是一些有用的公式和证明，在书中使用过但没有详细介绍。

欧拉公式的证明涉及指数函数到三角函数的变换：

$$e^{j\theta} = \cos\theta + j\sin\theta \tag{B.1}$$

$$\cos\theta = \frac{1}{2}(e^{j\theta} + e^{-j\theta}) \tag{B.2}$$

$$\sin\theta = \frac{1}{2j}(e^{j\theta} - e^{-j\theta}) \tag{B.3}$$

正弦和余弦函数的乘法公式

$$\cos A\cos B = \frac{1}{2}[\cos(A+B) + \cos(A-B)] \tag{B.4}$$

$$\sin A\sin B = \frac{1}{2}[\cos(A-B) - \cos(A+B)] \tag{B.5}$$

$$\sin A\cos B = \frac{1}{2}[\sin(A+B) + \sin(A-B)] \tag{B.6}$$

$$\cos A\sin B = \frac{1}{2}[\sin(A+B) - \sin(A-B)] \tag{B.7}$$

和差角公式

$$\cos(A \pm B) = \cos A\cos B \mp \sin A\sin B \tag{B.8}$$

$$\sin(A \pm B) = \sin A\cos B \pm \cos A\sin B \tag{B.9}$$

余弦定理（适用于任何三角形）（见图 B.1）。

$$C^2 = A^2 + B^2 - 2AB\cos\theta_{AB} \tag{B.10}$$

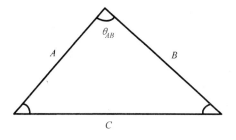

图 B.1　余弦定理

附录 C　本书方程汇总索引

我们在下面列出了来自 2011 年 WCET 候选人手册的公式，并给本书中讨论的相关概念提供参考。

4.1.10 节，方程（4.23）：

$$\frac{P_r}{P_t} = G_t G_r \left(\frac{\lambda}{4\pi d}\right)^2$$

5.1.2.1 节，方程（5.5）：

$$d \approx \sqrt{17h}$$

2.1.1.4 节，方程（2.14）：

$$\lambda = \frac{c}{f}$$

5.3.4 节，方程（5.41）：

$$f_m = \frac{v}{\lambda}$$

5.3.4.1 节，方程（5.46）：

$$N_R = \sqrt{2\pi} f_m \rho e^{-\rho^2} / 2 \quad^{\ominus}$$

5.3.4.1 节，方程（5.47）：

$$\overline{\tau} = \frac{e^{\rho^2} - 1}{\rho f_m \sqrt{2\pi}}$$

10.4.1 节，方程（10.1）：

$$P = \frac{A^C / C!}{\sum_{k=0}^{C} A^k / k!}$$

1.3.3.2 节，方程（1.56）：

$$C = W \log_2 \left(1 + \frac{S}{N}\right)$$

4.1.2 节，方程（4.9）和（4.12）：

$$G = DE_{ant} = D \frac{R_{rad}}{R_{rad} + R_{loss}}$$

4.2.6 节，方程（4.24）：

$$D = \varepsilon_{ap} \left(\frac{2\pi r}{\lambda}\right)^2$$

4.1.2 节，方程（4.1）：

$$R = \frac{2L^2}{\lambda}$$

3.2.5.2 节，方程（3.27）：

$$F_{sys} = F_1 + \frac{F_2 - 1}{G_1} + \frac{F_3 - 1}{G_1 G_2} + \cdots$$

$\ominus$　原书为 $N_R = \sqrt{2\pi} f_m \rho e^{-\rho^2}$，有误。——译者注

附录 D　WCET 考试提示

本附录基于以前的考试信息。我们不知道相关的一些或全部信息是否可能在未来改变。如果是这样，这些技巧的一些或全部可能不适用。

一些值得注意的点：

- 本书提供了公式表，在考试前可以理解学习如何使用公式。
- 考试都是多项选择题。做好相应准备。
- 考试都是文本形式，没有图表。做好相应准备（如，没有图表，系统的复杂性文字描述是有限的）。
- 答错不扣分，所以，问题要全部答完。
- 考试的考点范围非常广。因此，几乎可以确定肯定会有你不会的问题。一定要使用排除法缩小选择范围，然后猜测答案。
- 考前要充分休息。
- 要提前到达考试中心。
- 科学计算器是考试唯一指定计算器，要学会如何使用它！

图 D.1 展示了科学计算器的截图。你知道所有的按键代表什么意思么？例如，尝试如下操作：

- 计算器有存储能力。尝试使用 MC、MR、MS 和 M + 按键。
- Inv 复选框提供了倒数功能，试着使用它。

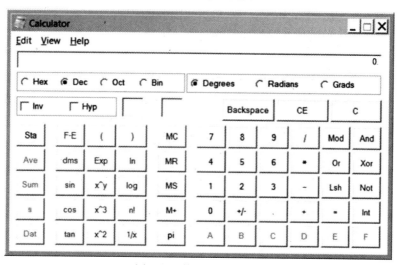

图 D.1　科学计算器截图

附录 E 参 考 符 号

如果表明一个主题，则用方括号（例如［RF］），而其他注释，诸如数量单位，用圆括号［例如，（通常单位为 Hz）］。

A	振幅（例如，正弦波）
A_C	载波幅度 $A(t)$：调制正弦曲线时变振幅
$\boldsymbol{B}$	磁通量密度（通常单位为 Wb/m^2 或 T）
B	带宽（通常单位为 Hz）
B_b	基带信号带宽
B_t	传输信号带宽
$B_{channel}$	信道带宽（通常单位为 Hz）
B_{total}	总带宽（通常单位为 Hz；例如，可用于蜂窝系统中）
χ_e	极化系数
C	（无穷大）复数集
C	电容（通常单位为 F）
C	（香农）容量［信息论］
$\{c_n\}$	傅里叶级数系数集
$\boldsymbol{D}$	电位移场
D	方向性［天线］
$D(\theta,\phi)$	方向增益［天线］
d	距离（例如，发射机和接收机之间）
$d_{boundary}$	远场和近场之间的边界［天线］
Δf	小频率差
$\delta(t)$	冲激响应［信号与系统］
$\boldsymbol{E}$	电场
E_{ant}	天线效率［天线］
E_b/N_0	比特能量与白噪声功率谱密度比
e	2.71828182846…（一个常数）
ε	介电常数，或绝对介电常数（相当于 ε_r）
ε_0	真空中的介电常数
ε_r	介电常数，或相对介电常数（相对于 ε）
η	固有阻抗
$\boldsymbol{F}$	力（通常单位为 N）
F	噪声系数（线性或单位为 dB）［射频（RF）］
$\mathcal{F}[\cdots]$	括号中的函数为傅里叶变换

— 418 —

f	频率（通常单位为 Hz）
f_c	载波频率
Γ	反射系数，$\Gamma = \lvert\Gamma\rvert e^{j\theta\Gamma}$（无量纲）
γ	欧拉常数（也被称为欧拉－马歇罗尼常数），0.577215665（一个常数）
γ_C	（连续时间）OFDM 系统 PAPR
γ_d	OFDM 系统 PAPR 离散时间近似
G	增益［射频］
G	天线增益［天线］
$\boldsymbol{G}$	生成/编码矩阵［前向纠错（FEC）］
$\boldsymbol{H}$	磁场
$\boldsymbol{H}$	奇偶校验矩阵［前向纠错］
$H(f)$	一个信道的频域表示；$h(t)$ 的傅里叶变换
$h(t)$	LTI 系统的冲激响应
$h(t,\tau)$	时变线性系统的冲激响应
I	电流（通常单位为 A）；也为 $i(t)$［电路］
I	干扰功率（如 S/I）［无线接入］
I_N	诺顿等效电流源
$\boldsymbol{J}$	电流密度（矢量：通常单位为 A/m^2）
j	$\sqrt{-1}$（常数）
K_C	GSM 加密密钥
k	空间频率（空间波）
k	玻耳兹曼常数，3.8×10^{-38} J/K
L	电感（通常单位为 H）
L	损耗［射频，天线］，路径损耗［传播］，单位常为 dB
L	天线的最大尺寸［天线］
$\Lambda(t)$	三角函数［信号与系统］
Λ	平均信噪比（分集合并）
λ	波长（通常单位为 m）
λ	到达率［电信业务分析］
M	数字通信方案符号数量
$\boldsymbol{M}$	磁化
μ	AM 信号调制指数
μ	服务器/信道离开率［电信业务分析］
μ_0	真空中的介电常数，$4\pi \times 10^{-7}$

N	DFT，FFT 点数，经常为 2 的次方［信号与系统］
N	噪声功率（如 S/N）
N_C	每个信道集的信道数
N_{floor}	本底噪声
N_{in}	输入噪声功率
$N_{in/Hz}$	输入噪声功率（单位为 Hz）
N_{out}	输出噪声功率
N_S	蜂窝系统信道集的数量（频率复用因子）
n	路径损耗指数
∇	路径损耗指数
Ω	样本空间［概率和统计］
ΩA	波束域［天线］ω：角频率（通常单位为 rad/s；又称作弧度频率，圆角频率；$\omega = 2\pi f$）
ω	Ω 结果中一个变量［概率和统计］
ω_i	具体结果（Ω）
ϕ	一个正弦波相位（通常单位为弧度或度）
ϕ	在球面坐标系中，方位角
ϕ_{HP}	半功率波束宽度（方位平面）［天线］
π	3.14159…（常数）
$\Pi(t)$	矩形函数［信号与系统］
$\boldsymbol{P}$	电极化矢量，简单说是极化矢量
P	坡印廷矢量（通常单位为 Wb/m^2）
P	功率（通常单位为 W）
p_{av}	平均功率
p_b	阻塞率［电信流量分析］
p_d	掉话率［电信流量分析］
P（event）	概率函数，给出一个事件发生的概率，［如，$P(X=1)$ 或 $P(X>5)$］
P_{in}	输入功率
$P_{in,min}$	最小可用输入功率
$P_{in,max}$	最大可用输入功率
P_{IIM3}	输入参考三阶互调点［射频］
P_{IIP3}	输入参考三阶截距点［射频］
P_{loss}	天线欧姆损耗（与 P_{rad} 相反）［天线］
P_{noise}	噪声功率（也用 N 表示，特别是在 S/N 中）

P_n	归一化功率方向图［天线］
P_{OIM3}	输出参考三阶互调乘积［射频］
P_{OIP3}	输出参考三阶截取点［射频］
P_r	接收机的接收功率
P_{rad}	辐射功率（与 P_{loss} 对应）［天线］
P_t	发射机的发射功率
$p(t)$	脉冲成形函数
Q	电荷（通常单位为 C）
Q	振荡器的品质因数
ρ	体积电荷密度（通常单位为 C/m^3）
$\mathfrak{R}$	（无限）实数集
R	信号速率
R	电阻（通常单位为 Ω）
R	距离，尤其在球面坐标中
R_b	比特速率（又名波特率）
R_N	诺顿等效电阻
R_{rad}	辐射电阻［天线］
R_T	戴维南等效电阻
$R_x(\tau)$	信号 $x(t)$ 的自相关
r	圆半径
σ	标准差
σ	（电子）电导率（通常单位为 A/V·m 或 S/m）
S	信号功率（如在 S/N，S/I 中，等）
S	VSWR（无量纲）
S_{in}	输入信号功率
S_{mn}	S 参数
S_{out}	输出信号功率
$S_x(f)$	信号 $x(t)$ 的功率谱密度
SNR	信号噪声比
SNR_{in}	输入 SNR［射频］
SNR_{min}	最小需求 SNR
SNR_{out}	输出 SNR［射频］
$\widetilde{S}_x(f)$	$S_x(f)$ 估计值
$sinc(t)$	"sinc" 函数［非正式，$(\sin x)/x$］
T	周期（在时间上；通常单位为 s）；$T=1/f$［信号，通信］

T	温度（通常单位为 K）［射频］
T_0	室内温度，通常 290K 或者 300K
T_c	相关周期［统计信号处理］
T_e	噪声温度（又名等效噪声温度或者等效温度）［射频］
T_s	采样间隔或者符号周期（除了 OFDM 和 OFDMA 中，其中 T_s 是采样间隔，T'_s 是符号周期）
T'_s	（OFDM）符号周期；有时叫作"有用符号间隔"，因为它不包括循环前缀 τ；时间（另一种 t）。
t	时间（通常单位为 s）
θ	角；在球面坐标中代表顶角
θ_{HP}	半功率波束宽（在垂直面中的一个角度）
$U(\theta, \phi)$	辐射强度
$u(t)$，$u(f)$	阶跃函数（在时间上，在频率上）
$\boldsymbol{u}$	单位向量
V	电压（通常单位为 V）；也用 $v(t)$
V_n	噪声电压
$V_{n,rms}$	rms 噪声电压
V_T	戴维南等效电压源
$X(f)$	信号的频域表示；通常由 $x(t)$ 经傅里叶变换得到
$X_b(f)$	基带信号的傅里叶变换
$X_i(f)$	同相信号的傅里叶变换
$X_{lp}(f)$	低通等效信号的傅里叶变换
$X_q(f)$	正交信号的傅里叶变换
$X_T(f)$	$x_T(t)$ 的傅里叶变换
$x(t)$	信号（通常在"输入"端）
$x_b(t)$	带通信号
$x_i(t)$	同相信号，用同相/正交形式表示
$x_{lp}(t)$	低通等效信号
$x_q(t)$	正交信号，用同相/正交形式表示
$x_T(t)$	$x(t)$ 的截断样本
$x[n]$	离散时间信号
$y(t)$	信号（通常在"输出"端）
Z	阻抗
∞	无穷大

有时，下标表示数量，如"rms"代表方均根。这里列出本书中用过的

下标。

0	通常一个参照数值
1，2，…	区分对象索引
av	平均值
L	负载
s	信源
rms	方均根

北京市版权局著作权合同登记 图字：01 - 2014 - 3683 号。

图书在版编目（CIP）数据

无线通信工程技术应用/（美）K. 丹尼尔·黄（K. Daniel Wong）著；白文乐，肖宇，姜武希译. —北京：机械工业出版社，2019.9

（国际信息工程先进技术译丛）

书名原文：Fundamentals of Wireless Communication Engineering Technologies

ISBN 978-7-111-63205-4

Ⅰ.①无… Ⅱ.①K…②白…③肖…④姜… Ⅲ.①无线电通信 - 通信工程 Ⅳ.①TN92

中国版本图书馆 CIP 数据核字（2019）第 143026 号

机械工业出版社（北京市百万庄大街22号 邮政编码100037）
策划编辑：江婧婧 责任编辑：朱 林
责任校对：樊钟英 封面设计：马精明
责任印制：李 昂
唐山三艺印务有限公司印刷
2019 年 9 月第 1 版第 1 次印刷
169mm×239mm·27.5 印张·537 千字
0 001—2 500 册
标准书号：ISBN 978-7-111-63205-4
定价：159.00 元

电话服务 网络服务

客服电话：010 - 88361066 机 工 官 网：www.cmpbook.com
010 - 88379833 机 工 官 博：weibo.com/cmp1952
010 - 68326294 金 书 网：www.golden - book.com
封底无防伪标均为盗版 机工教育服务网：www.cmpedu.com